作って学ぶ WordPress ブロックテーマ

エビスコム 著

■サポートサイトについて

本書で解説している作例のソースコードや特典 PDF は、下記のサポートサイトから入手できます。

https://book.mynavi.jp/supportsite/detail/9784839981877.html

はじめに

WordPress のテーマ制作が、大きな変化を始めました。

サイトエディターを中心としたブロックテーマの制作環境が整い、ノーコードでのテーマ制作やサイトの構築が一気に形になってきました。

それに合わせるように WordPress の開発も、ブロックテーマを前提としたものへと変化を始めています。

この変化の影響は大きく、クラシックテーマであってもブロックテーマの機能を取り込むために、theme.json を採用するものが増えてきました。

まだまだ先かと思っていたブロックテーマですが、あっという間に WordPress のテーマ制作の中心に据えられています。

しかし、ブロックテーマはノーコードな環境で制作するテーマです。
その制作方法も、考え方も、これまでのテーマとあまりに違います。

そこで本書では、ブロックテーマを作成する中で、

- ブロックテーマの作成の流れ
- サイトエディターの使い方
- theme.json の作成方法とその目的
- theme.json を中心とした、これからの WordPress のスタイリング

といったポイントを、しっかりと解説しています。

これからのテーマ制作に活用していただければと思います。

本書について

本書では WordPress のブロックテーマを作成していきます。このとき、どのようにサイトのデザインやスタイルを管理し、エディターの UI を機能させ、ブロックをカスタマイズできるようにするのかがポイントになります。Figma のデザインデータとしてデザインシステム（デザイントークン＆パーツ）もセットで用意していますので参考にしてください。

Design System　デザインシステム

デザイントークン（タイポグラフィ、色、スペース、レイアウト）

サイト全体で使用する色やフォントなどをまとめたものです。
theme.json でプリセットおよびベースとなるスタイルとして設定していきます。

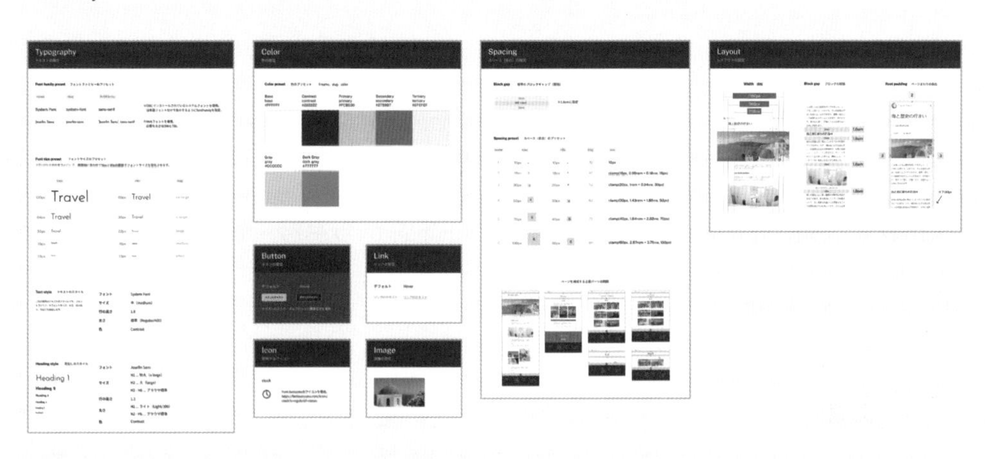

パーツ

ブロックをカスタマイズ＆組み合わせて作成するパーツです。
必要に応じてブロックパターンやテンプレートパーツにします。

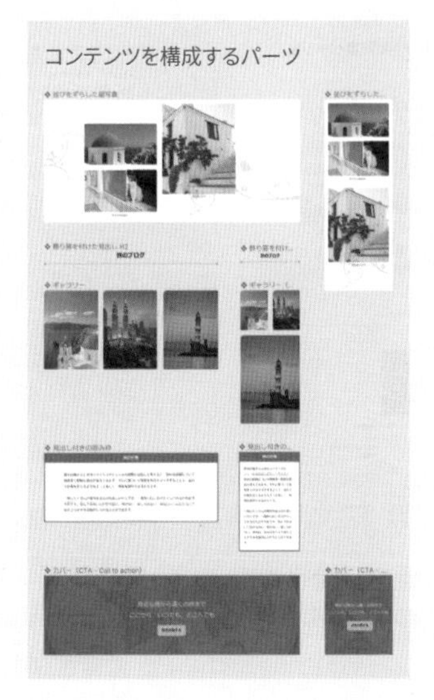

制作ステップ

Chapter 1 では Gutenberg による WordPress の変化とそこで扱われるスタイル、そして theme.json の基本を確認します。Chapter 2 からステップ・バイ・ステップでブロックテーマを作成していきます。

Chapter 1	ブロックテーマの作成をはじめる前に	Chapter 5	ページの基本構造の作成
Chapter 2	コンテンツとブロックテーマの準備	Chapter 6	テンプレートによるページの作成
Chapter 3	theme.json の作成	Chapter 7	サイト型のトップページ
Chapter 4	個別のブロックのカスタマイズ	Chapter 8	エディターを使いやすくする

※WordPress 6.1.1を元に解説しています。

+ ページ構成

制作ステップごとに次のようにページを構成しています。

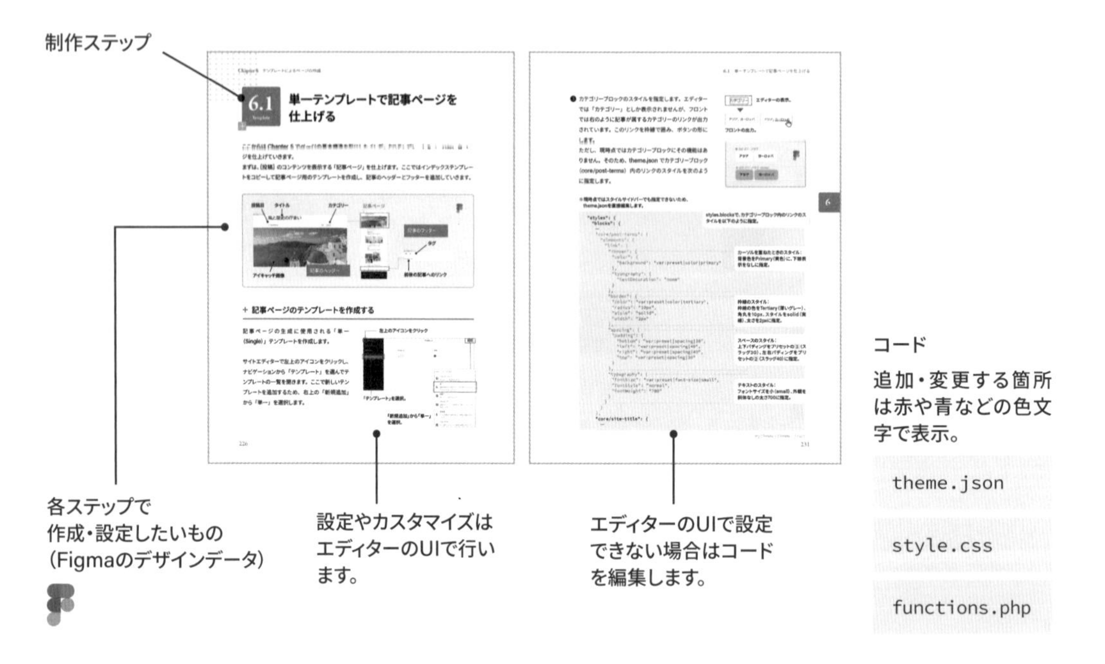
制作ステップ
6.1
単一テンプレートで記事ページを仕上げる
各ステップで
作成・設定したいもの
(Figmaのデザインデータ)
設定やカスタマイズは
エディターのUIで行います。
エディターのUIで設定
できない場合はコード
を編集します。
コード
追加・変更する箇所は赤や青などの色文字で表示。
theme.json
style.css
functions.php

ダウンロードデータ

本書で作成するWordPressの完成テーマ、使用する画像素材、インポート用のコンテンツデータ、Figmaのデザインデータなどは、ダウンロードデータに収録してあります。詳しい収録内容や使い方については、ダウンロードデータ内のreadmeを参照してください。

サポートサイト
https://book.mynavi.jp/supportsite/detail/9784839981877.html

GitHub
https://github.com/ebisucom/wp-blocktheme/

ハイブリッドテーマPDF

本書はWordPressによるブロックテーマ作成の解説をメインとしています。そのため、クラシックテーマにブロックテーマの要素を取り込む「ハイブリッドテーマ」の作成についてはPDFにまとめ、ダウンロードデータに同梱しています。ブロックテーマをベースにハイブリッドテーマを作成していきますので、必要に応じて利用してください。

もくじ

Chapter 3 theme.json の作成……109

Chapter 4 個別のブロックのカスタマイズ……175

Chapter 5 ページの基本構造の作成……197

Chapter 6 テンプレートによるページの作成 221

Chapter 7 サイト型のトップページ 265

Chapter 8 エディターを使いやすくする 299

Appendix

Chapter 1

ブロックテーマの作成をはじめる前に

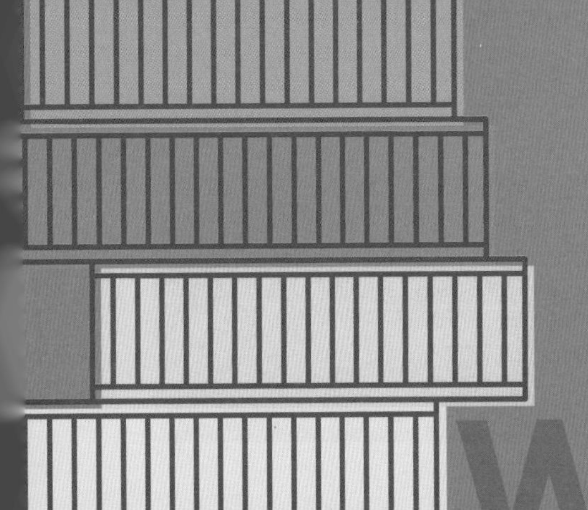

WordPress

Gutenbergの登場による コンテンツデータの変化

さっそく、ブロックテーマの作成を始めたいところではありますが、大きく変化したブロックテーマを効率よく扱うためには、おさえておきたいポイントがいくつかあります。そこで、そうしたポイントの理解＆確認から始めます。

まずは、Gutenberg（グーテンベルク）の登場により、大きく変化したWordPressのコンテンツデータです。

＋ ツリーデータになったコンテンツデータ

Gutenbergが登場する以前は、データベース上には次のようなデータが保存され、これをコンテンツデータとしてページへ出力してきました。

Classic Editorのリッチテキストエディター

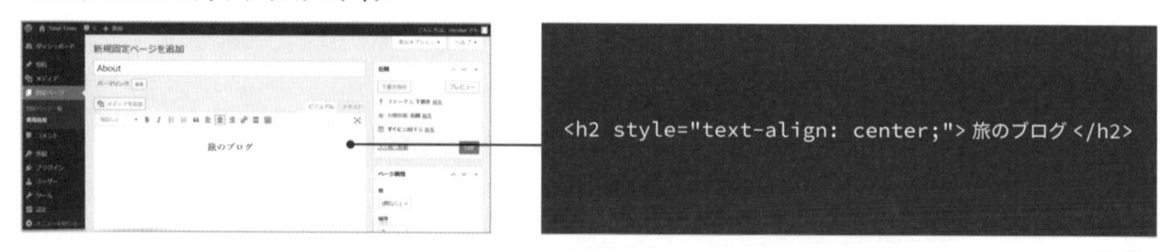

しかし、Gutenbergを使った場合のコンテンツデータは、次のようなものになっています。一見するとHTMLのように見えますが、HTMLではありません。

Gutenbergのブロックエディター

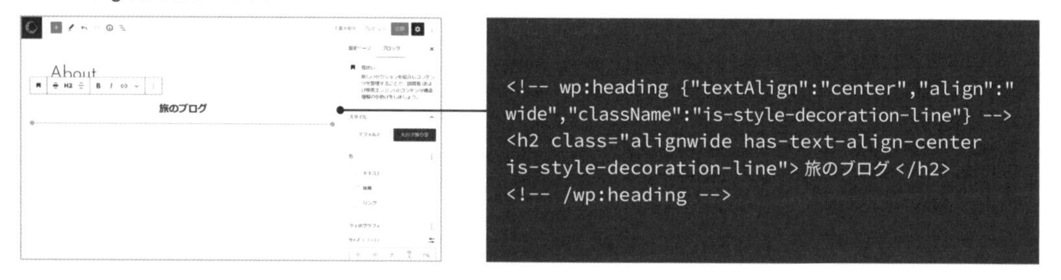

ブロックによって構成されたコンテンツをこれまでのようにHTMLとして保存してしまった場合、ブロックがどのような構成であったかという情報が失われ、編集が困難になります。そのため、Gutenbergではコンテンツを構成するオブジェクトツリーの形で、コンテンツを保存しています。

その際、コンテンツに必要なデータは、データをシリアライズし、HTMLのように振る舞うこともできる独自フォーマットの中に埋め込まれます。そして、Classic Editorなどで作成されたコンテンツと同じように保存＆管理しています。

ブロックを扱える環境ではこのデータをもとにレンダリングされ、HTML（& CSS）が生成されます。ブロックを扱えない環境ではこのデータを直接HTMLとして表示します。その場合でも、コンテンツの内容を最低限表示できるようにデータフォーマットをデザインすることで、後方互換性を維持しています。

HTMLではないことから、HTMLのように編集することは想定されてはいませんので、注意が必要です。

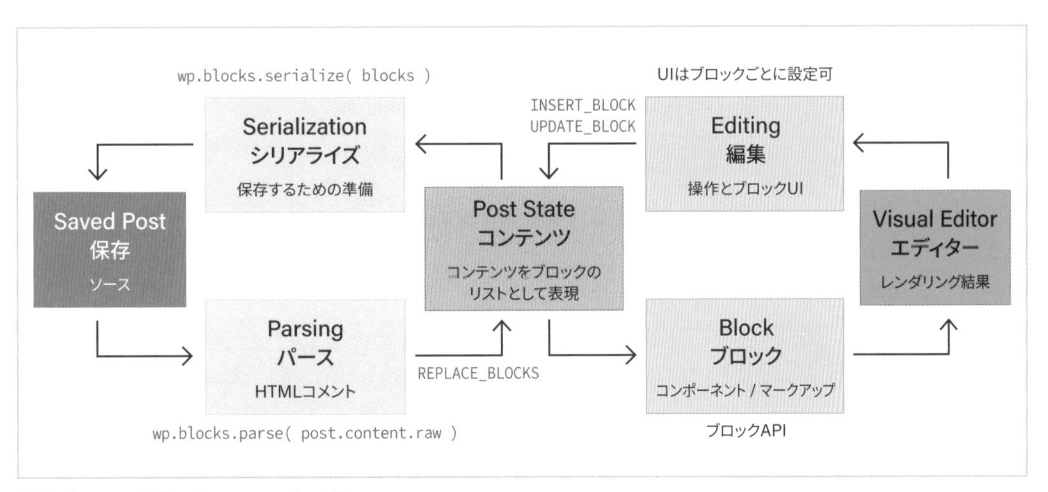

「データフローとデータフォーマット」より
https://ja.wordpress.org/team/handbook/block-editor/explanations/architecture/data-flow/

＋ スタイルの情報を持ったコンテンツデータ

Gutenbergの登場により、コンテンツがブロックで構成されるようになりました。そして、コンテンツデータが見栄えを整えるためのスタイル（カラー、タイポグラフィ、レイアウトなど）の情報を持つことになります。
しかし、コンテンツデータがスタイルを完全に抱えてしまった場合、コンテンツの抱えるスタイルにマッチしたテーマしか使えないことになります。これは、WordPressが重要視する後方互換性やテーマ間の互換性に反することになります。

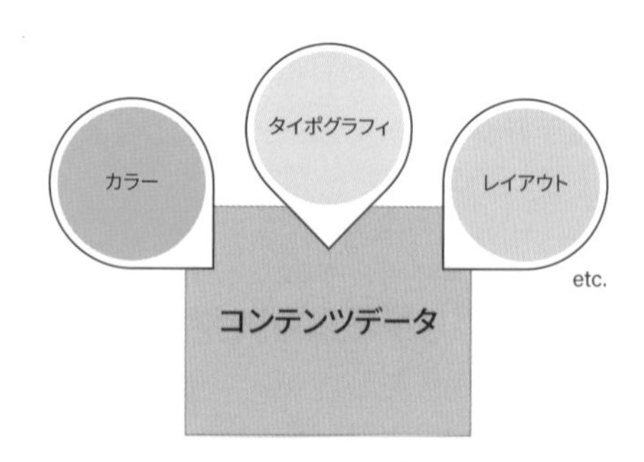

そこで、以下のような2段階の構成でスタイルを扱うことになります。

- コンテンツデータにはスタイルを適用するためのクラスを用意。
- コンテンツの外に、そのクラスを使って見栄えを整えるスタイルを用意。

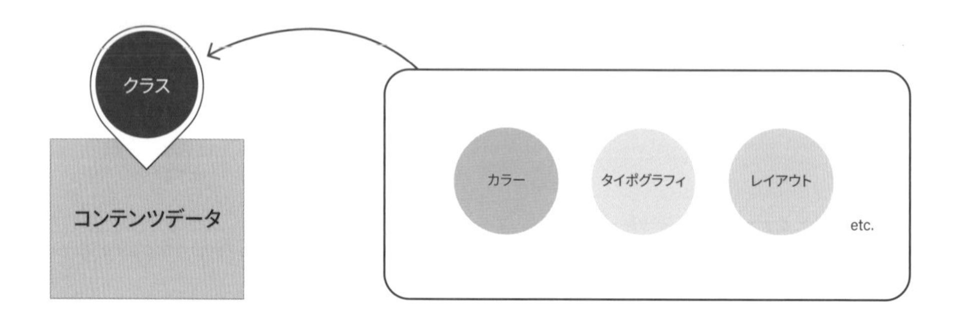

このシンプルな構成により、コンテンツに対してテーマに応じたスタイルを適用できるようになります。

しかし、コンテンツの外に用意するスタイルをどう管理するかが問題になります。当然の流れとして、テーマが管理することになりますが、テーマで管理するスタイルが増加することになります。

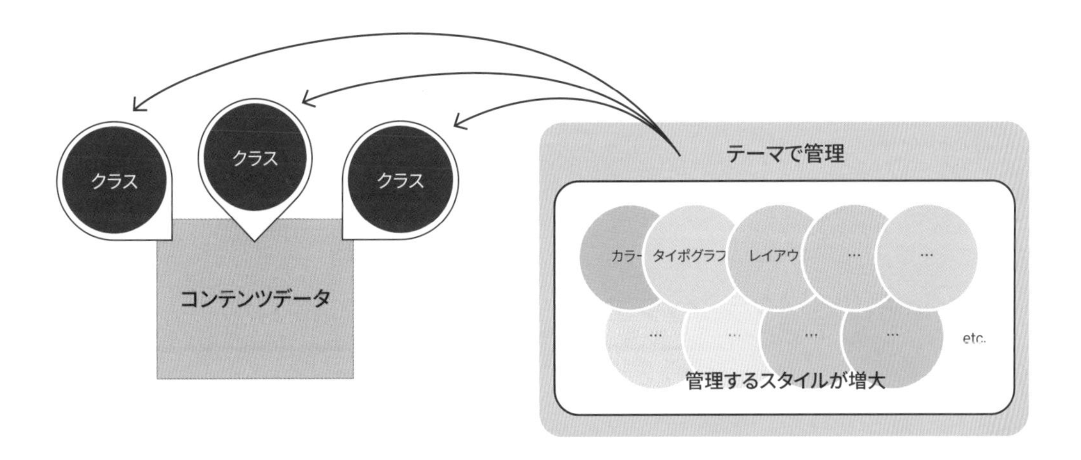

また、クラス名を含め、スタイリングのルールが細かく決まっていたわけではないため、テーマを切り替えると表示が崩れるなど、大きな問題を抱えることになります。その結果、コンテンツデータがテーマに大きく依存する形になります。

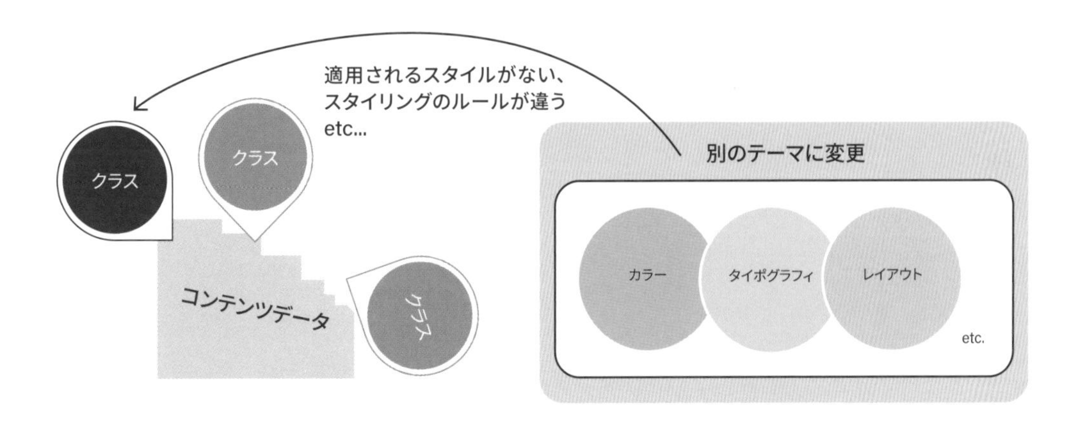

そして、こうした問題を解決するために、グローバルな設定とスタイルを管理する、theme.json が登場することになります。

テーマとエディターの関係

これまで、WordPress のエディターは、エディター単独で自己完結できませんでした。エディターの機能の選択に加えて、その機能を機能させるためのスタイルをエディターの外部、テーマに用意する必要があったためです。これは、Classic Editor の頃から変わっていません。

+ Classic Editor（クラシックエディター）

Classic Editor では、以下のようなスタイルをテーマから適用する必要がありました。

Ⓐ 配置［左、中央、右］の指定を機能させるスタイルや、画像をレスポンシブにするスタイル。

Ⓑ 画像のキャプションや引用などの表示を整えるスタイル。

Classic Editorのリッチテキストエディター

配置の指定

```
/* 配置［左、中央、右］*/
.alignleft {
  float: left;
  margin-left: 0;
  margin-right: 1em;
}

.alignright {
  float: right;
  margin-left: 1em;
  margin-right: 0;
}

.aligncenter {
  margin-left: auto;
  margin-right: auto;
}

/* 画像 */
img {
  max-width: 100%;
  height: auto;
  vertical-align: bottom;
}
…

/* キャプション */
.wp-caption-text {
  color: #666666;
  font-size: 14px;
}

/* 引用 */
blockquote {
  border-left: 2px solid #0073aa;
  padding-left: 1em;
}
…
```

Ⓐ　Ⓑ テーマから適用するスタイル

+ 初期のGutenberg(グーテンベルク)

これが Gutenberg の登場により、以下のように変わります。

Classic Editor に置き換わることを目指した Gutenberg ですので、その構成は Classic Editor を引き継ぐ形となります。さらに、単なる置き換えではなく、Classic Editor との共存も求められることになりますので、テーマではこのあたりを考慮したスタイルの管理が求められました。

たとえば、Ⓐのスタイルはこれまで通りテーマから適用する形になり、新しい配置（幅広、全幅）を機能させるスタイルⒸについてもテーマから適用することが求められました。
同時に、Gutenberg が適用するコアブロックのスタイルの中にも、Ⓐと同じように配置やレスポンシブを機能させるA'が含まれるようになりました。ただし、「余計な CSS を当てないでほしい」という要望に応えるため、特定のブロック以外では機能しない、レスポンシブに必要なスタイルも足りないといった不完全なものとなり、テーマから適用するⒶが必要な状況は変わりませんでした。

初期のGutenbergのブロックエディター

```
/* 画像ブロックが持つスタイル */
.wp-block-image img {
    max-width: 100%;
}
.wp-block-image .alignleft {
  float: left;
  margin-right: 1em;
}
.wp-block-image .alignright {
  float: right;
  margin-left: 1em;
}
…
```

A'

Gutenbergが適用するコアブロックのスタイル

```
/* 配置［左、中央、右］*/
.alignleft {
  float: left;
  margin-left: 0;
  margin-right: 1em;
}

.alignright {
  float: right;
  margin-left: 1em;
  margin-right: 0;
}
```

```
.aligncenter {
  margin-left: auto;
  margin-right: auto;
}

/* 画像 */
img {
  max-width: 100%;
  height: auto;
  vertical-align: bottom;
}
…
```

Ⓐ

```
/* 配置 ［ 幅広、全幅 ］ */
.alignwide {
  max-width: …;
   margin-left: …;
   margin-right: …;
}

.alignfull {
   margin-left: …;
   margin-right: …;
}
…
```

Ⓒ

テーマから適用するスタイル

Ⓑのスタイルは Gutenberg が用意するようになりました。これはブロックが持つスタイルの「追加分」として、テーマで有効化するかどうかを指定できる形で用意されました。
Classic Editor のときと同様にテーマからスタイルを適用する場合、有効化しなければよいという配慮です。

Ⓑ
```
/* キャプション */
.wp-block-image figcaption {
  color: #555;
  font-size: 13px;
  text-align: center;
}
/* 引用 */
.wp-block-quote {
  border-left: 0.25em solid currentColor;
  padding-left: 1em;
}
…
```

Gutenbergが用意したコアブロックの追加分のスタイル

これらに加えて、テーマではコンテンツのためのスタイルⒹも扱わなければなりません。WordPress のテーマ作成は、一気に難易度が上がることになります。
さらに、開発半ばである Gutenberg が仕様を変更すれば、テーマはその影響を受けて振り回されることになります。

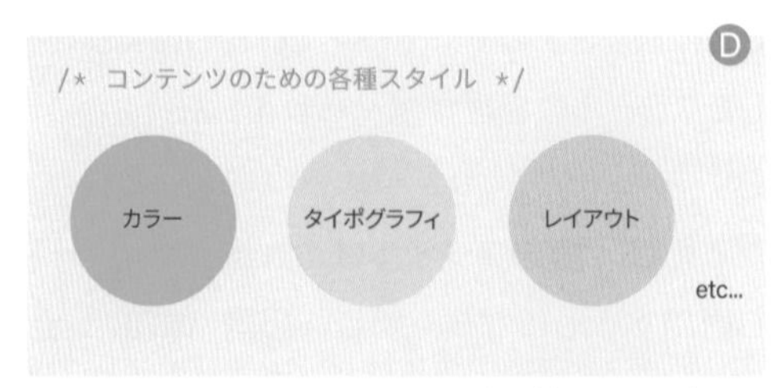

テーマから適用するスタイル

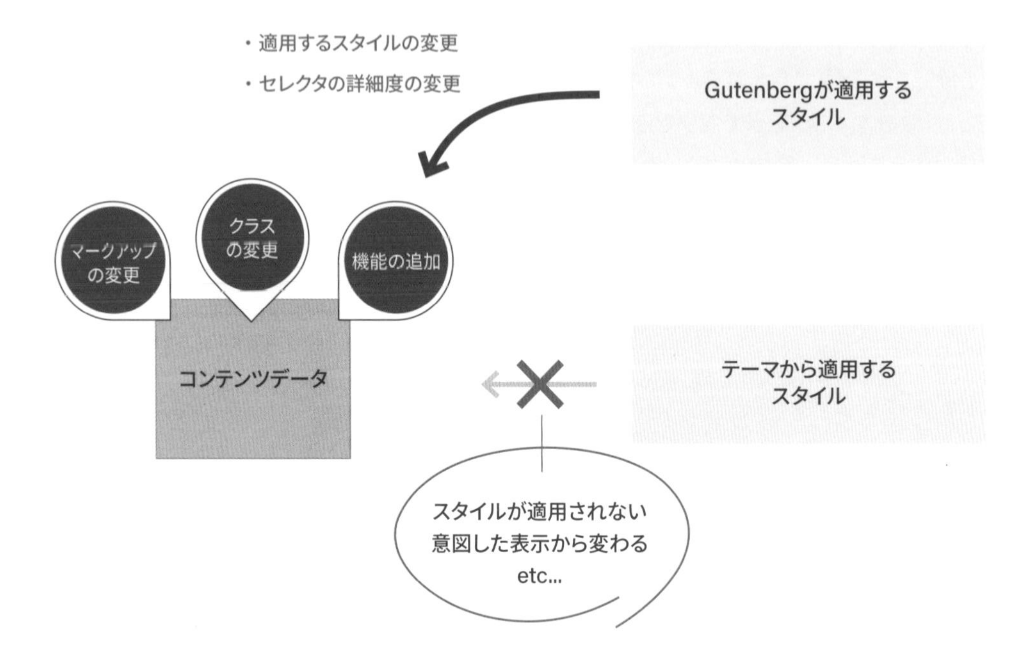

このような状況から抜け出し、テーマ開発をシンプルにするためにはどうすればよいのでしょうか？

+ 自己完結する形になったGutenberg（グーテンベルク）

最もシンプルな方法は、エディターを自己完結する形にして、エディターの仕様変更がテーマに影響しないようにすることです。たとえば、スタイルなどもテーマではなく、エディターが管理するようになれば、Gutenberg の仕様変更がテーマに影響することもなくなるわけです。

しかし、WordPress は後方互換性を考慮するかぎり、これまでの構成を大きく変えることはできません。

そこで、これまでとはまったく互換性のないテーマのフォーマットを採用するとともに、テーマそのものも飲み込むことで、完全な自己完結を実現したサイトエディターが登場します。

サイトエディターはコンテンツはもちろん、ヘッダーやフッターも含めたページ全体、サイト全体を構築するものです。

これまでバラバラに管理されてきたⒶ～Ⓓのスタイルは、すべてをエディターが適切に管理し、適用します。そして、これらのスタイルを設定＆カスタマイズするために用意されたのが theme.json です。theme.json はエディターに「このスタイルをこうしたい」といったデータを伝えます。

そのため、Gutenberg が仕様を変更しても、エディターがそれに合わせてスタイルを反映してくれる仕組みになっているというわけです。

このように自己完結する形になったサイトエディターを利用するためには、次に紹介する「ブロックテーマ」を使う必要があります。

テーマの分類

現在の WordPress で扱うことのできるテーマを確認しておきます。

＋ ブロックテーマ

「ブロックテーマ」はサイトエディターのために用意された新しいテーマのフォーマットで、Gutenberg のブロックを使ってテンプレートを構成します。

```
<!-- wp:template-part {"slug":"header","tagName":"header"}
/-->

<!-- wp:group {"tagName":"main","style":{"spacing":{"margi
n":{"top":"var:preset|spacing|70","bottom":"var:preset|spa
cing|80"}}},"layout":{"type":"default"}} -->
<main class="wp-block-group" style="margin-top:var(--wp-
-preset--spacing--70);margin-bottom:var(--wp--preset--
spacing--80)"><!-- wp:group {"style":{"spacing":{"margin":
{"bottom":"var:preset|spacing|70"}}},"layout":{"type":"con
strained"}} -->
<div class="wp-block-group" style="margin-bottom:var(--wp-
-preset--spacing--70)"><!-- wp:site-title {"textAlign":"ce
nter","isLink":false,"align":"wide","fontSize":"xx-large"}
/--></div>
<!-- /wp:group -->

<!-- wp:group {"layout":{"type":"constrained"}} -->
<div class="wp-block-group"><!-- wp:heading {"textAlign":
"center","align":"wide","className":"is-style-decoration-
line"} -->
<h2 class="alignwide has-text-align-center is-style-
decoration-line">記事一覧</h2>
<!-- /wp:heading -->

<!-- wp:template-part {"slug":"posts","align":"wide"} /--
></div>
<!-- /wp:group --></main>
<!-- /wp:group -->

<!-- wp:template-part {"slug":"footer","tagName":"footer"}
/-->
```

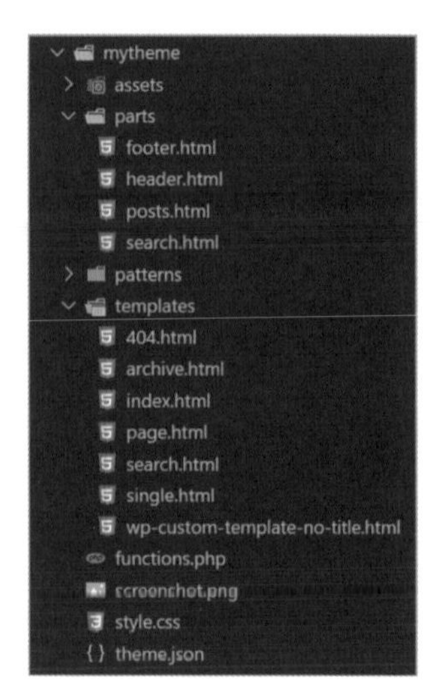

インデックステンプレート： index.html

HTML ファイルで構成されているように見えますが、その中身は Gutenberg のコンテンツデータと同様に、ブロックの構成をオブジェクトツリーとして保存したものです。そのため、テンプレートの作成にはサイトエディターを使い、ノーコードを目指した環境でテーマを作成できます。
サイトエディターには、ヘッダーやフッターといったテンプレートパーツを編集するエディターや、theme.json を管理するスタイルサイドバーも用意されています。

これからの WordPress では、このブロックテーマの利用を前提として開発が進むことになります。

+ クラシックテーマ

「クラシックテーマ」はこれまでのWordPressで使われてきた、PHPを使ったテンプレートで構成されたテーマです。

従来の機能はこれまで通り維持されています。ただし、Gutenbergが自己完結できるようになったことで、クラシックテーマにおけるGutenbergの扱い方は変化を始めています。さらに、その変化も大きなものとなってきており、テーマの維持にはそれなりの覚悟が必要です。

```
<?php get_header(); ?>
<h1 class="post-header"><?php bloginfo( 'name' ); ?></h1>
<div class="post-body">
  <ul class="posts">
    <?php if(have_posts()): while(have_posts()):
    the_post(); ?>
      <li <?php post_class(); ?>>
        <a href="<?php the_permalink(); ?>">
          <figure><?php the_post_thumbnail(); ?></figure>
          <h3><?php the_title(); ?></h3>
        </a>
      </li>
    <?php endwhile; endif; ?>
  </ul>
</div>
<?php get_footer(); ?>
```

インデックステンプレート： index.php

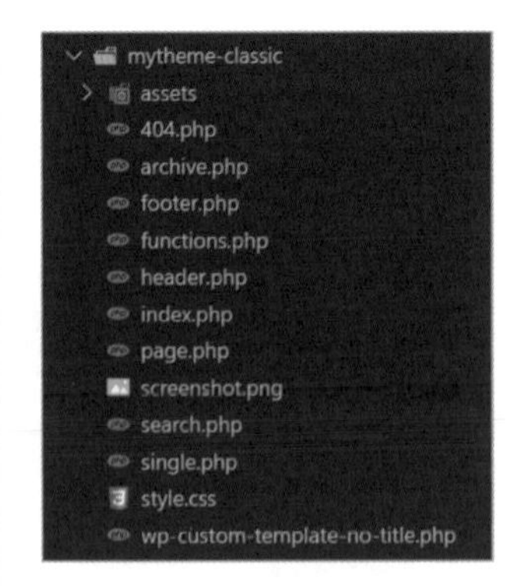

+ ハイブリッドテーマ

クラシックテーマの中で、テーマのtheme.jsonなど、ブロックテーマの機能を活用しているテーマを「ハイブリッドテーマ」と呼びます。

長年培われたクラシックテーマの制作手法の中に、必要に応じてブロックテーマの便利な機能を取り込めるというメリットがあります。ただし、ブロックテーマが主体となった今後のWordPressでハイブリッドテーマを作成するためには、ブロックテーマの理解と、クラシックテーマから利用できる機能の理解も必要となります。ブロックテーマをシンプルに利用するよりも多くのスキルが必要になりますので、よく検討する必要があります。

```
<?php get_header(); ?>
<?php block_template_part( 'header' ); ?>
<div class="has-global-padding is-layout-constrained"
 style="margin-bottom:var(--wp--preset--spacing--70)">
    <h1 class="has-text-align-center alignwide
     wp-block-site-title has-xx-large-font-size">
        <?php bloginfo( 'name' ); ?>
    </h1>
</div>
<div class="has-global-padding is-layout-constrained">
    <h2 class="alignwide has-text-align-center
     is-style-decoration-line">記事一覧</h2>
    <?php block_template_part( 'posts' ); ?>
</div>
<?php block_template_part( 'footer' ); ?>
<?php get_footer(); ?>
```

インデックステンプレート： index.php

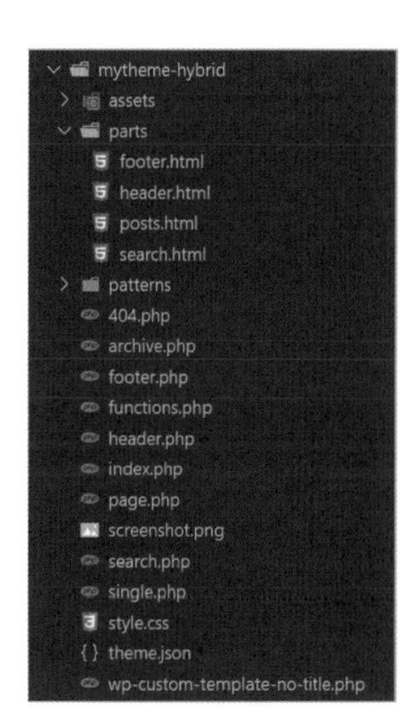

+ 各テーマで利用できる機能の比較

各テーマで利用できる機能は次のようになっています。

機能		ブロック	ハイブリッド	クラシック	参照
サイトエディター		○	×	×	P.92
スタイルサイドバー		○	×	×	P.138
テンプレートパーツエディター		○	○	○	P.206
テンプレートやテンプレートパーツの新規作成		○	×	×	P.222
ブロックパターン		○	○	○	P.301
スタイルバリエーション		○	×	×	P.320
Create Block Themeプラグイン		○	×	×	P.70
エクスポート機能		○	○	○	P.107
レイアウト機能		○	○	×	P.39
テーマのtheme.jsonによる	UIコントロールの有効化・無効化	○	○	△	P.54
	プリセットの指定	○	○	△	P.51
	ベースとなるスタイルの指定	○	○	×	P.58

※WordPress 6.1.1で確認しています

×…ブロックテーマではないため利用できません
×…theme.jsonがないため利用できません
△…add_theme_support()で用意されたもののみ利用できます（参照：P.57）

スタイル

WordPress のスタイリングは theme.json を中心とした構成に大きく変わりました。そこで、その構成を確認しておきます。WordPress のフロントエンドを構成するスタイルは、以下の通りです。

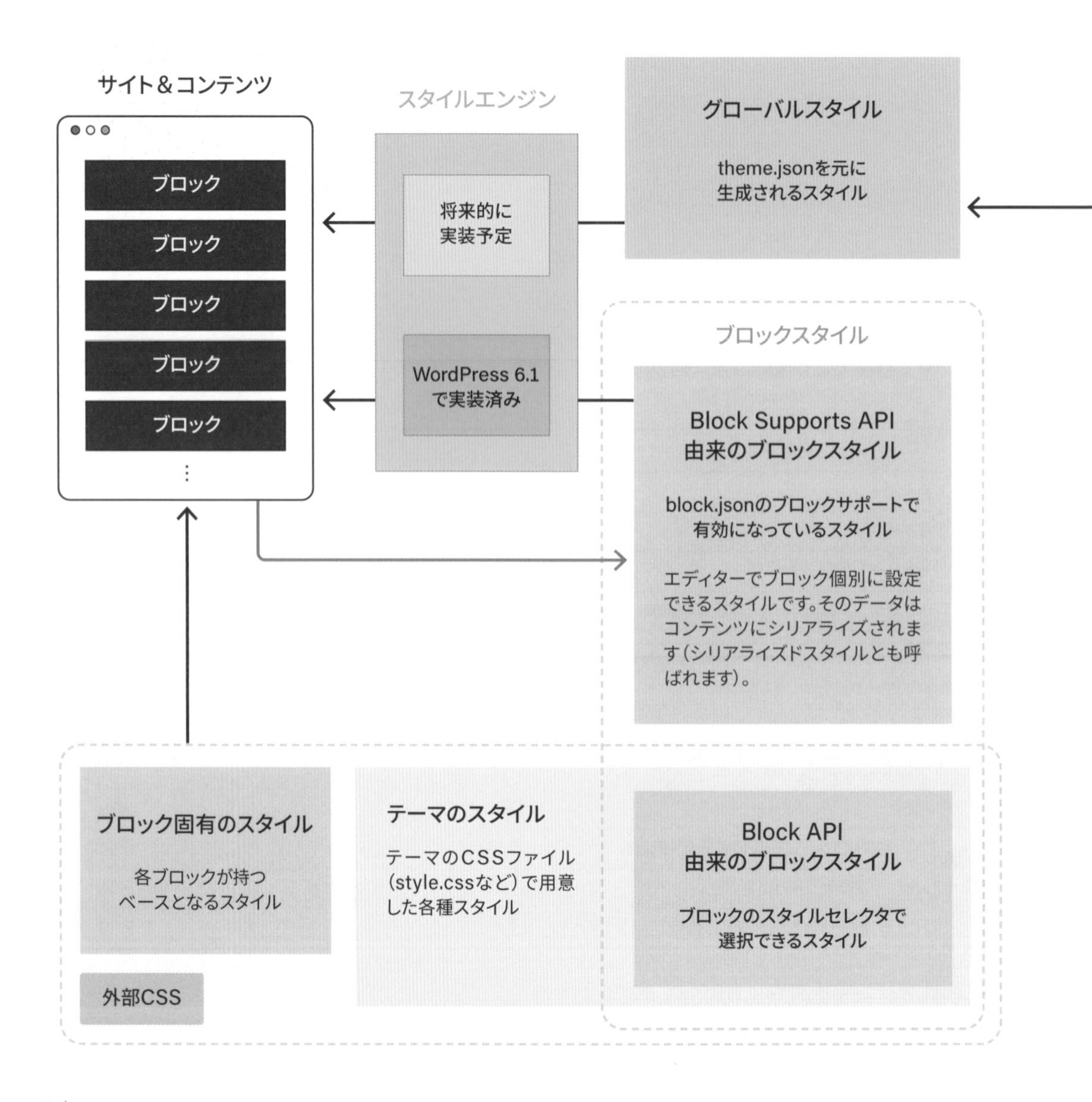

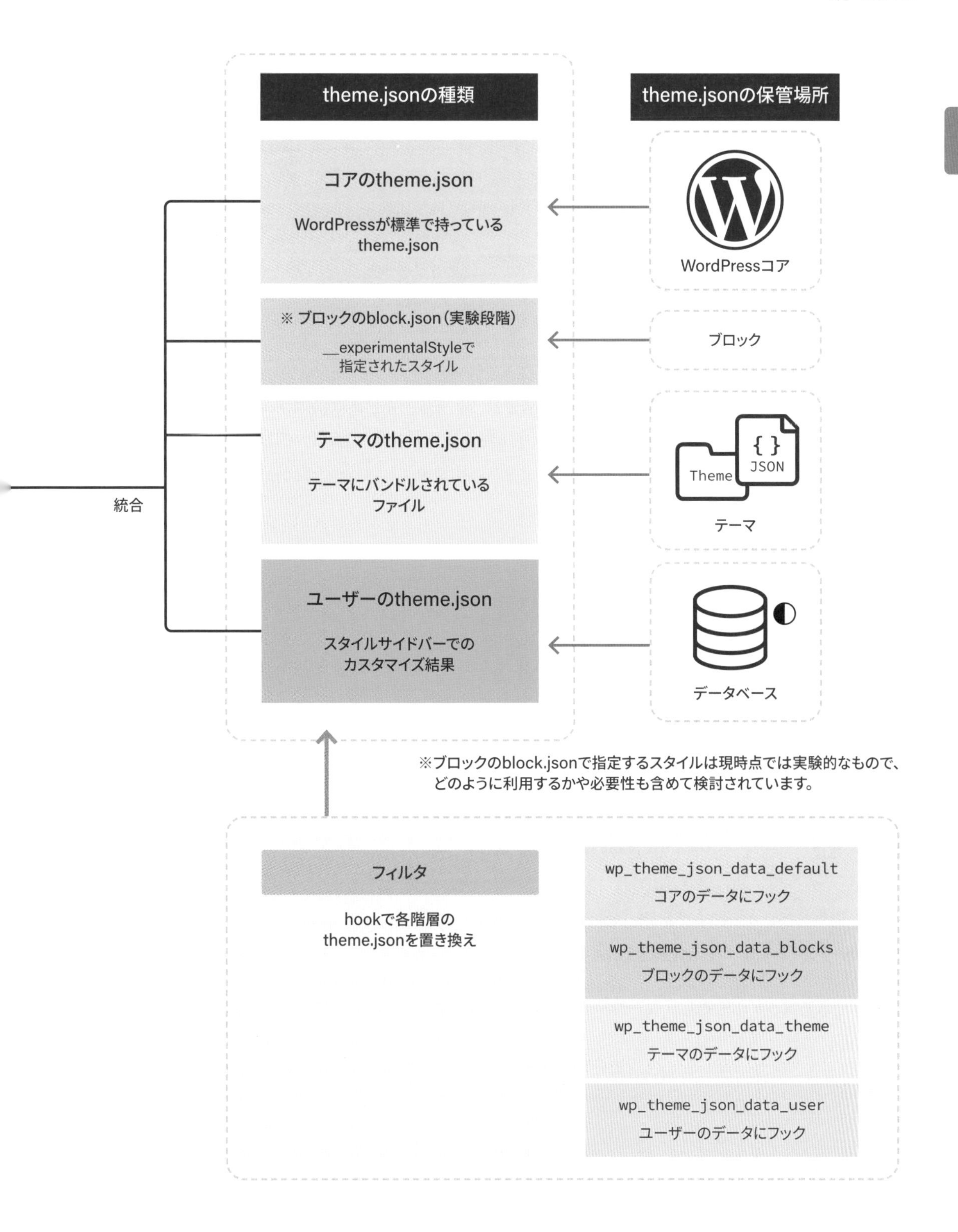
theme.jsonの種類
theme.jsonの保管場所
コアのtheme.json
WordPressが標準で持っている
theme.json
WordPressコア
※ ブロックのblock.json（実験段階）
__experimentalStyleで
指定されたスタイル
ブロック
テーマのtheme.json
テーマにバンドルされている
ファイル
Theme
{ }
JSON
テーマ
統合
ユーザーのtheme.json
スタイルサイドバーでの
カスタマイズ結果
データベース
※ブロックのblock.jsonで指定するスタイルは現時点では実験的なもので、
どのように利用するかや必要性も含めて検討されています。
フィルタ
hookで各階層の
theme.jsonを置き換え
wp_theme_json_data_default
コアのデータにフック
wp_theme_json_data_blocks
ブロックのデータにフック
wp_theme_json_data_theme
テーマのデータにフック
wp_theme_json_data_user
ユーザーのデータにフック

+ ブロックのスタイル

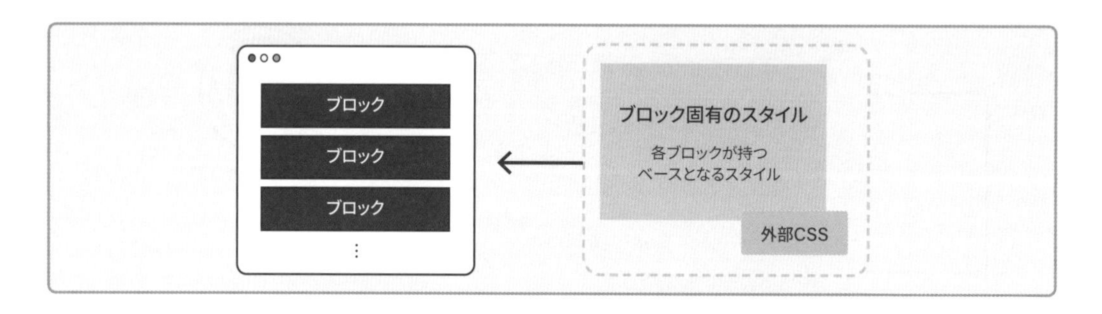

ブロックにはベースとなる固有のスタイルが用意されています。たとえば、カラムブロックの各カラムが横並びのレイアウトになるのも、固有のスタイルが用意されているおかげです。そのため、ブロックを並べるだけでページを構成することができます。このスタイルは `wp-block-library-*` または `wp-block-ブロック名-*` という ID で出力されます。

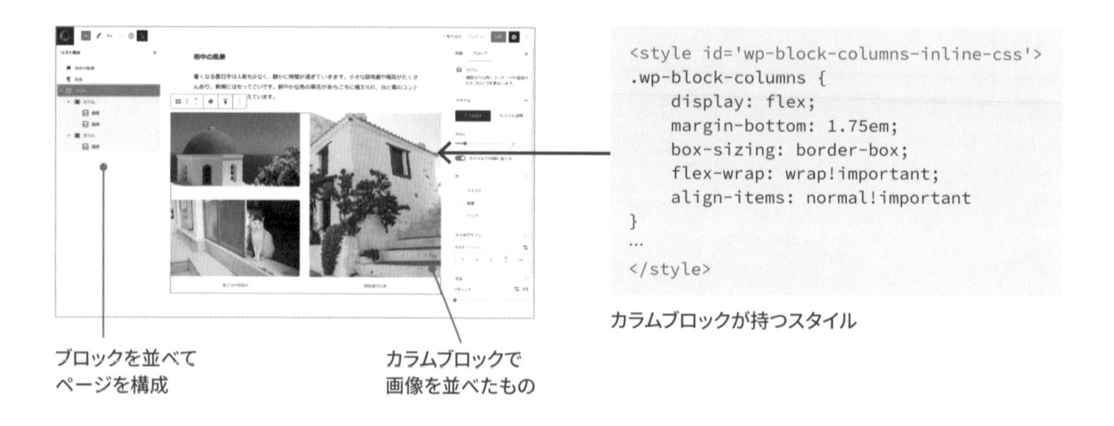

カラムブロックが持つスタイル

ブロックスタイル（Block styles）

ベースとなるスタイルに対し、ユーザーがブロックに新たなスタイルを追加する方法として「ブロックスタイル」の仕組みが用意されています。
ブロックスタイルはエディターの UI コントロールを使って追加します。追加したスタイルは、新しいクラス、または、インラインスタイルの形で追加され、シリアライズされた上でコンテンツの一部として保存されます。そのため、「ローカルスタイル」または「シリアライズドスタイル」とも呼ばれます。

たとえば、本書で作成するアバウトページの見出しブロックでは、次のように配置などのスタイルを追加します。追加したスタイルはシリアライズされ、`{"textAlign"…}` という形で保存されます。

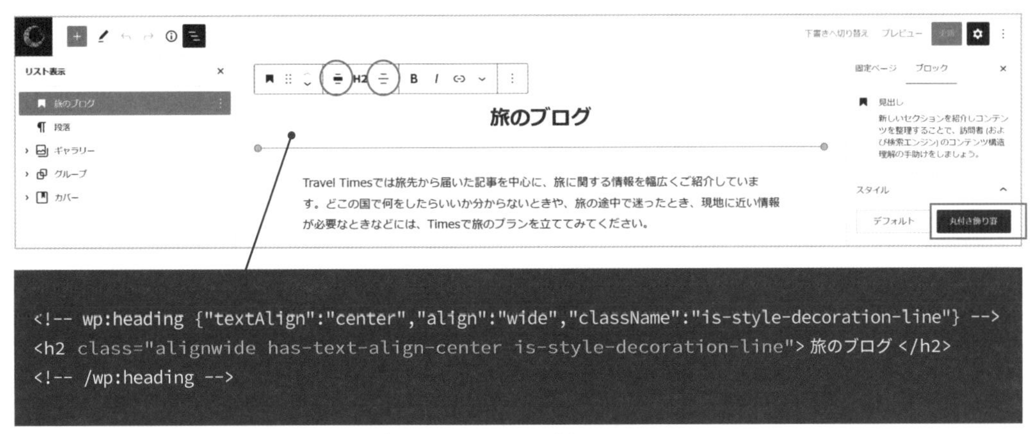

エディターのUIコントロールを使って見出しブロックにスタイルを追加したもの

なお、クラスの形で追加される場合、そのクラスに対応するスタイルを右のいずれかの形で用意する必要があります。ここでは、次のようにスタイルが用意されています。

- ブロックのスタイル
- グローバルスタイル
- テーマのスタイル

```
.has-text-align-center {
    text-align: center;
}
```

ブロックのスタイルで用意された
テキストの配置を「中央寄せ」にするもの

```
body .is-layout-constrained > .alignwide {
    max-width: var(--wp--style--global--wide-size);
}
```

グローバルスタイルで用意された
配置を「幅広」にするもの

```
:is(h1, h2, h3, h4, h5, h6).is-style-decoration-line {
    padding-bottom: 0.5em;
    border: solid 12px;
    border-image: url(assets/images/line.svg) 12;
}
```

テーマのスタイルで用意した
見出しに飾り罫を追加するもの

こうしたブロックスタイルを扱うための API としては、「Block API 由来のブロックスタイル」と「Block Supports API 由来のブロックスタイル」が用意されています。

Block API由来のブロックスタイル

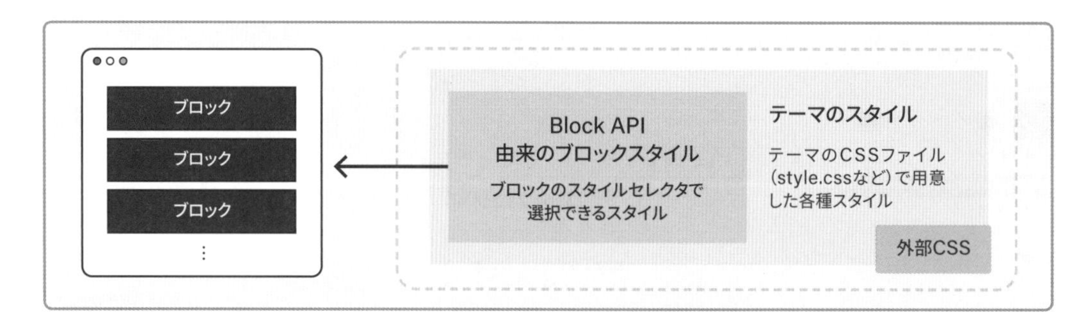

Block API 由来のブロックスタイルは、`register_block_style()` / `unregister_block_style()`（JavaScriptでは `registerBlockStyle` / `unregisterBlockStyle`）を使ってブロックに対してブロックスタイルを登録し、スタイルセレクターから選択できるようにするものです。

ブロックにはクラスが追加されますので、適用するスタイルをテーマのスタイルシートファイルまたはインラインスタイルとして用意します。制限なく自由にスタイルを指定できますが、自己完結する形になったエディターに外部からスタイルを当てることになるため、適切に機能させることはテーマの責任となります。

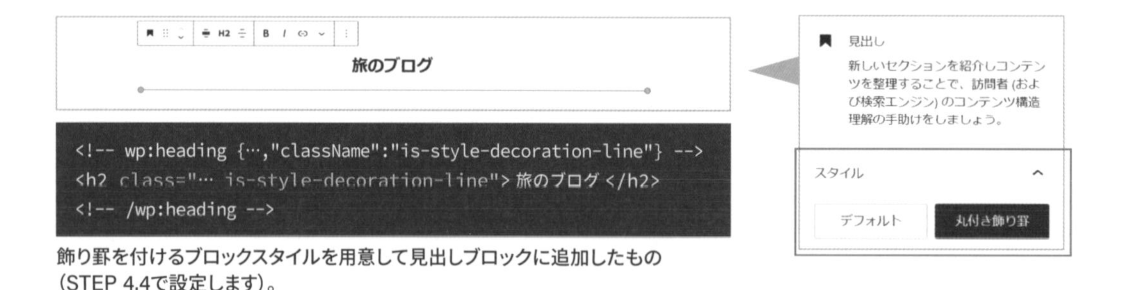

飾り罫を付けるブロックスタイルを用意して見出しブロックに追加したもの（STEP 4.4で設定します）。

```
register_block_style(
    'core/heading',
    array(
        'name' => 'decoration-line',
        'label' => ' 丸付き飾り罫 '
    )
);
```

テーマのfunctions.phpで
ブロックスタイルを登録。

```
:is(h1, h2, h3, h4, h5, h6).is-style-decoration-line {
    padding-bottom: 0.5em;
    border: solid 12px;
    border-image: url(assets/images/line.svg) 12;
}
```

テーマのスタイルシートファイル（style.css）で
ブロックスタイル用のスタイルを用意。

Block Supports API由来のブロックスタイル（ブロックサポートCSS）

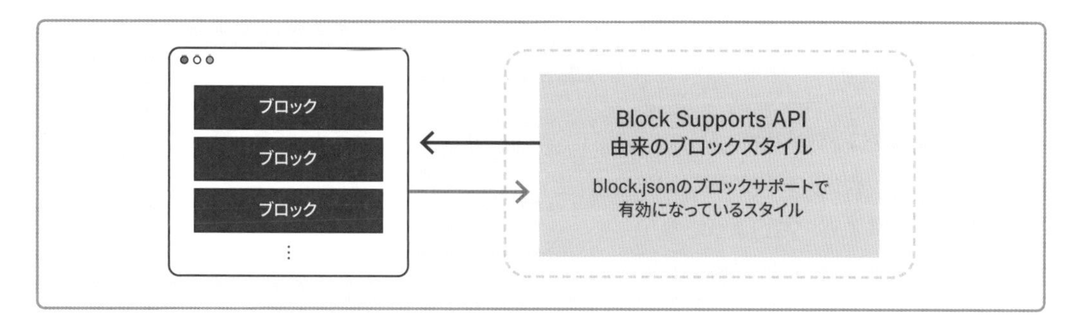

Block Supports API は、ブロックがどのような機能をサポートしているかをシステム（Gutenberg）に伝えるための API です。この API を使うことで、ブロックスタイルを設定します。そのため、ブロック側での設定となり、ブロックを構成するファイルの 1 つである block.json を使います。ただし、Block API のように自由にスタイルを指定できるわけではありません。

たとえば、コアの段落ブロックの block.json には、右のようなブロックサポートの設定があります。この設定があることで、エディターでは段落ブロックのフォントサイズを調整する UI コントロール（デザインツール）が有効になり、表示されます。そして、UI を使って調整した結果はシリアライズされ、コンテンツの一部として保存されます。

```
{
    "name": "core/paragraph",
    …
    "supports": {
        "typography": {
            "fontSize": true
        }
    }
}
```

段落ブロックのblock.json

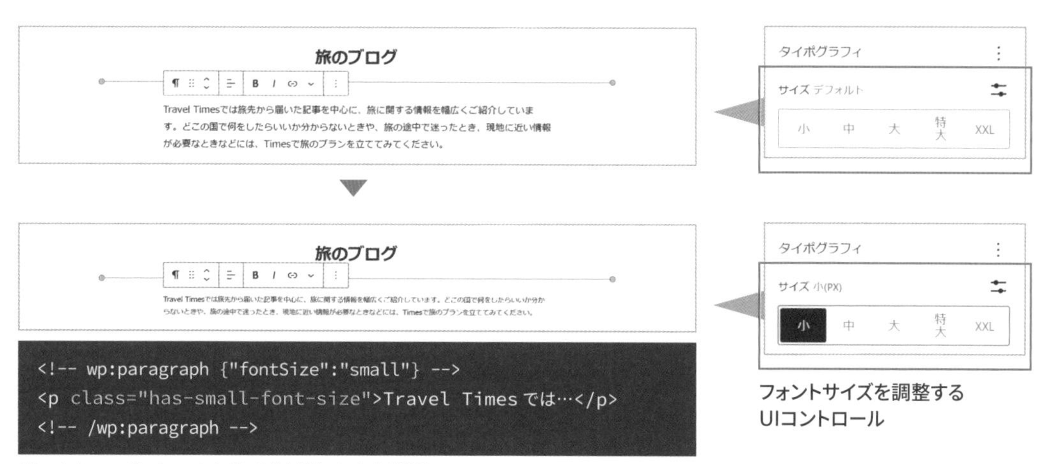

UIコントロールでフォントサイズを「小」にした結果。

フォントサイズを調整する UIコントロール

この設定はテーマのtheme.jsonを使って上書きし、機能を制限することができます。

たとえば、段落ブロックがサポートしているすべてのタイポグラフィのUIコントロールを表示すると、右のようになります。これに対し、テーマのtheme.jsonに次のように指定すると、段落ブロックのフォントサイズのUIコントロールが無効化され、エディターに表示されなくなります。

段落ブロックがサポートした
タイポグラフィのUIコントロールをすべて表示したもの。

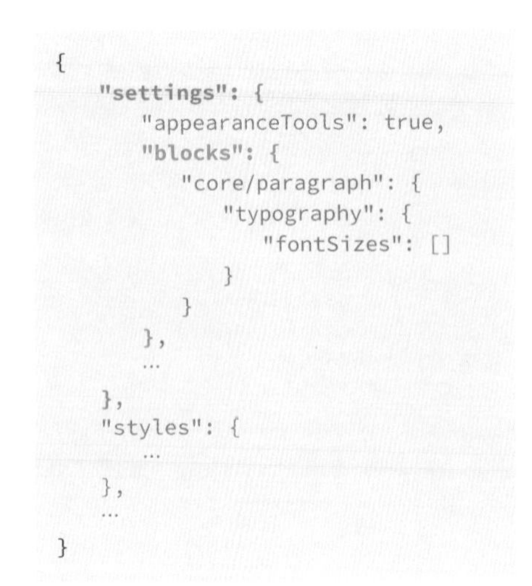

```
{
    "settings": {
        "appearanceTools": true,
        "blocks": {
            "core/paragraph": {
                "typography": {
                    "fontSizes": []
                }
            }
        },
        ...
    },
    "styles": {
        ...
    },
    ...
}
```

テーマのtheme.json

フォントサイズのUIコントロールが表示されなくなります。

なお、ブロックサポートで対応していても、コアのtheme.jsonで無効化され、エディターにUIが表示されないというケースもあります。この場合、UIを表示するためにはテーマのtheme.jsonで有効化する必要があります。
さらに、ブロックサポートで有効化されていない機能をtheme.jsonで有効化することはできません。

1

ブロックサポートとUIコントロール（デザインツール）

Web 制作で必要になる基本的なスタイルの調整機能は、次のような UI コントロールで提供されます。これらは主要ブロックのブロックサポートで有効化されており、組み合わせて利用することでさまざまなページのデザイン・レイアウトを実現できます。

※【】内は UI での指定がどの CSS プロパティの値になるのかを示しています。

Typography（タイポグラフィ）

- フォントファミリー【font-family】
- フォントサイズ【font-size】
- 外観（太さと斜体）【font-weight、font-style】
- 行の高さ【line-height】
- 文字間隔【letter-spacing】
- 装飾【text-decoration】
- 大文字小文字【text-transform】
- ドロップキャップ（1 文字目を大きくするスタイルを適用）

Dimensions and Spacing（寸法）

- パディング【padding】
- マージン【margin】
- ブロックの間隔【margin-block-start, gap】
- 高さ【height】
- 幅【width】

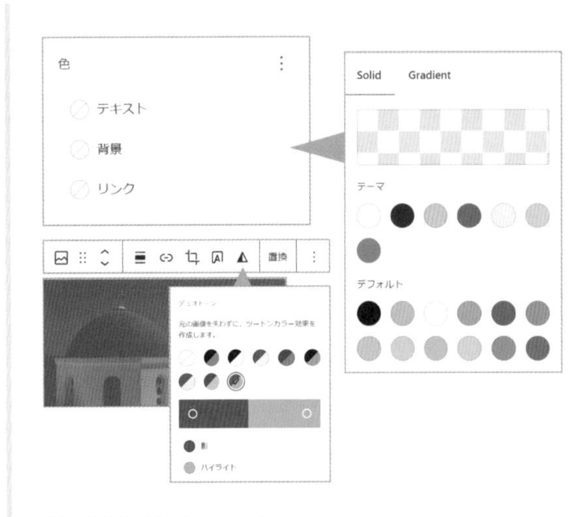

Colors（色）

- テキストの色【color】
- 背景の色【background-color】
- リンクの色【color】
- グラデーションオプション
- デュオトーンフィルタ（画像系のみ）

Layout（レイアウト）

グループ、横並び、カラム、ナビゲーションなど、「コンテナ」に分類される種類のブロックが持つ機能です。Flexboxやフクロウセレクタ（P.155）のスタイルを利用し、ブロックの中身のレイアウト（横幅、配置、方向など）をコントロールします。

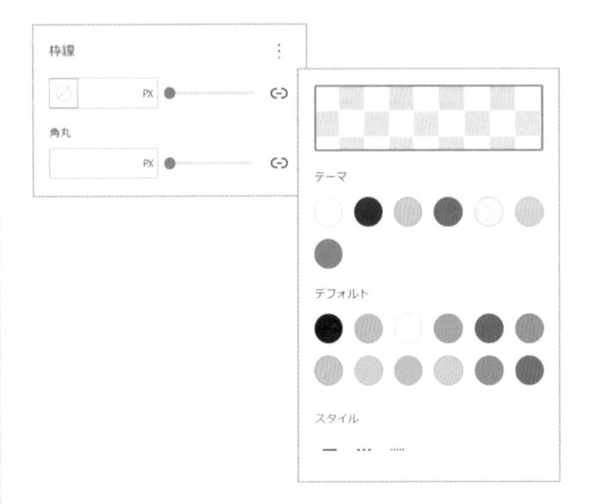

Border（枠線）

- 枠線の色【border-color】
- 枠線のスタイル【border-style】
- 枠線の太さ【border-width】
- 枠線の角丸半径【border-radius】

主要ブロックが対応しているUIコントロール

ここで取り上げた5種類のUIコントロール タイポグラフィ 、寸法 、色 、レイアウト 、枠線 は、すべてのブロックでサポートすることを目標に対応作業が進められています（もちろん、意図的に対応しないという例外も含まれます）。

現在のところ、主要ブロックの対応状況は次のようになっています。

	タイポグラフィ	寸法	色	レイアウト	枠線
見出し	○	○	○	-	-
段落	○	○	○	-	-
画像	-	-	※	-	○
ギャラリー	-	○	○	○	-
カバー	○	○	※	-	-
アイキャッチ画像	-	○	※	-	○
グループ	○	○	○	○	○
カラム(Columns)	○	○	○	○	○
カラム(Column)	○	○	○	○	○
ボタン(Buttons)	○	○	-	○	-
ボタン(Button)	○	○	○	-	○
サイトのタイトル	○	○	○	-	-
投稿タイトル	○	○	○	-	-
投稿コンテンツ	○	-	-	○	-
投稿テンプレート	○	-	-	-	-
クエリー	-	-	○	○	-

※デュオトーンフィルタのみ対応

+ グローバルスタイル

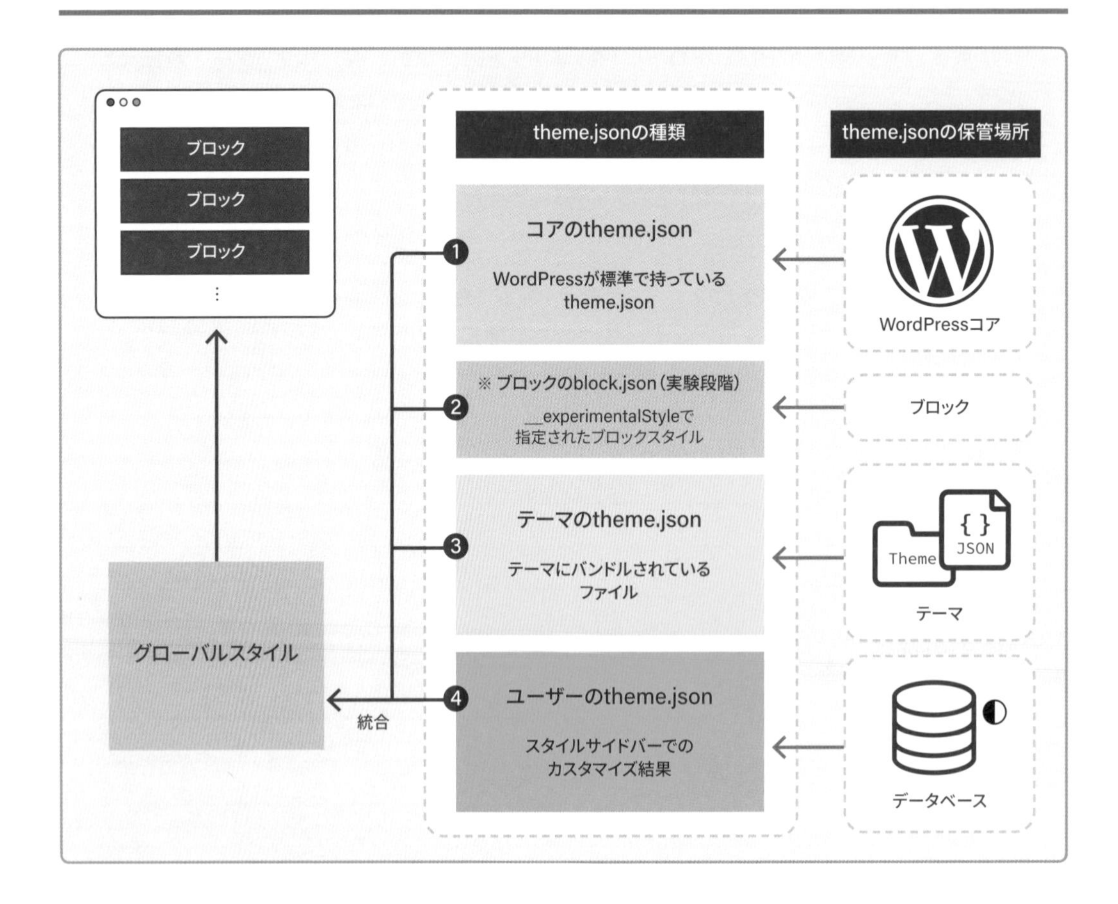

theme.json を元に生成されるスタイルです。３つの theme.json に加えて、ブロックの block.json での指定が実験的に導入されています。これらは❶～❹の順に統合され、同じ項目の指定は上書き処理されます。これにより、コアの theme.json で初期設定が行われ、テーマの theme.json でカスタマイズし、それをさらにユーザーがカスタマイズできるという仕組みになっています。

統合結果は CSS に変換され、グローバルスタイルとして `global-styles-inline-css` という ID で出力されます。theme.json については P.44 で詳しく見ていきます。

```
<style id="global-styles-inline-css">
body{--wp--preset--color--black:
#000000;--wp--preset--color--cyan-
bluish-gray: #abb8c3; …
</style>
```

グローバルスタイル

+ テーマのスタイル

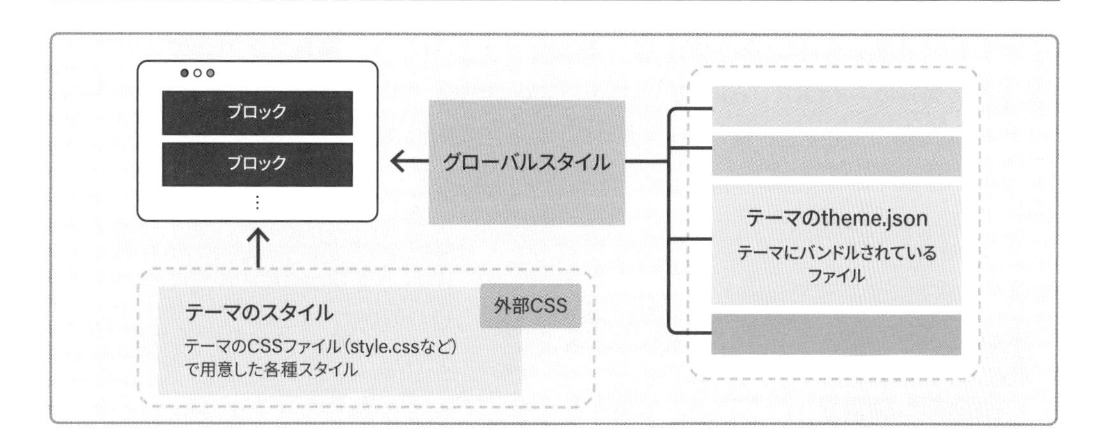

テーマが用意するスタイルです。従来のテーマと同じようにスタイルシートファイル（style.css）で用意したものに加えて、テーマの theme.json から生成され、グローバルスタイルの一部となるスタイルも「テーマのスタイル」です。

+ ユーザーのスタイル

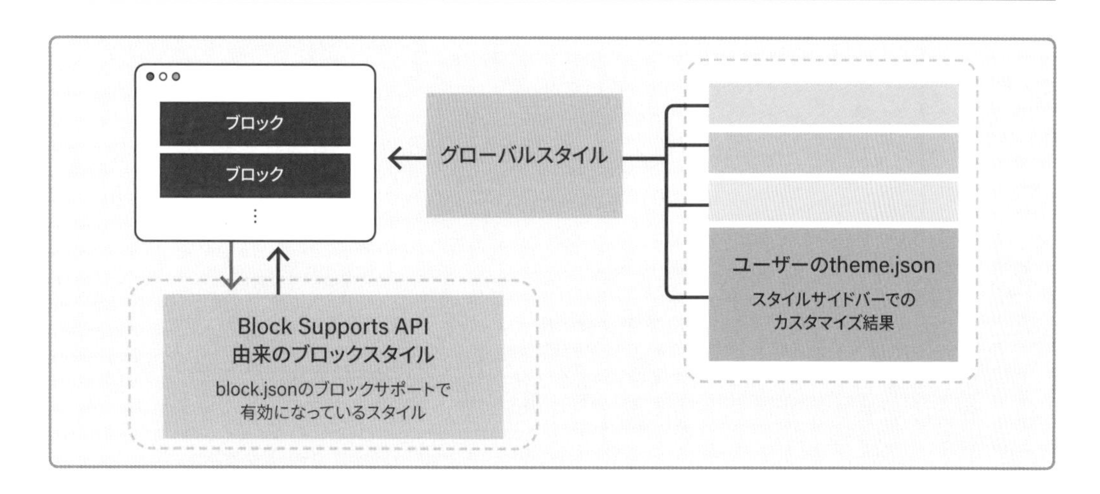

エディターの UI（ブロックサポートで有効化されたもの）でユーザーが設定したスタイルです。テーマやブロックの持つスタイルをベースとしますが、コンテンツを構成するブロックそれぞれに指定できます。サイトエディターのスタイルサイドバー（P.63）で設定し、グローバルスタイルの一部となるスタイルも「ユーザーのスタイル」です。

＋ スタイルの出力順

ここまで見てきたスタイルは、次のように❶〜❺の順に出力されます。❷はコアブロックに用意された追加分の固有のスタイルで、P.90のようにテーマで有効化した場合にのみ出力されます。CSSのセレクタの詳細度が同じ場合、後から出力されたものほど優先度が高くなります。

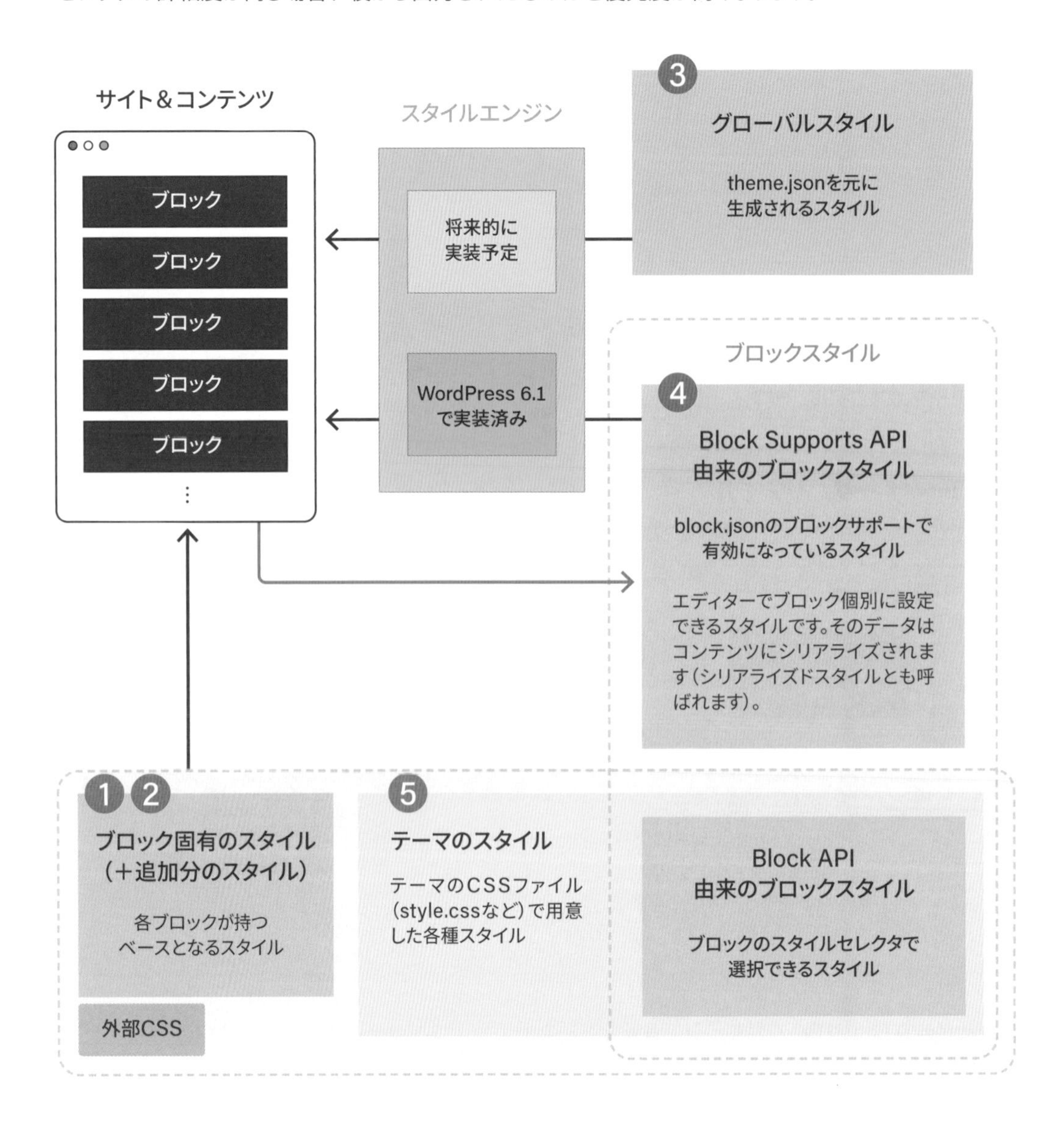

スタイルの出力形式

スタイルの出力形式は、ページ内で使用したブロックのスタイルのみを出力する `should_load_separate_core_block_assets` と、インラインスタイルの最大容量を指定する `styles_inline_size_limit` の設定によって変わります。

ブロックテーマの場合、標準で `should_load_separate_core_block_assets` が有効化され、`styles_inline_size_limit` を 20000byte にした状態になっています。これらの設定を変えてもページの表示には影響しないように処理されます。

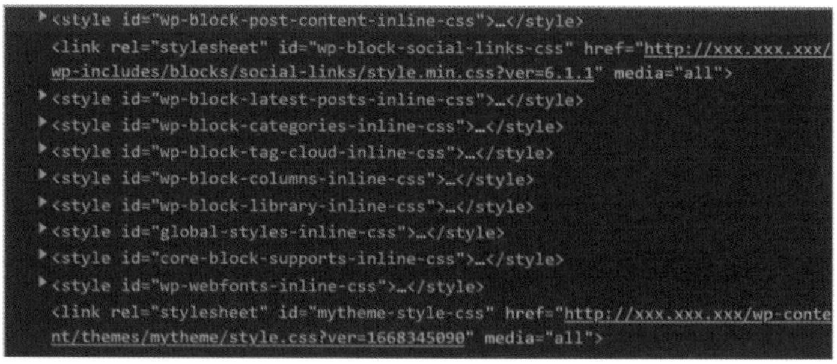

```
▶<style id="wp-block-post-content-inline-css">…</style>
 <link rel="stylesheet" id="wp-block-social-links-css" href="http://xxx.xxx.xxx/
 wp-includes/blocks/social-links/style.min.css?ver=6.1.1" media="all">
▶<style id="wp-block-latest-posts-inline-css">…</style>
▶<style id="wp-block-categories-inline-css">…</style>
▶<style id="wp-block-tag-cloud-inline-css">…</style>
▶<style id="wp-block-columns-inline-css">…</style>
▶<style id="wp-block-library-inline-css">…</style>
▶<style id="global-styles-inline-css">…</style>
▶<style id="core-block-supports-inline-css">…</style>
▶<style id="wp-webfonts-inline-css">…</style>
 <link rel="stylesheet" id="mytheme-style-css" href="http://xxx.xxx.xxx/wp-conte
 nt/themes/mytheme/style.css?ver=1668345090" media="all">
```

※should_load_separate_core_block_assetsが有効な場合、❶〜❸に含まれるブロックのスタイルはページ内で使用したブロックのもののみが出力されます。

※<style>と<link>のどちらで出力されるかは、styles_inline_size_limitの指定に応じて変わりますが、❸と❹に含まれるスタイルが外部CSSになることはありません。

```
// ページ内で使用したブロックのスタイルのみを出力するように指定
add_filter( 'should_load_separate_core_block_assets', '__return_true' );

// インラインスタイルの最大容量を 20000byte に指定
add_filter( 'styles_inline_size_limit', function() {
    return 20000;
});
```

functions.php

一方、ハイブリッドを含むクラシックテーマでは `should_load_separate_core_block_assets` が標準では無効化されています。これを有効化した場合、❶〜❹がページの末尾（</body> の直前）に出力されます。これは、クラシックテーマではページをレンダリングしてからでないと、ページ内で使用したブロックの情報を取得できないためです。その結果、出力順は❺、❶、❷、❸、❹となるため、注意が必要です。

Gutenbergの進化にともなうスタイリングの変化

Gutenberg はその進化の過程で大きなスタイリングの変更を行ってきました。モダン CSS が利用できるようになったことでその変化は急速に、急激に進みました。ブロックテーマを理解する上で重要なポイントとなりますので、確認しておきます。

+ レイアウト機能を持つコンテナの導入とブロックのネスト

WordPress 5.8 以降では、theme.json を用意することでコンテナのレイアウト機能が有効化され、ブロックを自由かつ柔軟にネストできるようになっています。もちろん、これまでもコンテンツデータの構造としてブロックのネストは可能でしたが、そのスタイリング方法が大きな壁となっていました。

初期のGutenbergにおけるレイアウトのスタイリング

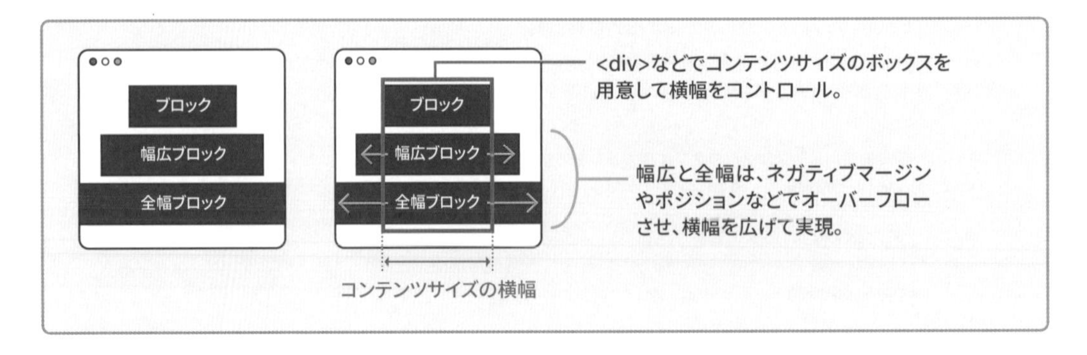

初期の Gutenberg では、スクリーン（エディターのキャンバス）に対してブロックをどのようにレイアウト（配置）するかというスタンスで、上記のような方法でスタイリングするのが一般的でした。しかし、この方法ではブロックがネストされた場合にそのパターンをすべて考慮しなければならないという問題を抱えていました。
当初はネストが可能なブロックに制限がありましたが、要望に応える形で制限は撤廃され、考慮するパターンが増大します。そして、パターンごとにどうスタイリングするべきかという指針もなく、テーマによってさまざまな形で対応することになります。

たとえば、デフォルトテーマの Twenty Nineteen（2019）のスタイルには、全幅の場合、全幅にした画像の場合、グループブロック内で全幅にした場合、全幅にしたカバーブロック内のブロックの場合など、さまざまなパターンの設定があり、非常に複雑なコードになっています。それでも、カラムブロック内に全幅の画像ブロックを入れると、エディターでの表示が崩れていました。

デフォルトテーマのTwenty Nineteenで、カラムブロック内に全幅の画像ブロックを入れたもの。画像がカラムからオーバーフローしています。

```
.entry .entry-content >
*.alignfull, .entry .entry-
content > .wp-block-group > .wp-
block-group__inner-container >
*.alignfull {
  position: relative;
  left: -1rem;
  width: calc( 100% + (2 * 1rem));
  max-width:
     calc( 100% + (2 * 1rem));
  clear: both;
}
.entry .entry-content .wp-block-
image.alignfull img {
  width: 100vw;
  max-width:
     calc( 100% + (2 * 1rem));
}
.entry .entry-content .wp-block-
cover-image.alignfull .wp-block-
cover-image-text, …, .entry
.entry-content .wp-block-cover.
alignfull h2 {
  max-width:
     calc(6 * (100vw / 12) - 28px);
}
…
```

テーマのスタイル

こうした問題を解決するために導入されたのが、「コンテナ」に分類される種類のブロック（グループやカラムなど）のレイアウト機能です。これにより、レイアウトのコントロールは非常にシンプルなものとなり、自由なネストが実現します。ただし、レイアウトを実現するためのスタイリングが大幅に変更されました。

レイアウト機能の導入とスタイリングの変更

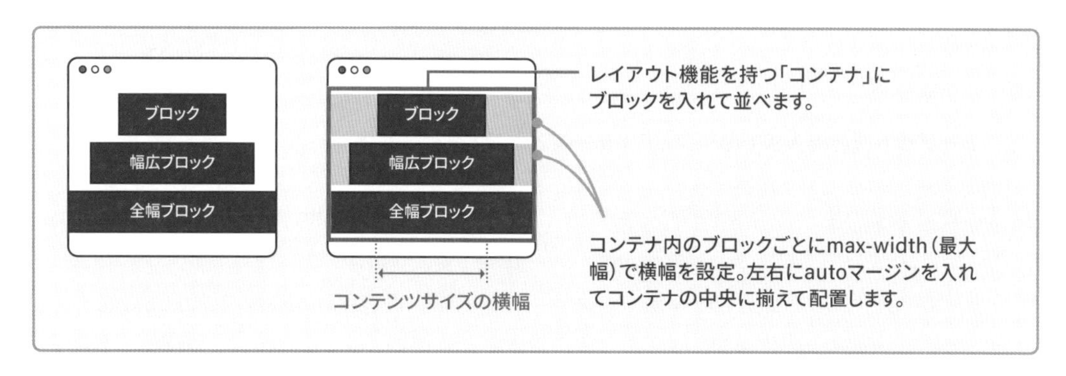

レイアウト機能を使ったスタイリングでは、コンテナに対してブロックをどのようにレイアウトするかというスタンスになります。中身がコンテナより大きくなることはなく、全幅にした場合はコンテナに合わせた横幅になります。そのため、どのようにネストしてもレイアウトが崩れる心配がなくなり、パターンごとにスタイルを用意する必要もなくなりました。

ただし、これまでのスタイリングと大きく変わるため、テーマの theme.json がある場合にだけ有効化されます。必要なスタイルは Gutenberg が出力するため、ブロックの横幅（コンテンツサイズと幅広サイズ）は theme.json またはエディターの UI で指定します。

たとえば、デフォルトテーマの Twenty Twenty Two で、「コンテナ」であるカラムブロックに画像ブロックを入れると次のようになります。各画像は配置をコンテンツ、幅広、全幅にして、カラムブロックの UI でコンテンツと幅広のサイズを指定しています。このレイアウトを実現するのに必要なスタイルは Block Supports API 由来のブロックスタイルとして出力されますが、次のようにシンプルなものとなっています（この出力は WordPress 6.0 でのものです。WordPress 6.1 以降ではスタイルエンジンによってさらに最適化して出力されます）。

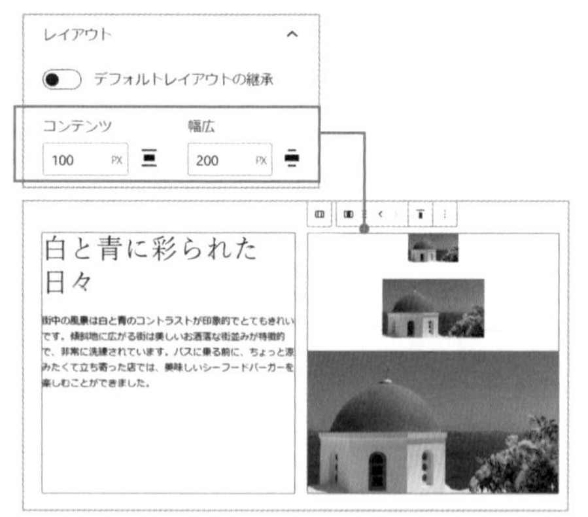

「コンテナ」であるカラムブロック内に画像ブロックを入れたもの。

```
.wp-container-8 > :where(:not(.alignleft):not(.alignright))
{
  max-width: 100px;
  margin-left: auto !important;
  margin-right: auto !important;
}

.wp-container-8 > .alignwide {
  max-width: 200px;
}

.wp-container-8 .alignfull {
  max-width: none;
}
```

Block Supports API由来のブロックスタイル

レイアウト機能導入までのデフォルトテーマとエディターの変化

レイアウト機能が使っているスタイリングの方法（ブロックごとに max-width で横幅を指定する方法）は、フロントではデフォルトテーマの Twenty Twenty から導入が始まっています。その後のデフォルトテーマでも採用され、エディターにはフロントとコードを揃える形で WordPress 5.5 から導入されていました。そのため、内部的にはレイアウトの管理方法が少しずつ1つのパターンに収束し、最終的にレイアウト機能として明確に導入された形となっています。

＋ スタイルエンジンによるスタイルの最適化

グローバルな設定とスタイルを管理するtheme.jsonが登場したことで、これまであちこちに散らばっていたものを一括で管理する受け皿ができました。そして、theme.jsonを元に生成されるグローバルスタイルは、theme.jsonで統合された上で出力されるようになりました。
一方で、ブロックをカスタマイズした結果として出力されるスタイルや、さまざまなレイアウトを実現するためのスタイルは、Block Supports API由来のブロックスタイルとして出力されます。しかし、WordPress 6.0ではブロックごとに出力されたため、多くの<style>タグが並ぶコードとなりました。

さまざまなレイアウトを実現するためのスタイル。コンテナごとに`wp-container-*`形式のクラスを付加して処理されますが、共通するスタイルも繰り返し出力されています。

```
▼<style>
  .wp-container-1 > .alignleft { float: left; margin-inline-start: 0; margin-inline-end: 2em; }.wp-
  container-1 > .alignright { float: right; margin-inline-start: 2em; margin-inline-end: 0; }.wp-
  container-1 > .aligncenter { margin-left: auto !important; margin-right: auto !important; }.wp-
  container-1 > * { margin-block-start: 0; margin-block-end: 0; }.wp-container-1 > * + * { margin-
  block-start: var( --wp--style--block-gap ); margin-block-end: 0; }
</style>
▼<style>
  .wp-container-2 {display: flex;gap: var( --wp--style--block-gap, 0.5em );flex-wrap: wrap;align-items:
  center;}.wp-container-2 > * { margin: 0; }
</style>
▼<style>
  .wp-container-4 {display: flex;gap: var( --wp--style--block-gap, 0.5em );flex-wrap: wrap;align-items:
  center;justify-content: flex-end;}.wp-container-4 > * { margin: 0; }
</style>
▼<style>
  .wp-container-5 {display: flex;gap: var( --wp--style--block-gap, 0.5em );flex-wrap: wrap;align-items:
  center;justify-content: space-between;}.wp-container-5 > * { margin: 0; }
</style>
▼<style>
  .wp-container-6 > :where(:not(.alignleft):not(.alignright)) {max-width: 620px;margin-left: auto
  !important;margin-right: auto !important;}.wp-container-6 > .alignwide { max-width: 1000px;}.wp-
  container-6 .alignfull { max-width: none; }.wp-container-6 > .alignleft { float: left; margin-inline-
  start: 0; margin-inline-end: 2em; }.wp-container-6 > .alignright { float: right; margin-inline-start:
  2em; margin-inline-end: 0; }.wp-container-6 > .aligncenter { margin-left: auto !important; margin-
  right: auto !important; }.wp-container-6 > * { margin-block-start: 0; margin-block-end: 0; }.wp-
  container-6 > * + * { margin-block-start: var( --wp--style--block-gap ); margin-block-end: 0; }
</style>
▶<style>…</style>
▼<style>
  .wp-elements-3ae15849ae885972bbf982ac6e7751ee a{color: var(--wp--preset--color--vivid-purple);}
</style>
▶<style>…</style>
▶<style>…</style>
▶<style>…</style>
▶<style>…</style>
▶<style>…</style>
```

ブロック内のリンク要素の色をカスタマイズした結果として出力されたスタイル。ブロック内の要素には共通のクラスを付加できないため、`wp-elements-*`という形式のクラスを付加して処理されています。

WordPress 6.0での出力

こうした状況を見直すため、スタイルエンジンが導入され CSS の最適化が始まりました。この作業は 3 つのフェーズに分けて進められ、WordPress 6.1 には次のフェーズ 1 と、フェーズ 2 の一部までが搭載されています。

フェーズ 1　**ブロックスタイルの統合とレイアウト抽象化のためのリファクタリング**

- ブロックサポート CSS（Block Supports API を通して設定できるように指定されたスタイル）をスタイルエンジンに集約し、そこから出力する構造にします。マージンやパディング、タイポグラフィ、色、枠線などの CSS ルールが対象です。
- ブロックごとに出力されていたレイアウトのスタイルを、セマンティックなクラスを使用する形に変更し、重複したスタイルの出力を削減します。

フェーズ 2　**グローバルスタイルの統合とスタイルタグの削減**

- スタイルエンジンによるブロック、レイアウト、要素のサポートのためのインラインスタイルを最適化します。

このスタイルエンジンの導入により、複数の <style> で出力されていたスタイルは <style id="core-block-supports-inline-css"> にまとめて出力されるようになります。さらに、レイアウト関連の共通したスタイルはグローバルスタイルとして出力されるようになったため、先ほどの大量のスタイルは次のように大幅にすっきりとした出力になりました。ここには共通化できない黄色い枠のスタイルと、赤枠に含まれていた共通化できないレイアウトのスタイルが出力されています。

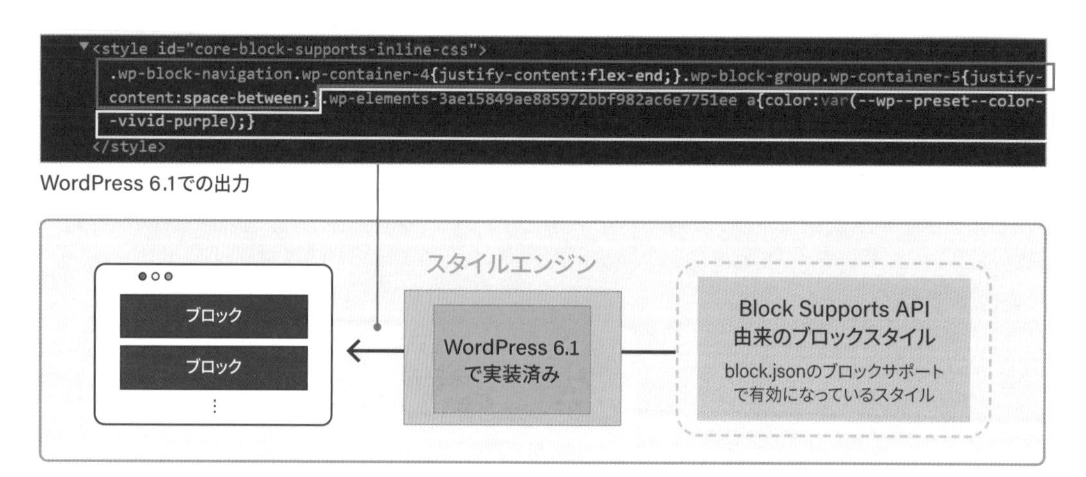

WordPress 6.1での出力

レイアウト関連の共通したスタイルは 3 つのレイアウトタイプに分類され、セマンティックなクラスでコンテナに適用されるようになっています。

レイアウトタイプ		クラス
Constrained	中身のブロックの横幅をコントロールするコンテナ	is-layout-constrained
Flow	中身のブロックの横幅をコントロールしないコンテナ	is-layout-flow
Flex	中身のブロックをCSSのFlexboxでレイアウトするコンテナ	is-layout-flex

```
body .is-layout-constrained > :where(:not(.
alignleft):not(.alignright):not(.alignfull)) {
  max-width: var(--wp--style--global--content-size);
  margin-left: auto !important;
  margin-right: auto !important;
}
body .is-layout-constrained > .alignwide {
  max-width: var(--wp--style--global--wide-size);
}
body .is-layout-constrained > * + * {
  margin-block-start: 1.8em;
  margin-block-end: 0;
}
body .is-layout-flow > * + * {
  margin-block-start: 1.8em;
  margin-block-end: 0;
}
body .is-layout-flex {
  gap: 1.8em;
}
body .is-layout-flex {
  display: flex;
}
…
```

グローバルスタイル

今後は、フェーズ 2 の残りとフェーズ 3 として以下の項目が計画されています。

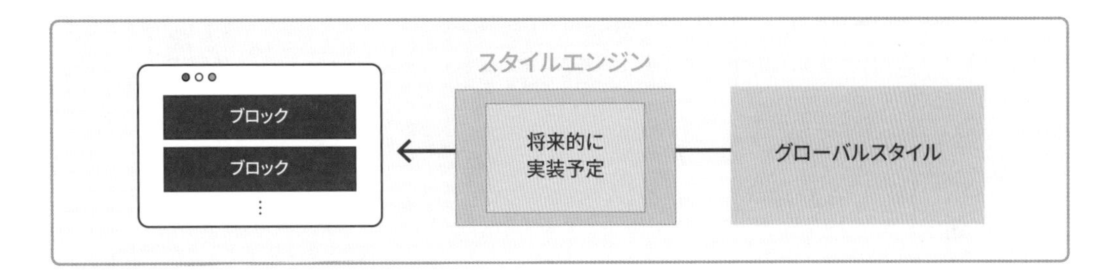

- フェーズ 1 で構築したメカニズムの対象を、グローバルスタイルに拡大。
- CSS のルール処理を改善し、さらに最適化。
- CSS の拡張方法や上書き方法の標準化とドキュメントの用意。
- セマンティッククラス名やデザイントークン表現の範囲を拡大し、ルールを安定したユーティリティクラスにカプセル化。

こうした計画が実現していくと、Gutenberg が出力するスタイルはまだまだ変化しそうです。外部 CSS で上書きを考える場合は、そのあたりも考慮しておく必要がありそうです。

theme.jsonの基本

theme.json はテーマのスタイルとブロックに関する設定を管理するためのファイルです。現在の WordPress では、非常に重要な存在です。

グローバルスタイルを構成するtheme.json

ここまででも解説したとおり、theme.json には❶、❸、❹の 3 つと、block.json での指定❷があります。これらの theme.json を統合した結果から、グローバルスタイルが生成されます。

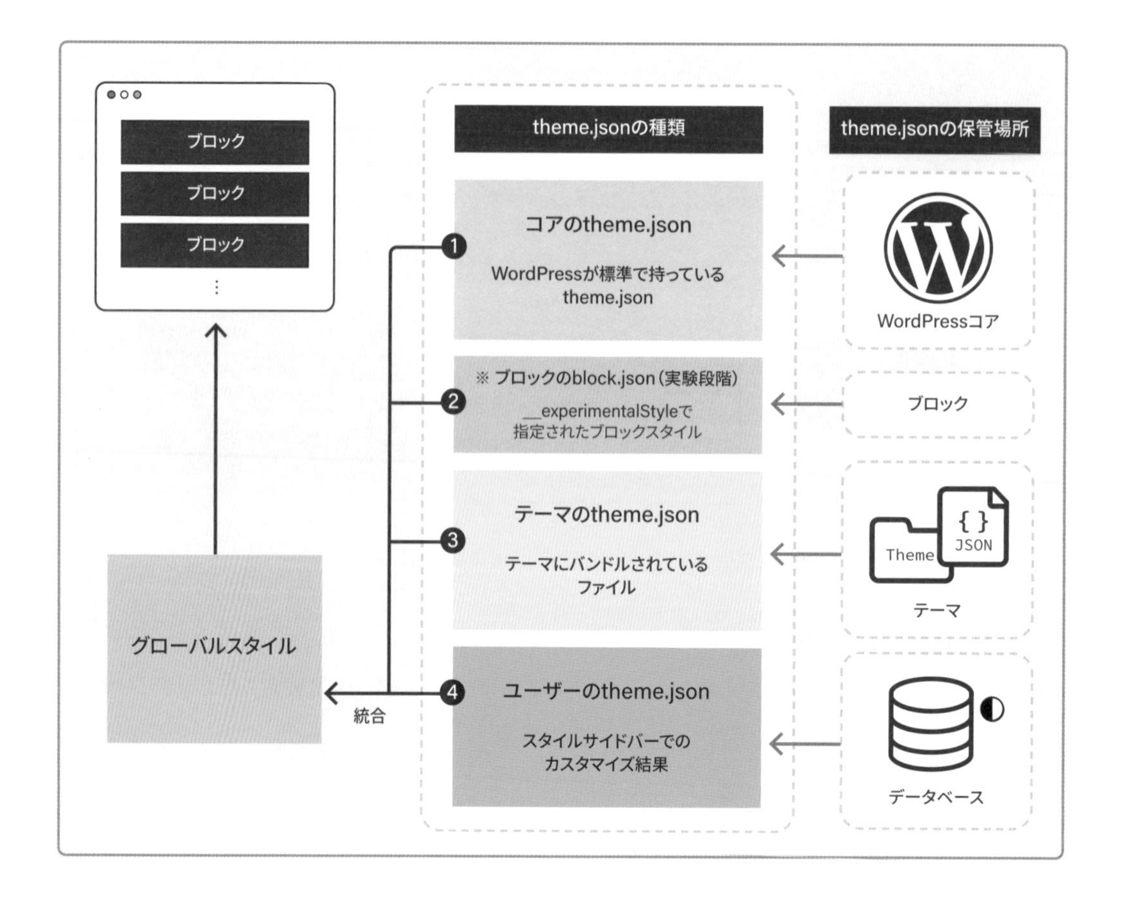

ここで付け加えるとすれば、WordPress（コア）の基本設定はすでに theme.json で管理されているということです。そのため、Gutenberg が有効になっていれば、theme.json を持たないクラシックテーマを使用していても theme.json のメカニズムは機能しており、グローバルスタイルが出力されます。

❶ コアのtheme.json

WordPress（コア）が持つ theme.json です。以下のような設定やスタイルが含まれています。詳細な内容に関しては右記で確認できます。

- ブロックサポートで有効化された、エディターのUI コントロールの有効化・無効化
- フォントサイズ、色、スペースのデフォルトのプリセット
- レイアウト関連の共通したスタイル
- ボタンのデフォルトのスタイル
- ブロックのデフォルトの間隔

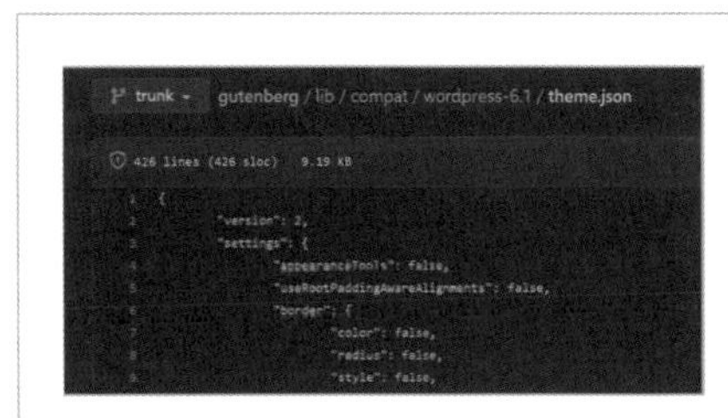

WordPress 6.1のtheme.json

`https://github.com/WordPress/gutenberg/blob/trunk/lib/compat/wordpress-6.1/theme.json`

または

`wp-includes/theme.json`

❷ ブロックのblock.json（__experimentalStyle）

block.json はブロックを構成するファイルの 1 つです。この中にブロックのスタイルを記述する方式が実験的に実装され、WordPress 6.1 ではプルクォートブロックやナビゲーションブロックで使用されています。

ブロックが持つ固有のスタイルを theme.json のメカニズムの中に移し、ユーザーによるカスタマイズを容易にすることを目的としており、block.json 以外のファイルを用意する方式なども提案されています。

コアブロックのblock.json

`https://github.com/WordPress/gutenberg/blob/trunk/packages/block-library/src/ブロック名/block.json`

または

`wp-includes/blocks/ブロック名/block.json`

❸ テーマのtheme.json

テーマで用意するtheme.jsonです。以下のような設定やスタイルを記述します。

- ブロックサポートで有効化された、エディターのUIコントロールの有効化・無効化
- フォントサイズ、フォントファミリー、色、スペースのプリセット
- サイトやコンテンツのベースとなるスタイル（レイアウト、タイポグラフィ、見出し、リンク、ボタン、各種ブロックなどのスタイル）
- テンプレートパーツ、カスタムテンプレートの設定

❹ ユーザーのtheme.json

サイトエディターのスタイルサイドバーでのカスタマイズ結果です。カスタマイズはUIで行いますが、その結果はデータベースにtheme.jsonの形式で保存され、ユーザーのtheme.jsonとして扱われます。サイトやコンテンツのベースとなるスタイル（レイアウト、タイポグラフィ、見出し、リンク、ボタン、各種ブロックなどのスタイル）をカスタマイズします。

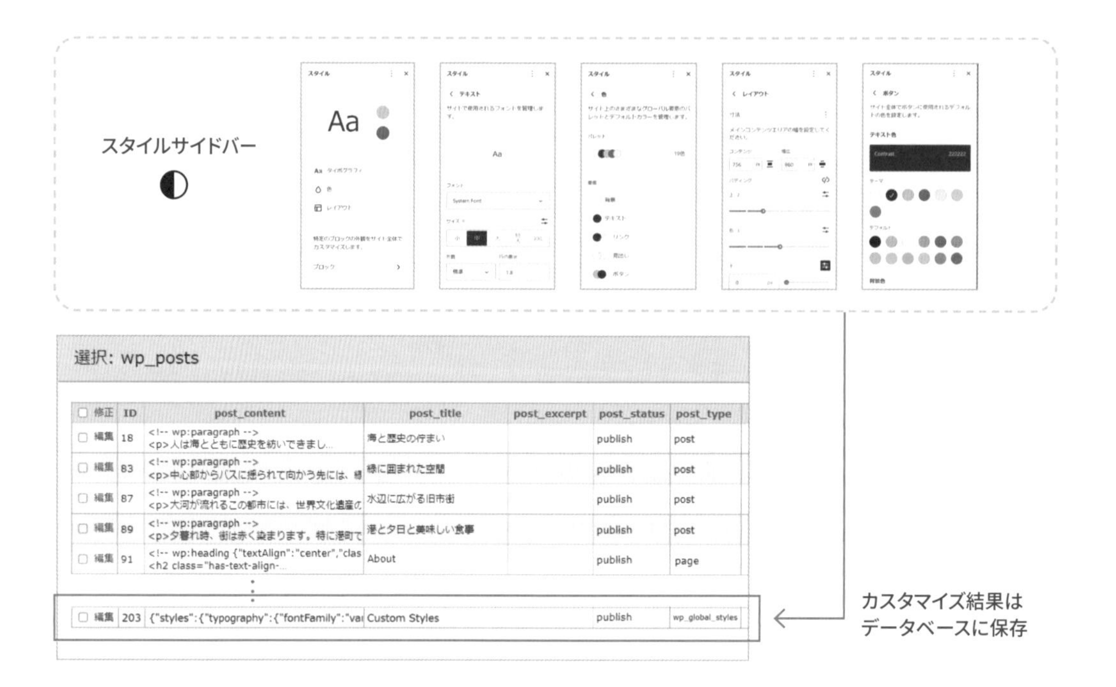

修正	ID	post_content	post_title	post_excerpt	post_status	post_type
編集	18	<!-- wp:paragraph --> <p>人は海とともに歴史を紡いできまし…	海と歴史の佇まい		publish	post
編集	83	<!-- wp:paragraph --> <p>中心部からバスに揺られて向かう先には、緑	緑に囲まれた空間		publish	post
編集	87	<!-- wp:paragraph --> <p>大河が流れるこの都市には、世界文化遺産の	水辺に広がる旧市街		publish	post
編集	89	<!-- wp:paragraph --> <p>夕暮れ時、街は赤く染まります。特に港町で	港と夕日と美味しい食事		publish	post
編集	91	<!-- wp:heading {"textAlign":"center","clas <h2 class="has-text-align-…	About		publish	page
編集	203	{"styles":{"typography":{"fontFamily":"var	Custom Styles		publish	wp_global_styles

+ theme.jsonの作成と編集

❶〜❹のうち、作成と編集の対象となるのは❸のテーマの theme.json です。しかし、theme.json を直接、作成・編集することはおすすめしません。サイトエディターを使って、表示を確認しながら作成・編集するべきです。

ただし、現状では theme.json のすべてを UI からコントロールできるわけではないため、項目によっては theme.json を直接編集する必要があります。テーマの theme.json を作成する流れは、Chapter 2 からステップ・バイ・ステップで解説していきます。

また、theme.json で管理できるスタイルと設定に関しては、どんどん更新されていますので、下記の「living reference」を参照してください。

Version 2 (living reference)
https://developer.wordpress.org/block-editor/reference-guides/theme-json-reference/theme-json-living/

Visual Studio Code で theme.json に関するヘルプを表示してくれるスキーマ（P.112）も参考になります。

JSON Schema
https://schemas.wp.org/trunk/theme.json

```
Settings for the block editor and individual blocks. These include things like:
- Which customization options should be available to the user.
- The default colors, font sizes... available to the user.
- CSS custom properties and class names used in styles.
- And the default layout of the editor (widths and available alignments).
11  "settings": {
12      "appearanceTools": true,
13      "color": {
14          "custom": true,
15          "customGradient": true,
16          "palette": [
```

Visual Studio Codeでtheme.jsonの項目にカーソルを重ねると、スキーマに記述されたヘルプが表示されます。

theme.json のスタイリングに関しては設定項目を細かく覚えるのではなく、スタイリングのモデル（Gutenberg がレイアウトや装飾などをコントロールをするために選択している手法）を理解することをおすすめします。

+ theme.jsonの統合

theme.json の統合がどのように行われるのかを簡単に確認しておきます。たとえば、❶と❷に書かれたボタンとプルクォートブロックのスタイルを❸と❹でカスタマイズすると次のようになります。

❶ コアのtheme.json

ボタンの
テキストの色が白色(#fff)、
背景色が黒色(#32373c)
に指定されています。

```
{
    "styles": {
      "elements": {
         "button": {
            "color": {
               "text": "#fff",
               "background": "#32373c"
            }
         }
      },
      …
    },
    …
```

❷ ブロックのblock.json

プルクォートブロックの
フォントサイズが1.5em、
行の高さが1.6
に指定されています。

```
{
    "name": "core/pullquote",
    "title": "Pullquote",
    "supports": {
        "__experimentalStyle": {
            "typography": {
                "fontSize": "1.5em",
                "lineHeight": "1.6"
            }
        }
    …
```

❸ テーマのtheme.json

プルクォートブロックの
フォントサイズを3em
にしたもの。

```
{
    "styles": {
      "blocks": {
         "core/pullquote": {
            "typography": {
               "fontSize": "3em"
            }
         }
      },
      …
    },
    …
```

❹ ユーザーのtheme.json

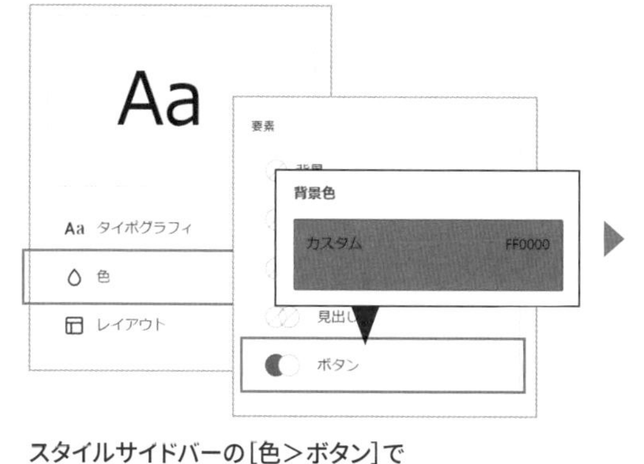

スタイルサイドバーの[色＞ボタン]で
ボタンの背景色を赤色(#ff0000)にしたもの。

```
{
  "styles": {
    "elements": {
      "button": {
        "color": {
          "background": "#ff0000"
        }
      }
    },
    …
  },
  …
```

データベースに保存されるデータ。

これらは❶～❹の順に統合され、内部的に次のようなtheme.jsonが生成されます。同じ設定項目のものは値が上書きされていることがわかります。グローバルスタイルはこの統合結果を元に生成されます。

統合されたtheme.json

```
{
  "styles": {
    "elements": {
      "button": {
        "color": {
          "text": "#fff",
          "background": "#ff0000"
        }
      }
    },
    "blocks": {
      "core/pullquote": {
        "typography": {
          "fontSize": "3em",
          "lineHeight": "1.6"
        }
      }
    },
    …
  },
  …
```

生成されるグローバルスタイル

```
.wp-element-button,
.wp-block-button__link {
    color: #fff;
    background-color: #ff0000;
}

.wp-block-pullquote {
    font-size: 3em;
    line-height: 1.6;
}
```

theme.jsonの構成

theme.json の構成を確認していきます。全体は次のセクションで構成されます。このうち、`version` は必須です。メインとなるセクションは、プリセットや UI コントロールの設定を行う `settings` と、スタイルの指定を行う `styles` です。

```
{
    "$schema": "https://schemas.wp.org/wp/6.1/theme.json",
    "version": 2,
    "settings": {},
    "styles": {},
    "templateParts": [],
    "customTemplates": [],
    "patterns": [],
    "title": "…"
}
```

theme.json

+ $schema

スキーマの URL を設定することで、Visual Studio Code で theme.json に関するヘルプを表示したり、オートコンプリートやバリデーションを行うことができます。スキーマは WordPress のバージョンに応じて変更します。詳しくは P.112 を参照してください。

+ version

theme.json のバージョンを指定します。現在は `2` です。

+ settings

フォントサイズや色などのプリセット、エディターの UI コントロールの有効化・無効化の設定を、サイトレベル、ブロックレベルで指定します。基本構成は次のようになっており、サイトレベルでの設定は、ブロックレベルの設定で上書きできます。ただし、`useRootPaddingAwareAlignments` は P.161 のように全幅に対応した左右パディングの挿入を有効化するもので、サイトレベルでの指定のみが可能です。

```
{
    "settings": {
        "appearanceTools": false,
        "border": {},
        "color": {},
        "layout": {},
        "spacing": {},
        "typography": {},
        "custom": {},
        "useRootPaddingAwareAlignments": true,
        "blocks": {
            "ブロック名": {
                "appearanceTools": true,
                "border": {},
                "color": {},
                "layout": {},
                "spacing": {},
                "typography": {},
                "custom": {}
            }
        }
    }
}
```

サイトレベルの設定

ブロックレベルの設定

サイトレベルとブロックレベルの両方で指定できる設定

appearanceTools
……主要なUIコントロールの表示をまとめて有効化
border……枠線
color……色
layout……レイアウト
spacing……スペース
typography……タイポグラフィ
custom……カスタム

プリセットの値

プリセットとしては、フォントファミリー、フォントサイズ、色、スペースの値を設定できます。ブロックレベルでの設定も可能です。設定したプリセットはエディターの UI で使用されます。たとえば、色のプリセットを指定するとテーマのカラーパレットとして使用されます。

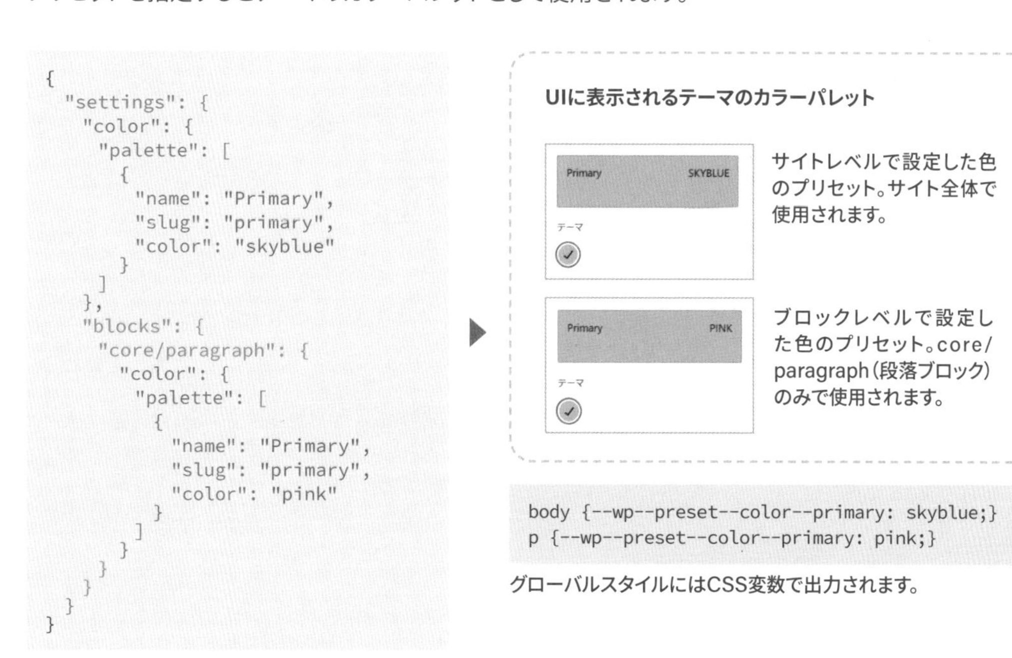

{
"settings": {
"color": {
"palette": [
{
"name": "Primary",
"slug": "primary",
"color": "skyblue"
}
]
},
"blocks": {
"core/paragraph": {
"color": {
"palette": [
{
"name": "Primary",
"slug": "primary",
"color": "pink"
}
]
}
}
}
}
UIに表示されるテーマのカラーパレット
Primary
SKYBLUE
テーマ
サイトレベルで設定した色のプリセット。サイト全体で使用されます。
Primary
PINK
テーマ
ブロックレベルで設定した色のプリセット。core/paragraph（段落ブロック）のみで使用されます。
body {--wp--preset--color--primary: skyblue;}
p {--wp--preset--color--primary: pink;}

グローバルスタイルにはCSS変数で出力されます。

色に関しては、グラデーションとデュオトーンのプリセットも設定できます。

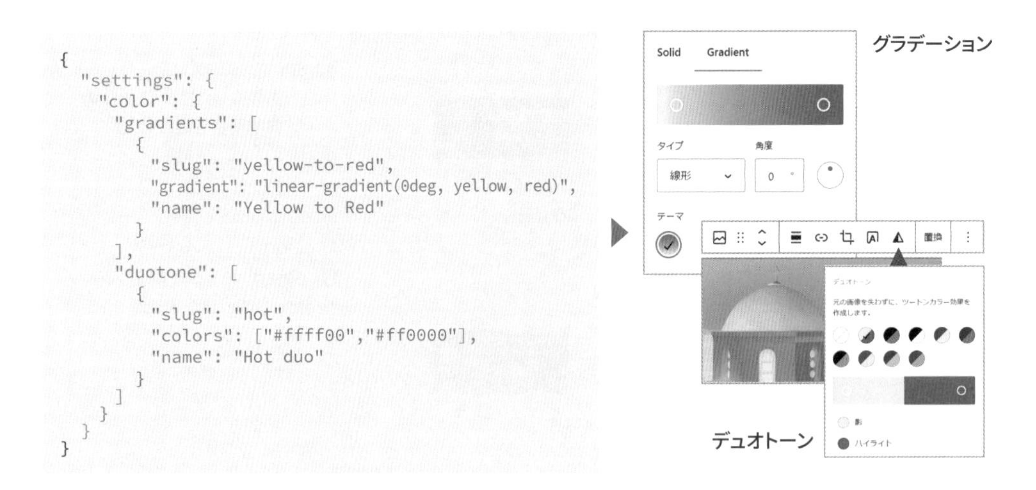


```
{
  "settings": {
    "color": {
      "gradients": [
        {
          "slug": "yellow-to-red",
          "gradient": "linear-gradient(0deg, yellow, red)",
          "name": "Yellow to Red"
        }
      ],
      "duotone": [
        {
          "slug": "hot",
          "colors": ["#ffff00","#ff0000"],
          "name": "Hot duo"
        }
      ]
    }
  }
}
```

フォントファミリー、フォントサイズ、スペースのプリセットは次のように設定できます。本書で作成するテーマでは Chapter 3 で設定します。

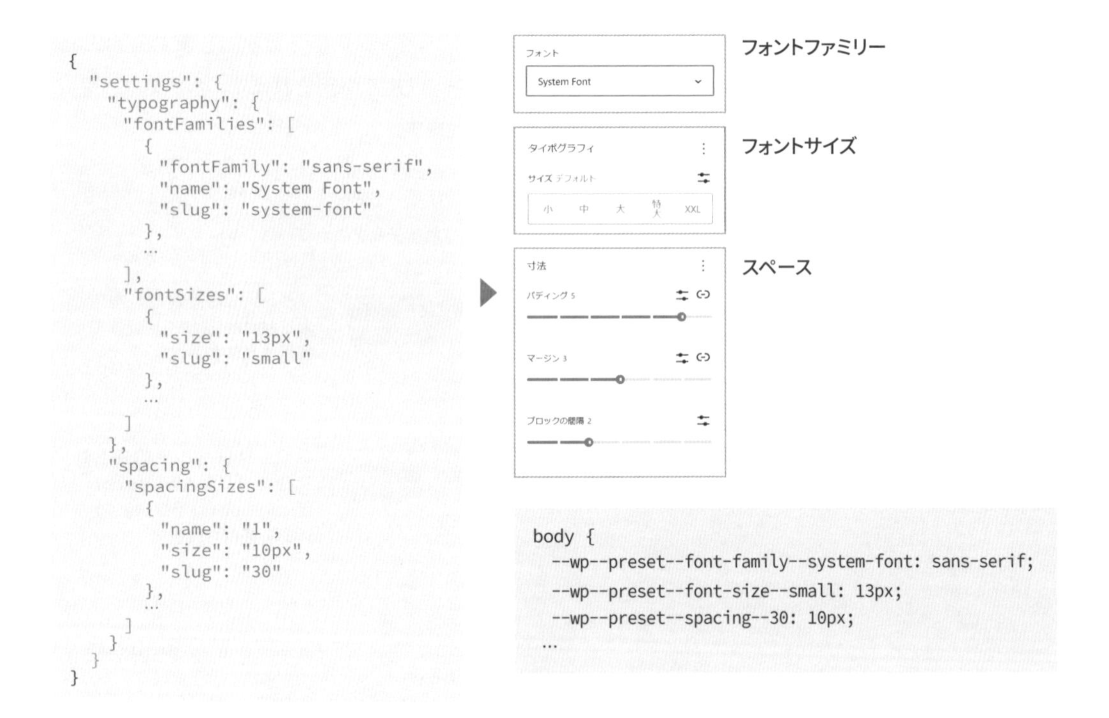


```
{
  "settings": {
    "typography": {
      "fontFamilies": [
        {
          "fontFamily": "sans-serif",
          "name": "System Font",
          "slug": "system-font"
        },
        …
      ],
      "fontSizes": [
        {
          "size": "13px",
          "slug": "small"
        },
        …
      ]
    },
    "spacing": {
      "spacingSizes": [
        {
          "name": "1",
          "size": "10px",
          "slug": "30"
        },
        …
      ]
    }
  }
}
```

```
body {
  --wp--preset--font-family--system-font: sans-serif;
  --wp--preset--font-size--small: 13px;
  --wp--preset--spacing--30: 10px;
  …
```

ブロックの横幅の値

P.39 のレイアウト機能で使用する横幅を設定できます。コンテンツと幅広のサイズを指定すると、ブロックの横幅に反映されます。

```
{
    "settings": {
        "layout": {
            "contentSize": "756px",
            "wideSize": "980px"
        }
    }
}
```

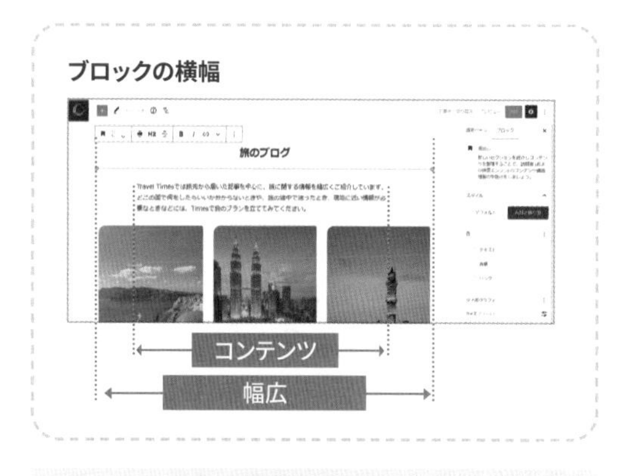


```
body {
  --wp--style--global--content-size: 756px;
  --wp--style--global--wide-size: 980px;
}
```

カスタムのCSS変数値

カスタムの CSS 変数として出力する値を設定できます。theme.json 内でも P.145 のようにCSS 変数で値を参照することが可能です。ただし、ここで指定した値はエディターの UI から利用できないため、Twenty Twenty Three では使用されていません。

```
{
    "settings": {
        "custom": {
            "line-height": {
                "body": 1.7,
                "heading": 1.3
            }
        }
    }
}
```

```
body {
  --wp--custom--line-height--body: 1.7;
  --wp--custom--line-height--heading: 1.3;
}
```

エディターのUIコントロールの有効化・無効化

エディターの UI コントロールの有効化・無効化を設定できます。たとえば、フォントのカスタムサイズの指定とドロップキャップの UI を無効化する場合は次のようにします。

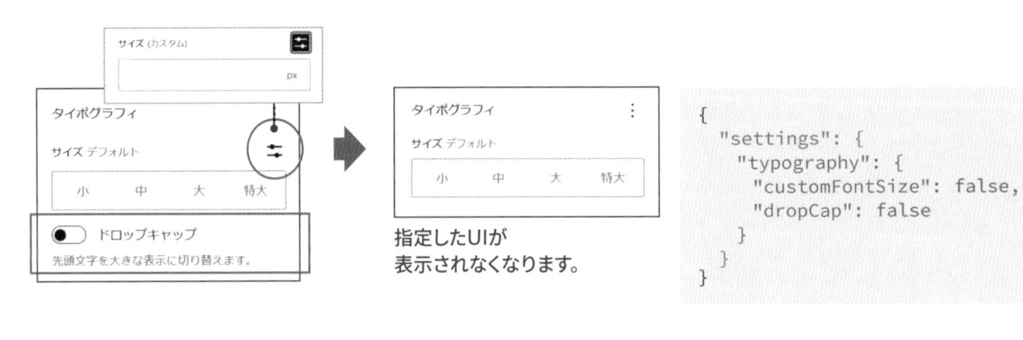

指定したUIが
表示されなくなります。

```
{
  "settings": {
    "typography": {
      "customFontSize": false,
      "dropCap": false
    }
  }
}
```

コアの theme.json によってデフォルトで無効化されている UI は、`appearanceTools` を true にすることでまとめて有効化できます。

```
{
  "settings": {
    "appearanceTools": true
  }
}
```

UI コントロールの設定は以下のように用意されており、有効化する場合は `true`、無効化する場合は `false` にします。フォントファミリーとフォントサイズについては、プリセットを指定する代わりに `[]` とすると無効になります。★印のついているものはデフォルトで無効化されており、`appearanceTools` の対象です。

Typography（タイポグラフィ）

```
{
  "settings": {
    "typography": {
      "customFontSize": false,      フォントのカスタムサイズ
      "fontFamilies": [],           フォントファミリー
      "fontSizes": [],              フォントサイズ
      "fontWeight": false,          フォントの太さ（外観）
      "fontStyle": false,           フォントの斜体（外観）
      "lineHeight": false,          行の高さ★
      "letterSpacing": false,       文字間隔
      "textDecoration": false,      装飾
      "textTransform": false,       大文字小文字
      "dropCap": false              ドロップキャップ
    }
  }
}
```

Spacing（寸法）

```
{
  "settings": {
    "spacing": {
      "customSpacingSize": false,     スペースのカスタムサイズ
      "padding": false,               パディング★
      "margin": false,                マージン★
      "blockGap": false,              ブロックの間隔★
      "units": [ "px", "rem"]         単位
    }
  }
}
```

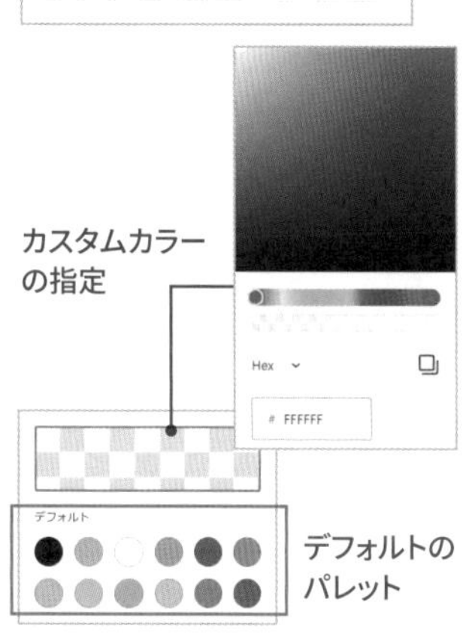

Colors（色）

```
{
  "settings": {
    "color": {
      "text": false,                  テキスト
      "background": false,            背景
      "link": false,                  リンク★
      "custom": false,                カスタムカラー
      "customGradient": false,        カスタムグラデーション
      "customDuotone": false,         カスタムデュオトーン
      "defaultPalette": false,        デフォルトパレット
      "defaultGradients": false,      デフォルトグラデーション
      "defaultDuotone": false         デフォルトデュオトーン
    }
  }
}
```

※現時点では、backgroundをfalseにしても背景のUIが無効化されないという問題が報告されています。

※デフォルトのパレットはコアのtheme.jsonで指定されたものです。

枠線

角丸

Border（枠線）

```
{
  "settings": {
    "border": {
      "color": false,                 枠線の色★
      "radius": false,                枠線の角丸半径★
      "style": false,                 枠線のスタイル★
      "width": false                  枠線の太さ★
    }
  }
}
```

レイアウト機能によるブロックの間隔のコントロールを有効化する

ブロックの間隔 `blockGap` を有効化すると、UI が表示されるだけでなく、P.39 のレイアウト機能による間隔のコントロールも有効になります。その結果、グループブロックなどの「コンテナ」を起点にフクロウセレクタによるスタイルが適用され、中身のブロックの上マージンで間隔が調整されるようになります。これにより、従来のように個々のブロックではなく、コンテナから間隔をコントロールできるようになります。

```
{
  "settings": {
    "spacing": {
      "blockGap": true
    }
  }
}
```

`appearanceTools` をtrueにすることでも有効化されます。

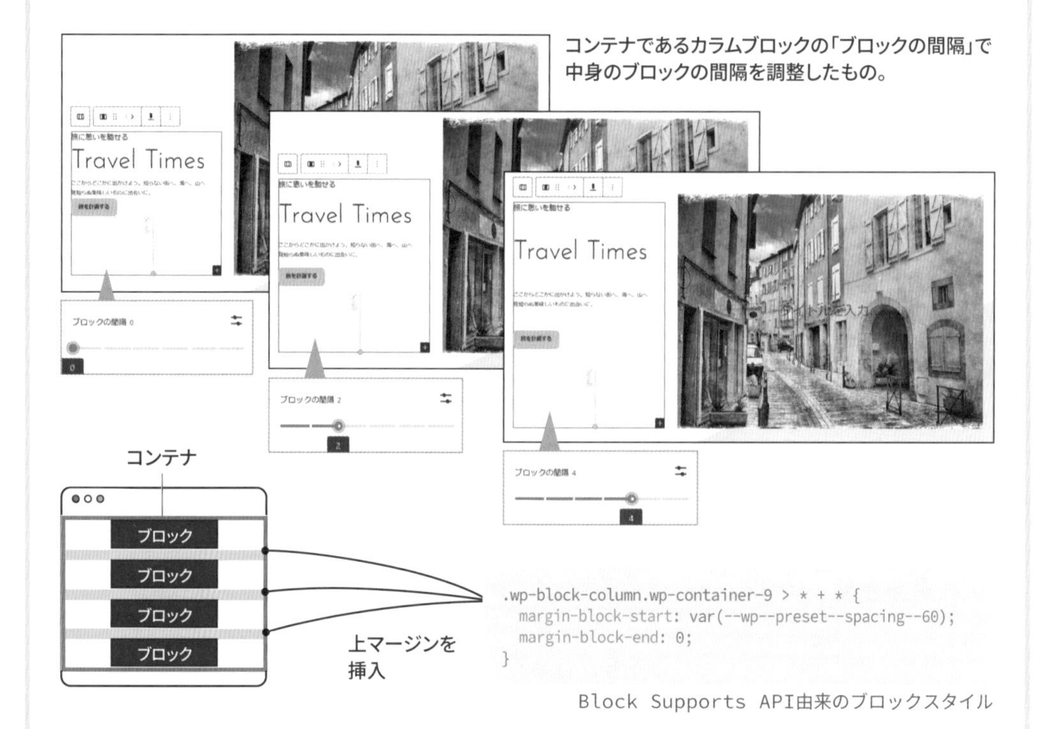

なお、`blockGap` は有効化・無効化に関して3つの設定値を持っています。コアの theme.json によるデフォルトの設定は null になっていますので注意が必要です。

blockGapの設定	UIの表示	レイアウト機能による間隔のコントロール
true	あり	有効
false	なし	有効
null	なし	なし

既存のクラシックテーマにtheme.jsonを追加する場合

クラシックテーマではプリセットやエディターの UI コントロールの設定に add_theme_support() を使用していましたが、これらは theme.json での指定に置き換えることができます。両方が存在する場合、theme.json の設定が優先されます。

	add_theme_support()	settingsの設定

行の高さを有効化	custom-line-height	"typography": {
		  "lineHeight": true
		}

パディングを有効化	custom-spacing	"spacing": {
		  "padding": true
		}

単位を設定	custom-units	"spacing": {
		  "units": ["px", "rem", …]
		}

カスタムカラーを無効化	disable-custom-colors	"color": {
		  "custom": false
		}

カスタムフォントサイズを無効化	disable-custom-font-sizes	"typography": {
		  "customFontSize": false
		}

カスタムグラデーションを無効化	disable-custom-gradients	"color": {
		  "customGradient": false
		}

色のプリセットを指定	editor-color-palette	"color": {
		  "palette": […]
		}

フォントサイズのプリセットを指定	editor-font-sizes	"typography": {
		  "fontSizes": […]
		}

グラデーションのプリセットを指定	editor-gradient-presets	"color": {
		  "gradients": […]
		}

UIをまとめて有効化	appearance-tools ※	"appearanceTools": true

※Gutenbergプラグインで採用。WordPress 6.2以降での対応が検討されています。

なお、theme.json を追加すると P.39 のレイアウト機能が有効化され、ブロックの横幅のコントロール方法が変わります。theme.json を正しく動作させるためには、テーマの外部スタイルシート（style.css など）で用意していた CSS を調整し、重複するスタイルを削除するといった作業が必要になる可能性があります。

+ styles

サイト全体、要素、ブロックのベースとなるスタイルを管理するセクションです。基本構成は次のようになっており、サイトレベルでの設定は、要素レベルやブロックレベルの設定で上書きできます。さらに、要素レベルの設定はブロック内の要素レベルの設定で上書きできます。

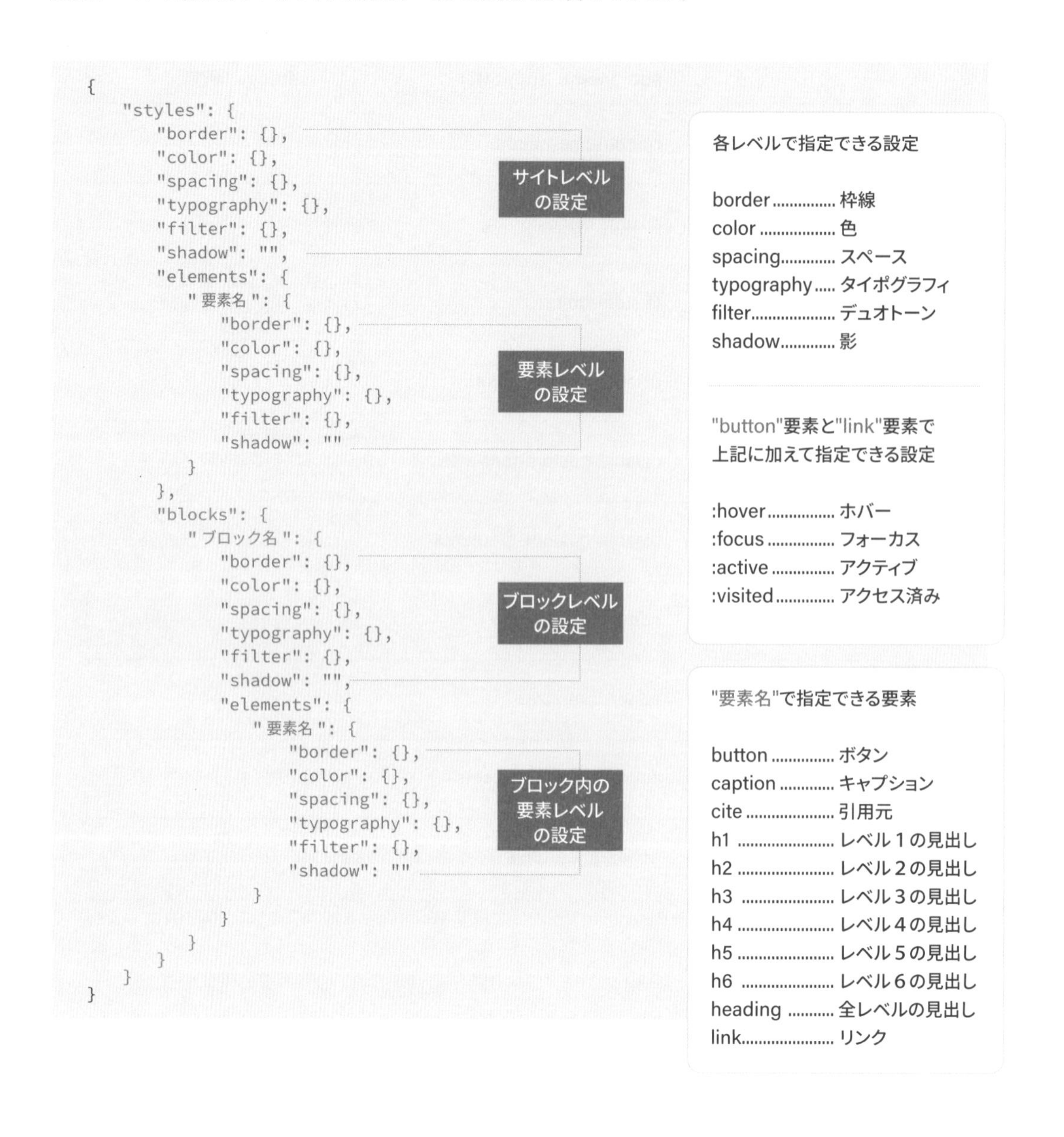

{
"styles": {
"border": {},
"color": {},
"spacing": {},
"typography": {},
"filter": {},
"shadow": "",
"elements": {
"要素名": {
"border": {},
"color": {},
"spacing": {},
"typography": {},
"filter": {},
"shadow": ""
}
},
"blocks": {
"ブロック名": {
"border": {},
"color": {},
"spacing": {},
"typography": {},
"filter": {},
"shadow": "",
"elements": {
"要素名": {
"border": {},
"color": {},
"spacing": {},
"typography": {},
"filter": {},
"shadow": ""
}
}
}
}
}
}
サイトレベルの設定
要素レベルの設定
ブロックレベルの設定
ブロック内の要素レベルの設定
各レベルで指定できる設定
border……枠線
color……色
spacing……スペース
typography……タイポグラフィ
filter……デュオトーン
shadow……影
"button"要素と"link"要素で上記に加えて指定できる設定
:hover……ホバー
:focus……フォーカス
:active……アクティブ
:visited……アクセス済み
"要素名"で指定できる要素
button……ボタン
caption……キャプション
cite……引用元
h1……レベル1の見出し
h2……レベル2の見出し
h3……レベル3の見出し
h4……レベル4の見出し
h5……レベル5の見出し
h6……レベル6の見出し
heading……全レベルの見出し
link……リンク

たとえば、レベルごとにベースとなるスタイルを作成してみます。ここでは「見出し」、「段落」、「メディアとテキスト」ブロックを並べたコンテンツで表示を確認します。

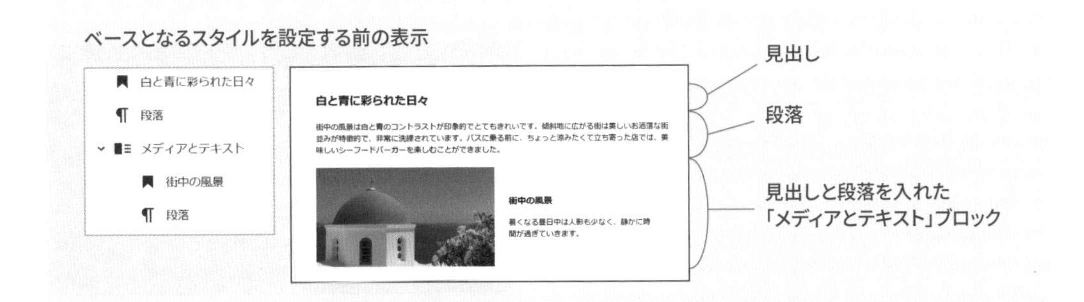

サイトレベルの設定

サイトレベルの設定は `body` に適用する形で出力されます。そのため、ページ全体で使用するスタイルの作成に使用します。たとえば、次のようにするとページの背景色を黒色（black）に、テキストの色を白色（white）にできます。

```
{
  "styles": {
    "color": {
      "background": "black",
      "text": "white"
    }
  }
}
```

▶

```
body {
  background-color: black;
  color: white;
}
```

グローバルスタイル

theme.json の設定はフロントとエディターの両方に適用されます。そのため、クラシックテーマのときのように、テーマ側でフロント用とエディター用の外部スタイルシートを用意して表示を調整する必要はありません。

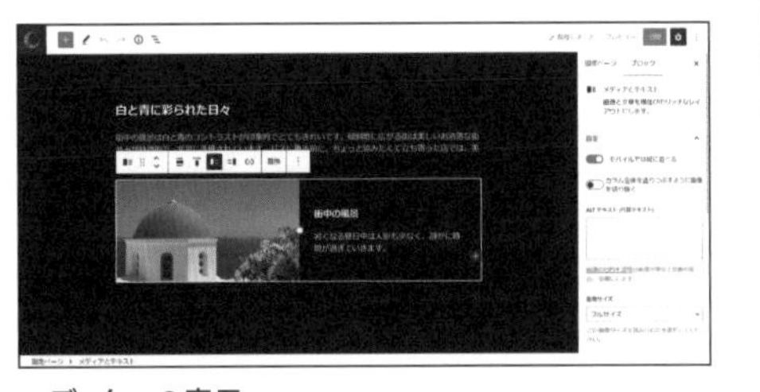

エディターの表示

要素レベルの設定

要素レベルの設定を追加します。たとえば、すべてのレベルの見出し `heading` のテキストの色をピンク色（hotpink）にすると、`h1` 〜 `h6` に適用され、見出しの色のみが変わります。

```
{
  "styles": {
    "color": {
      "background": "black",
      "text": "white"
    },
    "elements": {
      "heading": {
        "color": {
          "text": "hotpink"
        }
      }
    }
  }
}
```

```
body {
  background-color: black;
  color: white;
}
h1,h2,h3,h4,h5,h6 {
  color: hotpink;
}
```

ブロックレベルの設定

ブロックレベルの設定を追加します。「メディアとテキスト」ブロック `core/media-text` の背景色を暗いグレー（#333333）にすると、ブロックのクラス `wp-block-media-text` に対して適用されます。

```
{
  "styles": {
    "color": {
      "background": "black",
      "text": "white"
    },
    "elements": {
      "heading": {
        "color": {
          "text": "hotpink"
        }
      }
    },
    "blocks": {
      "core/media-text": {
        "color": {
          "background": "#333333"
        }
      }
    }
  }
}
```

```
body {
  background-color: black;
  color: white;
}
h1,h2,h3,h4,h5,h6 {
  color: hotpink;
}
.wp-block-media-text {
  background-color: #333333;
}
```

ブロック内の要素レベルの設定

ブロック内の要素レベルの設定で、「メディアとテキスト」ブロック内の、すべてのレベルの見出し `heading` のテキストの色を黄色（gold）にします。すると、クラス `wp-block-media-text` 内の `h1` ～ `h6` に適用され、「メディアとテキスト」ブロック内の見出しの色のみが変わります。

```
{
  "styles": {
    "color": {
      "background": "black",
      "text": "white"
    },
    "elements": {
      "heading": {
        "color": {
          "text": "hotpink"
        }
      }
    },
    "blocks": {
      "core/media-text": {
        "color": {
          "background": "#333333"
        },
        "elements": {
          "heading": {
            "color": {
              "text": "gold"
            }
          }
        }
      }
    }
  }
}
```

```
body {
  background-color: black;
  color: white;
}
h1,h2,h3,h4,h5,h6 {
  color: hotpink;
}
.wp-block-media-text {
  background-color: #333333;
}
.wp-block-media-text h1,
.wp-block-media-text h2,
.wp-block-media-text h3,
.wp-block-media-text h4,
.wp-block-media-text h5,
.wp-block-media-text h6 {
  color: gold;
}
```

このように、theme.json の `styles` セクションでスタイルの設定を行うと、適切な表示結果になるようにセレクタの詳細度も含めて処理され、グローバルスタイルが生成されます。

そして、ベースとなるスタイルとしてサイト全体に影響します。たとえば、「メディアとテキスト」ブロックを追加してみると、背景色やブロック内の見出しの色は同じスタイルになります。

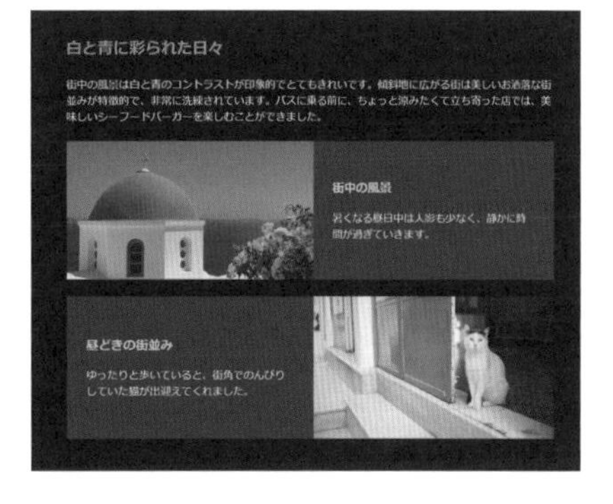

もちろん、コンテンツに挿入したブロックのスタイルは、ブロックの設定サイドバーで個別にカスタマイズできます。カスタマイズ結果は P.26 のようにシリアライズドスタイルとなり、ベースとなるスタイルを上書きします。

見出しの色をデフォルトカラーパレット（コアのtheme.jsonで用意された色のプリセット）の「淡いシアンブルー」にカスタマイズ。

```
<!-- wp:heading {"level":3,"textColor":"pale-cyan-blue"} -->
<h3 class="has-pale-cyan-blue-color has-text-color">街中の風景</h3>
<!-- /wp:heading -->
```

```
.has-pale-cyan-blue-color {
  color: var(--wp--preset--color--pale-cyan-blue) !important;
}
```

「淡いシアンブルー」にするスタイル。コアのtheme.jsonを元に出力されています。

styles で設定しているものは、スキーマで認められているものであれば、UI の有無や、有効・無効とは関係なく適用されます。たとえば、現時点では影をカスタマイズする UI は用意されていませんが、 `shadow` で設定した影は適用されます。

```
{
  "styles": {
    …
    "blocks": {
      "core/media-text": {
        "shadow": "5px 5px 0 gold",
        "color": {
          "background": "#333333"
        },
        …
```

▶

```
.wp-block-media-text {
  background-color: #333333;
  box-shadow: 5px 5px 0 gold;
}
```

「メディアとテキスト」ブロックに黄色い影を追加したもの。

ユーザーのtheme.jsonを使ったカスタマイズ

左ページの例では特定のブロックだけ「淡いシアンブルー」にカスタマイズしましたが、サイト全体で「メディアとテキスト」ブロック内の見出しを「淡いシアンブルー」にしたい場合、ブロックを使うたびに修正するのは大変です。テーマの theme.json を修正するのが近道ですが、そこは触りたくないケースもあります。
そのような場合、サイトエディターのスタイルサイドバーを使い、テーマの theme.json で設定されたベースとなるスタイルをカスタマイズして、ユーザーの theme.json を作成します。ここではスタイルサイドバーのメニューから［ブロック＞メディアとテキスト＞色＞見出し］を開いて色を変更します。

スタイルサイドバー

スタイル
Aa
Aa タイポグラフィ
色
レイアウト
特定のブロックの外観をサイト全体でカスタマイズします。
ブロック

サイトレベルと要素レベルの設定

ブロックレベルの設定

ボタン
カレンダー
カテゴリー一覧
コード
カラム
カラム
カバー
グループ
最新の投稿
メディアとテキスト
整形済みテキスト
プルクオート

メディアとテキスト
Aa タイポグラフィ
色
レイアウト

要素
背景
テキスト
リンク
見出し

こうして作成したユーザーの theme.json のデータの扱いに関しては、P.143 で解説します。

stylesセクションで設定できるスタイル

styles セクションで設定できるスタイルです。【】内で示した CSS プロパティの値を指定します。settings のプリセットの値や、styles のスタイルの値は、次の記述で参照できます。

`"var:preset|プリセットの種類|プリセットのスラッグ"`　例）"var:preset|color|primary"

`"var(--wp-preset--プリセットの種類--スラッグ)"`　例）"var(--wp--preset--color--primary)"

`{"ref": styles.～}`　例）{"ref": "styles.color.text"}

Typography（タイポグラフィ）

```
{
  "styles": {
    "typography": {
      "fontFamily": "…",      フォントファミリー【font-family】
      "fontSize": "…",        フォントサイズ【font-size】
      "fontWeight": "…",      フォントの太さ【font-weight】
      "fontStyle": "…",       フォントの斜体【font-style】
      "lineHeight": "…",      行の高さ【line-height】
      "letterSpacing": "…",   文字間隔【letter-spacing】
      "textDecoration": "…",  装飾【text-decodation】
      "textTransform": "…"    大文字小文字【text-transform】
    }
  }
}
```

Spacing（寸法）

```
{
  "styles": {
    "spacing": {
      "blockGap": "…",        ブロックの間隔【margin-block-start または gap】
      "margin": {             マージン
        "top": "…",           【margin-top】
        "right": "…",         【margin-right】
        "bottom": "…",        【margin-bottom】
        "left": "…"           【margin-left】
      },
      "padding": {            パディング
        "top": "…",           【padding-top】
        "right": "…",         【padding-right】
        "bottom": "…",        【padding-bottom】
        "left": "…"           【padding-left】
      }
    }
  }
}
```

Colors（色）

```
{
  "styles": {
    "color": {
      "background": "…",
      "text": "…",
      "gradient": "…"
    }
  }
}
```

- "background" ― 背景色【background-color】
- "text" ― テキストの色【color】
- "gradient" ― グラデーション【background】

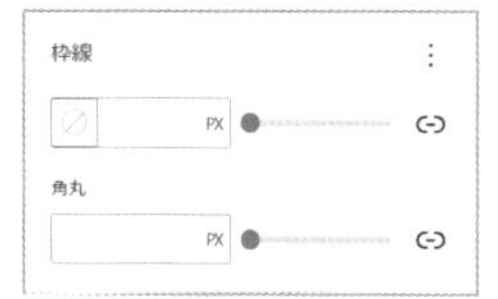

Border（枠線）

```
{
  "styles": {
    "border": {
      "color": "…",
      "style": "…",
      "width": "…",
      "radius": "…",
      "top": {},
      "right": {},
      "bottom": {},
      "left": {}
    }
  }
}
```

- "color" ― 枠線の色【border-color】
- "style" ― 枠線のスタイル【border-style】
- "width" ― 枠線の太さ【border-width】
- "radius" ― 枠線の角丸半径【border-radius】
- "top"～"left" ― 上下左右の枠線を個別に指定 ※上記の color、style、width を指定します。

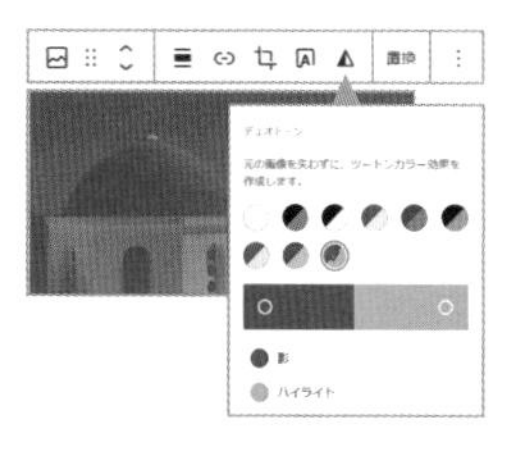

Filter（デュオトーン）

```
{
  "styles": {
    "blocks": {
      "core/image": {
        "filter": {
          "duotone": "var(--wp--preset--duotone--blue-orange)"
        }
      }
    }
  }
}
```

- "filter" ― コアの theme.json で用意されたプリセットを指定。

※画像系に適用しないと機能しません。

※ shadow については P.62 を参照してください。

+ templateParts

このセクションでは、テンプレートパーツをテンプレートエリアに割り当てます。`name` には拡張子を除いたテンプレートパーツのファイル名を、`area` にはテンプレートエリアの名前を、`title` にはエディターで表示するラベルを指定します。テンプレートエリアは、header、footer、uncategorized（general）の 3 つから選択できます。

```
{
  "templateParts": [
    {
      "name": "header",
      "area": "header",
      "title": "ヘッダー"
    },
    {
      "name": "footer",
      "area": "footer",
      "title": "フッター"
    }
  ]
}
```

+ customTemplates

このセクションではカスタムテンプレートの情報を記述します。`name` には拡張子を除いたテンプレートのファイル名を、`title` にはエディターで表示するラベルを指定します。
`postTypes` ではテンプレートが利用できる投稿タイプを指定できます。

```
{
  "customTemplates": [
    {
      "name": "blank",
      "title": "Blank",
      "postTypes": ["page","post"]
    }
  ]
}
```

+ patterns

このセクションではブロックパターンディレクトリから登録したいブロックパターンのスラッグを指定します。スラッグは URL から取得します。

```
{
  "patterns": [
    "two-offset-images-with-description"
  ]
}
```

https://ja.wordpress.org/patterns/pattern/two-offset-images-with-description/

+ title

テーマのstylesフォルダ内にtheme.json形式のファイルを用意すると、スタイルバリエーションとしてサイトエディターのスタイルサイドバーで選択できるようになります。その際のラベルをtitleで指定します。

たとえば、右のようにtitleを「Blue」にしたblue.jsonをstylesフォルダに用意すると、スタイルサイドバーに選択肢として表示されます。これを選択するとテーマのtheme.jsonにblue.jsonが上書きする形で統合され、ページの背景色が青色になります。

```
{
  "version": 2,
  "title": "Blue",
  "styles": {
    "color": {
      "background": "#8ae7ed"
    }
  }
}
```

styles/blue.json

スタイルバリエーションの「Blue」を選択。

フィルタによるtheme.jsonの上書き

P.44のコア、ブロック、テーマ、ユーザーの各層のtheme.jsonはフィルタで上書きできます。たとえば、ページの背景色をオレンジ色にする設定を `wp_theme_json_data_theme` にフックすると、テーマのtheme.jsonを上書きできます。

```
function filter_theme_json_theme( $theme_json ){
    $new_data = array(
        'version'  => 2,
        'styles' => array (
            'color' => array(
                'background' => 'orange',
            ),
        ),
    );

    return $theme_json->update_with( $new_data );
}
add_filter( 'wp_theme_json_data_theme', 'filter_theme_json_theme' );
```

functions.php

```
wp_theme_json_data_default ........ コア
wp_theme_json_data_blocks ......... ブロック
wp_theme_json_data_theme .......... テーマ
wp_theme_json_data_user ........... ユーザー
```

スタイルのID

P.36 の❶〜❺のスタイルに付加される ID をまとめておきます。

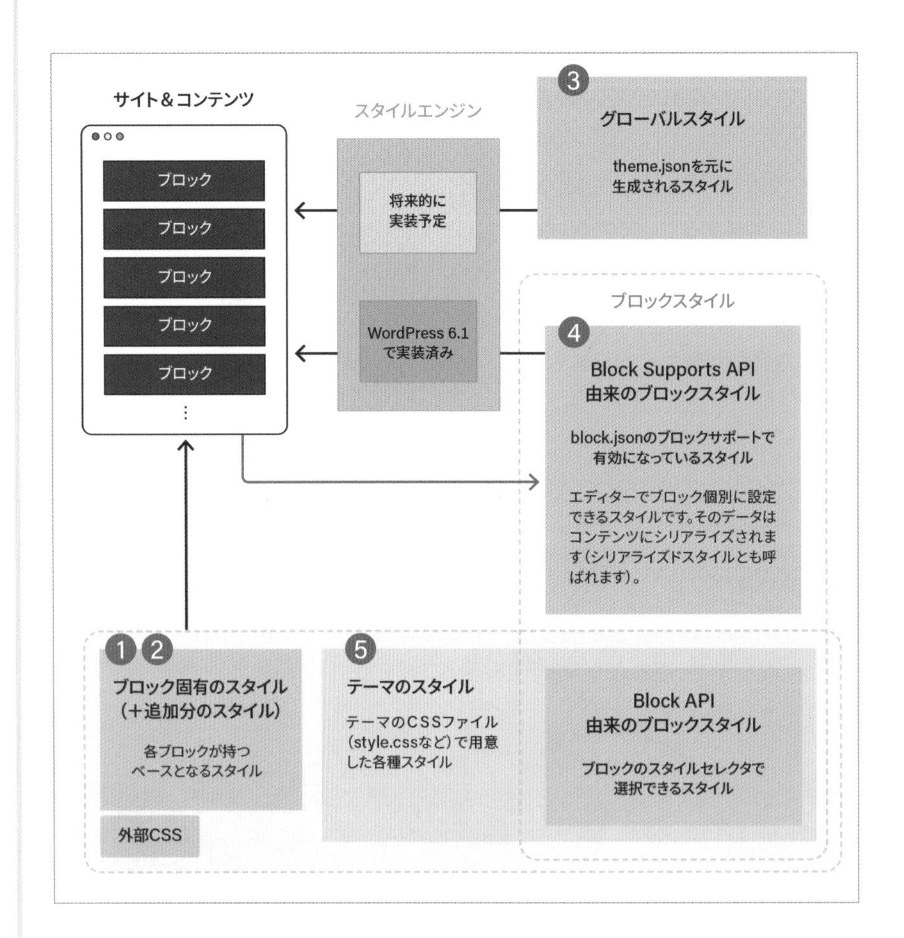

スタイル	ID
❶ コアブロック固有のスタイル	wp-block-library-* または wp-block-ブロック名-*
❷ コアブロック固有の追加分のスタイル	wp-block-library-theme-* または wp-block-ブロック名-*
❸ グローバルスタイル	global-styles-inline-css
❹ Block Supports API由来のブロックスタイル	core-block-supports-inline-css
❺ テーマのスタイル	テーマスラッグ-style-css（例：mytheme-style-css）

* の部分は、P.37の設定に応じて「css」や「inline-css」となります。

Chapter

2

コンテンツとブロックテーマの準備

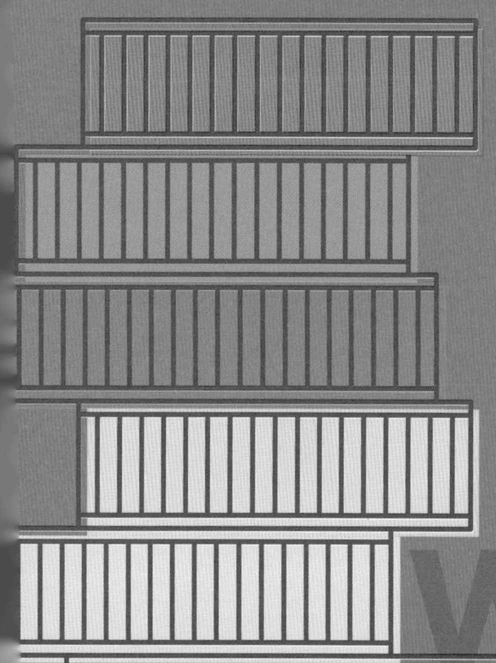

WordPress

WordPressの下準備

ここからはWordPressでブロックテーマを作成しながらサイトを構築していきます。下準備として、インストールしたWordPressに以下の設定を行います。

＋ デバッグモードをオンにする

theme.jsonの設定はキャッシュされるため、編集結果がフロントにすぐに反映されません。すぐに反映させるためには、WordPressのインストールフォルダ内にあるwp-config.phpでデバッグモードを`true`にします。

```
define( 'WP_DEBUG', true );
```

WordPressのインストールフォルダ/wp-config.php

＋ Create Block Themeをインストール＆有効化する

WordPress.orgがリリースしている、ブロックテーマ作成を手助けしてくれるプラグインです。Gutenbergの一部として検討されていたテーマ作成関連の各種機能はこのプラグインに分離して開発が進められています。雛形となるブロックテーマを作成したり、サイトエディターでの編集結果をテーマに反映させたりすることができます。［プラグイン＞新規追加］で「Create Block Theme」を検索し、インストールして有効化します。

＋ WP Multibyte Patchをインストール＆有効化する

日本語環境では入れておきたい、WordPressのマルチバイト文字の取り扱いに関する不具合の累積的修正と強化を行うプラグインです。
［プラグイン＞新規追加］で「WP Multibyte Patch」を検索し、インストールして有効化します。

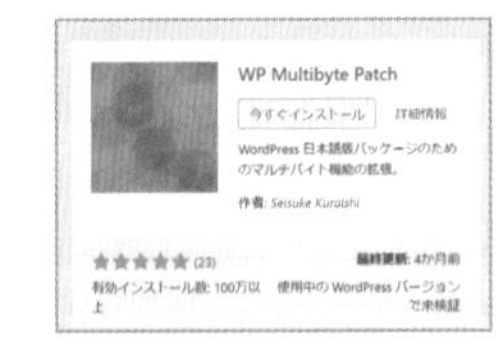

+ サイト名とサイトの説明を指定する

［設定＞一般］の「サイトのタイトル」でサイト名を、「キャッチフレーズ」でサイトについての説明を指定します。ここでは「Travel Times」、「旅に思いを馳せる」と指定します。

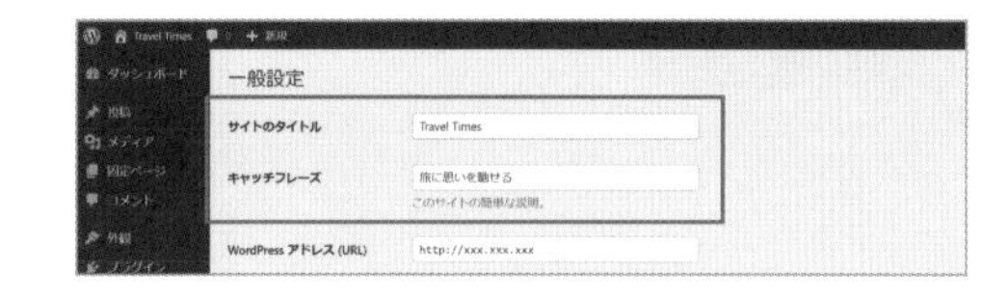

+ １ページに表示する記事の数を指定する

記事一覧には最大６件の記事をリストアップしたいので、［設定＞表示設定］の「１ページに表示する最大投稿数」を「６件」に指定します。

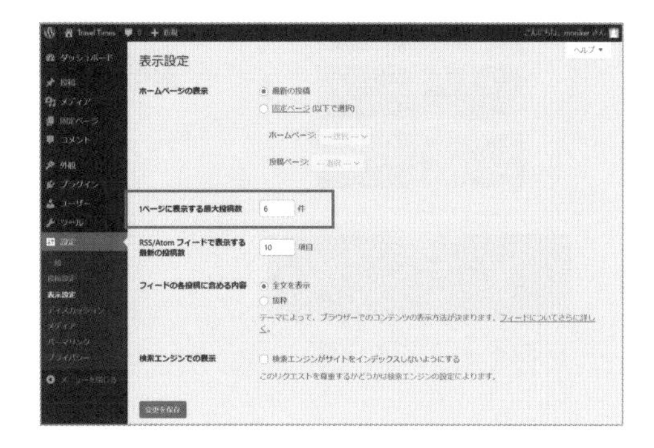

+ フロントのツールバーを消す

WordPress にログインしているときに、フロントに表示されるツールバーを消します。
［ユーザー＞プロフィール］で「ツールバー」の「サイトを見るときにツールバーを表示する 」をオフにします。

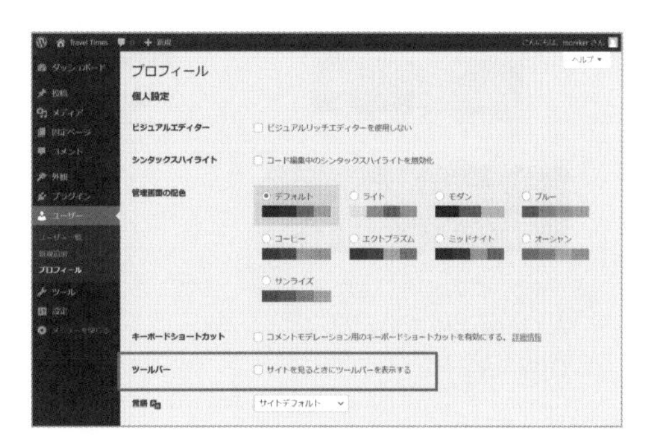

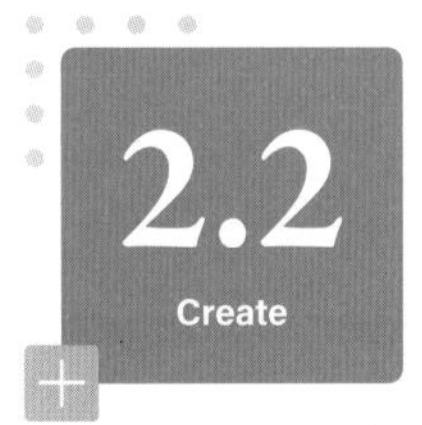

サイトのページ構成と必要なデータ

作成するサイトは次のページで構成します。

+ パーマリンクの設定

ページ構成に合わせてパーマリンクを設定します。記事ページのURLを「http:// サイトアドレス / スラッグ /」にするため、［設定＞パーマリンク］の「パーマリンク構造」で「投稿名」を選択して保存します。

+ 必要なデータ

各ページを構成するのに必要なデータを確認します。

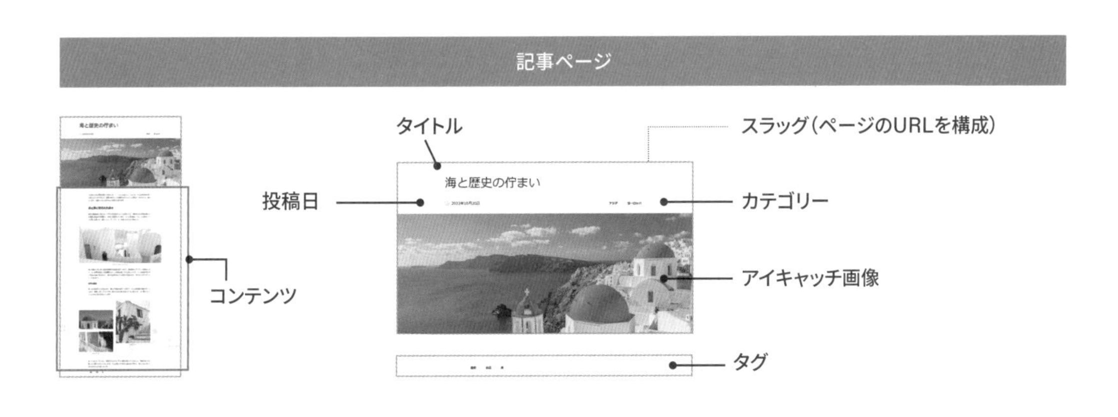

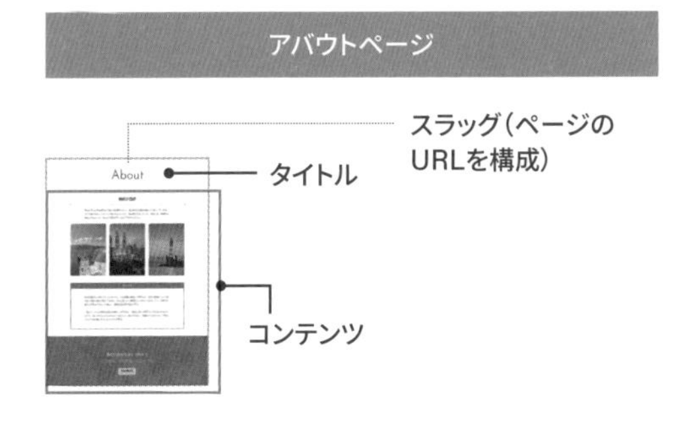

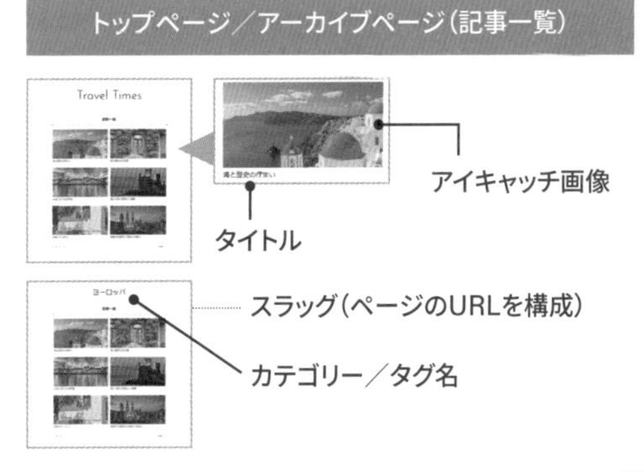

＋ 必要なデータを管理する

必要なデータは次のように管理します。P.7 のダウンロードデータにインポートデータ（contents.xml）を用意していますので、インポートして制作を進めてください。

投稿（投稿タイプ：post）

［投稿＞投稿一覧］で記事のデータを管理します。ここでは 15 件の記事を投稿・公開しています。投稿日などは設定サイドバーの「投稿」タブで指定します。

カテゴリー（タクソノミー：category）

［投稿＞カテゴリー］でカテゴリーを管理します。ここでは 3 件のカテゴリーを管理しています。

タグ（タクソノミー：tag）

［投稿＞タグ］でタグを管理します。ここでは 16 件のタグを管理しています。

固定ページ（投稿タイプ：page）

［固定ページ＞固定ページ一覧］で固定ページのデータを管理します。ここではアバウトページを管理しています。

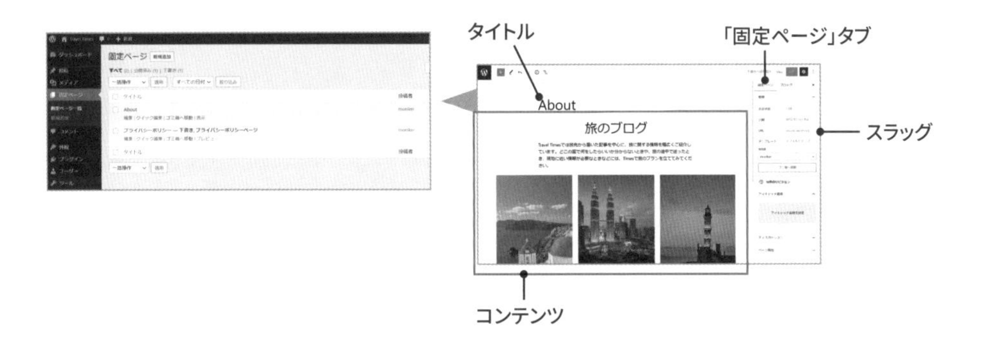

なお、インポートデータには「Chapter 4 のカスタマイズ結果」という下書き状態の記事と固定ページも入れてあります。これは Chapter 4 で行うコンテンツのカスタマイズ結果です。必要に応じて参考にしてください。

Chapter 4 のカスタマイズ結果 — 下書き

2.3 コンテンツをブロックでどう構成するかを検討する

コンテンツぬきでブロックテーマを作成するのは大変です。作りたいデザインに合わせてスタイルを調整していくため、できるだけ具体的なコンテンツを用意しておく必要があります。Figma のデザインでは記事ページ「海と歴史の佇まい」とアバウトページのコンテンツが次のようになっていますので、ブロックでどのように構成できるかを検討します。複数のブロックを組み合わせる必要があるものや、スタイリングが必要なものは個別に取り出して検討します。

記事ページのコンテンツ

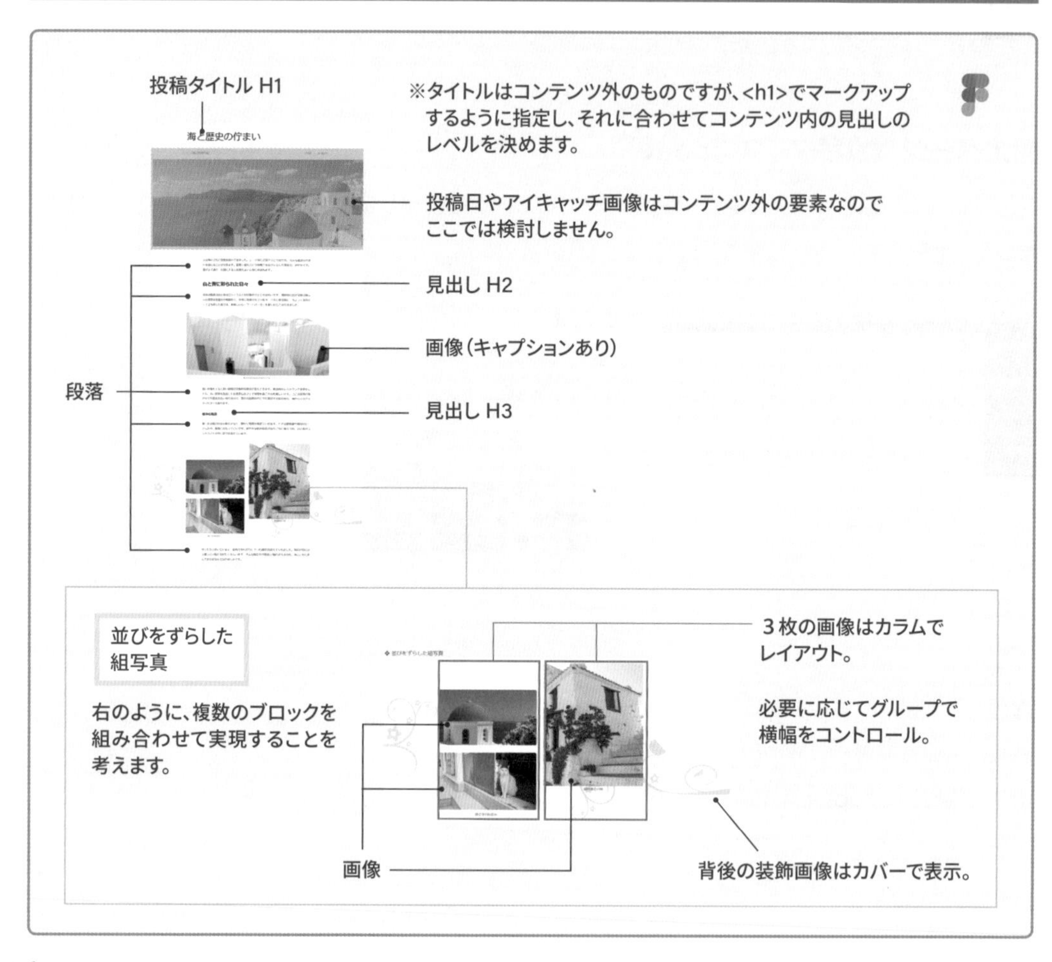

アバウトページのコンテンツ

投稿タイトル H1
About
旅のブログ
段落
飾り罫を付けた見出し H2
見出し H2は飾り罫を付けたスタイルにします。
飾り罫を付けた見出し H2
旅のブログ
ギャラリー
画像をシンプルに並べるだけであれば、
ギャラリーブロックを使うのが簡単です。
ギャラリー
各画像は左上だけ
角丸の半径を大き
くスタイリング。
見出し付きの
囲み枠
全体を囲む枠はグループ
ブロックで構成し、スタイリン
グすることを考えます。
見出し付きの囲み枠
旅の計画
見出し H3
段落
段落
グループ
カバー
(CTA - Call to action)
全体はカバーで構成し、背後
に装飾画像を表示して色合
いをコントロールします。
カバー (CTA - Call to action)
身近な旅から遠くの旅まで
ここから、いつでも、どこへでも
旅を計画する
カバー
段落
ボタン

ブロックで構成したコンテンツを確認する

インポートしたデータには前ページのコンテンツを実際にブロックで構成したものを入れてありますので、確認していきます。

＋ テーマの選択を確認

今の段階ではまだテーマを作成していないので、代わりのテーマを使って確認していきます。そのため、［外観＞テーマ］でシンプルなテーマを有効化します。ここではデフォルトテーマの「Twenty Twenty Three」を使います。

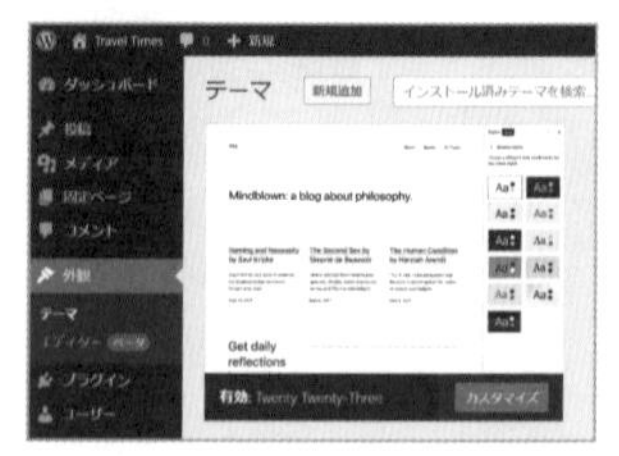

Twenty Twnety Threeを有効化

＋ 投稿エディターでブロックの構成を確認する

記事ページのコンテンツは［投稿＞投稿一覧］、固定ページのコンテンツは［固定ページ＞固定ページ一覧］でタイトルまたは「編集」をクリックし、投稿エディターで開きます。

コンテンツのタイトルにカーソルを重ねるとメニューが表示されます。

投稿エディターの画面構成は右ページのようになっています。ブロックを選択したり、構成を確認するためには、「リスト表示」を使うのがわかりやすくて便利です。

ブロックキャンバス

ブロックを並べて構成したコンテンツが表示されます。

並べたブロックを選択するには、キャンバスまたはリスト表示でブロックをクリックします。

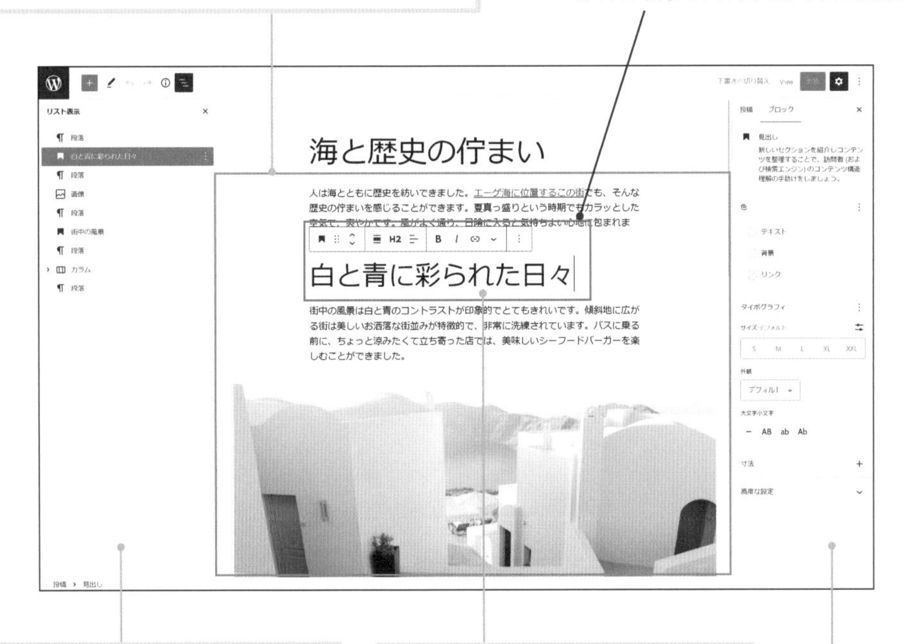

リスト表示

キャンバス上に配置したブロックの構成を確認したり、ブロックの選択や並び替えなどの操作を行うことができます。「リスト表示」ボタンをクリックして表示します。

選択中の
ブロック

「リスト表示」ボタン

ブロックツールバー

選択したブロックの上に表示されるツールバーで、各種設定を行います。

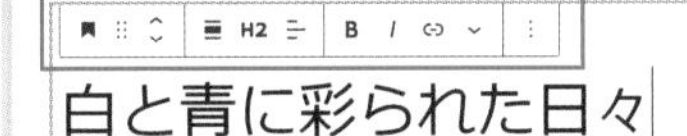

設定サイドバー

選択したブロックの各種設定を行います。「設定」ボタンをクリックし、「ブロック」タブを選択して表示します。

「設定」ボタン

インポートしたデータのコンテンツに含まれるブロックは次のようになっています。各ブロックは初期状態で並べたもので、P.76 での検討結果と同じ構成になっています。個別に取り出して構成を検討したものについては、Chapter 4 で複数のブロックを組み合わせたり、スタイルをカスタマイズして仕上げます。

記事ページ「海と歴史の佇まい」のコンテンツを構成するブロック

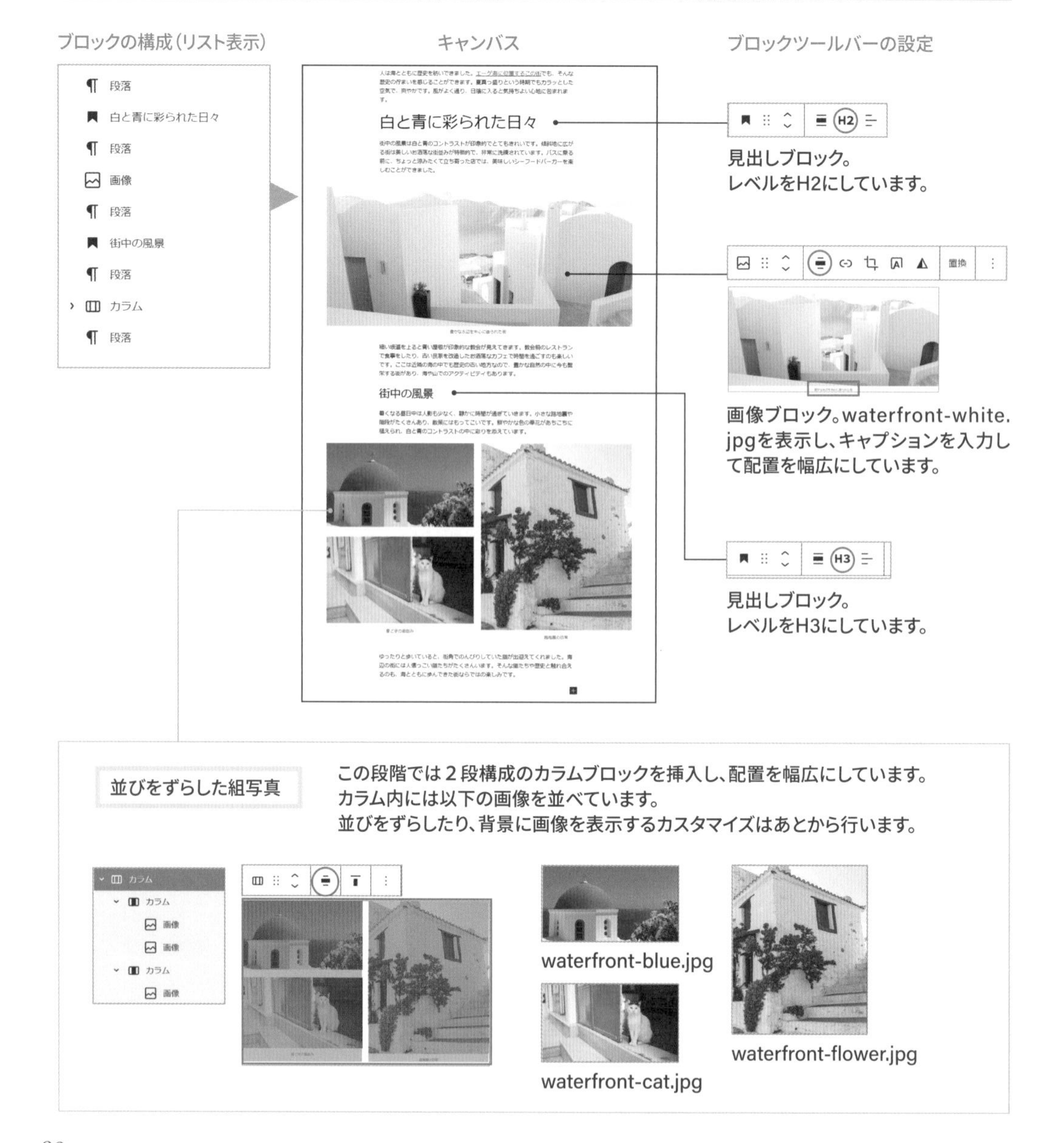

アバウトページのコンテンツを構成するブロック
ブロックの構成（リスト表示）
キャンバス
ブロックツールバーの設定
旅のブログ
段落
ギャラリー
旅の計画
段落
段落
カバー
旅のブログ
旅の計画
身近な旅から遠くの旅まで
ここから、いつでも、どこへでも
旅を計画する
飾り罫を付けた見出し H2
この段階では見出しブロックを挿入し、レベルをH2に、テキストの配置を「テキスト中央寄せ」にしています。飾り罫での装飾はあとから行います。
H2
旅のブログ
ギャラリー
ギャラリーブロックを挿入し、3枚の画像（photo01〜03.jpg）をドラッグ＆ドロップして構成しています。各画像は画像ブロックとして挿入されます。ギャラリーブロック全体は幅広にしています。
角丸のスタイリングはあとから行います。
ギャラリー
アップロード
メディアライブラリ
photo01.jpg
〜
photo03.jpg
ギャラリー
画像
画像
画像
追加
見出し付きの囲み枠
この段階では見出しと2つの段落ブロックを挿入しています。枠で囲むカスタマイズはあとから行います。
見出しはレベルをH3、テキストの配置を「テキスト中央寄せ」にしています。
H3
旅の計画
段落
段落
旅の計画

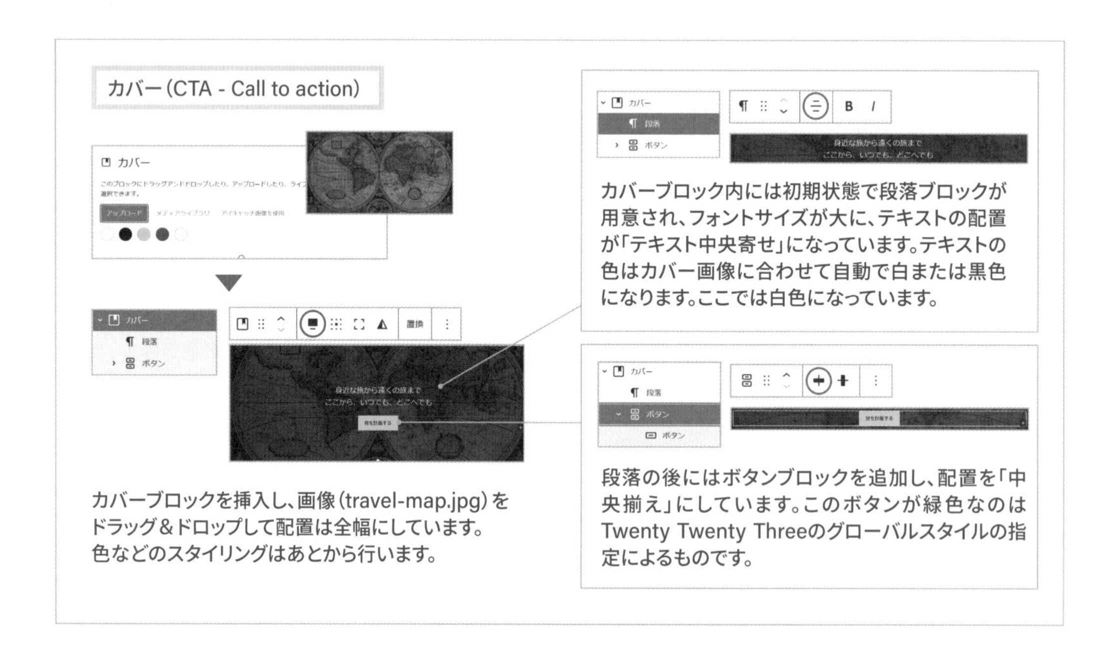

カバーブロックを挿入し、画像(travel-map.jpg)をドラッグ&ドロップして配置は全幅にしています。色などのスタイリングはあとから行います。

カバーブロック内には初期状態で段落ブロックが用意され、フォントサイズが大に、テキストの配置が「テキスト中央寄せ」になっています。テキストの色はカバー画像に合わせて自動で白または黒色になります。ここでは白色になっています。

段落の後にはボタンブロックを追加し、配置を「中央揃え」にしています。このボタンが緑色なのはTwenty Twenty Threeのグローバルスタイルの指定によるものです。

+ フロントの表示を確認する

フロントで記事ページやアバウトページを開き、ブロックで構成したコンテンツがエディターと同じように表示されることを確認します。

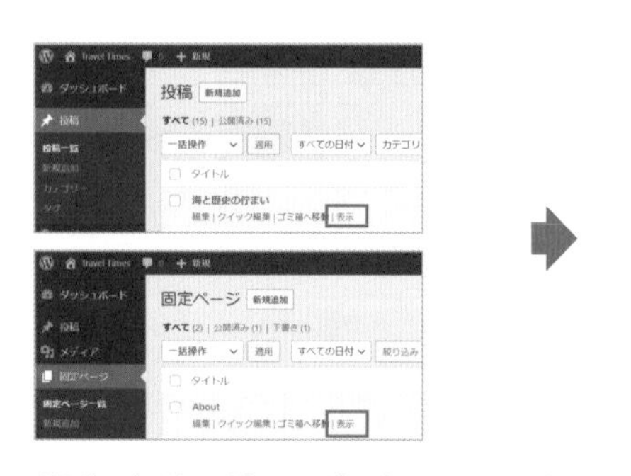

[投稿>投稿一覧]および[固定ページ>固定ページ一覧]でコンテンツにカーソルを重ねて「開く」を選択すると開くことができます。

記事ページ
/waterfront/

アバウトページ
/about/

+ テーマを変えたときの表示を確認する

使用するテーマを変更しても配置（幅広や全幅など）の設定が反映されることを確認しておきます。たとえば、デフォルトテーマの Twenty Twenty Two に変更すると右のようになります。

記事ページ
/waterfront/

アバウトページ
/about/

+ ブロックの配置が反映される仕組みを確認する

テーマを変えてもブロックの配置が反映されるためには、次の２つの条件が必要です。

❶ 配置に関する情報がコンテンツのブロックの中に含まれていること

たとえば、記事ページのコンテンツに挿入したカラムブロックは「配置を幅広」にしています。

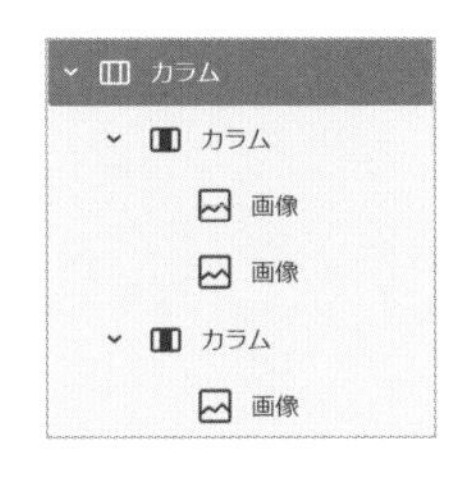

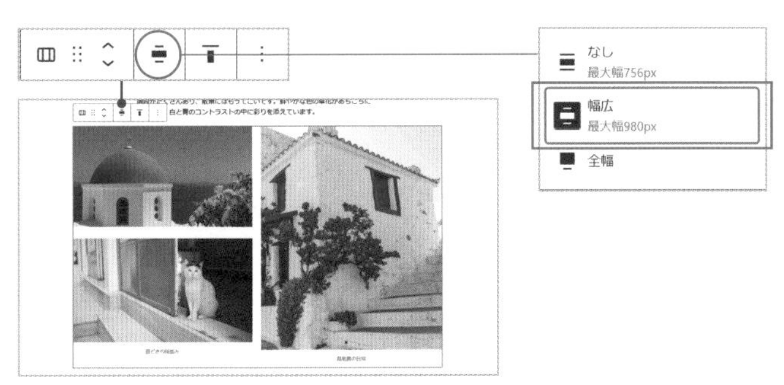

その情報はシリアライズされた `{"align":"wide"}` というオブジェクトとして入るのと同時に、それを元にした `alignwide` クラスが付加されます（こうした処理はブロックにより異なります）。そして、次のようなコードとしてデータベースに保存されるため、テーマを変えてもこの情報は維持されます。

```
<!-- wp:columns {"align":"wide"} -->
<div class="wp-block-columns alignwide">
…
</div>
<!-- /wp:columns -->
```

❷ alignwideクラスに適用されるスタイルがあること

❶で付加された `alignwide` クラスに適用され、幅広を実現するスタイルが theme.json で用意されている必要があります。Twenty Twenty Three や Twenty Twenty Two では、コアの theme.json に用意されているものがそのまま使われているため、配置が反映されます。なお、このスタイルについては STEP 2.9 で見ていきます。

```
body .is-layout-constrained > :where(:not(.alignleft):not(.alignright):not(.alignfull)) {
    max-width: var(--wp--style--global--content-size);
    margin-left: auto !important;
    margin-right: auto !important;
}

body .is-layout-constrained > .alignwide {
    max-width: var(--wp--style--global--wide-size);
}
```

alignwideに適用されるグローバルスタイル

配置と同じように、エディターのUIで設定できるものはシリアライズされます。それに対応したスタイルがtheme.jsonに用意されていれば、反映されることになります。

エディターのUI（ブロックツールバーや設定サイドバー）で設定できるもの。

2

カラムブロックに適用されるスタイル

カラムブロックが表示されるときのコードは以下のようになります。

```
<div class="is-layout-flex wp-container-8 wp-block-columns alignwide">
…
</div>
```

表示されるときのコード

`wp-block-columns` クラスにはカラムブロックが持つスタイルが適用されます。このあたりはブロックによって異なります。

`is-layout-flex` クラスはレイアウトタイプが「Flex」のブロック（Flexboxでレイアウトされるボタン、ソーシャルアイコン、カラムなど）に付加されるものです。CSS Flexboxを使った共通のレイアウトのスタイルが適用されます。このスタイルも、alignwideのスタイルと同じようにコアのtheme.jsonで管理されています。

`wp-container-*` クラスには共通化されていないレイアウトのスタイルが適用されます。WordPress 6.0までは共通のスタイルもこのクラスに適用されていたため、同じスタイルの設定が繰り返し出力される冗長な出力になっていました。

ブロックテーマを作成する

オリジナルのブロックテーマを作成していきます。ここでは Create Block Theme プラグインを使用して、雛形となる空のブロックテーマを用意します。

［外観＞ Create Block Theme］で設定画面を開きます。このメニューは Twenty Twenty Three のようなブロックテーマを使用していないと表示されないため、注意が必要です。開いた画面で「Create blank theme」を選択し、Theme Name にテーマ名を入力して「Create theme」をクリックします。ここではテーマ名を「My Theme」と指定しています。

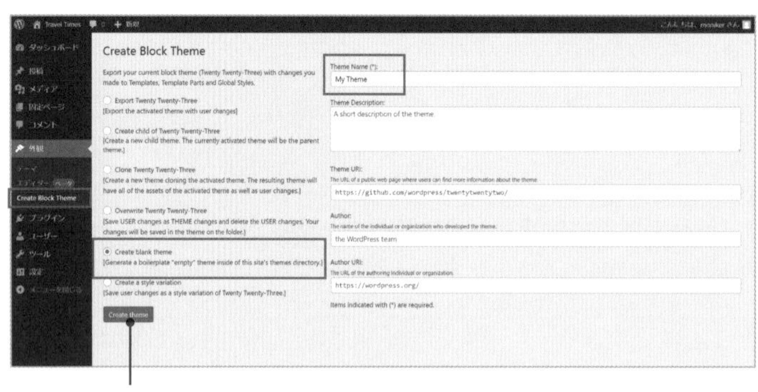

テーマ名を指定して「Create theme」をクリック。

［外観＞テーマ］に作成した「My Theme」が追加されていますので、有効化します。記事ページとアバウトページはこの段階では右のような表示になります。

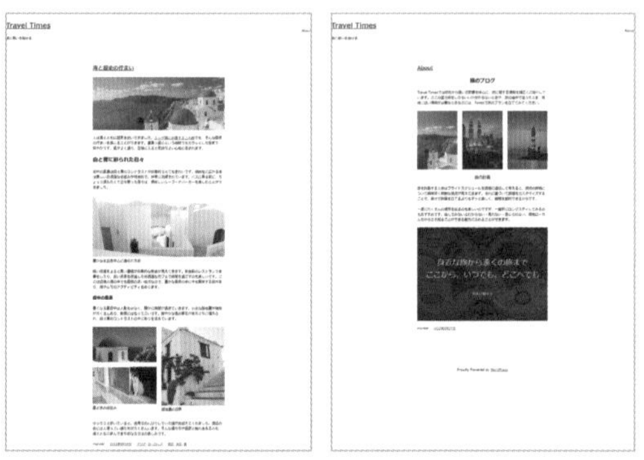

各ページのコンテンツが表示されますが、幅広などの配置は表示に反映されていません。これは作成されたテーマのテンプレートの設定によるものです。
※プラグインのバージョンによって変わる可能性はあります。

2.6 Create ブロックテーマのファイル構成を確認する

作成したブロックテーマのファイル構成を確認しておきます。テーマ名を「My Theme」にした場合、テーマスラッグは「mytheme」となり、WordPress の wp-content/themes/ フォルダ内に「mytheme」というテーマフォルダが追加されます。この中に用意されたものがブロックテーマの基本構成です。

WordPress にテーマとして認識させるためには、style.css と、templates フォルダ内の index.html が必要です。

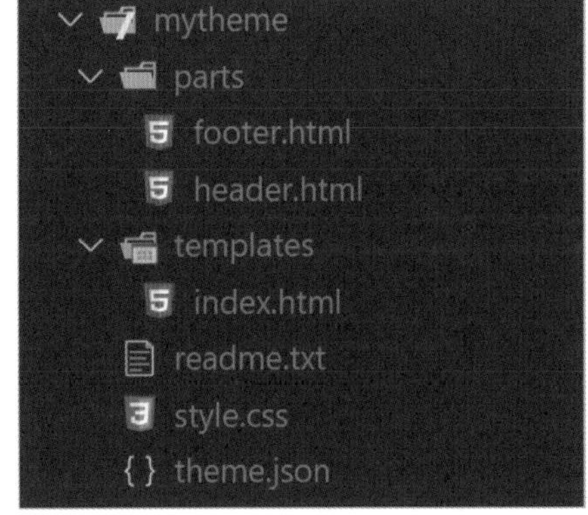

テーマフォルダmytheme内に用意されたもの

+ style.css

style.css はテーマの CSS を記述するファイルですが、ヘッダーコメントとしてテーマに関する情報を記述します。

Create Block Theme で作成した場合、右のようにスタンダードな項目が記述されていますので、必要に応じて編集します。
Theme Name には管理画面に表示されるテーマ名が、Text Domain には翻訳用の識別子としてテーマスラッグが入力されています。

```
/*
Theme Name: My Theme
Theme URI:
Author:
Author URI:
Description:
Requires at least: 5.8
Tested up to: 5.9
Requires PHP: 5.7
Version: 0.0.1
License: GNU General Public
License v2 or later
License URI: http://www.gnu.org/
licenses/gpl-2.0.html
Template:
Text Domain: mytheme
Tags: one-column, …wide-blocks
*/
```

mytheme/style.css

+ templatesフォルダとpartsフォルダ

templates フォルダにはページを構成するテンプレートのファイルを置きます。index.html は他に適切なテンプレートがない場合にはすべてのページの生成に使用されるテンプレートで、必須となっています。

parts フォルダにはテンプレートに読み込んで使用するテンプレートパーツのファイルを置きます。Create Block Theme プラグインで作成したテーマでは、ヘッダーとフッターを構成する header.html、footer.html が用意されます。

テンプレートとテンプレートパーツが認識されていることは、［外観＞エディター］でサイトエディターを開いて確認できます。それぞれの一覧では、追加者（Added by）がテーマ名「My Theme」になっており、テーマフォルダにファイルがあることがわかります。

左上のアイコンをクリックしてサイトエディターのナビゲーションを開きます。

［外観＞エディター］を選択。

「テンプレート」を選択すると、テンプレートの一覧が表示されます。

「テンプレートパーツ」を選択すると、テンプレートパーツの一覧が表示されます。

テンプレートとテンプレートパーツの編集はサイトエディターで行います。ただし、サイトエディターで編集したものはデータベースに保存されます。作成しているテーマへは反映されないので、反映するための作業が必要になる点は注意が必要です。

+ theme.json

テーマのtheme.jsonはテーマフォルダのルートに置きます。Create Block Themeで作成されたtheme.jsonには初期状態の設定が次のように記述されています。
サイトエディターに用意されたスタイルサイドバーから編集できますが、すべてのフィールドの編集には対応していないので、必要に応じて直接theme.jsonファイルを編集していきます。

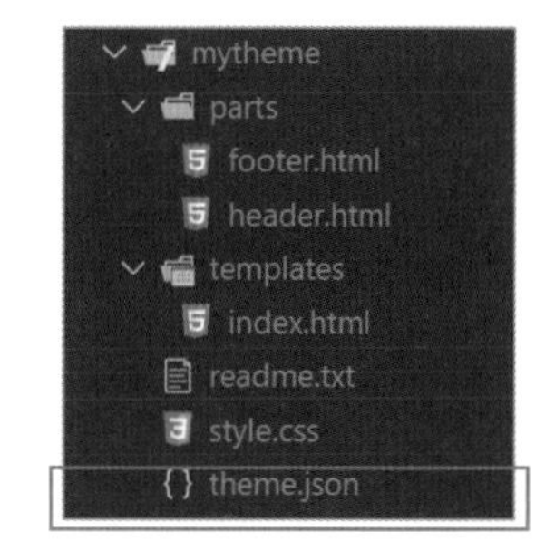


```
{
    "$schema": "https://schemas.wp.org/wp/6.1/theme.json",
    "settings": {
        "appearanceTools": true,
        "layout": {
            "contentSize": "620px",
            "wideSize": "1000px"
        },
        "spacing": {
            "units": [
                "%",
                "px",
                "em",
                "rem",
                "vh",
                "vw"
            ]
        },
        "typography": {
            "fontFamilies": [
                {
                    "fontFamily": "-apple-system, BlinkMacSystemFont, 'Segoe UI',
Roboto, Oxygen-Sans, Ubuntu, Cantarell, 'Helvetica Neue', sans-serif",
                    "name": "System Font",
                    "slug": "system-font"
                }
            ]
        }
    },
    "templateParts": [
        {
            "area": "header",
            "name": "header"
        },
        {
            "area": "footer",
            "name": "footer"
        }
    ],
    "version": 2
}
```

JSON Schema（JSONスキーマ）
詳しくはP.112を参照。

コアのtheme.jsonで無効になっている主要機能（P.54〜55の★印）をまとめて有効化。

コンテンツと幅広のサイズ（横幅）を指定。

使用できる単位を指定。

システムフォントで構成したフォントファミリーのプリセット。プリセット名は「System Font」になっています。

templatesフォルダに用意したテンプレートパーツに関する情報を指定。

theme.jsonのフォーマットのバージョン。
現行のバージョンは「2」です。

mytheme/theme.json

functions.phpを用意して外部CSSを読み込む

このタイミングでテーマフォルダ内にfunctions.phpを追加し、外部のCSSを読み込む設定をしておきます。ここでは次の2つを読み込みます。

＋ コアブロックの追加分のCSS

コアブロックに適用する追加のスタイルが必要な場合は `add_theme_support( 'wp-block-styles' )` を指定します。これでエディターとフロントの両方に追加のスタイルが読み込まれます。追加分を持つブロックと適用されるスタイルは以下の通りです。
Twenty Twenty Three ではこれを使用していませんが、今回作成するテーマでは適用して作成していきます。そのあたりは作成するテーマによって判断してください。

ブロック	追加分のスタイル
画像、オーディオ、ビデオ、埋め込み	キャプションのスタイルと下マージン
ギャラリー	キャプションのスタイル
コード	ボーダーで囲むスタイル
プルクォート	上下にボーダーを入れるスタイル
引用	左側にボーダーを入れるスタイル
検索	ラベルやボタンのスタイル
グループ	背景を持つ場合に挿入するパディング
区切り	デフォルトの短いスタイル
テーブル	ヘッダー／フッターセクションのスタイル

適用前（上）と後（下）の
画像ブロックのキャプション。

＋ テーマのCSS

現状として、theme.jsonだけですべてのスタイルをまかなうのは難しいため、テーマの外部スタイルシートを読み込みます。ここでは標準で用意するstyle.cssをそのまま使用する形で設定します。エディターには `add_editor_style()` で、フロントには `wp_enqueue_style()` で読み込みます。

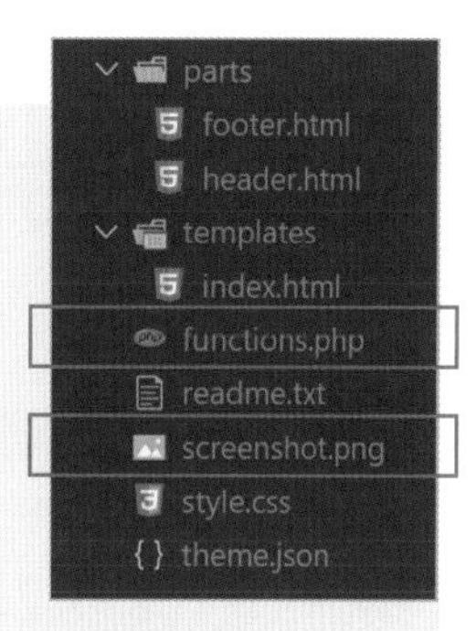


```
<?php

function mytheme_support() {

    // コアブロックの追加分の CSS を読み込む
    add_theme_support( 'wp-block-styles' );

    // テーマの CSS (style.css) をエディターに読み込む
    add_editor_style( 'style.css' );

}
add_action( 'after_setup_theme', 'mytheme_support' );


function mytheme_enqueue() {

    // テーマの CSS (style.css) をフロントに読み込む
    wp_enqueue_style(
        'mytheme-style',
        get_stylesheet_uri(),
        array(),
        filemtime( get_theme_file_path( 'style.css' ) )
    );

}
add_action( 'wp_enqueue_scripts', 'mytheme_enqueue' );
```

mytheme/functions.php

+ スクリーンショット画像

テーマフォルダ内には functions.php といっしょにスクリーンショット画像（screenshot.png）も追加しておきます。この画像は［外観＞テーマ］での表示に使用されます。

screenshot.png
（1200×900ピクセル）

2.8 サイトエディターでテンプレートを編集する

［外観＞エディター］でサイトエディターを開き、コンテンツの表示を確認するための環境を実際のテンプレートに合わせて構成しなおします。まずは P.88 のテンプレート一覧からインデックステンプレート（index.html）を開きます。サイトエディターでも投稿エディターと同じようにブロックを扱えますので、リスト表示を確認します。Create Block Theme プラグインが作成したインデックステンプレートはヘッダー（header）、クエリーループ、フッター（footer）ブロックで構成されていることがわかります。

ここでは一旦、すべてのブロックを削除して白紙の状態にします。リスト表示で操作するのがわかりやすくて簡単です。すると、空の段落ブロックのみの状態になります。

Shift＋クリックですべてのブロックを選択。

「ブロックを削除」を選択。

すべてのブロックが削除され、空の段落ブロックのみの状態になります。

空の段落ブロックを選択したまま、ブロック挿入ツール(ブロックインサーター)を開いて「投稿タイトル」と「投稿コンテンツ」ブロックを挿入します。「投稿タイトル」は記事のタイトルを、「投稿コンテンツ」は記事や固定ページのコンテンツを表示するブロックです。

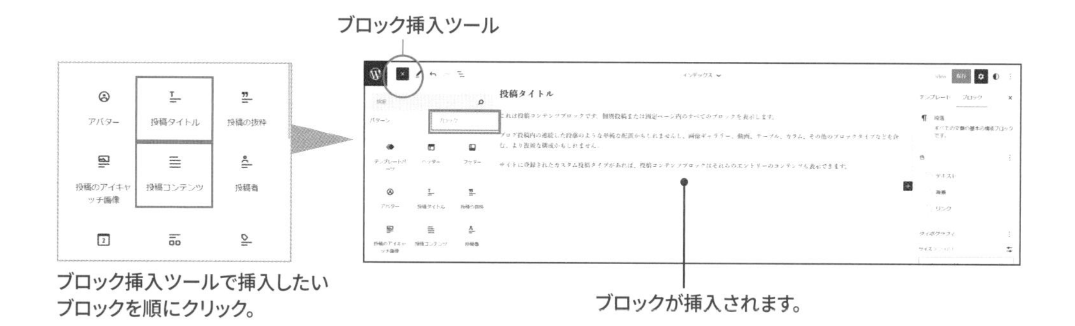

ブロック挿入ツールで挿入したいブロックを順にクリック。

挿入した「投稿タイトル」ブロックは、ブロックツールバーで見出しレベルを H1 にします。「投稿コンテンツ」ブロックは設定サイドバーでレイアウトの コンテント幅を使用するインナーブロック がオフになっていることを確認します。「保存」をクリックして編集内容を保存します。

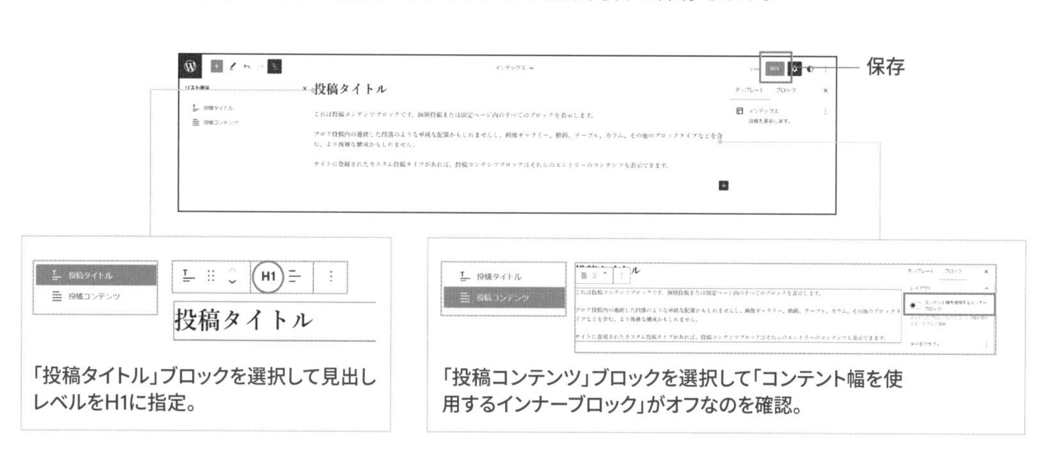

「投稿タイトル」ブロックを選択して見出しレベルをH1に指定。

「投稿コンテンツ」ブロックを選択して「コンテント幅を使用するインナーブロック」がオフなのを確認。

フロントで記事ページとアバウトページを開くと、タイトルとコンテンツが出力されていることがわかります。ただし、すべてのブロックが画面の横幅いっぱいに表示されます。

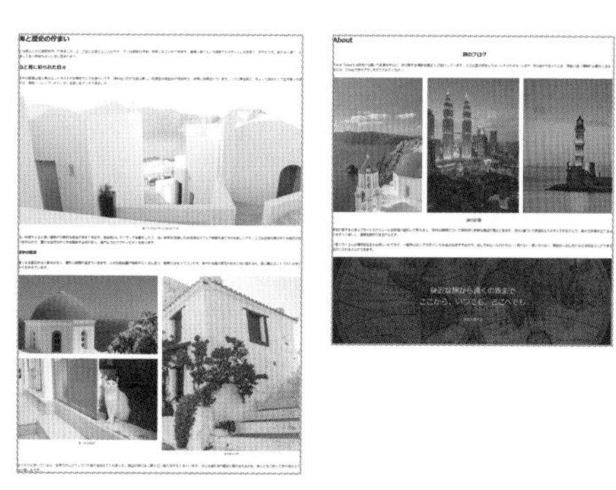

ブロックの横幅のコントロールとレイアウトタイプ

サイトエディターのキャンバス（最上位階層の白紙の画面）に直接置いたブロックは、横幅をコントロールできません。その横幅はキャンバスに合わせたサイズになります。フロントですべてのブロックが画面の横幅いっぱいに表示されたのもこのためです。

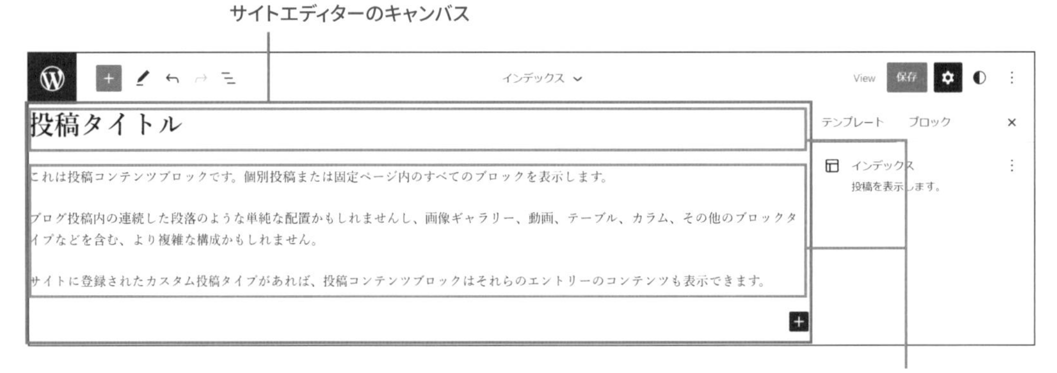

横幅をコントロールしたいブロックは、レイアウト機能を持つ「コンテナ」に分類される種類のブロックの中に入れ、コンテナを「Constrained（制約）」と呼ばれるレイアウトタイプにする必要があります。

＋ コンテンツの横幅

「投稿コンテンツ」ブロックは「コンテナ」に分類されるブロックのうちの１つで、記事や固定ページのコンテンツはこのブロックの中に入った形になっています。そのため、「投稿コンテンツ」ブロックのレイアウトタイプを「Constrained」にすれば、コンテンツの横幅がコントロールされます。

レイアウトタイプを「Constrained」にするためには、「投稿コンテンツ」ブロックを選択し、レイアウトの コンテント幅を使用するインナーブロック をオンにします。すると、「投稿コンテンツ」ブロック自体はキャンバスに合わせた横幅のまま、中身のコンテンツは横幅がコントロールされた状態になります。

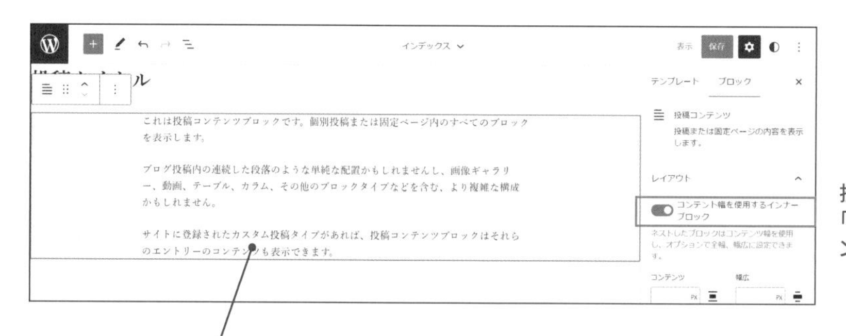

投稿コンテンツブロックの「コンテント幅を使用するインナーブロック」をオン。

投稿コンテンツブロックの中身(コンテンツ)の横幅がコントロールされた状態になります。

フロントでも、各ブロックの横幅がコントロールされた状態になったことがわかります。

+ Constrainedレイアウトタイプで横幅がコントロールされる仕組み

レイアウトタイプが「Constrained」になった投稿コンテンツブロックが構成する<div>には `is-layout-constrained` クラスが付加され、中身のブロックの横幅をコントロールするスタイルが適用されます。

```
<div class="is-layout-constrained entry-content wp-block-post-content">
    コンテンツ
</div>
```

投稿コンテンツブロックの出力コード

適用されるスタイルはコアの theme.json で用意されたもので、次のように横幅がコントロールされます。

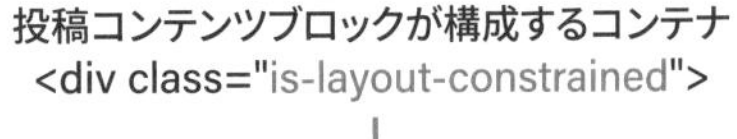

❶ <div class="is-layout-constrained"> 直下のブロックのうち、配置が左寄せ（alignleft）、右寄せ（alignright）、全幅（alignfull）以外のブロックの最大幅をコンテンツサイズ `--wp--style--global--content-size` にします。
さらに、上記のブロックの左右マージン margin-left と margin-right は `auto` にし、中央揃えにします。

❷ alignwide クラスを持つ、配置が幅広のブロックの最大幅は幅広サイズ `--wp--style--global--wide-size` にします。

❸ alignfull クラスを持つ、配置が全幅のブロックには適用されるスタイルがないため、コンテナに合わせた横幅になります。

```
body .is-layout-constrained > :where(:not(.alignleft):not(.alignright):not(.alignfull)) {
    max-width: var(--wp--style--global--content-size);
    margin-left: auto !important;
    margin-right: auto !important;
}

body .is-layout-constrained > .alignwide {
    max-width: var(--wp--style--global--wide-size);
}
```

❶ ❷

❸ alignfullクラスを持つブロックには
どちらのスタイルも適用されません。

コアのtheme.jsonを元に出力されたグローバルスタイル

なお、コンテンツサイズと幅広サイズの値はコアの theme.json では指定されておらず、この段階ではテーマの theme.json（P.89）で指定された値が使用されています。この値は P.151 で変更します。

```
body {
    --wp--style--global--content-size: 620px;
    --wp--style--global--wide-size: 1000px;
}
```

テーマのtheme.jsonを元に出力されたグローバルスタイル

+ Constrainedレイアウトタイプにできるブロック

現在のところ、「コンテナ」に分類され、Constrained レイアウトタイプにできる種類のブロックは右のようになっています。横幅をコントロールしたいブロックは、これらの直下の階層に置く必要があります。

- グループ
- カラム（子）
- クエリーループ
- 投稿コンテンツ

+ タイトルの横幅をコントロールする

たとえば、タイトルを出力する「投稿タイトル」ブロックはコンテナではないため、サイトエディターのキャンバスに直接置いた状態では横幅をコントロールできません。コントロールするためにはコンテナの１つである「グループ」ブロックの中に入れます。

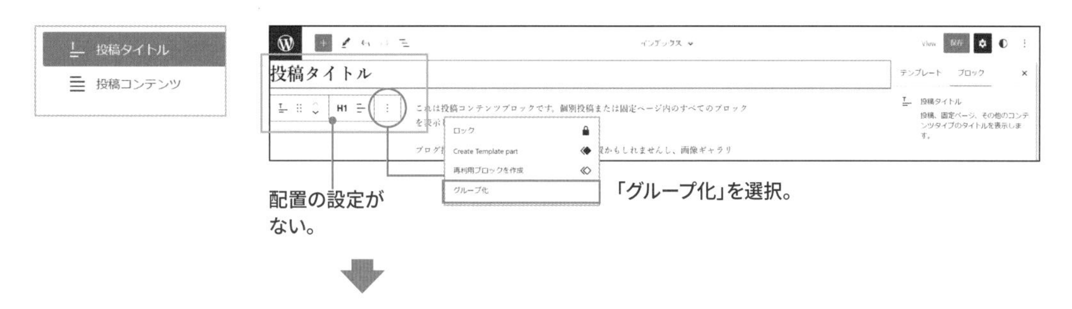

「グループ」ブロックはデフォルトで コンテント幅を使用するインナーブロック がオンになり、Constrained レイアウトタイプになります。これにより、「投稿タイトル」ブロックは横幅がコントロールされ、コンテンツサイズの横幅になります。

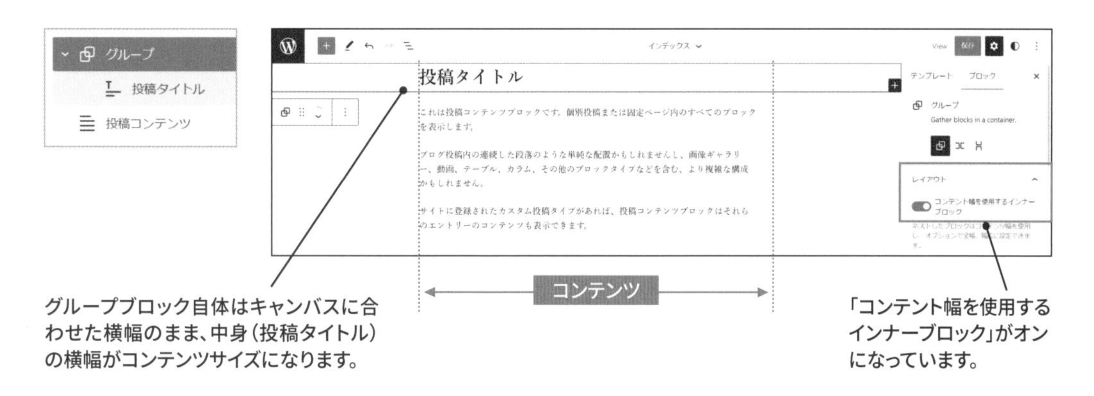

「投稿タイトル」ブロックを選択すると、ブロックツールバーに配置の項目が表示されたことがわかります。ここでは配置を `幅広` にします。

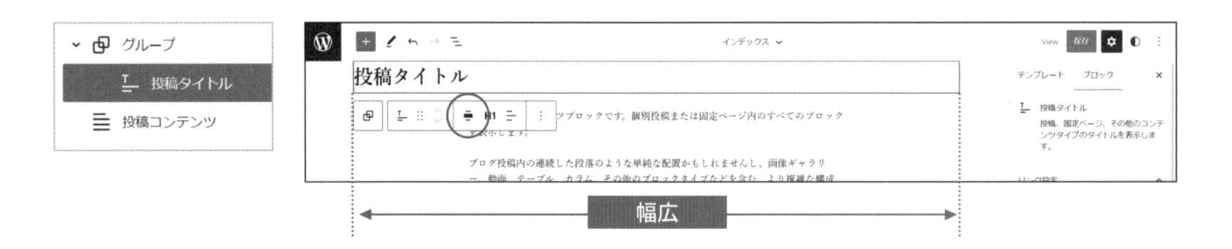

フロントでも、タイトルの横幅が幅広のサイズになります。

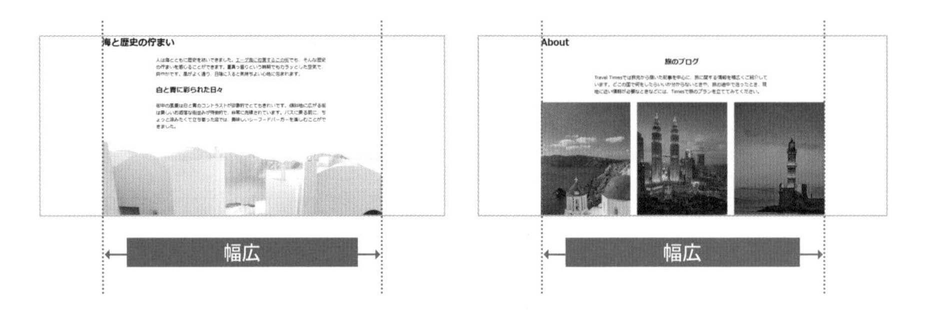

このように、横幅をコントロールするためにはブロックをコンテナの中に入れ、コンテナのレイアウトタイプを「Constrained」にする必要があります。

+ 2つのレイアウトタイプ（ConstrainedとFlow）

レイアウトタイプは、コンテナの `コンテント幅を使用するインナーブロック` をオンにすると「Constrained」、オフにすると「Flow」になります。

「Constrained」が中身のブロックの横幅をコントロールするのに対し、「Flow」はコントロールしません。そのため、レイアウトタイプを「Flow」にすると、コンテナには `is-layout-flow` クラスが付加され、中身のブロックはコンテナに合わせた横幅になります。

```
<div class="is-layout-constrained entry-content wp-block-post-content">
    コンテンツ
</div>
```

投稿コンテンツブロックの出力コード

```
<div class="is-layout-flow entry-content wp-block-post-content">
    コンテンツ
</div>
```

投稿コンテンツブロックの出力コード

Flow レイアウトは中身の横幅をコントロールせずに装飾を適用したいケース（P.180）や、特定のタグ（<main> など）でマークアップしたいケース（P.201）などで使用します。

Flexレイアウトタイプ

「コンテナ」に分類される種類のブロックには、レイアウトタイプが「Flex」になるものもあります。中身のブロックを CSS の Flexbox を使って横並びや縦並びにするもので、コンテナには is-layout-flex クラスが付加されます。右のようなブロックが該当します。

- 横並び / 縦並び
- カラム（親）
- ボタン
- ソーシャルアイコン

など

サイトエディターのキャンバス

サイトエディターのキャンバスは、白紙な状態の「レイアウトタイプを Constrained に設定できない特殊なコンテナ」と考えることができます。そのため、キャンバスに直接置いたブロックでは横幅のコントロールができず、P.94 のようにキャンバスに合わせた横幅になります。

キャンバスはページ全体を内包するコード的なボックスで、エディターとフロントでは次のように構成され、共通のクラスとしては `wp-site-blocks` が付加されます。

```
<div class="is-root-container
edit-site-block-editor__block-list
wp-site-blocks is-outline-mode
block-editor-block-list__layout"
data-is-drop-zone="true">
 …
</div>
```

サイトエディターのキャンバス

```
<div class="wp-site-blocks">
 …
</div>
```

フロント

なお、`wp-site-blocks` クラスに対しては P.155 のフクロウセレクタのスタイルが適用されます。これにより、キャンバスに直接置いたブロックの間には余白が挿入され、間隔が調整されるようになっています。

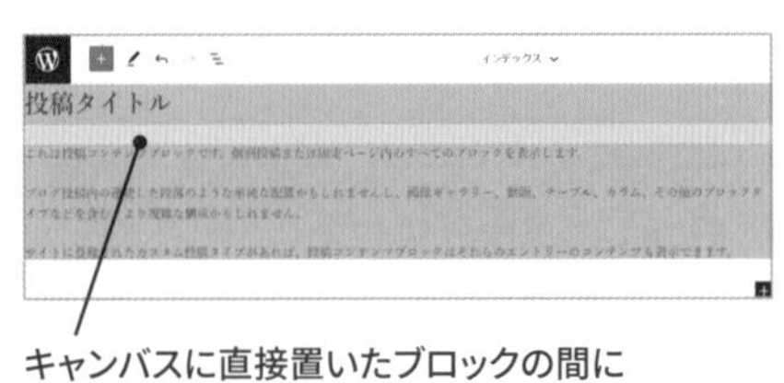

キャンバスに直接置いたブロックの間に挿入された余白。

サイトエディターと投稿エディターの違い

ページ全体を編集するサイトエディターのキャンバスは白紙（特殊なコンテナ）ですが、コンテンツを編集する投稿エディターのキャンバスは「投稿コンテンツ」ブロックが構成するコンテナです。

そのため、「投稿コンテンツ」ブロックのレイアウトの設定に応じて、投稿エディターに並べたブロックの横幅や配置が変わります。「コンテント幅を使用するインナーブロック」をオンにし、Constrained レイアウトタイプにした上で配置を指定すると次のようになります。

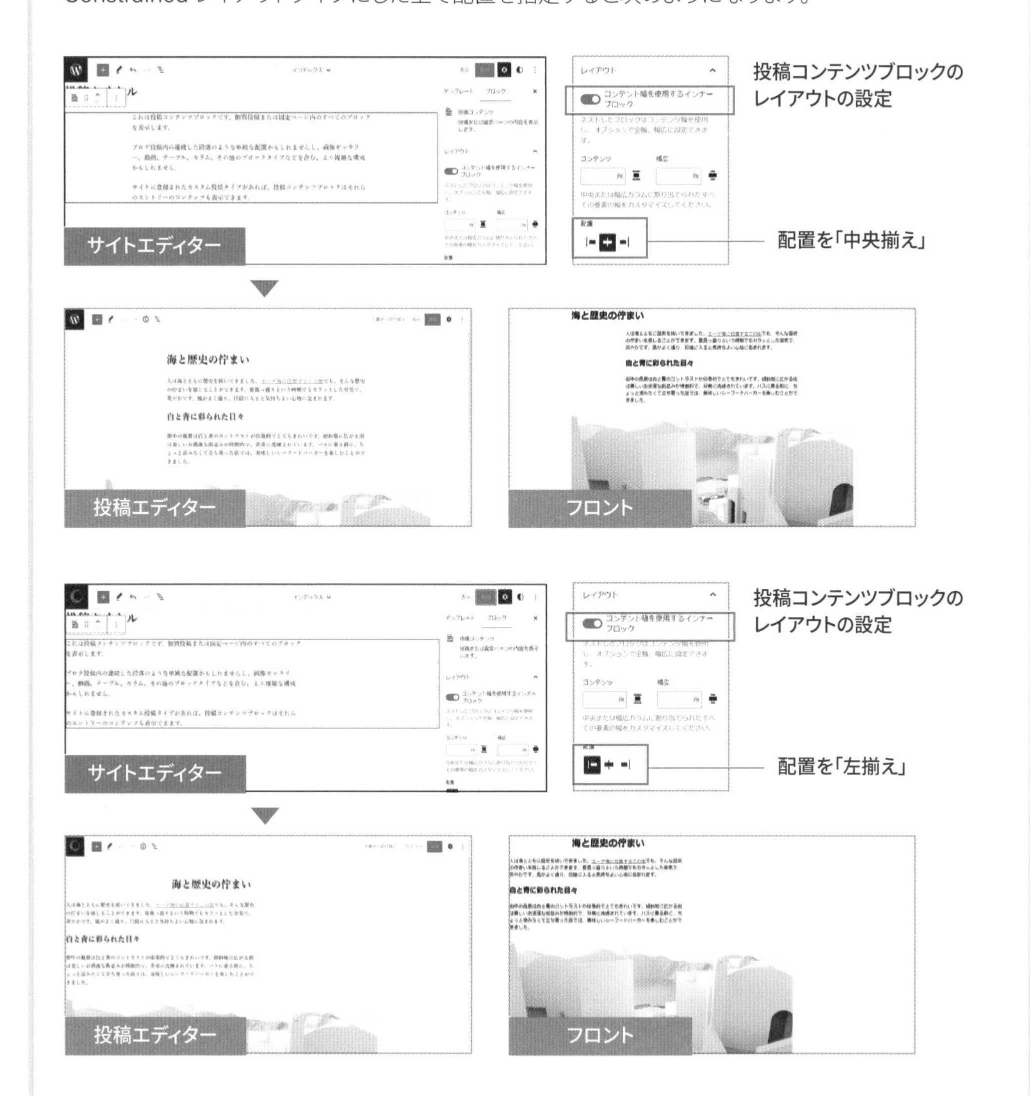

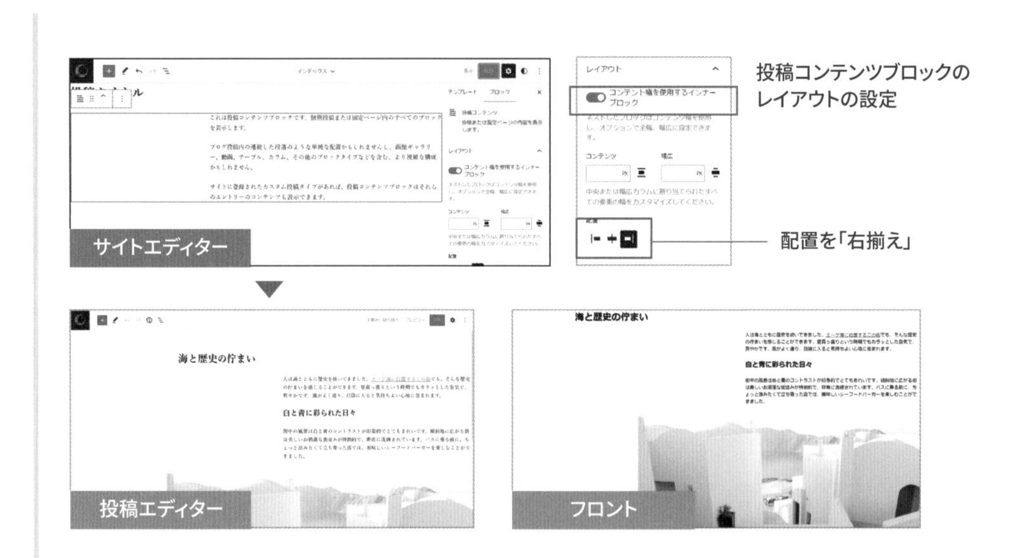

なお、現時点では「投稿コンテンツ」ブロックの「コンテント幅を使用するインナーブロック」をオフにし、Flow レイアウトタイプに切り替えても、投稿エディターには反映されません。フロントには反映されますので注意が必要です。

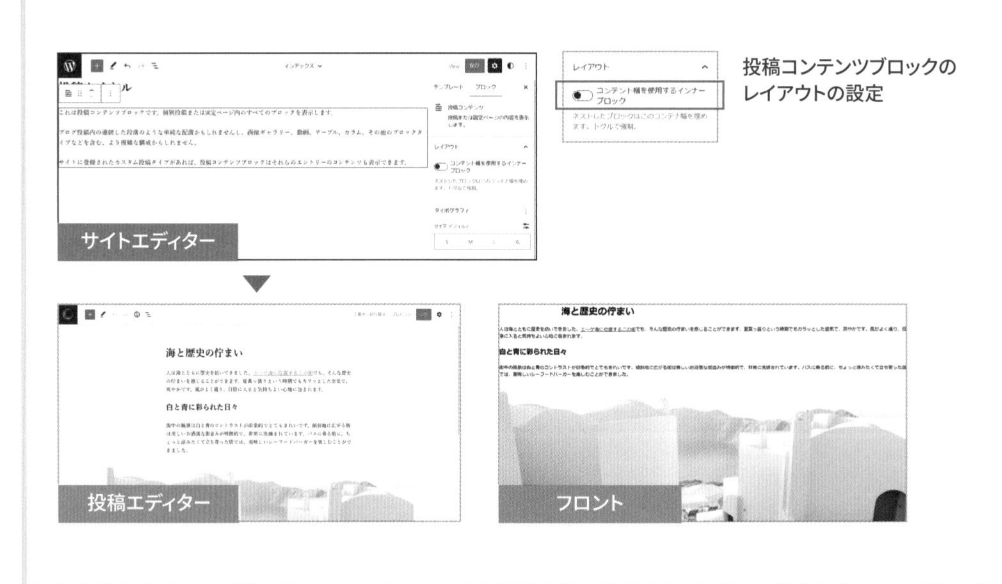

左寄せ・中央揃え・右寄せの配置

ブロックによっては、ブロックツールバーの配置の中に「左寄せ（alignleft）」「中央寄せ（aligncenter）」「右寄せ（alignright）」の選択肢が用意されています。これらはFlowとConstrainedのどちらのレイアウトタイプのコンテナブロックの中でも反映されます。たとえば、アバウトページに入れたギャラリーブロックの配置を「右寄せ」にすると次のようになります。

これらの配置を反映するスタイルはコアのtheme.jsonに用意されており、フロントでは次のような表示になります。
「コンテンツサイズの幅に揃えた右寄せにしたい」といった場合には、グループブロックの中に入れるなどしてレイアウトを調整する必要があります。

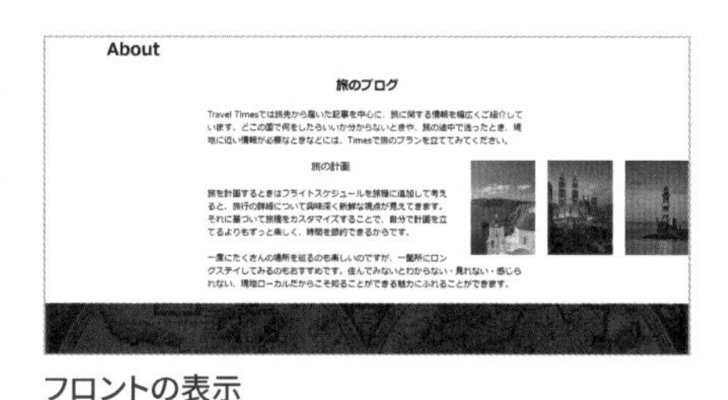

フロントの表示

```
body .is-layout-flow > .alignleft {
  float: left;
  margin-inline-start: 0;
  margin-inline-end: 2em;
}
body .is-layout-flow > .alignright {
  float: right;
  margin-inline-start: 2em;
  margin-inline-end: 0;
}
body .is-layout-flow > .aligncenter {
  margin-left: auto !important;
  margin-right: auto !important;
}
body .is-layout-constrained > .alignleft {
  float: left;
  margin-inline-start: 0;
  margin-inline-end: 2em;
}
body .is-layout-constrained > .alignright {
  float: right;
  margin-inline-start: 2em;
  margin-inline-end: 0;
}
body .is-layout-constrained > .aligncenter {
  margin-left: auto !important;
  margin-right: auto !important;
}
```

コアのtheme.jsonを元に出力されたグローバルスタイル

サイトエディターでのカスタマイズ結果をテーマに反映する

本格的にはじめていく前に注意点を確認しておきます。ここからサイトエディターでカスタマイズを進めていっても、カスタマイズ結果はテーマそのものに反映されません。データベースに保存され、持ち出すことができないため、テーマに反映させる方法を確認しておきます。

+ テーマ側のファイルを確認する

テーマフォルダ内のインデックステンプレートのファイル（index.html）を確認すると、P.87でテーマを作成したときのまま変わっていません。

```
<!-- wp:template-part {"slug":"header","tagName":"header"} /-->

<!-- wp:query {"tagName":"main","layout":{"inherit":true}} -->
<main class="wp-block-query">
    <!-- wp:post-template -->
    <!-- wp:group -->
    <div class="wp-block-group">
        <!-- wp:post-title {"isLink":true} /-->
        <!-- wp:post-featured-image {"isLink":true} /-->
    …
```

mytheme/templates/index.html

+ カスタマイズの結果が存在していることを確認する

サイトエディターのテンプレートの一覧では、元のテンプレートファイルがテーマフォルダにあることを示す追加者（Added by）のアイコンに通知ドットが表示され、カスタマイズした結果が存在していることがわかります。

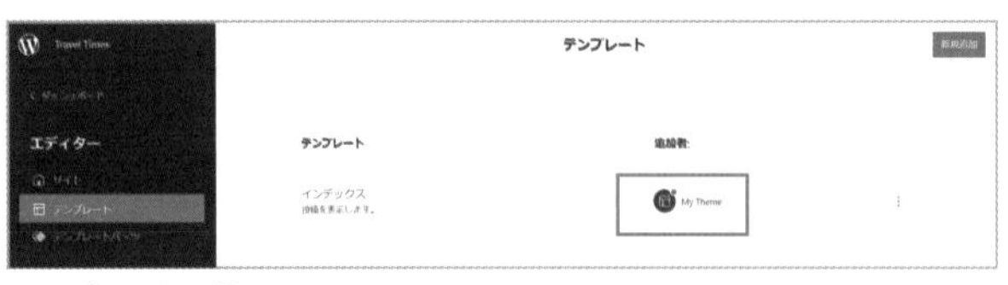

テンプレート一覧

My Theme　カスタマイズ結果がない場合。

My Theme　カスタマイズ結果がある場合。

＋ カスタマイズ結果はどこにあるのか

それでは、カスタマイズ結果はどこにあるのでしょうか。データベースを見ると、投稿記事や固定ページのコンテンツを保存する場所にコンテンツの１つとして保存されています。

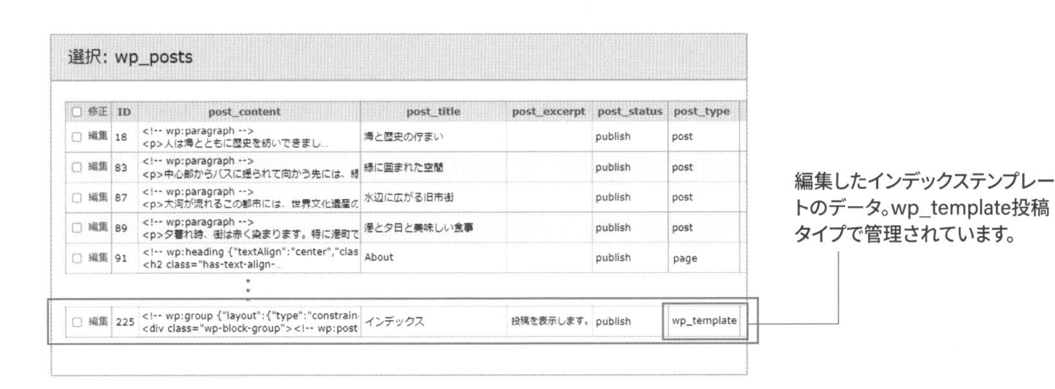

選択: wp_posts

修正	ID	post_content	post_title	post_excerpt	post_status	post_type
編集	18	<!-- wp:paragraph --> <p>人は海とともに歴史を紡いできまし...	海と歴史の佇まい		publish	post
編集	83	<!-- wp:paragraph --> <p>中心部からバスに揺られて向かう先には、緑	緑に囲まれた空間		publish	post
編集	87	<!-- wp:paragraph --> <p>大河が流れるこの都市には、世界文化遺産の	水辺に広がる旧市街		publish	post
編集	89	<!-- wp:paragraph --> <p>夕暮れ時、街は赤く染まります。特に港町で	港と夕日と美味しい食事		publish	post
編集	91	<!-- wp:heading {"textAlign":"center","clas <h2 class="has-text-align-...	About		publish	page
⋮						
編集	225	<!-- wp:group {"layout":{"type":"constrain <div class="wp-block-group"><!-- wp:post	インデックス	投稿を表示します。	publish	wp_template

編集したインデックステンプレートのデータ。wp_template投稿タイプで管理されています。

さらに、テーマの情報がカテゴリーやタグと同じ場所に、コンテンツを分類する情報の１つとして保存されています。テーマの情報とカスタマイズしたテンプレートのデータは紐付けされており、テーマを切り替えることで参照され、紐づいた設定が読み込まれます。

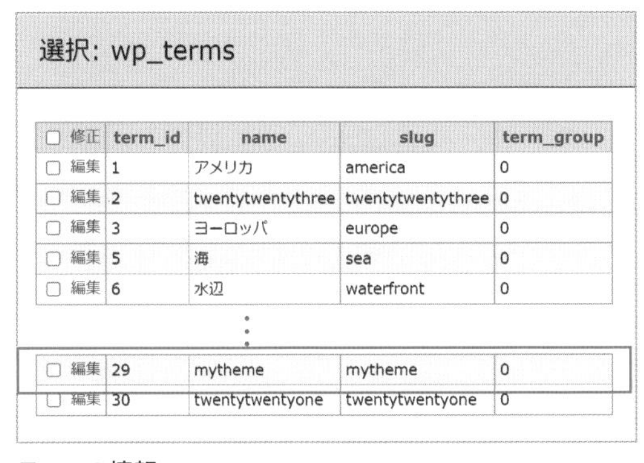

選択: wp_terms

修正	term_id	name	slug	term_group
編集	1	アメリカ	america	0
編集	2	twentytwentythree	twentytwentythree	0
編集	3	ヨーロッパ	europe	0
編集	5	海	sea	0
編集	6	水辺	waterfront	0
⋮				
編集	29	mytheme	mytheme	0
編集	30	twentytwentyone	twentytwentyone	0

テーマの情報。

選択: wp_term_relationships

修正	object_id	term_taxonomy_id	term_order
編集	5	2	0
編集	18	3	0
編集	18	5	0
編集	18	6	0
編集	18	7	0
⋮			
編集	210	30	0
編集	225	29	0

テーマと編集したテンプレートを紐づけるデータ。

このように、カスタマイズ結果がテーマと紐付けて保存されているので、このデータをテーマの方に反映させます。

＋ カスタマイズ結果をテーマに反映する

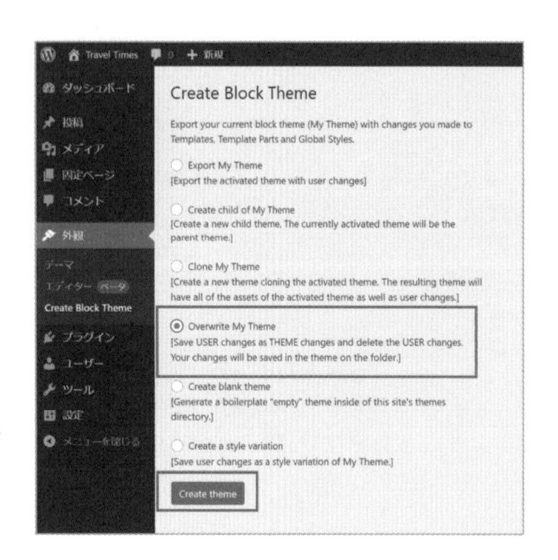

ここではCreate Block Themeプラグインを使って、カスタマイズ結果を編集結果としてテーマ側のファイルに反映させます。

［外観＞Create Block Theme］で「Override My Theme」を選択し、「Create Theme」ボタンをクリックします。

テーマフォルダ内のインデックステンプレートのファイル（index.html）を開くと、カスタマイズ結果が反映されたことが確認できます。

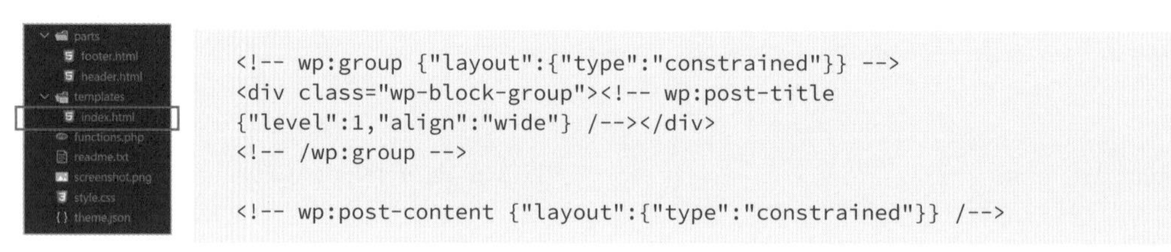

```
<!-- wp:group {"layout":{"type":"constrained"}} -->
<div class="wp-block-group"><!-- wp:post-title
{"level":1,"align":"wide"} /--></div>
<!-- /wp:group -->

<!-- wp:post-content {"layout":{"type":"constrained"}} /-->
```

mytheme/templates/index.html

このプラグインを使用した場合、反映と同時にデータベース上のデータもクリアされます。これにより、「カスタマイズしていない」状態になり、テンプレートファイル側の設定が使われるようになります。

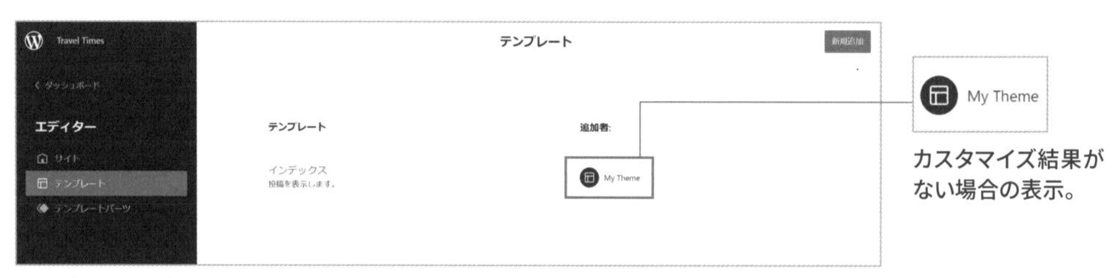

カスタマイズ結果がない場合の表示。

テンプレート一覧

Create Block Themeプラグインを使わずに反映する場合

Create Block Theme プラグインを使わずにカスタマイズ結果をテーマに反映する場合、サイトエディターのエクスポート機能を使います。サイトエディターの画面右上のオプションメニューから「エクスポート」を選択します。

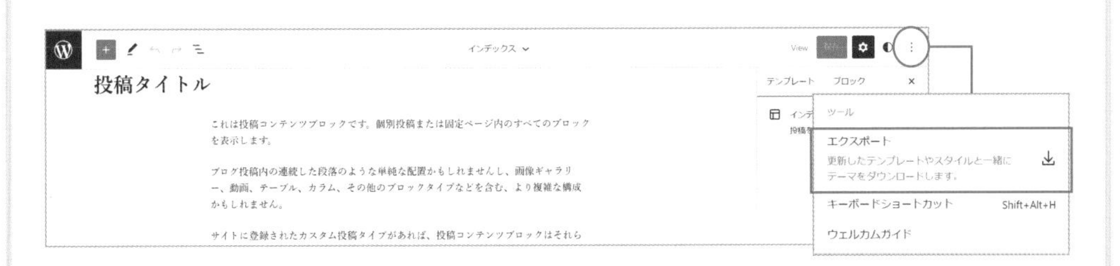

カスタマイズ結果を反映させたテーマの構成ファイル一式がダウンロードされるので、使用中のテーマのファイルと手動で置き換えます。

なお、データベース上のデータをクリアするためにはサイトエディターで「カスタマイズをクリア」を選択します。

テンプレート一覧ではメニューから「カスタマイズをクリア」を選択。

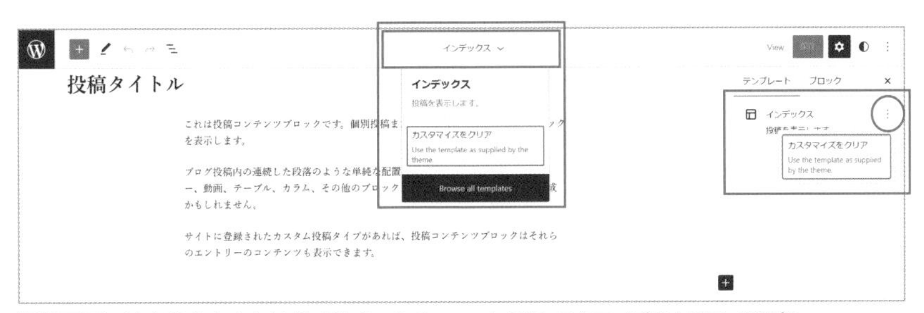

編集画面では上部中央またはサイドバーのメニューから「カスタマイズをクリア」を選択。

ブロック挿入ツールに用意されたブロック

ブロック挿入ツールでは、使用できるブロックが次のようにカテゴリーに分けて用意されています。Chapter 2 で使用した「投稿タイトル」「投稿コンテンツ」は「テーマ」に分類されたブロックです。

ブロック名で検索もできます。

ウィジェット
アーカイブ
カレンダー
カテゴリー一覧
カスタム HTML
最新のコメント
最新の投稿
固定ページリスト
RSS
検索
ショートコード
ソーシャルアイコン
タグクラウド

テーマ
ナビゲーション
サイトロゴ
サイトのタイトル
サイトのキャッチフレーズ
クエリーループ
投稿一覧
アバター
投稿タイトル
投稿の抜粋
投稿のアイキャッチ画像
投稿コンテンツ
投稿者
投稿日
カテゴリー
タグ
次の投稿
前の投稿
続きを読む
コメント
投稿コメントフォーム
ログイン/ログアウト
タームの説明
アーカイブタイトル
検索結果のタイトル
投稿者のプロフィール情報

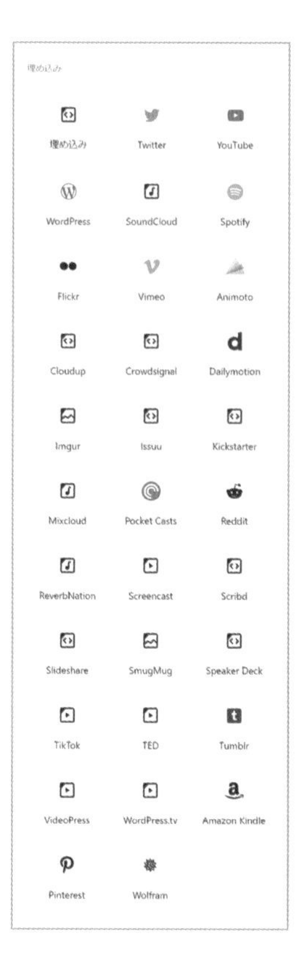

Chapter

3

theme.jsonの作成

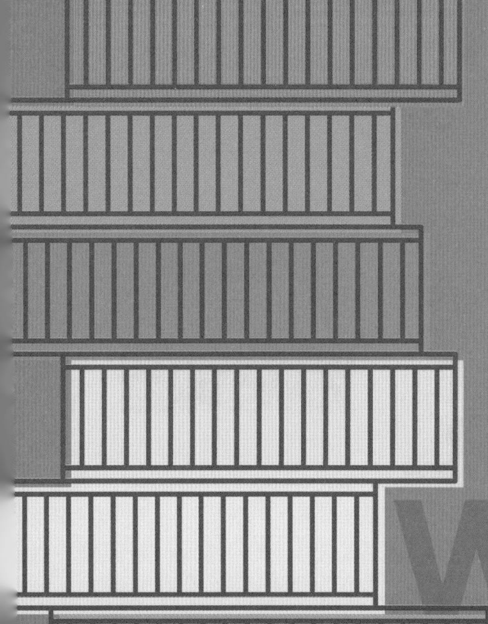

WordPress

theme.jsonでグローバルスタイルを整えていく

ここからはtheme.jsonを使用して、サイト全体で使用するフォント、色、スペース（余白・間隔）のプリセットを作成し、テーマのベースとなるスタイル（グローバルスタイル）を作成して表示を整えていきます。

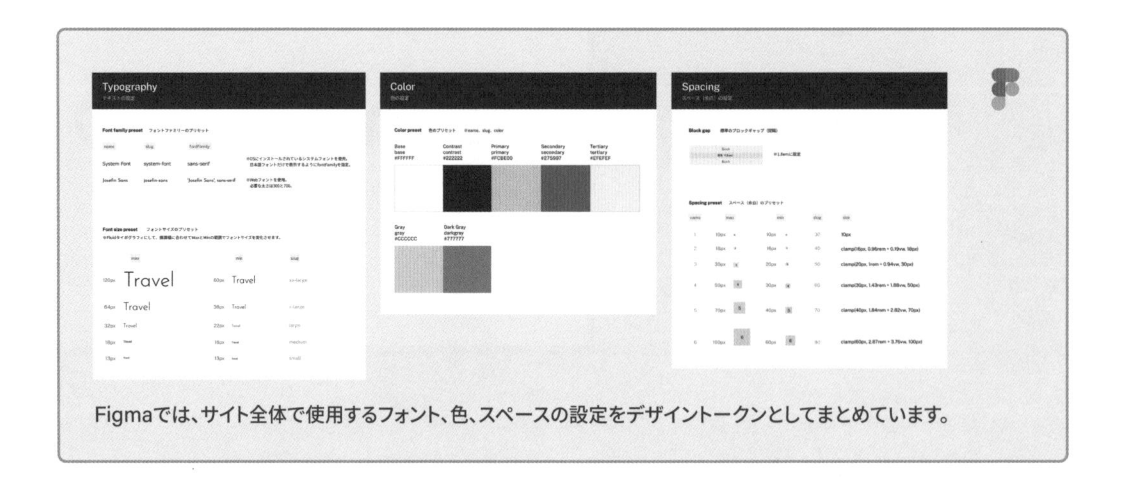

Figmaでは、サイト全体で使用するフォント、色、スペースの設定をデザイントークンとしてまとめています。

theme.json設定前

フォントサイズ、色、ブロックの間隔などは未調整で、コアのtheme.jsonやブラウザ標準（UAスタイルシート）のスタイルで表示されています。

theme.json設定後

テーマのtheme.jsonの設定により、フォントサイズ、色、ブロックの間隔、横幅、見出し、リンク、ボタンなどの表示が整います。

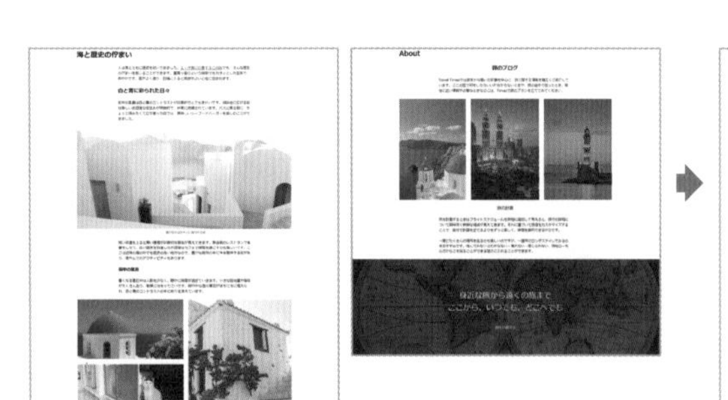

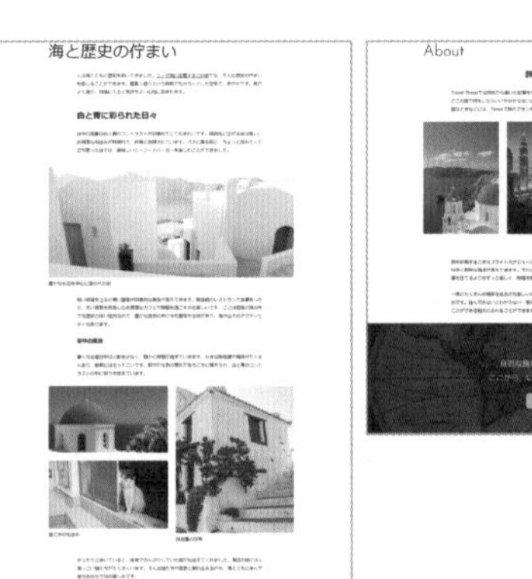

+ 設定手順

グローバルスタイルは次の手順で設定していきます。

プリセットを作成する

まずは、フォントサイズ、フォントファミリー、色、スペースのプリセットを作成します。ただし、エディターにはプリセットの作成機能が用意されていないため、theme.json を直接編集して作成していきます。また、プリセットの値はテーマを切り替えても崩れないように互換性を考える必要があります。なお、作成したプリセットはエディターの UI で選択できるようになります。

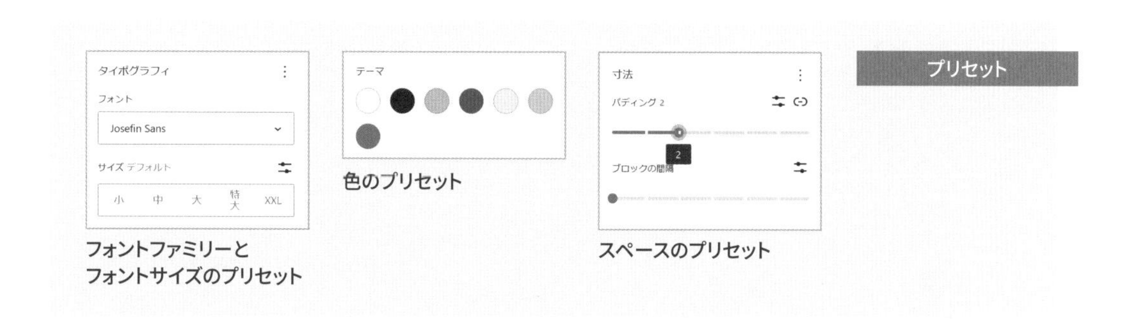

テーマのベースとなるスタイルを作成する

次に、プリセットを元にテーマのベースとなるスタイルを作成します。ここでは、サイト全体のレイアウトやタイポグラフィ、見出し、リンク、ボタン、画像のスタイルを作成します。作成にはサイトエディターのスタイルサイドバーの UI を使用します（一部は theme.json を直接編集する必要があります）。

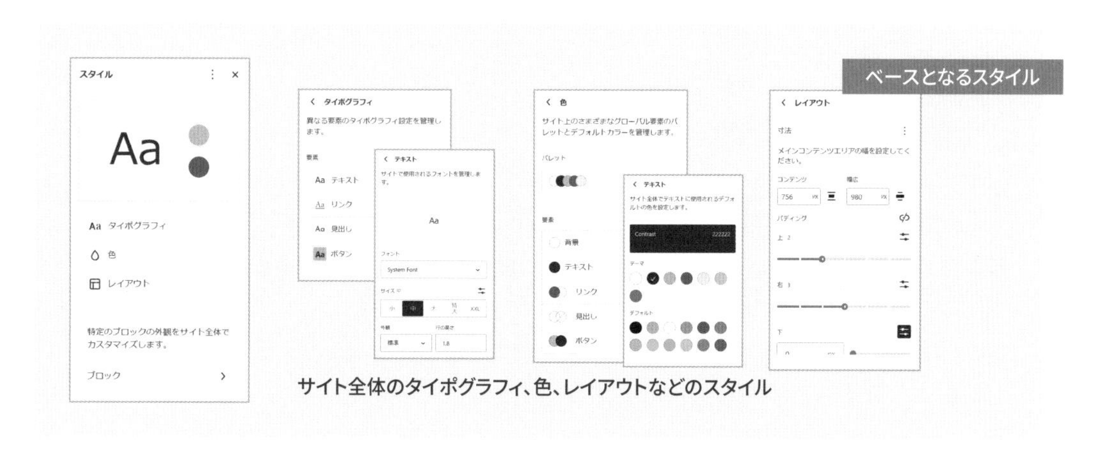

＋ JSONについて

JSON は「JavaScript Object Notation」、つまり、JavaScript のオブジェクトの記法をもとにしたデータの表記方法です。そのため、JSON の中の特定のデータを示す場合、JavaScript のオブジェクトのプロパティを扱うのと同じようにドット記法を使います。

たとえば、次のように Settings セクション内の Typography で指定された fontSizes は、`settings.typography.fontSizes` と表すことができます。

```
{
    "settings": {
        …
        "typography": {
            "fontSizes": [
                …
            ]
        },
```

mytheme/theme.json

また、JSON ファイルは、UTF-8 で保存する必要があります。

theme.jsonを編集するための準備

theme.json を編集するための環境を整えることは重要です。WordPress 公式では Visual Studio Code が推奨されています。

Visual Studio Code
https://code.visualstudio.com/

Visual Studio Code を使用することで、theme.json の中に JSON Schema（JSON スキーマ）を書いておけば、theme.json が扱うデータのルールに従ってオートコンプリートやバリデーションが行われます。Create Block Theme プラグインで作成したテーマの場合、次のようにテーマの制作環境に合わせたスキーマが指定されています。この設定が記述されていない場合は追加します。

```
{
    …
    "version": 2,
    "$schema": "https://schemas.wp.org/wp/6.1/theme.json"
}
```

mytheme/theme.json

オートコンプリート

バリデーション
※「ここにこれは書けません」というWarningが出たもの

さらに、Visual Studio Code であれば JSON の構文チェックもしてくれるため、カンマ忘れなどを教えてくれます。

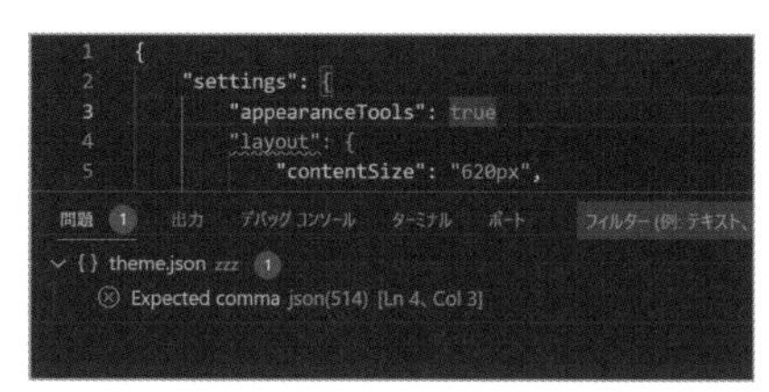

JSONの構文チェック
※「カンマが必要です」というエラーが出たもの

制作環境ではなく、リリースされている WordPress のバージョンに合わせたい場合には以下の設定に変更します。

```
{
    …
    "version": 2,
    "$schema": "https://schemas.wp.org/trunk/theme.json"
}
```

フォントサイズのプリセットを作成する

まずは、フォントサイズのプリセットを作成します。プリセットはテーマの theme.json に直接追加していきます。

- デフォルトテーマの Twenty Twenty Three と同じように、全部で 5 段階のフォントサイズをプリセットにします。プリセットのスラッグも、デフォルトテーマが使っている `small`、`medium`、`large`、`x-large`、`xx-large` を使用します。これで、エディターの UI では右の形で選択できるようになります。

フォントサイズの選択肢

- small 以外の各サイズは Fluid タイポグラフィ（流体タイポグラフィ／可変フォントサイズ）にして、画面幅に合わせて変化させます。変化させるサイズの範囲は最大サイズ `max` と最小サイズ `min` で指定します。

```
{
    "settings": {
        …
        "typography": {
            "fluid": true,
            "fontFamilies": [
                {
                    "fontFamily": "-apple-system, …",
                    "name": "System Font",
                    "slug": "system-font"
                }
            ],
            "fontSizes": [
                {
                    "fluid": false,
                    "size": "13px",
                    "slug": "small"
                },
                {
                    "fluid": {
                        "max": "18px",
                        "min": "16px"
                    },
                    "size": "18px",
                    "slug": "medium"
                },
                {
                    "fluid": {
                        "max": "32px",
                        "min": "22px"
                    },
                    "size": "32px",
                    "slug": "large"
                },
                {
                    "fluid": {
                        "max": "64px",
                        "min": "36px"
                    },
                    "size": "64px",
                    "slug": "x-large"
                },
                {
                    "fluid": {
                        "max": "120px",
                        "min": "60px"
                    },
                    "size": "120px",
                    "slug": "xx-large"
                }
            ]
        }
```

フォントに関する設定はsettings.typographyに指定します。

Fluidタイポグラフィの自動算出処理を有効にするため、settings.typography.fluidにtrueと指定します。

settings.typography.fontSizesに配列の形でフォントサイズのプリセットを指定します。それぞれのサイズは以下の構成になっています。

fluid……サイズごとにFluidタイポグラフィの自動算出処理を無効化する場合はfalseと指定
fluid.max……最大サイズ
fluid.min……最小サイズ
size……Fluidタイポグラフィの自動算出処理を無効化したときに使用されるサイズ
slug……スラッグ

※smallのサイズのみFluidタイポグラフィの自動算出処理を無効化し、sizeで固定のフォントサイズ（13px）を指定しています。

※他のサイズではsizeに最大値を指定しています。ここで指定した値はP.119のようにプルダウン形式のエディターのUIに表示されます。

mytheme/theme.json

指定したプリセットは、グローバルスタイルとして次のように出力されます。`min` と `max` で指定したサイズを元に clamp() の設定が自動算出され、「--wp--preset--font-size-- スラッグ」という形の CSS 変数で指定されます。clamp() の設定は画面幅 768 ピクセルで最小サイズ `min`、画面幅 1600 ピクセルで最大サイズ `max` になるように算出されています。
サイズごとの指定で `fluid` を false にした small だけは、自動算出の処理が行われず、値が「13px」になっていることがわかります。

なお、ブロックのシリアライズドスタイルからも使える形で、「has- スラッグ -font-size」形式のクラスの設定も出力されます。

```
body {
  --wp--preset--font-size--small: 13px;
  --wp--preset--font-size--medium: clamp(16px,1rem + ((1vw - 7.68px) * 0.24),18px);
  --wp--preset--font-size--large: clamp(22px,1.375rem + ((1vw - 7.68px) * 1.202),32px);
  --wp--preset--font-size--x-large: clamp(36px,2.25rem + ((1vw - 7.68px) * 3.365),64px);
  --wp--preset--font-size--xx-large: clamp(60px,3.75rem + ((1vw - 7.68px) * 7.212),120px);
}
…
.has-small-font-size {
  font-size: var(--wp--preset--font-size--small) !important;
}
.has-medium-font-size {
  font-size: var(--wp--preset--font-size--medium) !important;
}
.has-large-font-size {
  font-size: var(--wp--preset--font-size--large) !important;
}
.has-x-large-font-size {
  font-size: var(--wp--preset--font-size--x-large) !important;
}
.has-xx-large-font-size {
  font-size: var(--wp--preset--font-size--xx-large) !important;
}
```

グローバルスタイルの出力

※clamp()の算出には下記のジェネレーターと同じ方式が使用されています。

Fluid-responsive font-size calculator
https://websemantics.uk/tools/responsive-font-calculator/

※現時点では算出に使用される画面幅はWordPress内部で固定されたものです。 将来的には変更できるようにすることが検討されています。

※Figmaのデザインは画面幅1440pxで作成しているため、WordPressによるclamp()の処理とは、ずれています。ただし、現時点ではそこを設定できず、ずれも僅かなため、そのまま処理しています。
（同様に、Twenty Twenty Threeのデザインは画面幅1200pxで作成されたものです）

特定のプリセットだけFluidタイポグラフィの自動算出処理を無効にする場合

`settings.typography.fluid` を true にして Fluid タイポグラフィの自動算出処理を有効にしている場合、max と min を指定していなくても、`size` の 1 倍が max、0.75 倍が min の値として処理され、clamp() の設定が作成されます。たとえば、xx-large の max と min を指定しなかった場合は次のように出力されます。

```
"typography": {
  "fluid": true,
  …
  "fontSizes": [
    …
    {
        "fluid": {
            "max": "64px",
            "min": "36px"
        },
        "size": "64px",
        "slug": "x-large"
    },
    {
        "size": "120px",
        "slug": "xx-large"
    }
```

▶

```
…
--wp--preset--font-size--x-large: clamp(36px,2.25rem
+ ((1vw - 7.68px) * 3.365),64px);
--wp--preset--font-size--xx-large: clamp(90px,5.625rem
+ ((1vw - 7.68px) * 3.606),120px);
```

90px（120pxの0.75倍）から120px（120pxの1倍）に変化する設定になります。

`settings.typography.fluid` を false にすると、Fluid タイポグラフィの自動算出処理が無効になり、すべてのフォントサイズが `size` で指定した値になります。

```
"typography": {
  "fluid": false,
  …
  "fontSizes": [
    …
    {
        "fluid": {
            "max": "64px",
            "min": "36px"
        },
        "size": "64px",
        "slug": "x-large"
    },
    {
        "size": "120px",
        "slug": "xx-large"
    }
```

▶

```
…
--wp--preset--font-size--x-large: 64px;
--wp--preset--font-size--xx-large: 120px;
```

すべてのフォントサイズがsizeで指定した値になります。

`settings.typography.fluid` を true にした状態で、サイズごとの `fluid` を false にすると、そのサイズだけが `size` で指定した値にになります。

```
"typography": {
  "fluid": true,
  …
  "fontSizes": [
    …
    {
       "fluid": {
          "max": "64px",
          "min": "36px"
       },
       "size": "64px",
       "slug": "x-large"
    },
    {
       "fluid": false,
       "size": "120px",
       "slug": "xx-large"
    }
```

▶

```
…
--wp--preset--font-size--x-large: clamp(36px,2.25rem +
((1vw - 7.68px) * 3.365),64px);
--wp--preset--font-size--xx-large: 120px;
```

サイズごとの出力がsizeで指定した値になります。

settings.typography.fluid を false にして、サイズごとに fluid を true にするのはうまく機能しません。

フォントサイズのエディターのUI

エディターの UI の選択肢である小、中、大、特大、XXL にカーソルを重ねると、右のようにラベルが表示されます。

表示される内容は設定によって変化します。まず、特定のスラッグ（small、medium、large、x-large）が設定されている場合には、それに応じたラベル（小、中、大、特大）が表示されます。

`name` を指定することで、ラベルに表示するものを指定することもできます。

```
{
   "fluid": {
      "max": "32px",
      "min": "24px"
   },
   "size": "32px",
   "slug": "large",
   "name": " 見出し用サイズ "
},
```

UI の選択肢である小、中、大、特大、XXL に対しては、fontSizes で指定した順に割り当てられます。スラッグが考慮されるわけではありません。

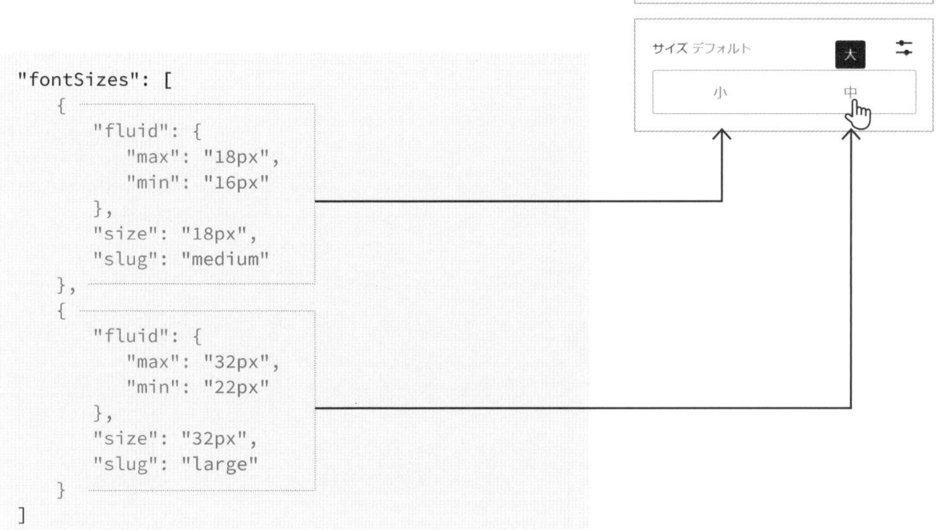

フォントサイズを 6 つ以上作成した場合には、エディターの UI はプルダウン形式になります。プルダウンには `slug` や `name` で指定したものとともに、`size` で指定したフォントサイズが表示されます。

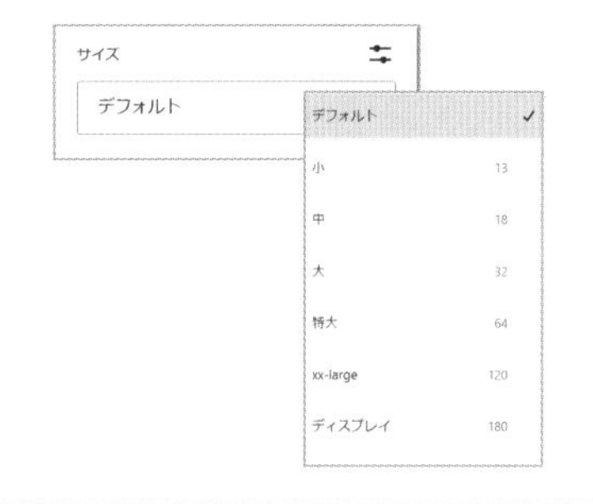

コアのtheme.jsonで用意されたプリセット

テーマの theme.json でフォントサイズのプリセットを作成しなかった場合、コアの theme.json で用意されたプリセットが使用されます。Fluid タイポグラフィは無効になっており、固定サイズになります。

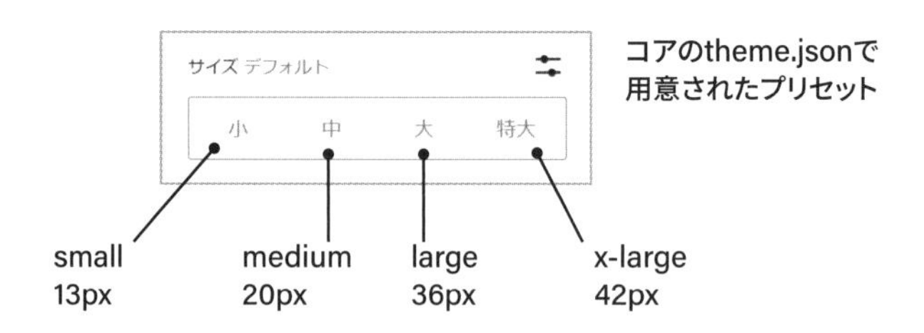

テーマの theme.json でプリセットを作成すると、スラッグを元にコアの設定が上書きされます。たとえば、スラッグが small と medium のサイズを作成すると、small と medium だけを上書きしたスタイルが出力されます。ただし、エディターの UI の選択肢にはテーマの theme.json で指定したもののみが表示されますので注意が必要です。

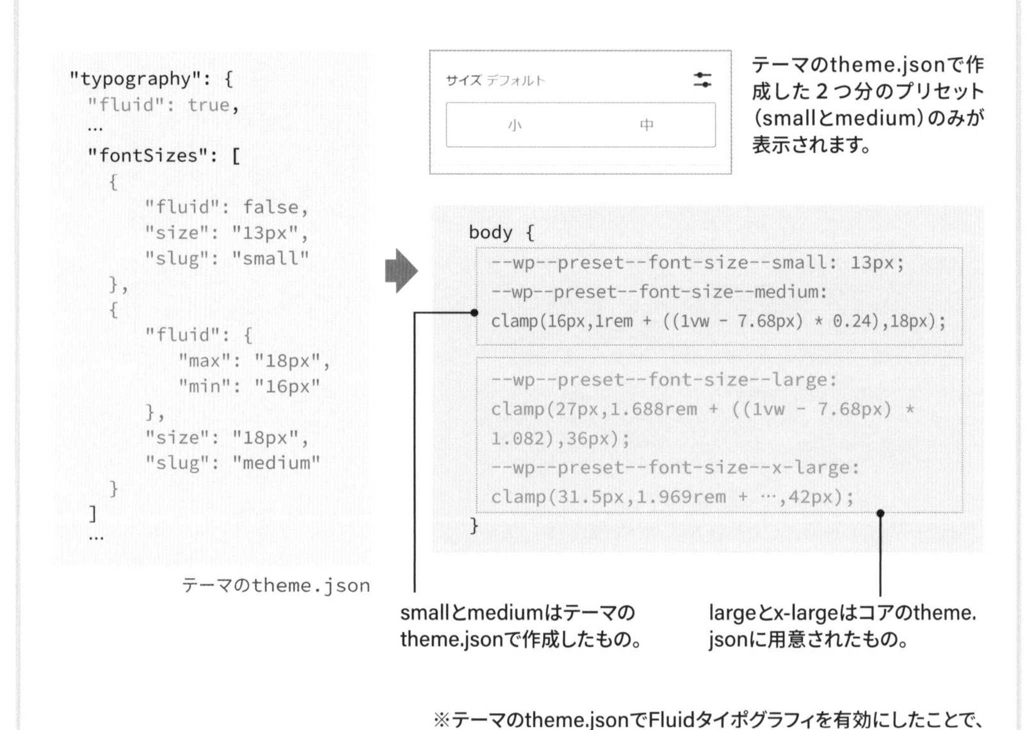

"typography": {
"fluid": true,
…
"fontSizes": [
{
"fluid": false,
"size": "13px",
"slug": "small"
},
{
"fluid": {
"max": "18px",
"min": "16px"
},
"size": "18px",
"slug": "medium"
}
]
…
テーマのtheme.json
サイズ デフォルト
小
中
テーマのtheme.jsonで作成した２つ分のプリセット（smallとmedium）のみが表示されます。
body {
--wp--preset--font-size--small: 13px;
--wp--preset--font-size--medium:
clamp(16px,1rem + ((1vw - 7.68px) * 0.24),18px);
--wp--preset--font-size--large:
clamp(27px,1.688rem + ((1vw - 7.68px) *
1.082),36px);
--wp--preset--font-size--x-large:
clamp(31.5px,1.969rem + …,42px);
}
smallとmediumはテーマのtheme.jsonで作成したもの。
largeとx-largeはコアのtheme.jsonに用意されたもの。
※テーマのtheme.jsonでFluidタイポグラフィを有効にしたことで、コアのプリセットもP.117の処理でclamp()で出力されます。

フォントファミリーのプリセットを作成する

続けて、フォントファミリーのプリセットを作成します。ここではOSにインストールされているシステムフォントと、WebフォントのJosefin Sansをエディターの UI で選択できるようにします。

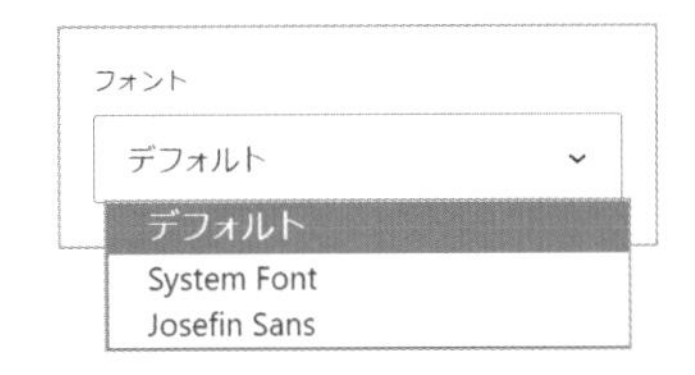

Font family preset　フォントファミリーのプリセット

name	slug	fontFamily	
System Font	system-font	sans-serif	※OSにインストールされているシステムフォントを使用。 日本語フォントだけで表示するようにfontFamilyを指定。
Josefin Sans	josefin-sans	'Josefin Sans', sans-serif	※Webフォントを使用。 必要な太さは300と700。

＋ システムフォントのプリセットを作成する

Create Block Theme プラグインで作成したテーマの場合、システムフォントのプリセットは theme.json に用意されていますので、次のようにします。

- デフォルトテーマと同じように、システムフォントはラベル `name` が「System Font」、スラッグ `slug` が「system-font」になっていますので、これをそのまま使用します。ラベルはエディターの UI に表示されます。
- 欧文フォントを含めずにゴシック系の日本語フォント（sans-serif）で表示する設定にするため、`fontFamily` を「sans-serif」にします。これは CSS の font-family の値になります。

```
{
    "settings": {
        …
        "typography": {
            "fluid": true,
            "fontFamilies": [
                {
                    "fontFamily": "-apple-system, BlinkMacSystemFont, 'Segoe UI',
Roboto, Oxygen-Sans, Ubuntu, Cantarell, 'Helvetica Neue', sans-serif",
                    "name": "System Font",
                    "slug": "system-font"
                }
            ],
            "fontSizes": [
            …
```

```
{
    "settings": {
        …
        "typography": {
            "fluid": true,
            "fontFamilies": [
                {
                    "fontFamily": "sans-serif",
                    "name": "System Font",
                    "slug": "system-font"
                }
            ],
            "fontSizes": [
            …
```

settings.typography.fontFamiliesに配列の形でフォントファミリーのプリセットを指定します。ファミリーごとの構成は以下のようにします。

fontFamily..... CSSのfont-familyの値
name............... UIに表示するラベル
slug.................. スラッグ

mytheme/theme.json

＋ Webフォントのプリセットを作成する

続けて、Web フォントのプリセットを作成します。Web フォントには Google フォントを使用しますが、リモートで配信されているフォントをダウンロードして利用する方法と、直接利用する方法があります。

ここではダウンロードして利用する方法でプリセットを作成します。GDPR（P.128）対策のために WordPress が推奨している方法です。Create Block Theme プラグインを使うことで、簡単に設定することができます。

❶ Create Block Theme プラグインによって追加された［外観＞ Manage theme fonts］を開きます。ここにはテーマで管理しているフォントが表示されます。この段階では「System Font」が表示されています。ここに Web フォントを追加するため、「Add Google Font」をクリックします。

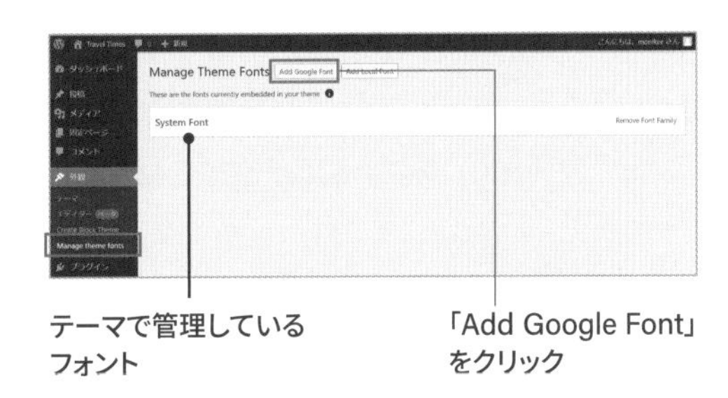

❷ Select Font のプルダウンから使いたいフォントを選びます。ここでは「Josefin Sans」を選択します。

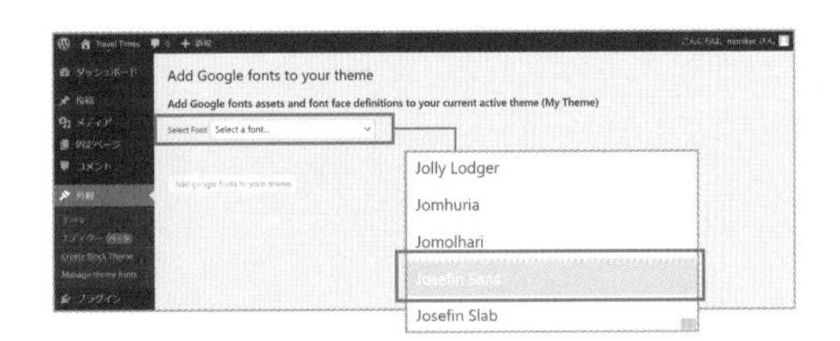

❸ 太さと斜体のバリエーションが表示されます。ここでは太さ「300」と「700」にチェックを付けて「Add google fonts to your theme」をクリックします。

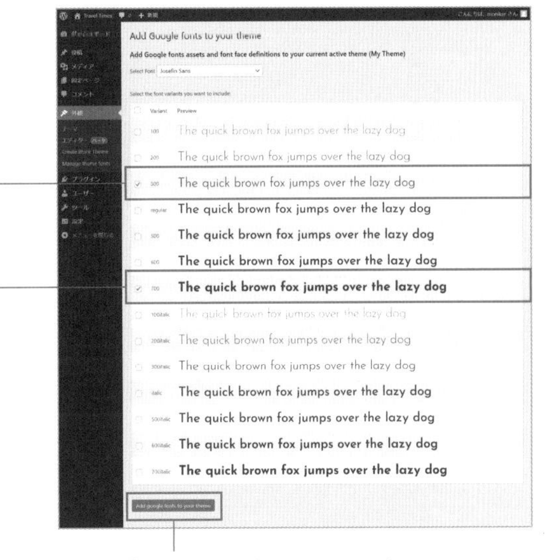

❹ 元の画面に戻ると、選択したフォントがテーマに追加されています。

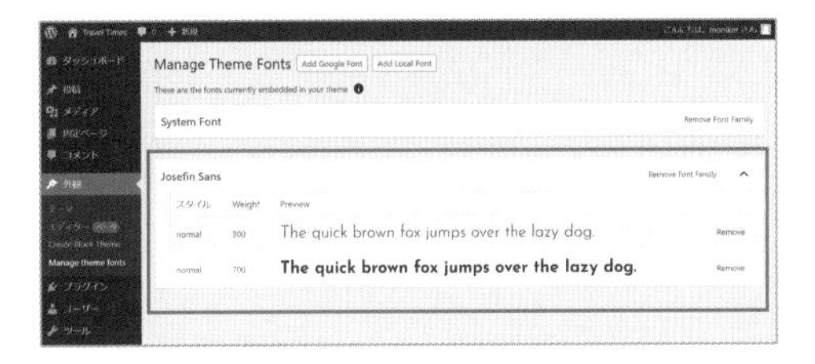

テーマフォルダには assets/fonts フォルダが作成され、ダウンロードしたフォントファイルが追加されています。ここでは太さ「300」と「700」のファイルが追加されたことが確認できます。

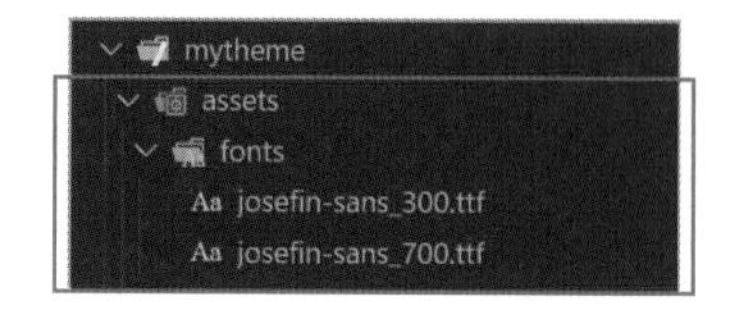

さらに、theme.json にはダウンロードしたフォントをプリセットにする指定が追加されています。

```
{
    "settings": {
        …
        "typography": {
            "customFontSize": true,
            "fluid": true,
            "fontFamilies": [
                {
                    "fontFamily": "sans-serif",
                    "name": "System Font",
                    "slug": "system-font"
                },
                {
                    "fontFace": [
                        {
                            "fontFamily": "Josefin Sans",
                            "fontStyle": "normal",
                            "fontWeight": "300",
                            "src": [
                                    "file:./assets/fonts/josefin-sans_300.ttf"
                            ]
                        },
                        {
                            "fontFamily": "Josefin Sans",
                            "fontStyle": "normal",
                            "fontWeight": "700",
                            "src": [
                                    "file:./assets/fonts/josefin-sans_700.ttf"
                            ]
                        }
                    ],
                    "fontFamily": "Josefin Sans",
                    "slug": "josefin-sans"
                }
            ],
            "fontSizes": [
            …
```

Webフォントのファミリーは以下のように構成します。

fontFace .... ホストしたフォントファイルごとの情報を配列の形で指定
fontFamily..... CSSのfont-familyの値
slug................. スラッグ

mytheme/theme.json

`fontFace` にはフォントファイルごとの情報が配列の形で指定されています。これは CSS の @font-face に相当するものです。たとえば、Google フォントで太さ 300 の Josefin Sans を使用するための URL に直接アクセスすると、次のように @font-face が表示されます。theme.json ではこれと同じように `fontFamily`、`fontStyle`、`fontWeight` を指定し、`src` では theme.json から見た相対パスでフォントファイルを指定しています。

太さ300のJosefin Sansを使用するためのコードからURLにアクセス。

```
/* latin */
@font-face {
  font-family: 'Josefin Sans';
  font-style: normal;
  font-weight: 300;
  src: url(https://fonts.gstatic.com/…;
  unicode-range: U+0000-00FF, U+0131…;
}
```

https://fonts.googleapis.com/css2?family=Josefin+Sans:wght@300

なお、Create Block Theme プラグインの出力では `fontFamily`（CSS の font-family の値）に「Josefin Sans」としか指定されません。Josefin Sans が使えなかったときのためにゴシック系のフォントの指定も追加し、「'Josefin Sans', sans-serif」としておきます。また、`name` を追加し、エディターの UI に表示するラベルを「Josefin Sans」と指定します。

```
…
{
    "fontFace": [
        {
            "fontFamily": "Josefin Sans",
            "fontStyle": "normal",
            "fontWeight": "300",
            "src": [
                "file:./assets/fonts/josefin-sans_300.ttf"
            ]
        },
        {
            "fontFamily": "Josefin Sans",
            "fontStyle": "normal",
            "fontWeight": "700",
            "src": [
                "file:./assets/fonts/josefin-sans_700.ttf"
            ]
        }
    ],
    "fontFamily": "'Josefin Sans', sans-serif",
    "name": "Josefin Sans",
    "slug": "josefin-sans"
}
```

mytheme/theme.json

+ グローバルスタイルの出力

theme.json で指定したシステムフォントと Web フォントのプリセットはグローバルスタイルとして次のように出力されます。

```
body {
  --wp--preset--font-family--system-font: sans-serif;
  --wp--preset--font-family--josefin-sans: "Josefin Sans", sans-serif;
}
…
.has-system-font-font-family {
  font-family: var(--wp--preset--font-family--system-font) !important;
}
.has-josefin-sans-font-family {
  font-family: var(--wp--preset--font-family--josefin-sans) !important;
}
```

グローバルスタイルの出力

また、`fontFace` の指定を元に、Web フォントを使用するための @font-face の設定も出力されます。

```
@font-face {
  font-family: "Josefin Sans";
  font-style: normal;
  font-weight: 300;
  font-display: fallback;
  src: local("Josefin Sans"),
    url("/wp-content/themes/mytheme/assets/fonts/josefin-sans_300.ttf")
      format("truetype");
}
@font-face {
  font-family: "Josefin Sans";
  font-style: normal;
  font-weight: 700;
  font-display: fallback;
  src: local("Josefin Sans"),
    url("/wp-content/themes/mytheme/assets/fonts/josefin-sans_700.ttf")
      format("truetype");
}
```

グローバルスタイルの出力

Webフォントのフォーマット

Create Block Theme プラグインは、現時点では Google フォントから TTF 形式のフォントファイルをダウンロードして使います。Web フォントとして一般的な WOFF2 形式のデータはダウンロードできる形で提供されていないため、必要な場合は各フォントのライセンスに違反しない形で変換し、置き換えます。なお、デフォルトテーマでもフォントに応じて TTF 形式が使用されています。

リモートで配信されているフォントを直接使う方法

大きな日本語フォントのように、分割して効率よく配信されているものを使いたい場合もあります。その場合、リモートで配信されているものを直接使います。
たとえば、Noto Sans JP（Noto Sans Japanese）の太さ 400 と 900 を使う場合は次のようにします。まずは、Google フォントで提供される CSS の URL を functions.php で次のように指定します。これにより、必要な CSS がエディターとフロントの両方に読み込まれます。

```
function mytheme_support() {
    …
    // Google フォントの CSS をエディターに読み込み
    add_editor_style('https://fonts.googleapis.com/css2?family=Noto+Sans+JP:wght@40
0;900&display=swap');

}
add_action( 'after_setup_theme', 'mytheme_support' );


function mytheme_enqueue() {
    …
    // Google フォントの CSS をフロントに読み込み
    wp_enqueue_style(
        'josefin-sans',
        'https://fonts.googleapis.com/css2?family=Noto+Sans+JP:wght@400;900&display=swap',
        array(),
        null
    );
}
add_action( 'wp_enqueue_scripts', 'mytheme_enqueue' );
```

functions.php

次に、フォントをプリセットとして追加するため、theme.json で `fontFamily`、`name`、`slug` を指定します。`fontFace` の設定は不要です。これで、エディターの UI から Noto Sans JP を選択できるようになります。

フォント
Noto Sans JP
デフォルト
System Font
Josefin Sans
Noto Sans JP

```
{
    "settings": {
        …
          "typography": {
              "fluid": true,
              "fontFamilies": [
                  {
                      "fontFamily": "sans-serif",
                      "name": "System Font",
                      "slug": "system-font"
                  },
                  {
                      "fontFamily": "'Josefin Sans', sans-serif",
                      "name": "Josefin Sans",
                      "slug": "josefin-sans"
                  }
              ],
              "fontSizes": [
              …
```

mytheme/theme.json

WebフォントとGDPR

GDPR（General Data Protection Regulation：EU 一般データ保護規則）は、EU 域内の個人情報の保護を目的とした規則です。Google フォントにホストされた Web フォントを使用した場合、この規則に抵触するリスクがあるとされたことから、WordPress では Web フォントをローカルでホストすることを推奨しています。

3.4 theme.json 色のプリセットを作成する

色のプリセットを作成します。

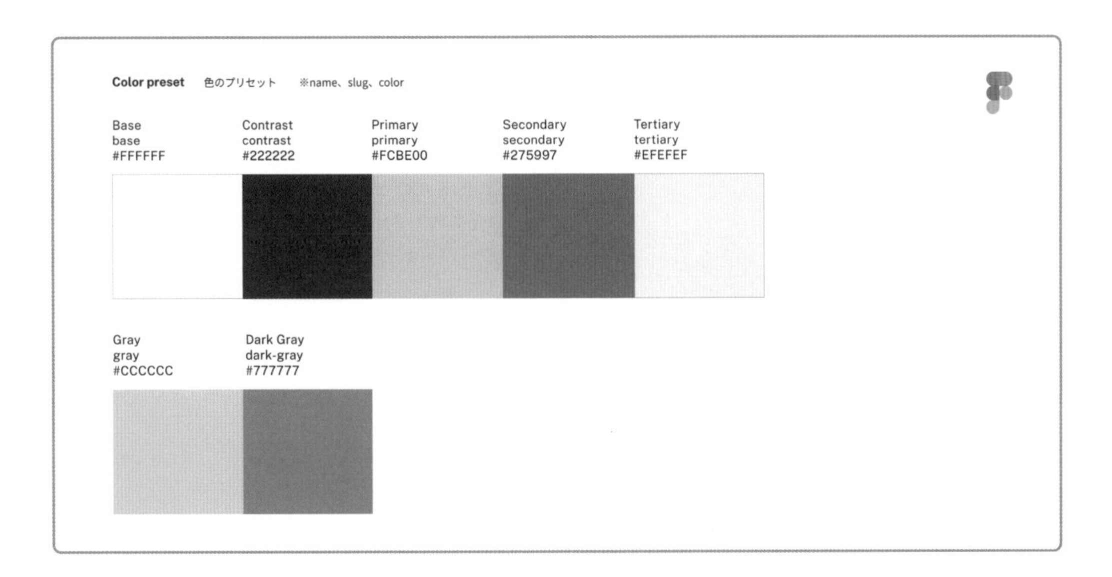

テーマの theme.json で作成した色のプリセットは、テーマのカラーパレットとしてデフォルトのもの（コアの theme.json で作成されたもの）とは別にエディターの UI に表示されます。

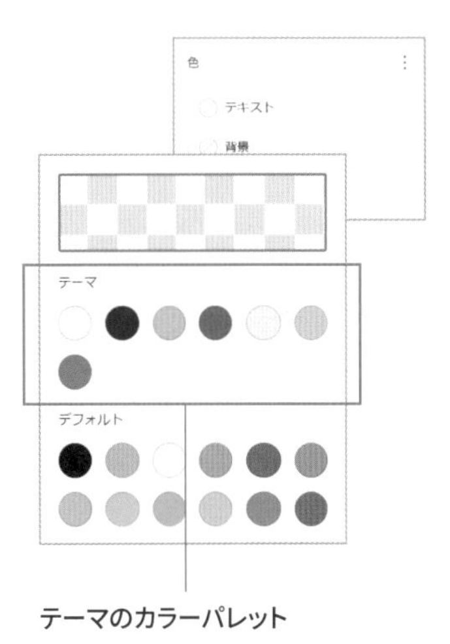

テーマのカラーパレット

ここではデフォルトテーマの Twenty Twenty Three と同じ色名とスラッグを使い、`base`、`contrast`、`primary`、`secondary`、`tertiary` で基本の 5 色を用意します。このうち、base はページの背景色、contrast はテキストの色として使うことが想定されたものなため、それぞれの色は白と黒にします。ここにグレーのバリエーションを 2 色追加し、全部で 7 色のパレットにします。

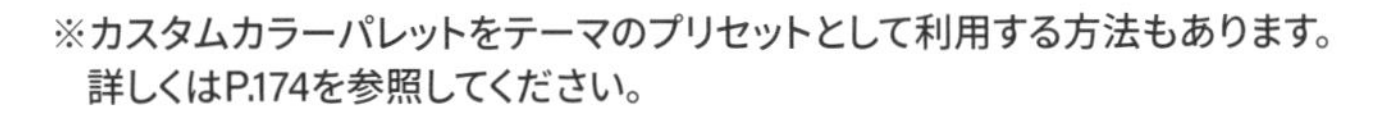
※カスタムカラーパレットをテーマのプリセットとして利用する方法もあります。詳しくはP.174を参照してください。

```
{
    "settings": {
        "appearanceTools": true,
        "color": {
            "custom": true,
            "customGradient": true,
            "palette": [
                {
                    "color": "#FFFFFF",
                    "name": "Base",
                    "slug": "base"
                },
                {
                    "color": "#222222",
                    "name": "Contrast",
                    "slug": "contrast"
                },
                {
                    "color": "#FCBE00",
                    "name": "Primary",
                    "slug": "primary"
                },
                {
                    "color": "#275997",
                    "name": "Secondary",
                    "slug": "secondary"
                },
                {
                    "color": "#EFEFEF",
                    "name": "Tertiary",
                    "slug": "tertiary"
                },
                {
                    "color": "#CCCCCC",
                    "name": "Gray",
                    "slug": "gray"
                },
                {
                    "color": "#777777",
                    "name": "Dark Gray",
                    "slug": "dark-gray"
                }
            ]
        },
        "layout": {
            …
```

settings.color.paletteに配列の形で色のプリセットを指定します。それぞれの色は以下の構成になっています。

color…………色の値
name…………色名
slug……………スラッグ

settings.color.customとsettings.customGradientは、STEP 3.3でWebフォントを追加したときにCreate Block Themeプラグインによって挿入されたものです。エディターのUIでカスタムカラーの指定を有効化するものですが、記述しなくてもコアのtheme.jsonによってデフォルトで有効化されている機能です。

mytheme/theme.json

テーマの色のプリセットは、コアのものに加えてグローバルスタイルとして次のように出力されます。ブロックのシリアライズドスタイルから使われるクラスは3種類あり、「.has-スラッグ-color」はテキスト、「.has- スラッグ -background-color」は背景、「.has- スラッグ -border-color」は枠線の色を指定したときに使用されます。

```
body {
  --wp--preset--color--black: #000000;
  --wp--preset--color--cyan-bluish-gray: #abb8c3;
  --wp--preset--color--white: #ffffff;
  --wp--preset--color--pale-pink: #f78da7;
  --wp--preset--color--vivid-red: #cf2e2e;
  --wp--preset--color--luminous-vivid-orange: #ff6900;
  --wp--preset--color--luminous-vivid-amber: #fcb900;
  --wp--preset--color--light-green-cyan: #7bdcb5;
  --wp--preset--color--vivid-green-cyan: #00d084;
  --wp--preset--color--pale-cyan-blue: #8ed1fc;
  --wp--preset--color--vivid-cyan-blue: #0693e3;
  --wp--preset--color--vivid-purple: #9b51e0;
  --wp--preset--color--base: #ffffff;
  --wp--preset--color--contrast: #222222;
  --wp--preset--color--primary: #fcbe00;
  --wp--preset--color--secondary: #275997;
  --wp--preset--color--tertiary: #efefef;
  --wp--preset--color--gray: #cccccc;
  --wp--preset--color--dark-gray: #777777;
}

…
.has-black-color {
  color: var(--wp--preset--color--black) !important;
}
…
.has-vivid-purple-color {
  color: var(--wp--preset--color--vivid-purple) !important;
}
.has-base-color {
  color: var(--wp--preset--color--base) !important;
}
.has-contrast-color {
  color: var(--wp--preset--color--contrast) !important;
}
.has-primary-color {
  color: var(--wp--preset--color--primary) !important;
}
.has-secondary-color {
  color: var(--wp--preset--color--secondary) !important;
}
.has-tertiary-color {
  color: var(--wp--preset--color--tertiary) !important;
}
.has-gray-color {
  color: var(--wp--preset--color--gray) !important;
}
.has-dark-gray-color {
  color: var(--wp--preset--color--dark-gray) !important;
}
```

コアの色のプリセット

テーマの色のプリセット

```
.has-black-background-color {
  background-color: var(--wp--preset--color--black) !important;
}
…
.has-vivid-purple-background-color {
  background-color: var(--wp--preset--color--vivid-purple) !important;
}
.has-base-background-color {
  background-color: var(--wp--preset--color--base) !important;
}
.has-contrast-background-color {
  background-color: var(--wp--preset--color--contrast) !important;
}
.has-primary-background-color {
  background-color: var(--wp--preset--color--primary) !important;
}
.has-secondary-background-color {
  background-color: var(--wp--preset--color--secondary) !important;
}
.has-tertiary-background-color {
  background-color: var(--wp--preset--color--tertiary) !important;
}
.has-gray-background-color {
  background-color: var(--wp--preset--color--gray) !important;
}
.has-dark-gray-background-color {
  background-color: var(--wp--preset--color--dark-gray) !important;
}
.has-black-border-color {
  border-color: var(--wp--preset--color--black) !important;
}
…
.has-vivid-purple-border-color {
  border-color: var(--wp--preset--color--vivid-purple) !important;
}
.has-base-border-color {
  border-color: var(--wp--preset--color--base) !important;
}
.has-contrast-border-color {
  border-color: var(--wp--preset--color--contrast) !important;
}
.has-primary-border-color {
  border-color: var(--wp--preset--color--primary) !important;
}
.has-secondary-border-color {
  border-color: var(--wp--preset--color--secondary) !important;
}
.has-tertiary-border-color {
  border-color: var(--wp--preset--color--tertiary) !important;
}
.has-gray-border-color {
  border-color: var(--wp--preset--color--gray) !important;
}
.has-dark-gray-border-color {
  border-color: var(--wp--preset--color--dark-gray) !important;
}
```

グローバルスタイルの出力

スラッグ（色名）の問題

デフォルトテーマのTwenty Twenty Twoでは、サイトの背景とテキストの色に使うプリセットを`background`、`foreground`というスラッグで作成していました。そのため、多くのブロックテーマでbackgroundとforegroundが使用されています。

しかし、「has-background-background-color」や「has-foreground-background-color」クラスが作成されるといった問題が指摘され、Twenty Twenty Threeではbackgroundとforegroundではなく、`base`と`contrast`というスラッグが採用されています。

スラッグや色名に関してはさまざまな意見や考え方があり、色のプリセットをどのように作成するかは今後も変わっていくことが考えられます。

コアの色のプリセット

コアの色のプリセットでは次のようなスラッグが使用されています。テーマのtheme.jsonで同じスラッグを使用しても色は変更できません。

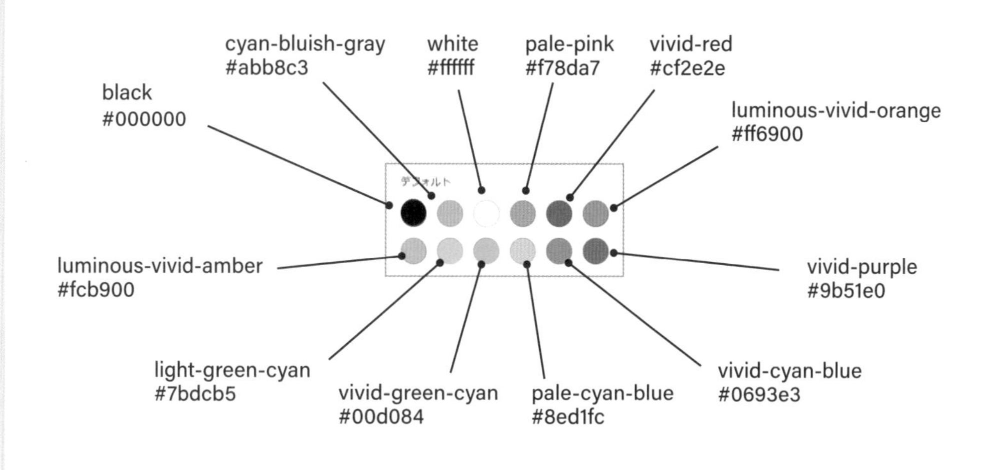

スペース（余白）のプリセットを作成する

スペース（余白）のプリセットを作成します。このプリセットはエディターの UI で、パディング、マージン、ブロックの間隔のサイズ指定に使用されます。

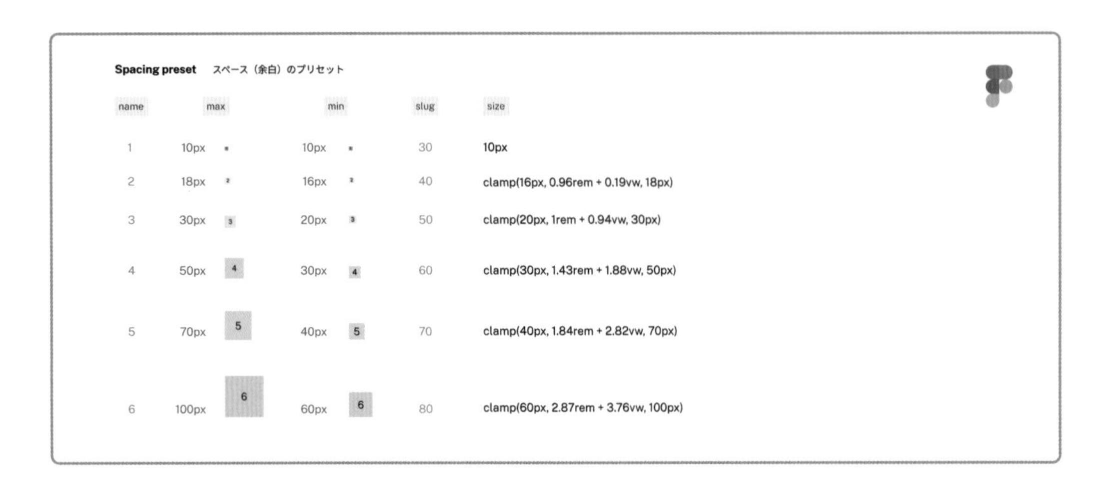

Spacing preset スペース（余白）のプリセット

name	max	min	slug	size
1	10px	10px	30	10px
2	18px	16px	40	clamp(16px, 0.96rem + 0.19vw, 18px)
3	30px	20px	50	clamp(20px, 1rem + 0.94vw, 30px)
4	50px	30px	60	clamp(30px, 1.43rem + 1.88vw, 50px)
5	70px	40px	70	clamp(40px, 1.84rem + 2.82vw, 70px)
6	100px	60px	80	clamp(60px, 2.87rem + 3.76vw, 100px)

- エディターの UI に表示するラベルを `name` で指定します。小さいサイズから順に 1、2、3 と番号を付ける方針になっているため、それに従います。

- スペースのスラッグ `slug` は 10、20、30… という形式で指定し、中央のサイズに対して 50 を割り当てます。これにより、テーマを切り替えてもバランスを崩すことなく表示されることが期待されています。今回のテーマでは 6 段階あるので、ラベルが 3 のプリセットを中央として `50` にし、`30` ～ `80` の 6 つを用意します。スラッグは実際のプリセットのサイズとは関係ありません。

パディング、マージン、ブロックの間隔を指定するエディターのUI。

- 各プリセットのサイズは `size` で指定します。画面幅に応じて変化させたいものの、現時点では Fluid にする機能が用意されていません。そのため、STEP 3.2 のフォントサイズと同じように画面幅 768px ～ 1600px で変化させる clamp() を直接指定します。

```
{
    "settings": {
        …
        "spacing": {
            "spacingSizes": [
                {
                    "name": "1",
                    "size": "10px",
                    "slug": "30"
                },
                {
                    "name": "2",
                    "size": "clamp(16px, 0.88rem + 0.24vw, 18px)",
                    "slug": "40"
                },
                {
                    "name": "3",
                    "size": "clamp(20px, 0.67rem + 1.2vw, 30px)",
                    "slug": "50"
                },
                {
                    "name": "4",
                    "size": "clamp(30px, 0.72rem + 2.4vw, 50px)",
                    "slug": "60"
                },
                {
                    "name": "5",
                    "size": "clamp(40px, 0.77rem + 3.6vw, 70px)",
                    "slug": "70"
                },
                {
                    "name": "6",
                    "size": "clamp(60px, 1.44rem + 4.8vw, 100px)",
                    "slug": "80"
                }
            ],
            "units": [
                "%",
                "px",
                "em",
                "rem",
                "vh",
                "vw"
            ]
        },
        "typography": {
            …
```

settings.spacing.spacingSizesに配列の形でスペースのプリセットを指定します。それぞれのスペースは以下の構成になっています。

name…………エディターのUIに表示するラベル
size ……………スペースのサイズ
slug……………スラッグ

mytheme/theme.json

※clamp()の値は下記のようなジェネレーターを使用して取得できます。
ここでは一番上のジェネレーターを使用しています。

https://clamp.font-size.app/
https://royalfig.github.io/fluid-typography-calculator
https://modern-fluid-typography.vercel.app/
https://min-max-calculator.9elements.com/
https://websemantics.uk/tools/responsive-font-calculator/

指定したプリセットは、グローバルスタイルとして次のように出力されます。スラッグが `20` の --wp--preset--spacing--20 はコアで用意されたものです。コアの theme.json ではスラッグが `20` 〜 `80` のプリセットが用意されていますが、`30` 〜 `80` はスラッグを元にテーマのプリセットで上書きされています。エディターの UI の選択肢にはテーマのプリセットのみが表示されます。

```
body {
  --wp--preset--spacing--20: 0.44rem;
  --wp--preset--spacing--30: 10px;
  --wp--preset--spacing--40: clamp(16px, 0.88rem + 0.24vw, 18px);
  --wp--preset--spacing--50: clamp(20px, 0.67rem + 1.2vw, 30px);
  --wp--preset--spacing--60: clamp(30px, 0.72rem + 2.4vw, 50px);
  --wp--preset--spacing--70: clamp(40px, 0.77rem + 3.6vw, 70px);
  --wp--preset--spacing--80: clamp(60px, 1.44rem + 4.8vw, 100px);
}
```

テーマのtheme.jsonを元に出力されたグローバルスタイル

なお、他のプリセットと異なり、ブロックのシリアライズドスタイルから使われるクラスは用意されていません。たとえば、ブロックの上マージンを `4` （スラッグ 60）に指定すると、次のように style 属性で付加されます。

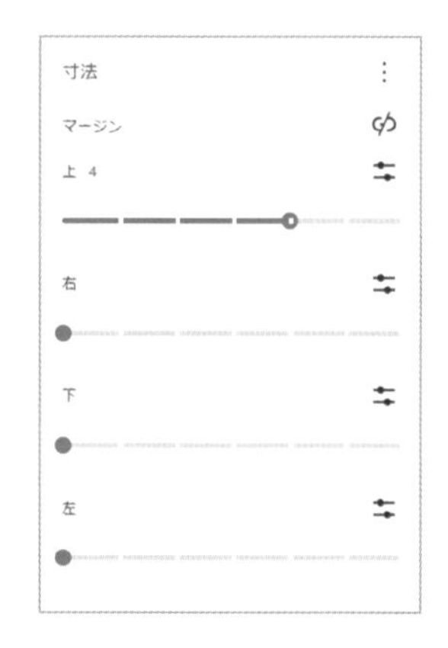


```
<!-- wp:paragraph {"style":{"spacing":{"margin":{"top":"
var:preset|spacing|60"}}}} -->
<p style="margin-top:var(--wp--preset--spacing--60)">
 …
</p>
<!-- /wp:paragraph -->
```

以上で、プリセットの作成は完了です。

スペースのプリセットをスケールで生成する

スペースのプリセットは1つずつ指定せず、`spacingScale` を使って生成することもできます。

```
{
    "settings": {
        …
        "spacing": {
           "spacingScale": {
              "operator": "*",
              "increment": 1.5,
              "steps": 7,
              "mediumStep": 1.5,
              "unit": "rem"
           },
           "units": [
           …
```

settings.spacing.spacingScaleに生成するスペースのスケールを以下のように指定します。

operator......... 演算子（+ または *）
increment ..... インクリメント（増分）
steps .... 生成するステップ数
mediumStep... 中間ステップの値（スラッグ50の値）
unit.................. 値の単位

この指定により、次のような `spacingSizes` の配列が生成されます。スラッグ50の値「1.5rem」を中心に、1.5の乗数で前後に3つずつ、合計7つのプリセットが生成されています。

```
[
  {name: '1', slug: '20', size: '0.44rem'},
  {name: '2', slug: '30', size: '0.67rem'},
  {name: '3', slug: '40', size: '1rem'},
  {name: '4', slug: '50', size: '1.5rem'},
  {name: '5', slug: '60', size: '2.25rem'},
  {name: '6', slug: '70', size: '3.38rem'},
  {name: '7', slug: '80', size: '5.06rem'},
]
```

出力されるグローバルスタイルは次のようになります。なお、この設定はコアのtheme.jsonで使用されているものです。テーマのtheme.jsonでプリセットを作成すると、スラッグを元に上書きされます。

```
body {
  --wp--preset--spacing--20: 0.44rem;
  --wp--preset--spacing--30: 0.67rem;
  --wp--preset--spacing--40: 1rem;
  --wp--preset--spacing--50: 1.5rem;
  --wp--preset--spacing--60: 2.25rem;
  --wp--preset--spacing--70: 3.38rem;
  --wp--preset--spacing--80: 5.06rem;
}
```

ベースとなるスタイルの作成

ここからは作成したプリセットを元に、テーマのベースとなるスタイルを作成していきます。作成にはサイトエディターのスタイルサイドバーを使用するため、［外観＞エディター］でサイトエディターを開き、P.88 のテンプレート一覧からインデックステンプレート（index.html）を開きます。その上で、「スタイル」をクリックしてスタイルサイドバーを開きます。

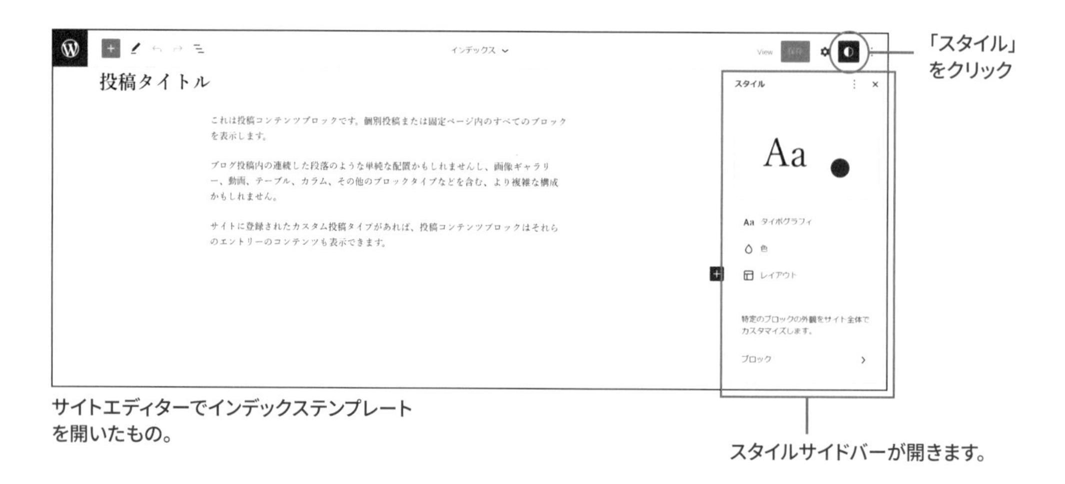

サイトエディターでインデックステンプレートを開いたもの。

スタイルサイドバーには次のような項目が用意されています。これらを使ってベースとなるテキスト、見出し、レイアウト、リンク、ボタン、画像のスタイルを作成していきます。

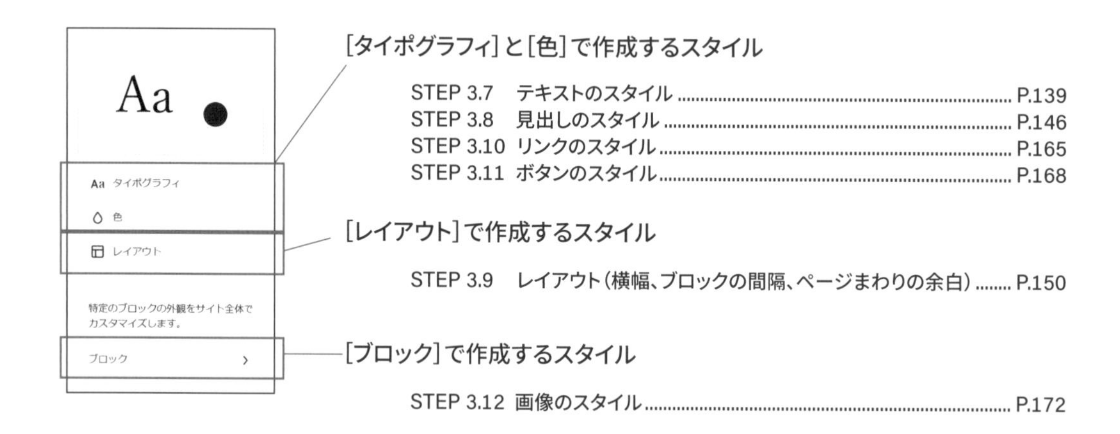

ベースとなるテキストのスタイルを作成する

まずは、ベースとなるテキストのスタイルを作成します。

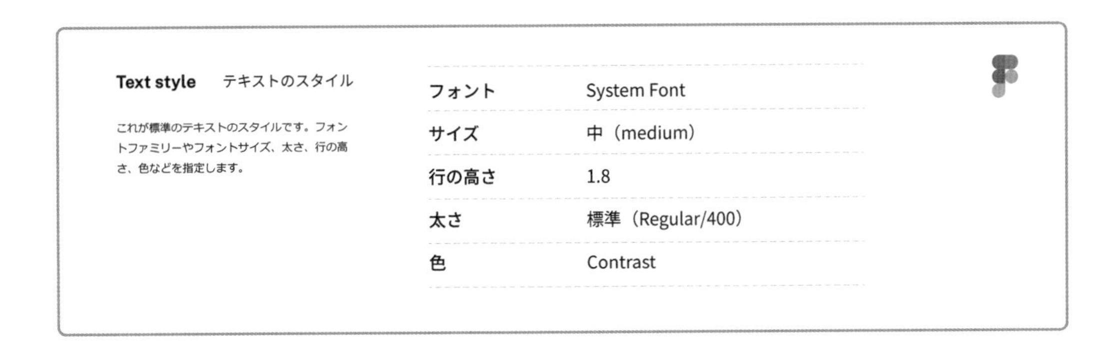

Text style テキストのスタイル
これが標準のテキストのスタイルです。フォントファミリーやフォントサイズ、太さ、行の高さ、色などを指定します。
フォント System Font
サイズ 中（medium）
行の高さ 1.8
太さ 標準（Regular/400）
色 Contrast

テキストのスタイルはスタイルサイドバーの［タイポグラフィ＞テキスト］で次のように指定します。【】内はここでの指定がどのCSSプロパティの値になるのかを示しています。

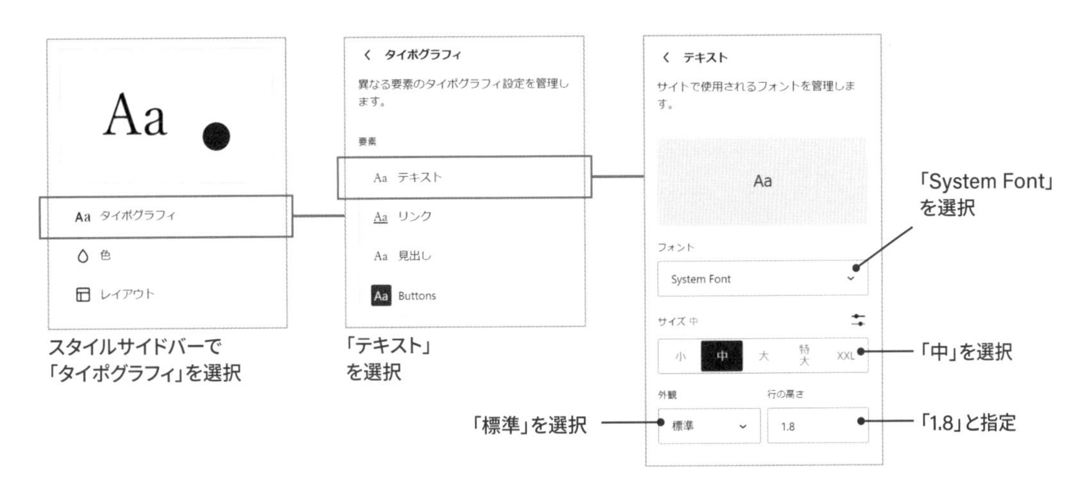

- 「フォント」はフォントファミリーのプリセットから `System Font（システムフォント）` を選択します。【font-family】
- 「フォントサイズ」はフォントサイズのプリセットから `中（medium）` を選択します。【font-size】

- 「行の高さ」は `1.8` にします。【line-height】
- 「外観」はフォントの太さを斜体のない `標準` にします。【font-style と font-weight】

テキストの色はここでは指定できないので、スタイルサイドバーの最初の階層まで戻って指定します。

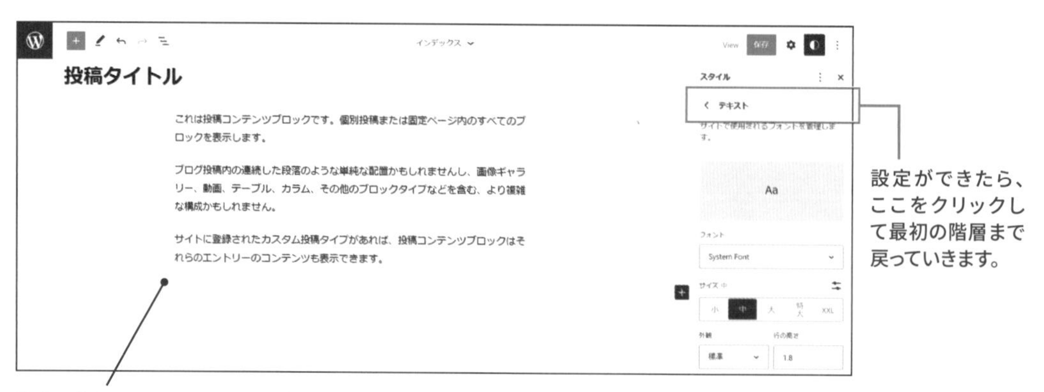

テキストの色は［色＞テキスト］で `Contrast（黒）` にします。同時に、テキストの色に合わせてページの背景色を［色＞背景］で `Base（白）` にします。【color と background-color】

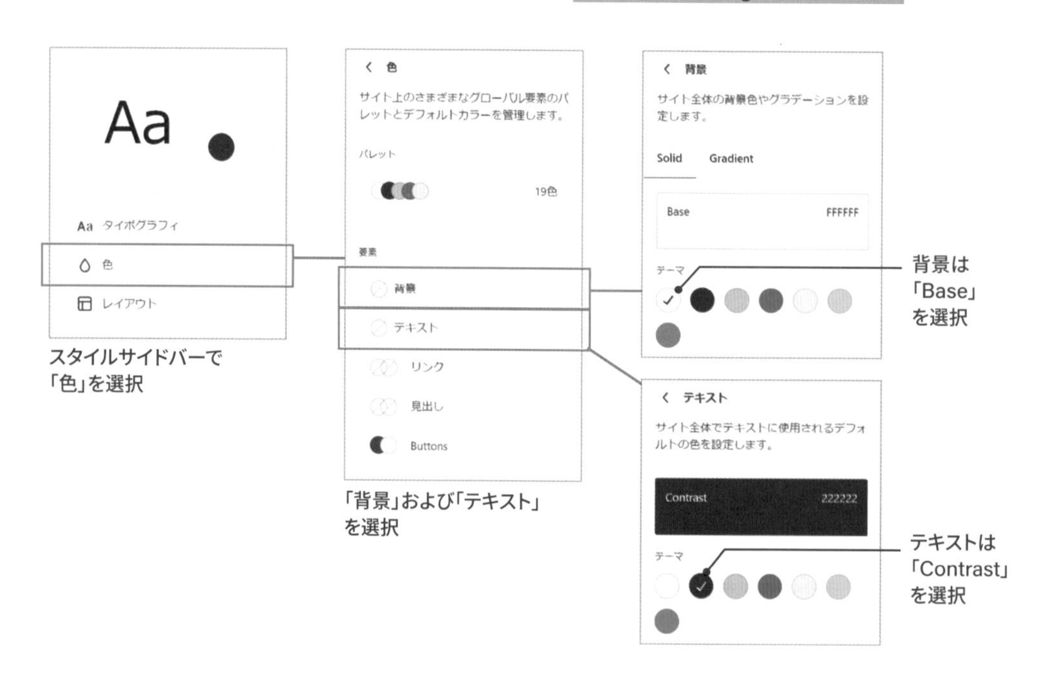

設定ができたら、「保存」をクリックしてフロントの表示を確認します。

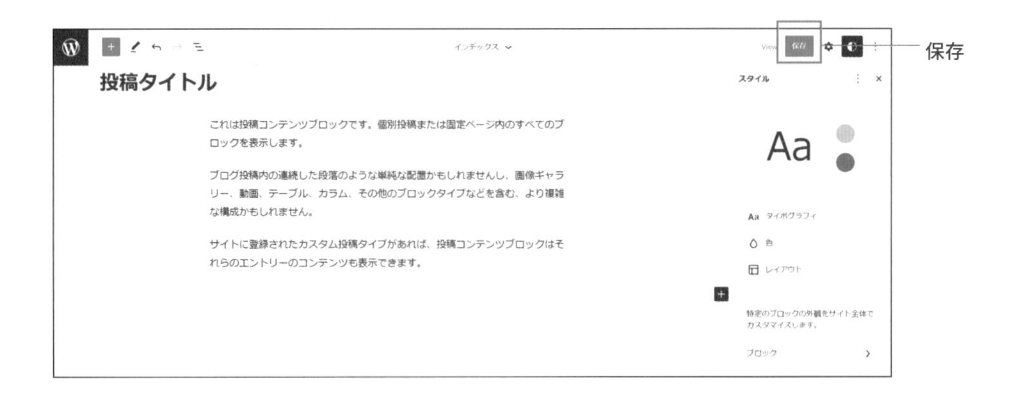

P.82 のように［投稿＞投稿一覧］から記事ページを、［固定ページ＞固定ページ一覧］からアバウトページを開きます。次のように、テキストのスタイルが反映されたことがわかります。

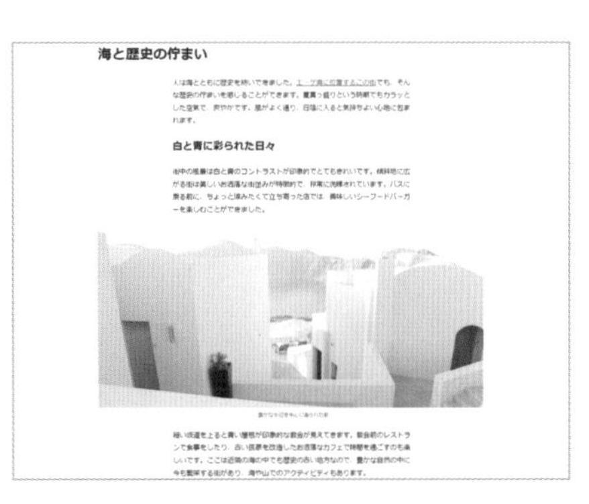

スタイルを指定する前の表示

スタイルを指定した後の表示

グローバルスタイルにはテキストのスタイルが次のように出力されます。各スタイルは <body> に適用する形になり、ベースとなるテキストのスタイルとしてサイト全体に影響します。

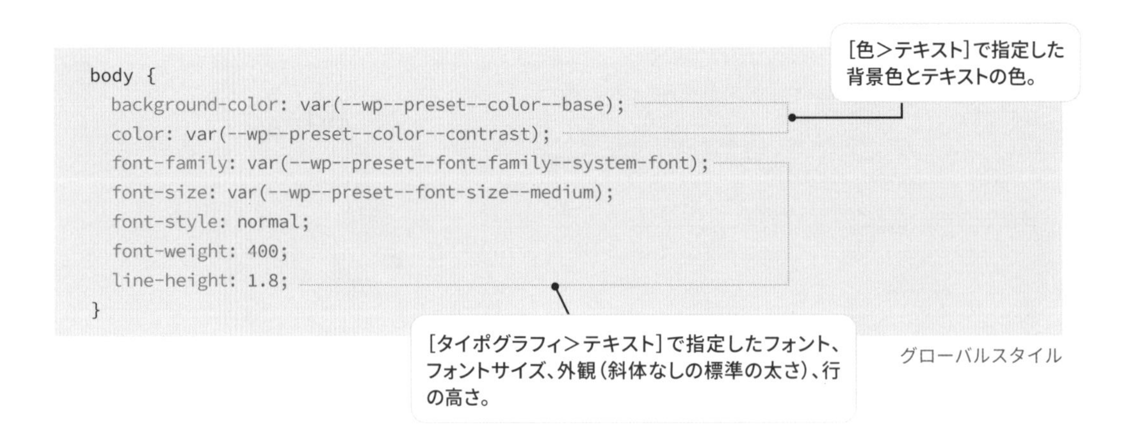

```
body {
  background-color: var(--wp--preset--color--base);
  color: var(--wp--preset--color--contrast);
  font-family: var(--wp--preset--font-family--system-font);
  font-size: var(--wp--preset--font-size--medium);
  font-style: normal;
  font-weight: 400;
  line-height: 1.8;
}
```

[色＞テキスト]で指定した背景色とテキストの色。
[タイポグラフィ＞テキスト]で指定したフォント、フォントサイズ、外観（斜体なしの標準の太さ）、行の高さ。

グローバルスタイル

スタイルのプレビュー

スタイルサイドバーの最初の階層まで戻ると、スタイルのプレビューには色のプリセットとして用意した `Primary（黄色）` と `Secondary（青）` が表示されています。これは色のプリセットのうち、テキストと背景の色に使わなかったものの中から最初の２色が表示されるためです。プレビューにはテキストと背景の色や、タイポグラフィのスタイルも反映されます。

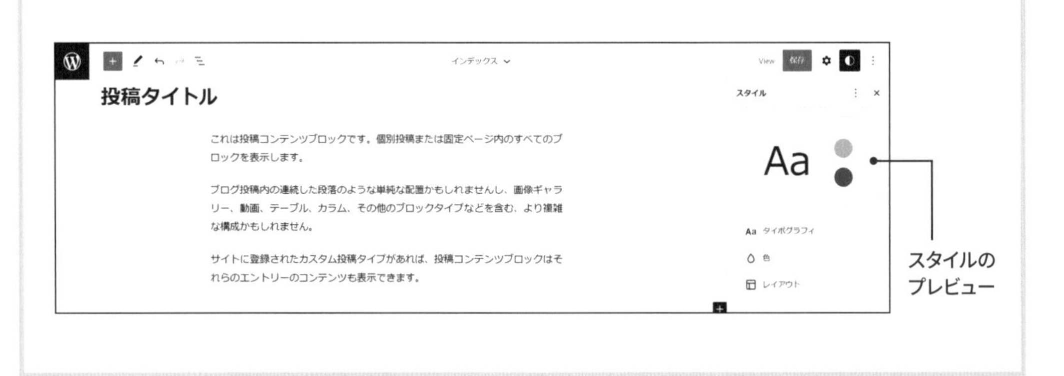

+ 作成したスタイルをテーマに反映する

スタイルサイドバーで作成したスタイルも、テンプレートのときと同じようにテーマと紐付けされ、コンテンツの１つとしてデータベースに保存されています。スタイルのデータは theme.json の形式になっており、「ユーザーの theme.json」であることがわかります。

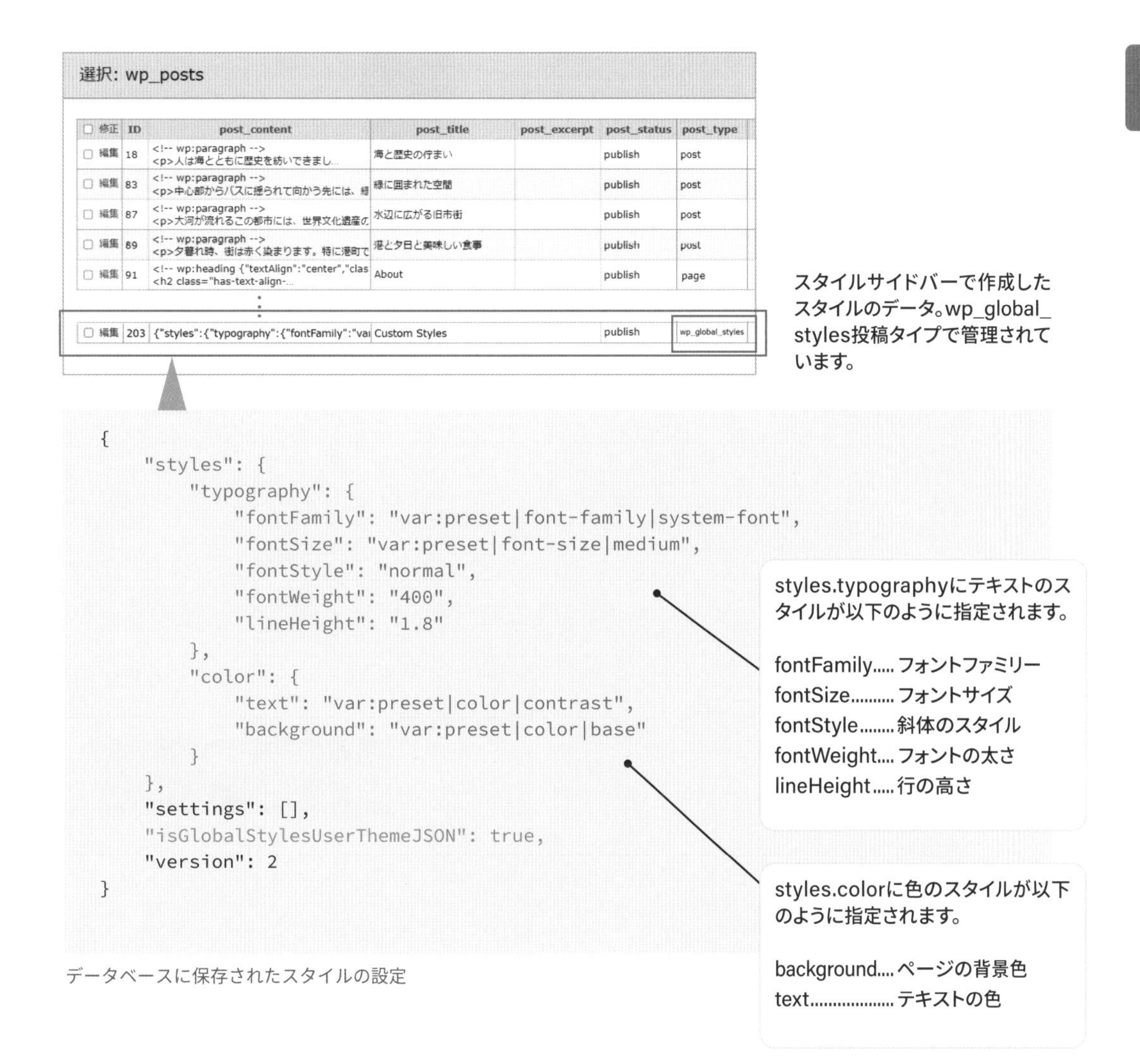

選択: wp_posts

修正	ID	post_content	post_title	post_excerpt	post_status	post_type
編集	18	<!-- wp:paragraph --> <p>人は海とともに歴史を紡いできまし...	海と歴史の佇まい		publish	post
編集	83	<!-- wp:paragraph --> <p>中心部からバスに揺られて向かう先には、緑	緑に囲まれた空間		publish	post
編集	87	<!-- wp:paragraph --> <p>大河が流れるこの都市には、世界文化遺産の	水辺に広がる旧市街		publish	post
編集	89	<!-- wp:paragraph --> <p>夕暮れ時、街は赤く染まります。特に港町で	港と夕日と美味しい食事		publish	post
編集	91	<!-- wp:heading {"textAlign":"center","clas <h2 class="has-text-align-...	About		publish	page
編集	203	{"styles":{"typography":{"fontFamily":"var	Custom Styles		publish	wp_global_styles

```
{
    "styles": {
        "typography": {
            "fontFamily": "var:preset|font-family|system-font",
            "fontSize": "var:preset|font-size|medium",
            "fontStyle": "normal",
            "fontWeight": "400",
            "lineHeight": "1.8"
        },
        "color": {
            "text": "var:preset|color|contrast",
            "background": "var:preset|color|base"
        }
    },
    "settings": [],
    "isGlobalStylesUserThemeJSON": true,
    "version": 2
}
```

スタイルサイドバーで作成したスタイルのデータ。wp_global_styles投稿タイプで管理されています。
styles.typographyにテキストのスタイルが以下のように指定されます。
fontFamily..... フォントファミリー
fontSize.......... フォントサイズ
fontStyle........ 斜体のスタイル
fontWeight.... フォントの太さ
lineHeight..... 行の高さ
styles.colorに色のスタイルが以下のように指定されます。
background.... ページの背景色
text.................. テキストの色

データベースに保存されたスタイルの設定

このスタイルサイドバーで作成したスタイルも、テーマそのものには反映されず、持ち運ぶこともできません。そのため、P.106 と同じように［外観＞ Create Block Theme］で「Override My Theme」を選択し、「Create theme」をクリックしてテーマ側に反映します。
反映すると、テーマの theme.json に次のように追加されます。スタイルサイドバーを使わずにスタイルを作成する場合、この設定を theme.json に直接記述することになります。

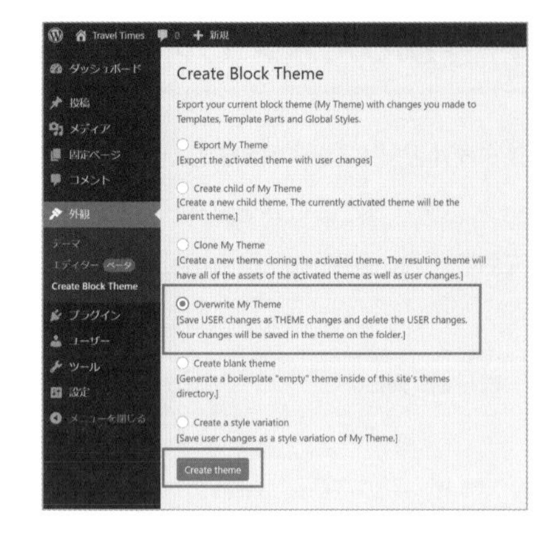


```
{
    "settings": {
        "appearanceTools": true,
        "color": {
            …
        },
        "layout": {
            …
        },
        "spacing": {
            …
        },
        "typography": {
            …
        }
    },
    "styles": {
        "color": {
            "background": "var:preset|color|base",
            "text": "var:preset|color|contrast"
        },
        "typography": {
            "fontFamily": "var:preset|font-family|system-font",
            "fontSize": "var:preset|font-size|medium",
            "fontStyle": "normal",
            "fontWeight": "400",
            "lineHeight": "1.8"
        }
    },
    "templateParts": [
        …
```

プリセットは settingsに指定

ベースとなるスタイルは stylesに指定

データベースのstylesの指定が追加されます。

mytheme/theme.json

プリセットの値の参照

theme.json の中でベースとなるスタイルで指定したプリセットの値を参照する場合、Create Block Theme プラグインを使用すると、`var:preset|プリセットの種類|プリセットのスラッグ` で参照する形になります。

```
"fontFamily": "var:preset|font-family|system-font",
"fontSize": "var:preset|font-size|medium",
```

グローバルスタイルとして出力されるときには CSS 変数に変換されますが、theme.json の中でも CSS 変数を使って `var(--wp-preset--プリセットの種類--スラッグ)` で参照することもできます。

```
"fontFamily": "var(--wp--preset--font-family--system-font)",
"fontSize": "var(--wp--preset--font-size--medium)",
```

スタイルサイドバーで作成したスタイルのデータベース上のデータをクリアする

スタイルサイドバーで作成したスタイルがデータベース上にある場合、右のように「デフォルトにリセット」が表示されます。これを選択すると、データベース上のデータをクリアできます。
なお、Create Block Theme プラグインを使うと、スタイルをテーマに反映するのと同時にデータベースもクリアされます。

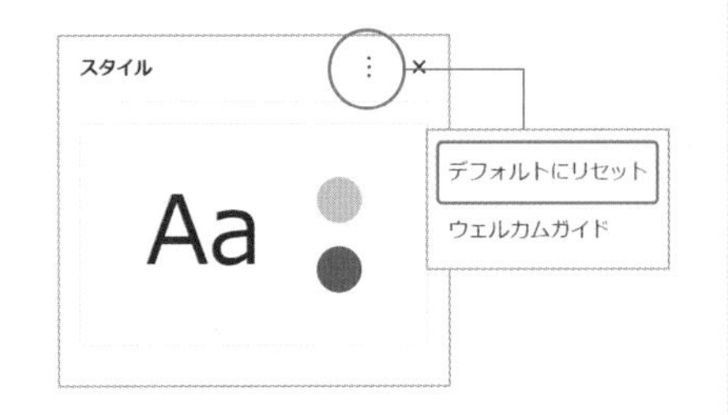

ベースとなる見出しのスタイルを作成する

ベースとなる見出しのスタイルを作成します。

Heading style 見出しのスタイル

Heading 1

Heading 2

Heading 3

Heading 4

Heading 5

Heading 6

フォント	Josefin Sans
サイズ	H1 ... XL（x-large） H2 ... L（large） H3 - H6 ... ブラウザ標準
行の高さ	1.3
太さ	H1 ... ライト（Light/300） H2 - H6 ... ブラウザ標準
色	Contrast

見出しのテキストのスタイルはスタイルサイドバーの［タイポグラフィ＞見出し］で指定します。ここでは H1 ～ H6 のすべてに共通するスタイルと、個別のスタイルを次のようにします。

- 「すべて」で共通するスタイルを指定します。フォントを `Josefin Sans` に、行の高さを `1.3` にします。【font-family と line-height】
- 「H1」で H1 のスタイルを指定します。フォントサイズをプリセットの `特大（x-large）` に、外観で太さを斜体なしの `ライト（300）` にします。【font-size、font-style、font-weight】
- 「H2」で H2 のスタイルを指定します。フォントサイズを `大（large）` にします。【font-size】

H3 ～ H6 の個別のスタイルは指定しません。この場合、「すべて」で指定したもの以外はブラウザ標準（UA スタイルシート）のスタイルになります。また、見出しの色は P.140 で指定した「ベースとなるテキスト」と同じ `Contrast（黒）` になりますので、個別の指定は行いません。

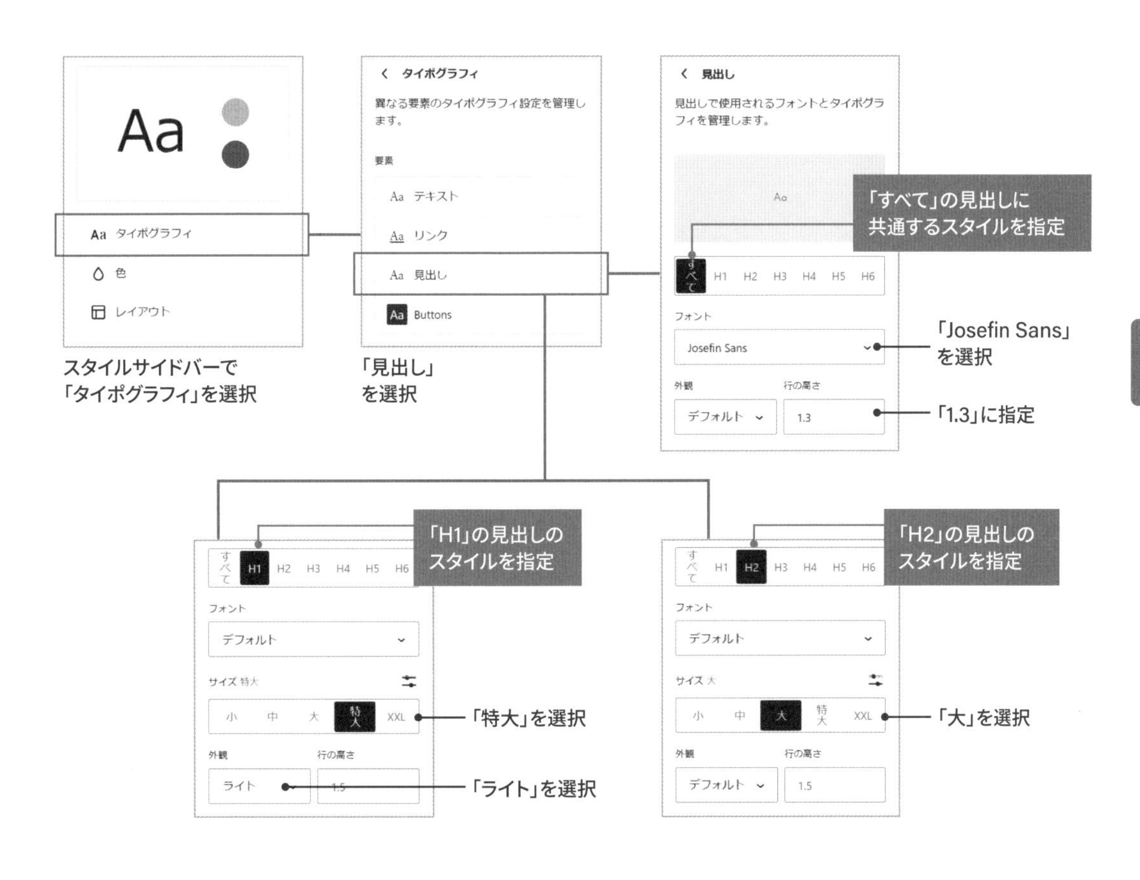

保存してフロントの表示を確認します。記事ページやアバウトページのH1やH2の見出しが大きくなり、スタイルが適用されたことがわかります。Fluid タイポグラフィも機能しており、画面幅に合わせてフォントサイズが変わります。

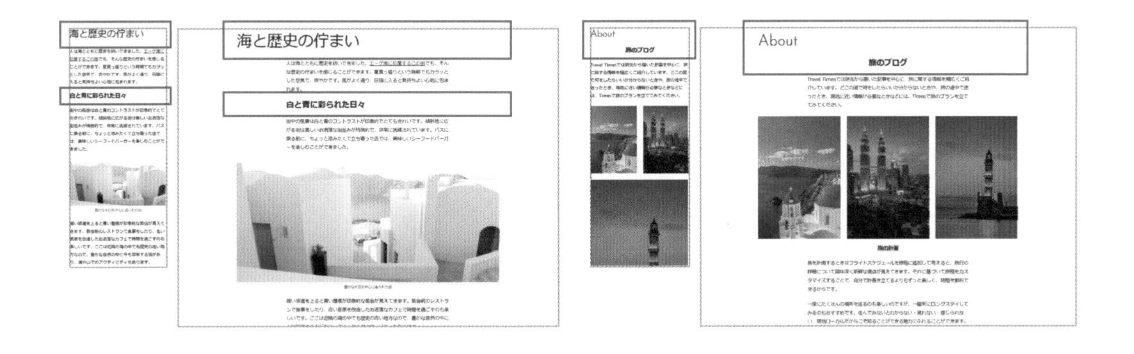

グローバルスタイルには見出しのスタイルが次のように出力されます。「すべて」で指定したスタイルは <h1> ～ <h6> に適用する形になり、「H1」と「H2」で個別に指定したスタイルはそれぞれ <h1> と <h2> に適用されます。

```
h1, h2, h3, h4, h5, h6 {
  font-family: "Josefin Sans", sans-serif;
  line-height: 1.3;
}
h1 {
  font-size: clamp(36px, 2.25rem + ((1vw - 7.68px) * 3.365), 64px);
  font-style: normal;
  font-weight: 300;
}
h2 {
  font-size: clamp(22px, 1.375rem + ((1vw - 7.68px) * 1.202), 32px);
}
```

「すべて」で指定したスタイル

「H1」で指定したスタイル

「H2」で指定したスタイル

グローバルスタイル

作成したスタイルをテーマ側に反映すると次のようになります。見出しなどの要素のスタイルは `styles.elements` で指定します。

```
{
    …
    "styles": {
        "color": {
            …
        },
        "elements": {
            "h1": {
                "typography": {
                    "fontSize": "clamp(36px, 2.25rem + ((1vw - 7.68px) * 3.365), 64px)",
                    "fontStyle": "normal",
                    "fontWeight": "300"
                }
            },
            "h2": {
                "typography": {
                    "fontSize": "clamp(22px, 1.375rem + ((1vw - 7.68px) * 1.202), 32px)"
                }
            },
            "heading": {
                "typography": {
                    "fontFamily": "'Josefin Sans', sans-serif",
                    "lineHeight": "1.3"
                }
            }
        },
        "typography": {
        …
```

要素のスタイルは styles.elementsに指定

ここでは以下の要素のスタイルを指定しています。

h1……………H1要素のスタイル
h2……………H2要素のスタイル
heading………H1～H6要素のスタイル

mytheme/theme.json

※各要素のtypographyでは、P.144のstyles.typographyと同じようにフォントサイズなどを指定できます。

なお、現在のところプリセットの値を参照する形になっていないので、このままだとプリセットの値を変更してもこのスタイルに反映されません。そのため、プリセットの値を参照する形に書き換えます。ここでは P.145 のフォーマットを使って書き換えています。

※WordPress 6.2以降で改善の可能性があります。
※スタイルサイドバーでフォントサイズを変えない限り、ここの記述は維持されます。

```
{
    …
    "styles": {
        …
        "elements": {
            "h1": {
                "typography": {
                    "fontSize": "var:preset|font-size|x-large",
                    "fontStyle": "normal",
                    "fontWeight": "300"
                }
            },
            "h2": {
                "typography": {
                    "fontSize": "var:preset|font-size|large"
                }
            },
            "heading": {
                "typography": {
                    "fontFamily": "var:preset|font-family|josefin-sans",
                    "lineHeight": "1.3"
                }
            }
        },
        "typography": {
        …
```

H1のフォントサイズをプリセットの特大(x-large)に指定

H2のフォントサイズをプリセットの 大(large)に指定

H1〜H6のフォントファミリーをプリセットの josefin-sans に指定

mytheme/theme.json

これで、グローバルスタイルの出力も CSS 変数の形になります。

```
h1, h2, h3, h4, h5, h6 {
  font-family: var(--wp--preset--font-family--josefin-sans);
  line-height: 1.3;
}
h1 {
  font-size: var(--wp--preset--font-size--x-large);
  font-style: normal;
  font-weight: 300;
}
h2 {
  font-size: var(--wp--preset--font-size--large);
}
```

グローバルスタイル

ベースとなるレイアウトのスタイルを作成する

ベースとなるレイアウトのスタイルを作成します。ここでは横幅、ブロックの間隔、ページまわりの余白（パディング）を順に指定していきます。

レイアウトのスタイルはスタイルサイドバーの［レイアウト］で指定します。横幅にはテーマの theme.json、ページまわりの余白（パディング）とブロックの間隔にはコアの theme.json で指定された値が入っていますので、これらを変更していきます。

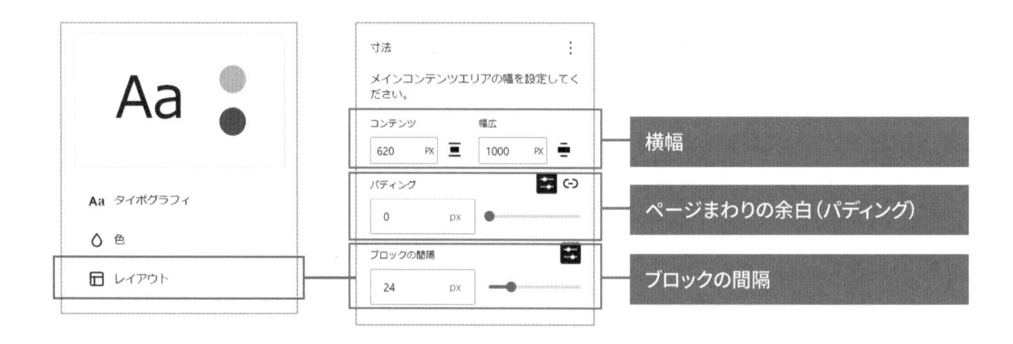

+ 横幅

ブロックの横幅はP.96の「コンテンツ」と「幅広」のサイズを指定するものです。Create Block Theme プラグインで作成したテーマでは theme.json でコンテンツサイズが 620px、幅広サイズが 1000px に指定されていますので、`756px` と `980px` に変更します。【max-width】
Figma のデザインには 1180px という横幅も含まれていますが、ヘッダーやフッターで使用するサイズなため、ここでは考慮しません。

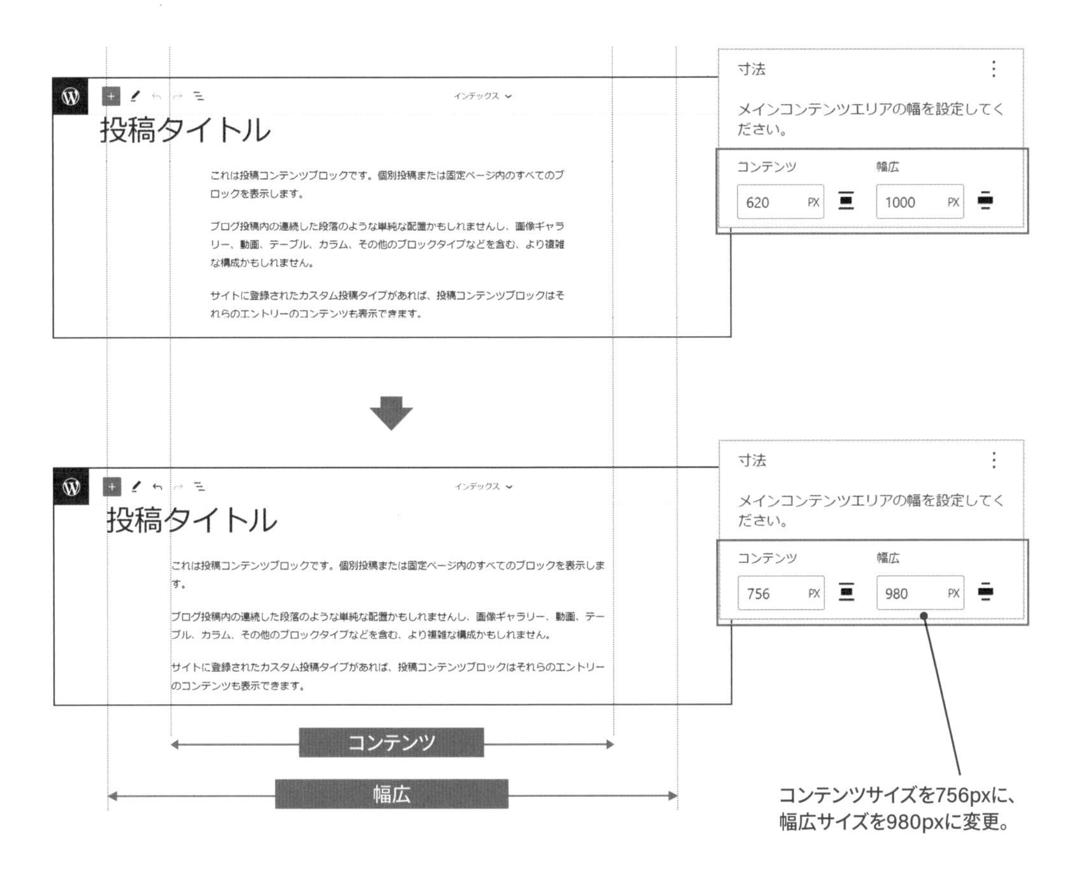

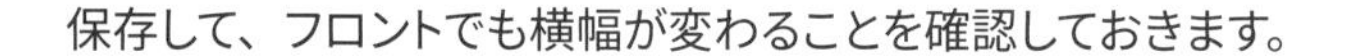
保存して、フロントでも横幅が変わることを確認しておきます。

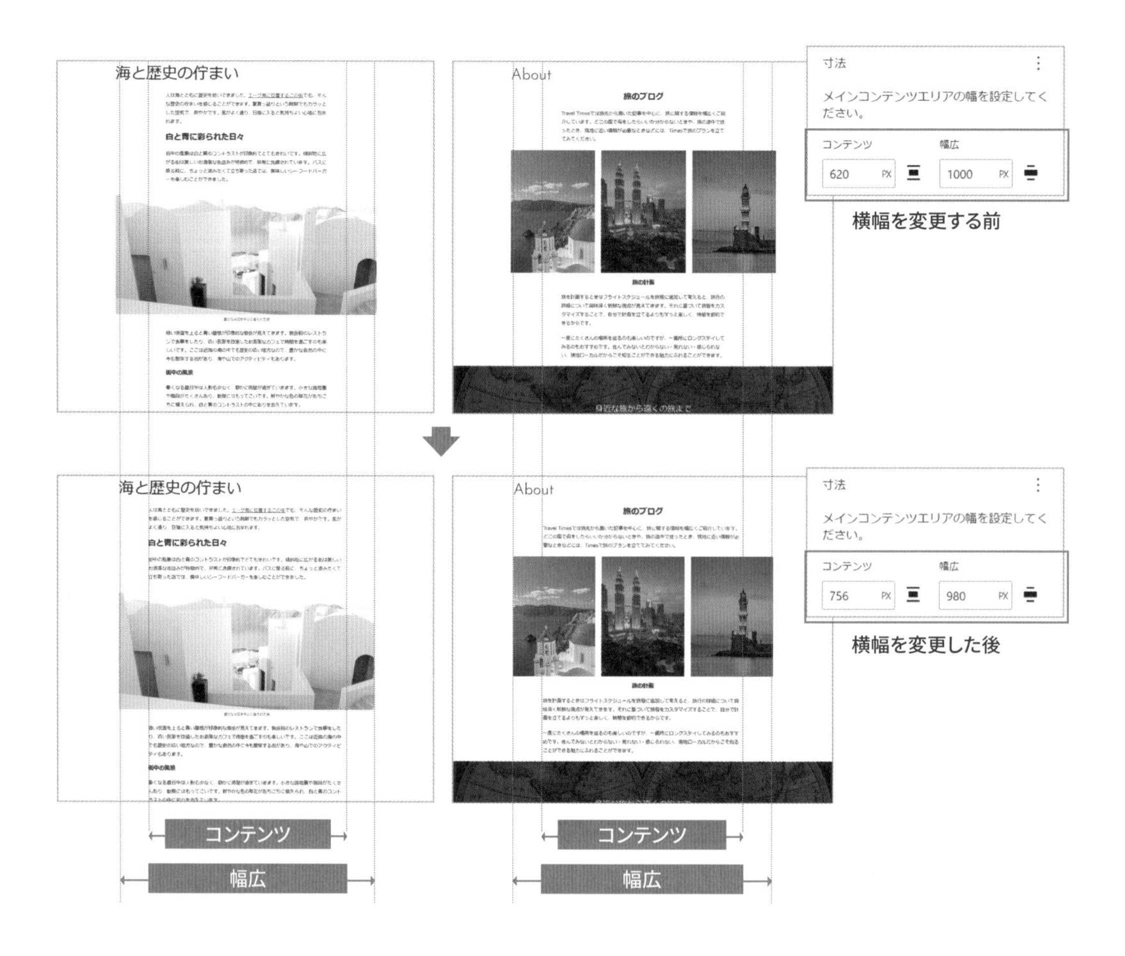

グローバルスタイルには P.96 で確認した横幅をコントロールする設定が出力されています。スタイルサイドバーでサイズを変更したことで、２つのサイズの CSS 変数 `--wp--style--global--content-size`（コンテンツサイズ）と `--wp--style--global--wide-size`（幅広サイズ）の値が変わったことがわかります。

```
body {
  --wp--style--global--content-size: 756px;
  --wp--style--global--wide-size: 980px;
}
…
body .is-layout-constrained > :where(:not(.alignleft):not(.alignright):not(.alignfull)) {
  max-width: var(--wp--style--global--content-size);
  margin-left: auto !important;
  margin-right: auto !important;
}
body .is-layout-constrained > .alignwide {
  max-width: var(--wp--style--global--wide-size);
}
```

コンテンツサイズと幅広サイズのCSS変数

グローバルスタイル

作成したスタイルをテーマ側に反映すると、theme.json の横幅の値が変わります。この設定に関しては、スタイルを指定する styles ではなく、プリセットを指定する settings に記述するため、注意が必要です。以上で、ベースとなる横幅の設定は完了です。

```
{
    "settings": {
        "appearanceTools": true,
        "color": {
            …
        },
        "layout": {
            "contentSize": "620px",
            "wideSize": "1000px"
        },
        "spacing": {
            …
        },
        "typography": {
            …
        }
    },
    "styles": {
        …
    },
```

```
{
    "settings": {
        "appearanceTools": true,
        "color": {
            …
        },
        "layout": {
            "contentSize": "756px",
            "wideSize": "980px"
        },
        "spacing": {
            …
        },
        "typography": {
            …
        }
    },
    "styles": {
        …
    },
```

settings.layoutに以下のサイズを指定します。

contentSize....コンテンツサイズ
wideSize..........幅広サイズ

mytheme/theme.json

＋ ブロックの間隔

ブロックの間隔は各ブロックの上マージンまたはギャップで挿入されます。初期状態ではコアの theme.json で 24px になります。ここでは `1.8em` にして、ブロックのフォントサイズに応じて間隔が変わるようにします。【margin-block-start、gap】

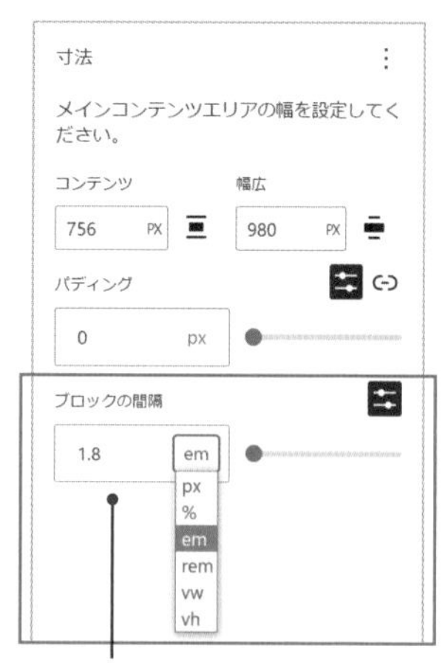

「1.8em」に指定

たとえば、P.139 で指定したベースとなるテキストのフォントサイズ `中 (medium)` は 16 ～ 18px なので、主要ブロックの間隔はその 1.8 倍の 28.8 ～ 32.4px になります。これに対し、見出し H2 のフォントサイズ `大 (large)` は 22 ～ 32px です。見出しの上には 39.6 ～ 57.6px の余白が入り、他よりも間隔を広くすることができます。

保存してフロントを確認すると、間隔が変わったことがわかります。

間隔が24pxのときの表示

間隔を1.8emにしたときの表示

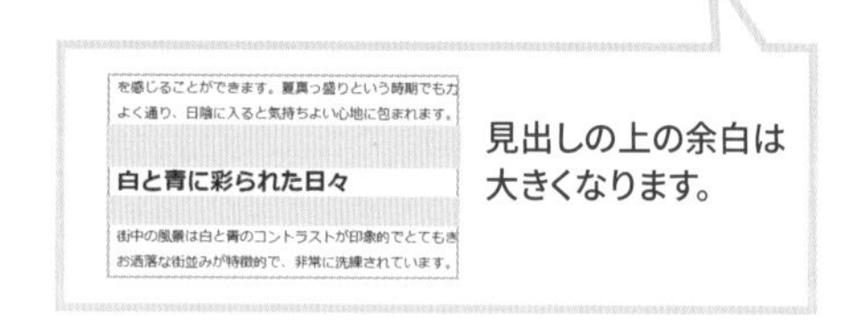

見出しの上の余白は大きくなります。

グローバルスタイルには次のような形でフクロウセレクタ `* + *` を使用したスタイルが出力されます。これにより、コンテナ内の各ブロックの上マージンで、ブロックの間に `1.8em` の余白が入ります。

```
コンテナ > * {
  margin-block-start: 0;
  margin-block-end: 0;
}
コンテナ > * + * {
  margin-block-start: 1.8em;
}
```

ブロックの上下マージンを削除するスタイル
コンテナ直下の階層のすべてのブロックに適用されます。余計な余白が入らないようにするためのものです。

ブロックの上マージンを1.8emにするスタイル
コンテナ直下の階層のすべてのブロックのうち、最初の１つ以外のすべてのブロックに適用されます。
フクロウセレクタ `* + *` は任意の要素に隣接する要素が適用対象となることを利用したもので、これによってブロックの間にだけ余白が入ります。

このスタイルがページ全体（サイトエディターのキャンバス）を構成する <div class="wp-site-blocks"> と、Flow または Constrained レイアウトタイプのコンテナに対して出力され、次のようなコードになります。

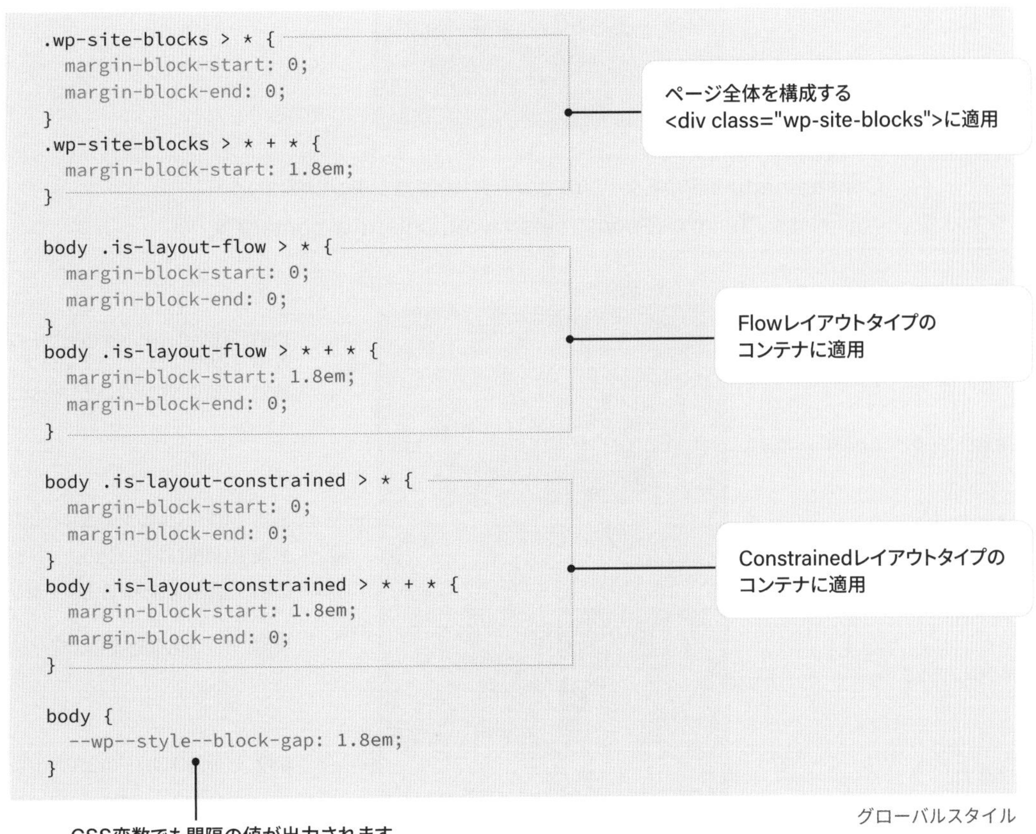
.wp-site-blocks > * {
margin-block-start: 0;
margin-block-end: 0;
}
.wp-site-blocks > * + * {
margin-block-start: 1.8em;
}
body .is-layout-flow > * {
margin-block-start: 0;
margin-block-end: 0;
}
body .is-layout-flow > * + * {
margin-block-start: 1.8em;
margin-block-end: 0;
}
body .is-layout-constrained > * {
margin-block-start: 0;
margin-block-end: 0;
}
body .is-layout-constrained > * + * {
margin-block-start: 1.8em;
margin-block-end: 0;
}
body {
--wp--style--block-gap: 1.8em;
}
ページ全体を構成する <div class="wp-site-blocks">に適用
Flowレイアウトタイプの コンテナに適用
Constrainedレイアウトタイプの コンテナに適用
CSS変数でも間隔の値が出力されます。

グローバルスタイル

たとえば、記事ページやアバウトページの場合、ページ全体を構成する <div class="wp-site-blocks"> と、Constrained レイアウトタイプのコンテナ（投稿コンテンツブロック）により、すべてのブロックの間に 1.8em の余白が入ります。

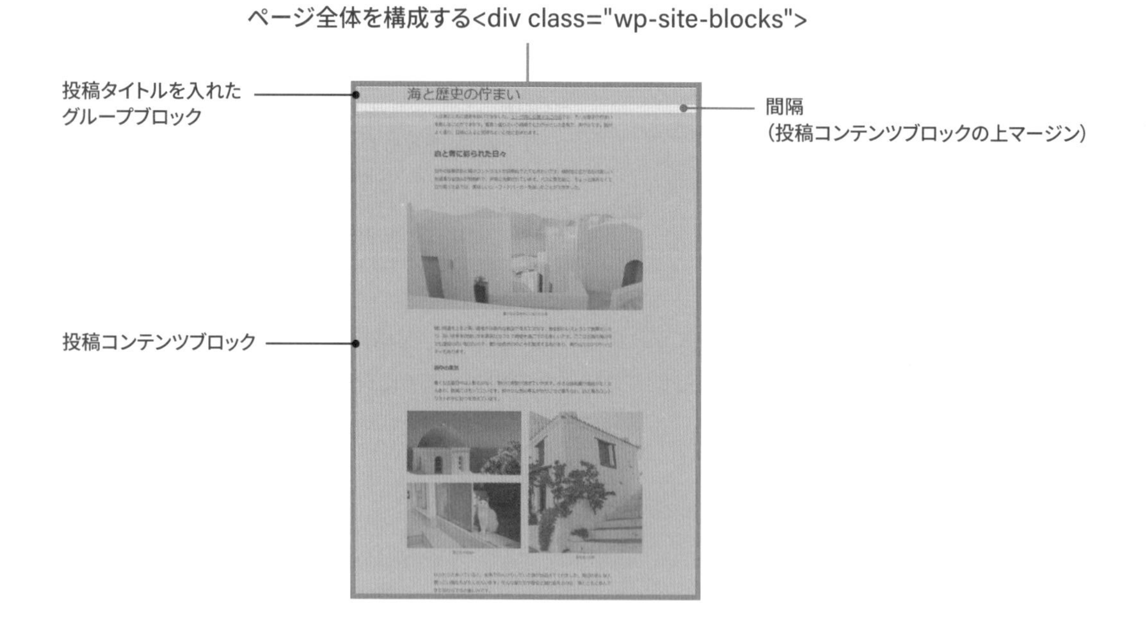

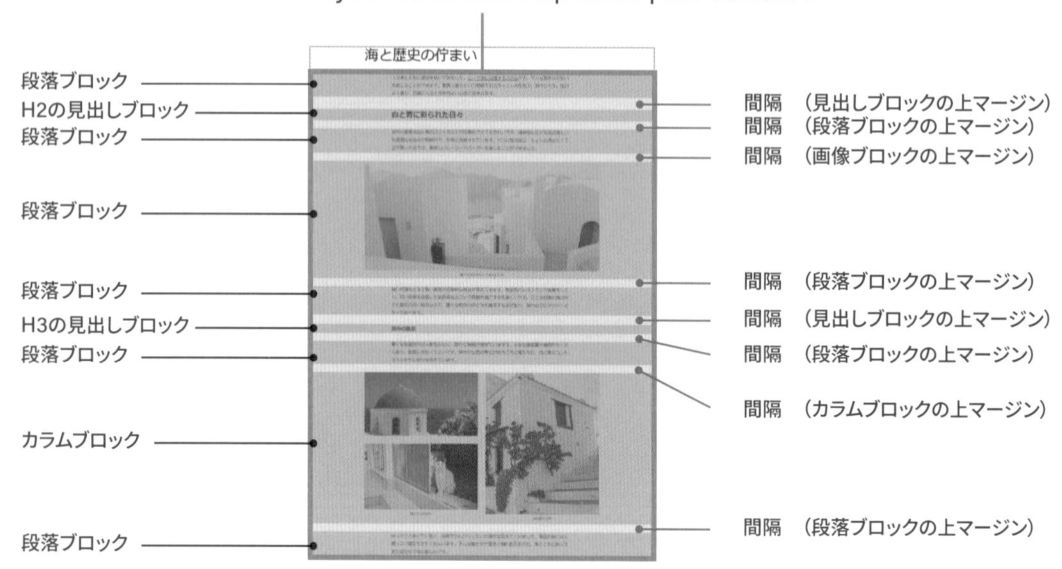

なお、Flexboxでレイアウトされる Flexレイアウトタイプのブロックに対しては、gapで間隔が指定されます。記事ページとアバウトページの場合、カラムブロックのカラムやギャラリーブロックの画像の間隔がgapで1.8emになります。

```
body .is-layout-flex {
  gap: 1.8em;
}
```

グローバルスタイル

作成したスタイルをテーマ側に反映すると、次のようになります。以上で、ベースとなるブロックの間隔は設定完了です。

```
{
    …
    "styles": {
        …
        "spacing": {
            "blockGap": "1.8em"
        },
        "typography": {
        …
```

styles.spacingに以下のサイズを指定します。

blockGap............ブロックの間隔

mytheme/theme.json

＋ ページまわりの余白（パディング）

サイトエディターの表示を「モバイル」にして画面幅を小さくすると、ページのまわりに余白が入っていないことがわかります。これは、コアの theme.json で初期状態のパディングが「0」になっているためです。

ここではページの上と左右に余白を入れるため、スペースのプリセットで上を `2（スラッグ 40）`、左右を `3（スラッグ 50）` にします。【padding】

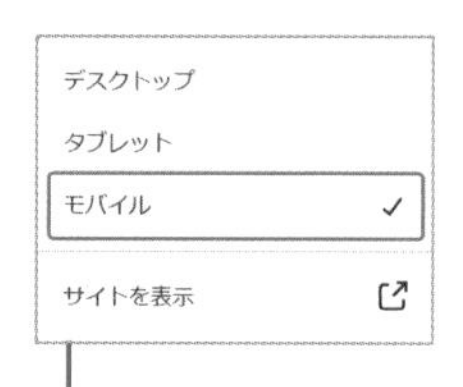

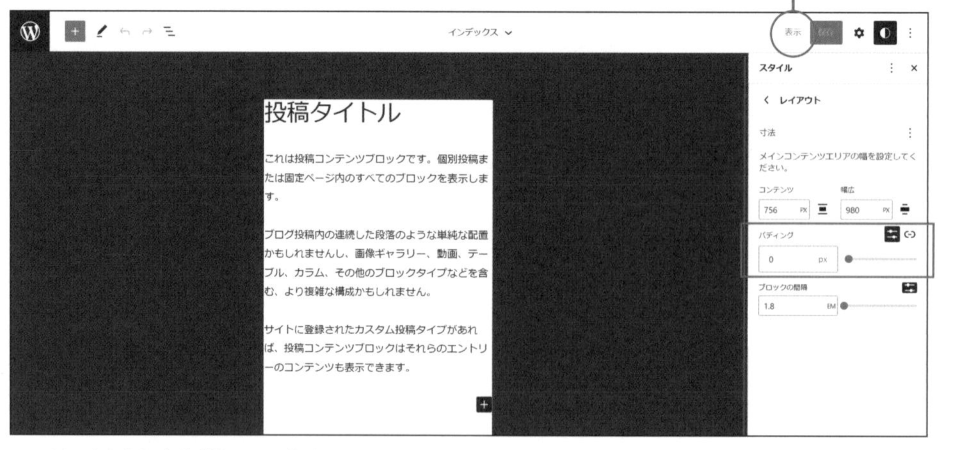

ページのまわりに余白が入っていません。

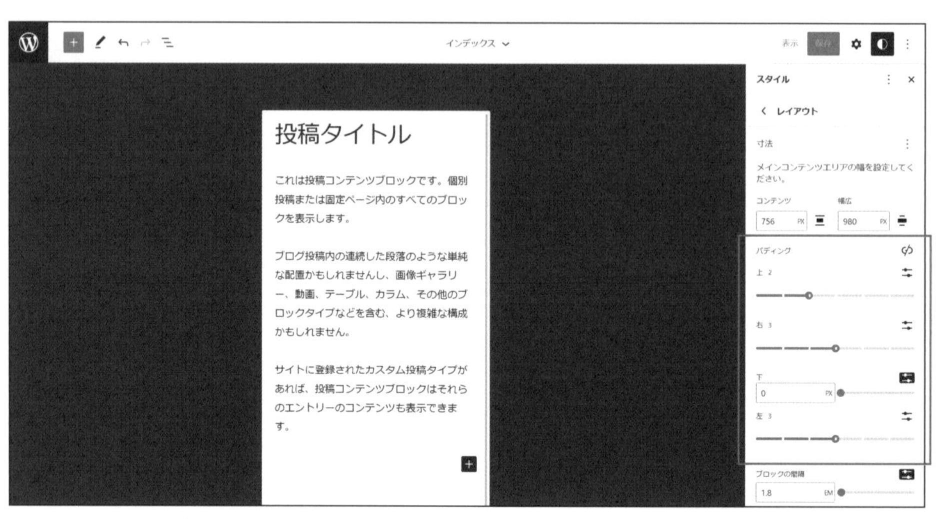

ページの上と左右に余白が入ります。

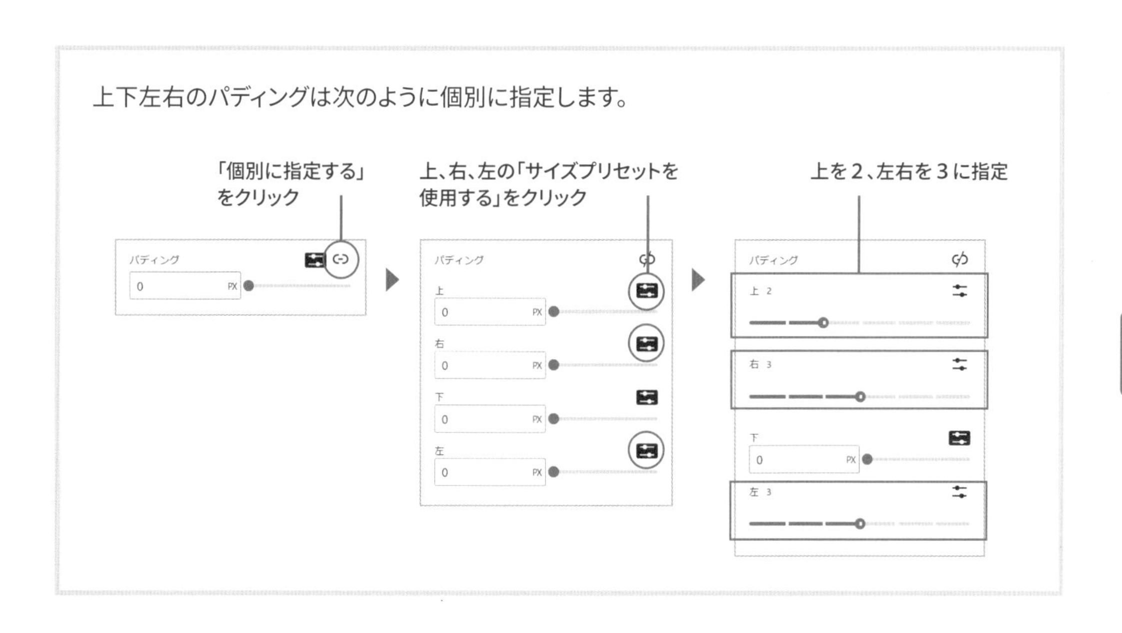

保存してフロントの表示も確認します。画面幅を小さくすると、ページのまわりに余白が入ったことがわかります。

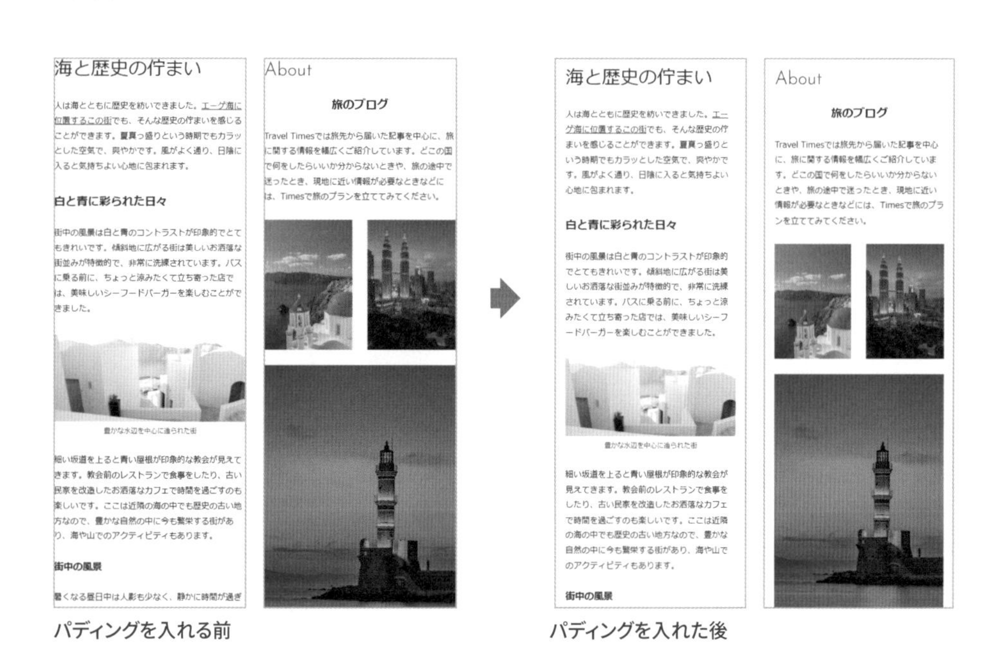

パディングを入れる前　パディングを入れた後

グローバルスタイルには次のように <body> にパディングを挿入するスタイルが出力されます。そのため、このパディングは「ルートパディング」と呼ばれます。

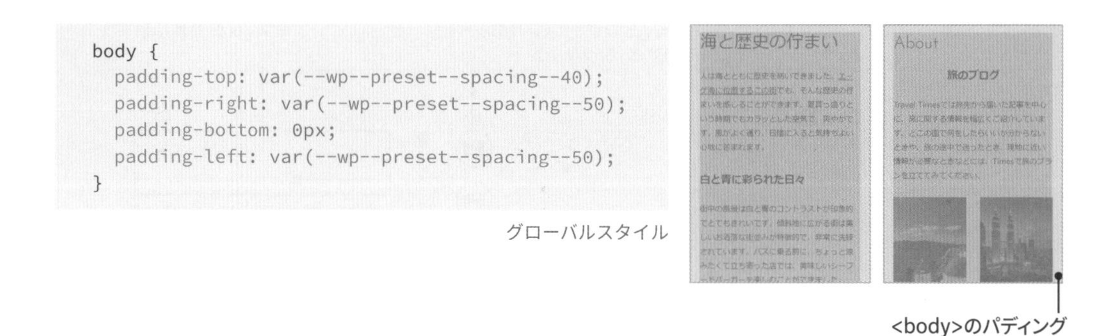


```
body {
  padding-top: var(--wp--preset--spacing--40);
  padding-right: var(--wp--preset--spacing--50);
  padding-bottom: 0px;
  padding-left: var(--wp--preset--spacing--50);
}
```

グローバルスタイル

これをテーマ側に反映すると次のようになります。

```
{
    …
    "styles": {
        …
        "spacing": {
            "blockGap": "1.8em",
            "padding": {
                "bottom": "0px",
                "left": "var:preset|spacing|50",
                "right": "var:preset|spacing|50",
                "top": "var:preset|spacing|40"
            }
        },
        "typography": {
        …
```

styles.spacing.paddingに以下のサイズを指定します。

bottom..........下のルートパディング
left..................左のルートパディング
right...............右のルートパディング
top..................下のルートパディング

mytheme/theme.json

なお、ルートパディングを指定しただけでは、全幅にしたブロックの左右にも余白が入ります。たとえば、アバウトページのコンテンツで使っている全幅のカバーブロックは右のようになります。

そのため、全幅のブロックを画面の横幅いっぱいに表示する指定を行います。

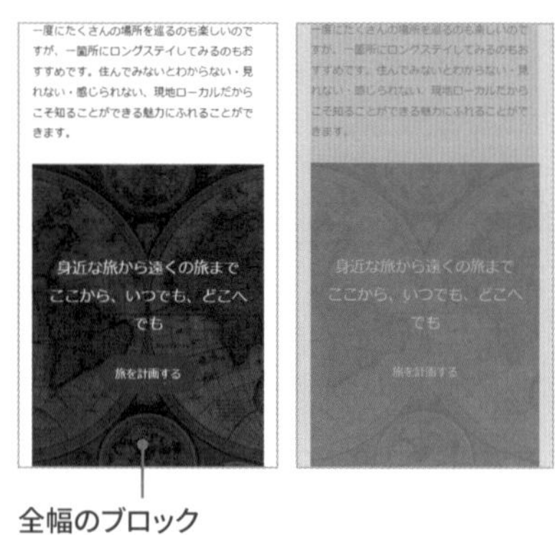

+ 全幅のブロックを画面の横幅いっぱいに表示する

ルートパディングを入れた状態で全幅のブロックを画面の横幅いっぱいに表示する機能は、現時点ではスタイルサイドバーで有効化できません。theme.json に `useRootPaddingAwareAlignments` を追加して有効化します。

```
{
    "settings": {
        …
        "typography": {
            …
        },
        "useRootPaddingAwareAlignments": true
    },
    "styles": {
        …
        "spacing": {
            "blockGap": "1.8em",
            "padding": {
                "bottom": "0px",
                "left": "var:preset|spacing|50",
                "right": "var:preset|spacing|50",
                "top": "var:preset|spacing|40"
            }
        },
        "typography": {
        …
```

settings.useRootPaddingAwareAlignments をtrueにします。

mytheme/theme.json

これで、全幅ブロックの左右にルートパディングと同じサイズのネガティブマージンが挿入され、画面の横幅いっぱいに表示されます。詳しい仕組みについては次ページを参照してください。

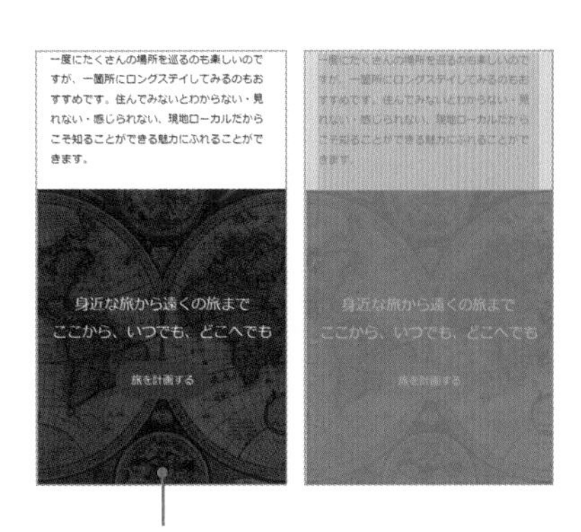

全幅のブロックが画面の横幅いっぱいに表示されます。

useRootPaddingAwareAlignmentsを有効化したときのグローバルスタイル

useRootPaddingAwareAlignments を有効化するとルートパディングの扱いが変わり、現時点ではグローバルスタイルの出力が次のようになります。

❶ ルートパディングは <body> に挿入されなくなります。代わりに、ルートパディングのサイズを入れた CSS 変数が出力されます。

❷ 上下のルートパディングはページ全体を構成する <div class="wp-site-blocks"> に挿入されます。

❸ 「has-global-padding」クラスがすべての Constrained レイアウトタイプのコンテナに追加され、その最上位階層のものに左右のルートパディングが挿入されます。

❹ 全幅ブロックの左右にルートパディングと同じサイズのネガティブマージンが挿入されます。ただし、❸の最上位階層のコンテナ直下にある全幅ブロックに限られます。

```
body {
  --wp--style--root--padding-top: var(--wp--preset--spacing--40);
  --wp--style--root--padding-right: var(--wp--preset--spacing--50);
  --wp--style--root--padding-bottom: 0;
  --wp--style--root--padding-left: var(--wp--preset--spacing--50);
}

.wp-site-blocks {
  padding-top: var(--wp--style--root--padding-top);
  padding-bottom: var(--wp--style--root--padding-bottom);
}

.has-global-padding {
  padding-right: var(--wp--style--root--padding-right);
  padding-left: var(--wp--style--root--padding-left);
}
.has-global-padding :where(.has-global-padding) {
  padding-right: 0;
  padding-left: 0;
}

.has-global-padding > .alignfull {
  margin-right: calc(var(--wp--style--root--padding-right) * -1);
  margin-left: calc(var(--wp--style--root--padding-left) * -1);
}
.has-global-padding :where(.has-global-padding) > .alignfull {
  margin-right: 0;
  margin-left: 0;
}
```

グローバルスタイル

アバウトページの場合、❸の「最上位階層の Constrained レイアウトタイプのコンテナ」になるのは、投稿タイトルを入れたグループブロックと、投稿コンテンツブロックの 2 つです。これらには次のように左右のルートパディングが挿入されます。

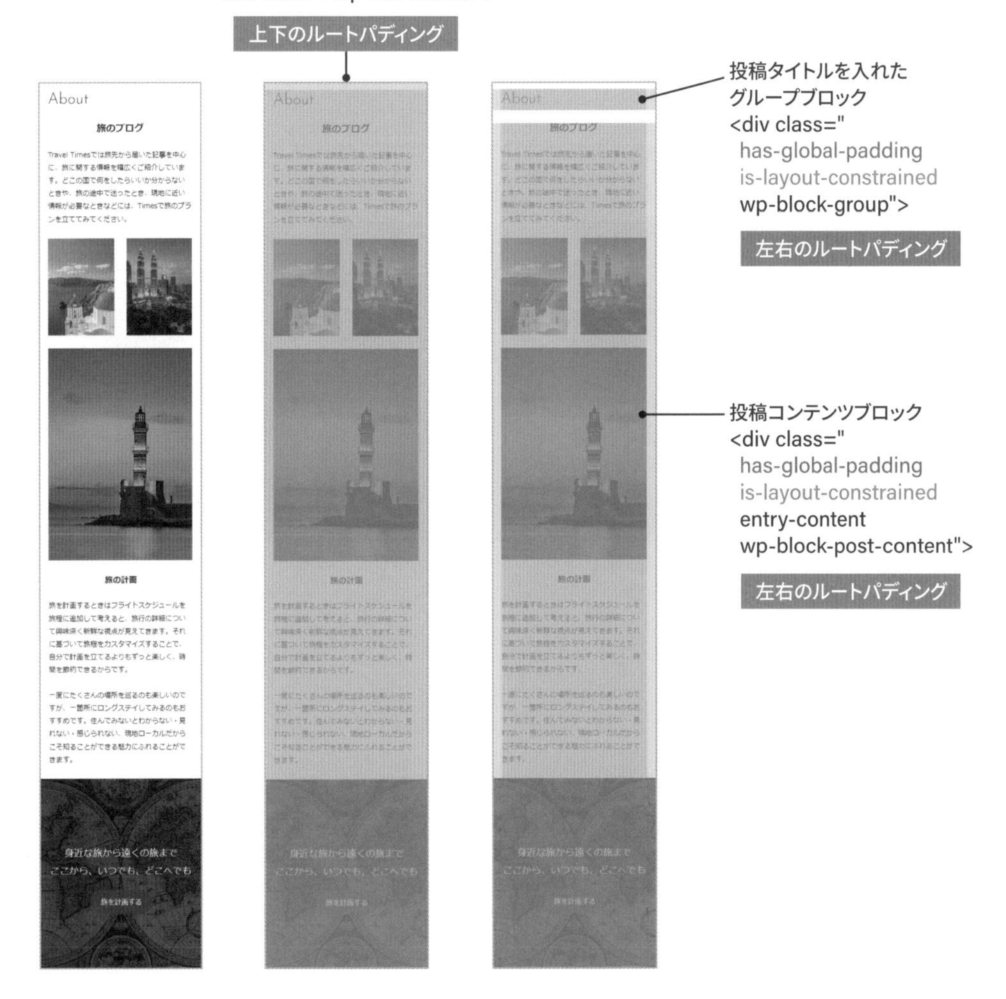

このように複雑な設定になっているのは、ブロックを入れ子にしたときに発生する問題に対処するためです。ただし、現状では期待通りにならないケースも報告されており、今後のアップデートで修正・改良されていくと考えられます。

ルートパディングでページの上にも余白を入れる理由

ページの上の余白はヘッダーで入れることもできますが、ここではルートパディングで入れています。`useRootPaddingAwareAlignments` を true にすると、ナビゲーションブロックのオーバーレイメニューの余白がルートパディングのサイズになるためです。
現在のところ、オーバーレイメニューまわりの余白をエディターの UI や theme.json では指定できないため、ここではルートパディングでコントロールしています。

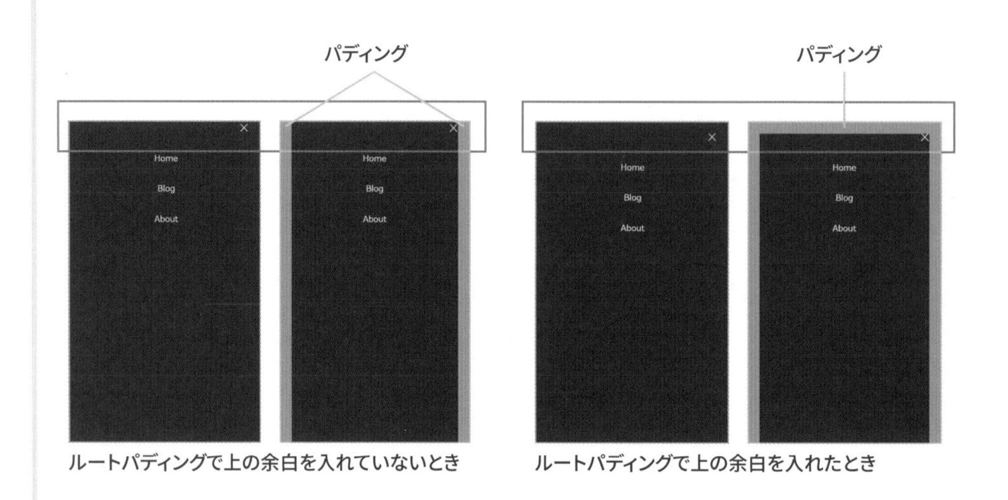

ルートパディングで上の余白を入れていないとき　　ルートパディングで上の余白を入れたとき

ベースとなるリンクのスタイルを作成する

ベースとなるリンクのスタイルを作成します。ここではリンクの色を青色にして、ホバーしたとき（カーソルを重ねたとき）にだけ下線を表示します。リンクの色はスタイルサイドバーで指定しますが、下線のスタイルは現時点では theme.json で直接指定します。

+ リンクの色を指定する

リンクの色はスタイルサイドバーの[色＞リンク]で、デフォルトの色を `Secondary`(青)にします。ホバーしたときの色はデフォルトと同じなので指定しません。【color】

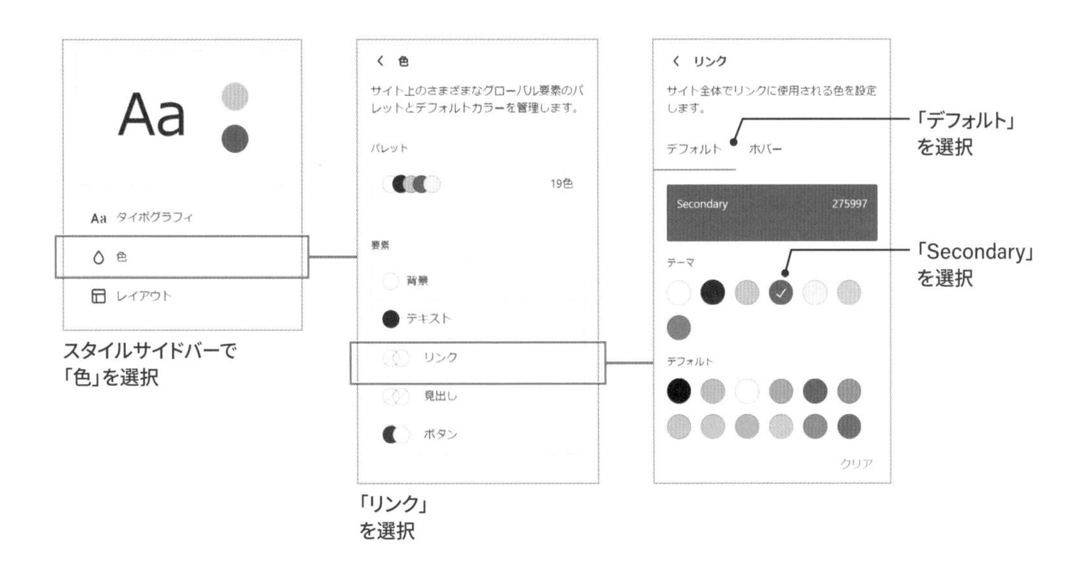

保存してフロントの表示を確認します。グローバルスタイルはリンク要素 <a> に適用する形で `color` が出力されるため、記事ページのテキストに設定したリンクが青色になったことがわかります。なお、リンクに下線を付ける `text-decoration: underline` は、コアの theme.json の指定を元に出力されています。そのため、この段階では下線は表示されたままとなります。

```
a:where(:not(.wp-element-button)) {
  color: var(--wp--preset--color--secondary);
  text-decoration: underline;
}
```

グローバルスタイル

海と歴史の佇まい

人は海とともに歴史を紡いできました。エーゲ海に位置するこの街でも、
そんな歴史の佇まいを感じることができます。夏真っ盛りという時期でも
カラッとした空気で、爽やかです。風がよく通り、日陰に入ると気持ちよ

作成したスタイルをテーマ側に反映すると次のようになります。リンクのベースとなるスタイルは P.148 の見出しと同じように、要素のスタイルとして `styles.elements` に追加します。

```
{
    …
    "styles": {
        …
        "elements": {
            …
            "heading": {
                …
            },
            "link": {
                "color": {
                    "text": "var:preset|color|secondary"
                }
            }
        },
        …
```

settings.elements.linkにリンク要素のスタイルを以下のように指定します。

color.text……リンクのテキストの色

mytheme/theme.json

+ リンクの下線のスタイルを指定する

theme.json にリンクの下線のスタイルを追加します。デフォルトでは「none」にして削除し、ホバーしたときは「underline」にして下線を付けます。【text-decoration】

```
{
    …
    "styles": {
        …
        "elements": {
            …
            "heading": {
                …
            },
            "link": {
                "color": {
                    "text": "var:preset|color|secondary"
                },
                ":hover": {
                    "typography": {
                        "textDecoration": "underline"
                    }
                },
                "typography": {
                    "textDecoration": "none"
                }
            }
        },
        …
```

settings.elements.linkにリンク要素のスタイルを以下のように追加します。

:hover.typography.textDecoration........ホバーしたときの下線のスタイル
typography.textDecoration.....................デフォルトの下線のスタイル

mytheme/theme.json

text-decoration のスタイルが次のように出力され、リンクにカーソルを重ねたときにだけ下線が付くようになります。以上で、ベースとなるリンクのスタイルは作成完了です。

```
a:where(:not(.wp-element-button)) {
  color: var(--wp--preset--color--secondary);
  text-decoration: none;
}

a:where(:not(.wp-element-button)):hover {
  text-decoration: underline;
}
```

グローバルスタイル

海と歴史の佇まい

人は海とともに歴史を紡いできました。エーゲ海に位置するこの街でも、そんな歴史の佇まいを感じることができます。夏真っ盛りという時期でもカラッとした空気で、爽やかです。風がよく通り、日陰に入ると気持ちよ

海と歴史の佇まい

人は海とともに歴史を紡いできました。エーゲ海に位置するこの街でも、そんな歴史の佇まいを感じることができます。夏真っ盛りという時期でもカラッとした空気で、爽やかです。風がよく通り、日陰に入ると気持ちよ

3.11 ベースとなるボタンのスタイルを作成する

ベースとなるボタンのスタイルを作成します。ここではボタンの色、テキスト、角丸、ホバーしたときのスタイルを指定します。色とテキストはスタイルサイドバーで指定しますが、角丸とホバーしたときのスタイルは現時点では theme.json で直接指定します。

ボタンのテキスト
ボタンのテキスト
・角丸の半径：10px
・ホバーしたときの影：0px 0px 6px rgba(255, 255, 255, 0.75)
・テキスト：太字

+ ボタンの色とテキストを指定する

ボタンのデフォルトの色はスタイルサイドバーの［色＞ボタン］で指定します。ここではテキストの色を `Contrast（黒）` に、背景色を `Primary（黄）` にします。【color、background-color】

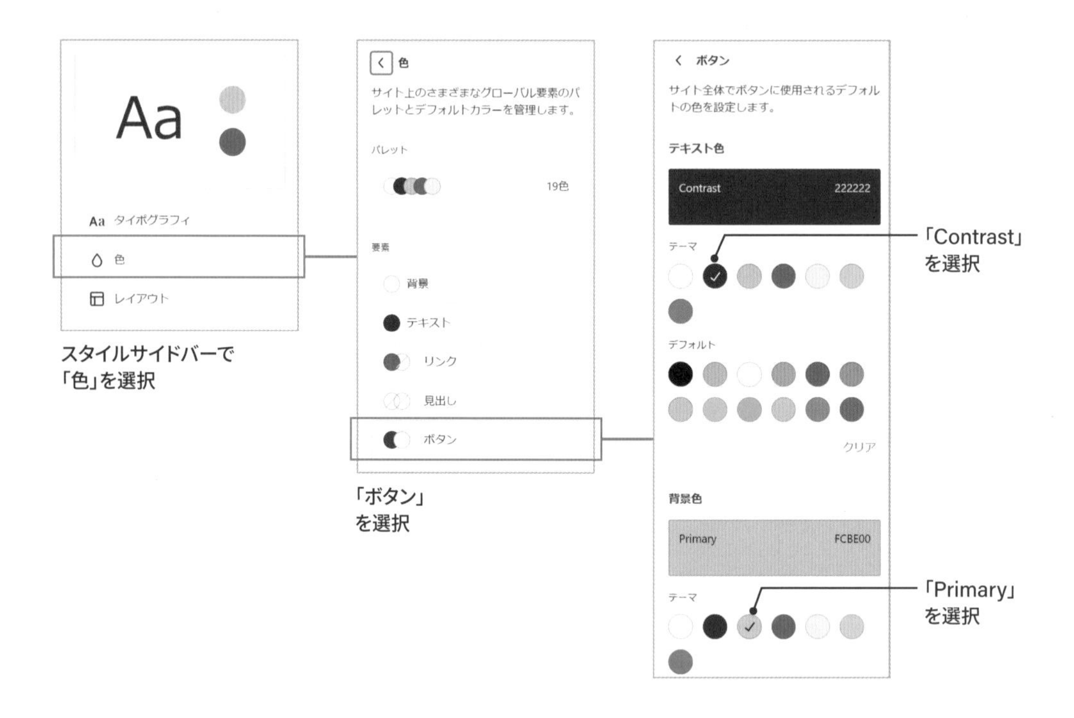

ボタンのテキストは[タイポグラフィ＞ボタン]で「外観」を斜体なしの ボールド にします。【font-style、font-weight】

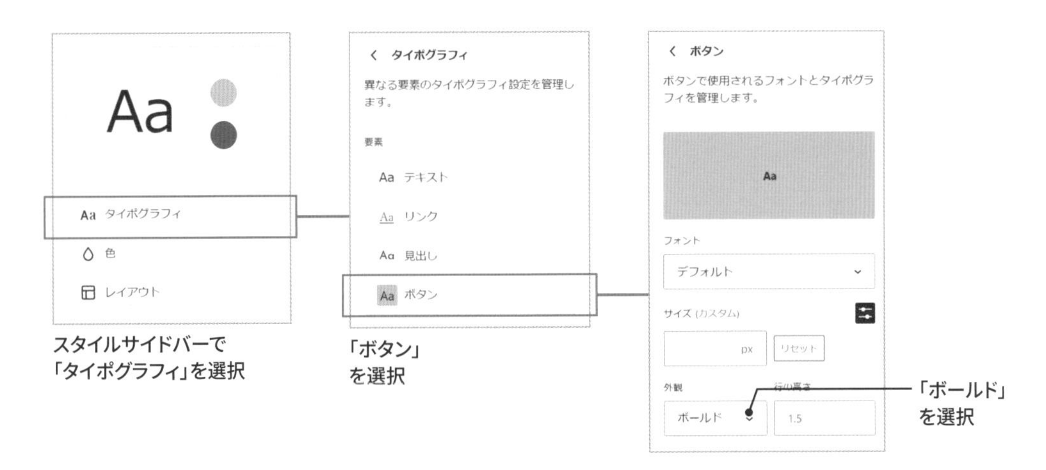

スタイルサイドバーで「タイポグラフィ」を選択

「ボタン」を選択

「ボールド」を選択

保存して、アバウトページのカバーブロック内に入れたボタンを確認します。ボタンのテキストの色と太さ、背景色が変わったことがわかります。

グローバルスタイルは `wp-element-button` や `wp-block-button__link` クラスに適用する形で出力されます。これらはボタンブロックのクラスではなく、ボタンの形にしたい要素（ボタンブロックや検索ブロックの検索ボタンなど）に付加されるものです。スタイルサイドバーで指定していないスタイルも多数含まれていますが、これらはコアの theme.json で指定されています。

```
.wp-element-button,
.wp-block-button__link {
  background-color: #fcbe00;
  border-width: 0;
  color: var(--wp--preset--color--contrast);
  font-family: inherit;
  font-size: inherit;
  font-style: normal;
  font-weight: 700;
  line-height: inherit;
  padding: calc(0.667em + 2px) calc(1.333em + 2px);
  text-decoration: none;
}
```

グローバルスタイル

ボタンの表示

作成したスタイルをテーマ側に反映させます。見出しやリンクと同じように、要素のスタイルとして `styles.elements` に追加されます。ただし、背景色がプリセットの値を参照する形になっていないので、次の作業で修正します。

```
{
    …
    "styles": {
        …
        "elements": {
            "button": {
                "color": {
                    "background": "#FCBE00",
                    "text": "var:preset|color|contrast"
                },
                "typography": {
                    "fontStyle": "normal",
                    "fontWeight": "700"
                }
            },
            "h1": {
                …
```

settings.elements.buttonにボタン要素のスタイルを以下のように指定します。

color.background ....背景色
color.text......................テキストの色

typography.fontStyle
..............................テキストの斜体
typography.fontWeight
..............................テキストの太さ

mytheme/theme.json

＋ ボタンの角丸とホバーのスタイルを指定する

ボタンの角丸とホバーしたときのスタイルを theme.json に追加します。

- ボタンの角丸の半径を `10px` にします。【border-radius】
  さらに、背景色がプリセットの値を参照するように修正します。【background-color】
- ボタンのホバースタイルは、`:hover` で指定します。ここでは背景色を `Contrast（黒）` に、テキストの色を `Base（白）` にします。半透明な白色の影のスタイルは `shadow` で指定します。【box-shadow】

※現在のところ、P.89のJSON Schemaを使用している場合、ボタンのホバースタイルを指定する「:hover」に対して「Property :hover is not allowed.」とWarningが出ますが、Twenty Twenty Threeでも使用されているテクニックです。

```
{
  …
  "styles": {
    …
    "elements": {
      "button": {
        "border": {
          "radius": "10px"
        },
        "color": {
          "background": "var:preset|color|primary",
          "text": "var:preset|color|contrast"
        },
        "typography": {
          "fontStyle": "normal",
          "fontWeight": "700"
        },
        ":hover": {
          "color": {
            "background": "var:preset|color|contrast",
            "text": "var:preset|color|base"
          },
          "shadow": "0px 0px 6px rgba(255, 255, 255, 0.75)"
        }
      },
      "h1": {
        …
```

settings.elements.buttonにボタン要素のスタイルを以下のように指定します。

border.radius.............角丸の半径
color.background....背景色

settings.elements.button.:hoverにボタン要素のホバースタイルを以下のように指定します。

color.background....背景色
color.text......................テキストの色
shadow.........................影のスタイル

mytheme/theme.json

これで、グローバルスタイルに角丸とホバーしたときのスタイルが追加され、カーソルを重ねると表示が変わるようになります。以上で、ボタンのベースとなるスタイルは作成完了です。

```
.wp-element-button,
.wp-block-button__link {
  background-color: var(--wp--preset--color--primary);
  border-radius: 10px;
  border-width: 0;
  …
  text-decoration: none;
}
.wp-element-button:hover,
.wp-block-button__link:hover {
  background-color: var(--wp--preset--color--contrast);
  color: var(--wp--preset--color--base);
  box-shadow: 0px 0px 6px rgba(255, 255, 255, 0.75);
}
```

グローバルスタイル

ベースとなる画像のスタイルを作成する

ベースとなる画像のスタイルを作成します。ここでは画像の角を少しだけ丸くします。

・角丸の半径：5px

画像のスタイルは画像ブロックのスタイルとして指定します。スタイルサイドバーの［ブロック>画像>レイアウト］を開き、角丸の半径を `5px` にします。【border-radius】

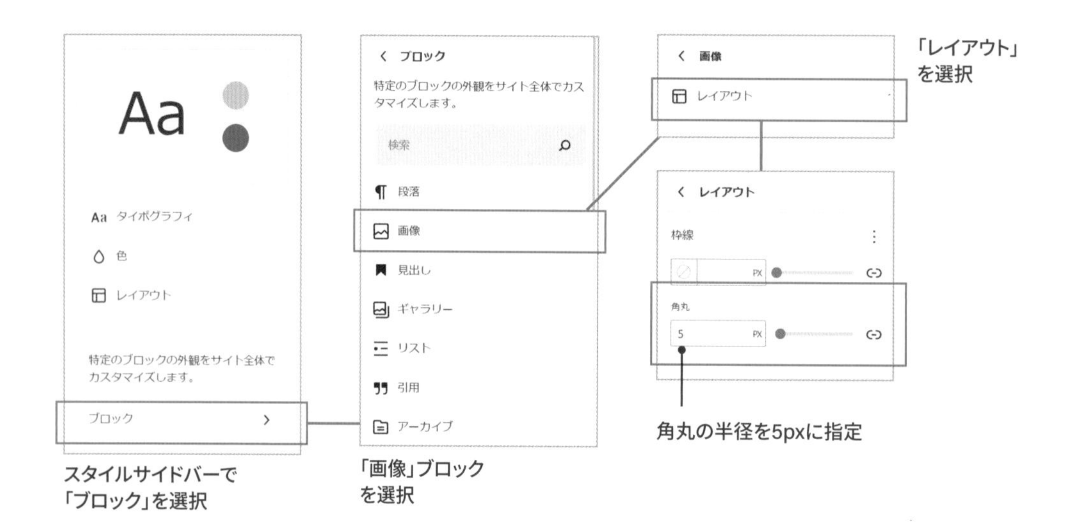

保存して確認すると、画像ブロックで表示したすべての画像の角が少しだけ丸くなり、角丸のスタイルが適用されたことがわかります。

グローバルスタイルには、画像ブロックの `wp-block-image` クラスに対して角丸にするスタイルが出力されます。

```
.wp-block-image img,
.wp-block-image .wp-block-image__crop-area {
  border-radius: 5px;
}
```

グローバルスタイル

※wp-block-image__crop-areaはエディターで使用される画像ブロック関連のクラスです。

3

作成したスタイルをテーマ側に反映すると次のようになります。画像などのブロックのスタイルは `styles.blocks` に指定します。 `core/image` は画像ブロックのブロック名で、画像ブロックのスタイルを指定します。

```
{
    …
    "styles": {
        "blocks": {
            "core/image": {
                "border": {
                    "radius": "5px"
                }
            }
        },
        "color": {
            …
        }
        "elements": {
            …
        },
        "spacing": {
            …
        },
        "typography": {
            …
        }
    },
```

ブロックのスタイルは
styles.blocksに指定

styles.blocks.core/imageに画像ブロックのベースとなるスタイルを以下のように指定します。

border.radius … 角丸の半径

mytheme/theme.json

以上で、ベースとなるスタイルの作成は完了です。次の章では、作成したプリセットやベースとなるスタイルを元に、コンテンツに入れたブロックのスタイルを個別にカスタマイズしていきます。

カスタムカラーパレットを作ってテーマの色のプリセットにする方法

スタイルサイドバーには、テーマの色のプリセットを作成する機能は用意されていませんが、カスタムカラーパレットを作る機能は用意されています。Create Block Theme プラグインを利用すると、このカスタムカラーパレットをテーマの色のプリセットとして theme.json に反映できます。

カスタムカラーパレットはスタイルサイドバーの［色＞パレット＞カスタム］で作成します。作成したものはデータベースに保存されます。

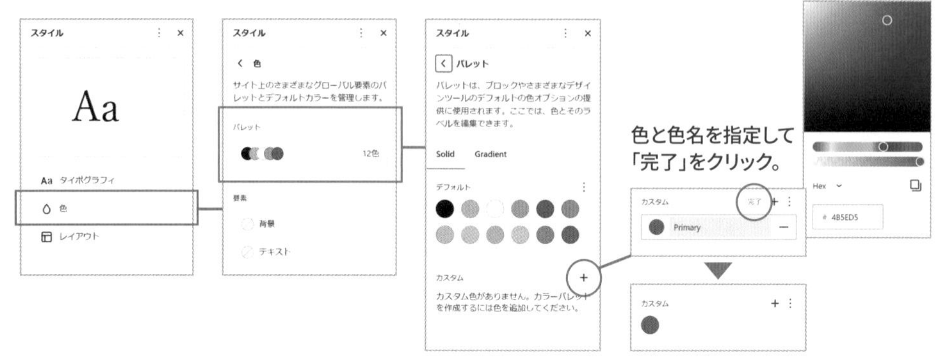

カスタムカラーパレットが作成されます。

Create Block Theme プラグインでテーマ側に反映すると、次のように theme.json に色のプリセットとして追加されます。ただし、スラッグが `custom-色名` という形になるため、テーマの互換性を考える場合、スラッグを修正する必要があります。
スタイルサイドバーで再び［色＞パレット］を開くと、プリセットがテーマのカラーパレットとして表示され、カスタムカラーパレットはクリアされたことがわかります。

```
{
  "settings": {
    …
    "color": {
      "palette": [
        {
          "color": "#4b5ed5",
          "name": "Primary",
          "slug": "custom-primary"
        }
      ]
    },
```

テーマ側に反映したもの。

```
{
  "settings": {
    …
    "color": {
      "palette": [
        {
          "color": "#4b5ed5",
          "name": "Primary",
          "slug": "primary"
        }
      ]
    },
```

スラッグを修正。

Chapter

4

個別のブロックのカスタマイズ

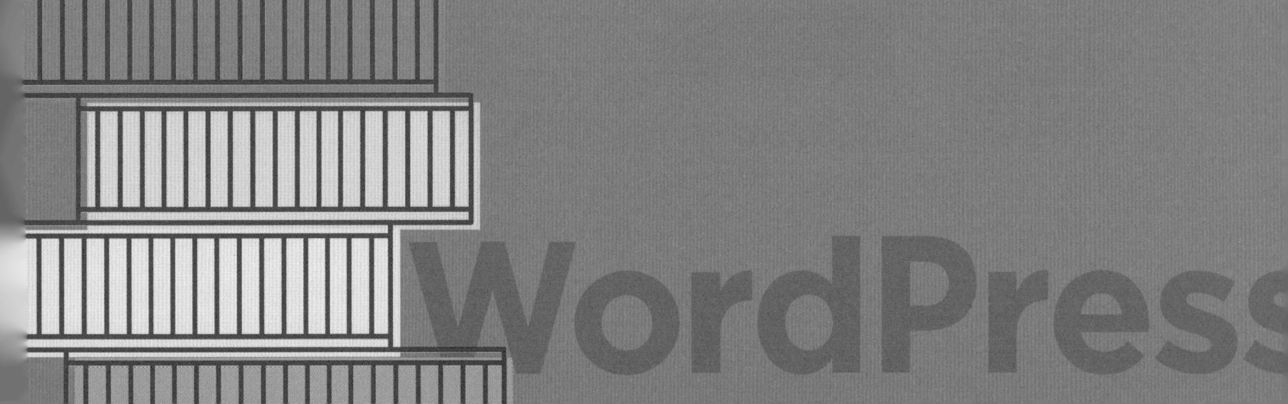

ブロックのスタイルを個別にカスタマイズする

theme.json でベースとなるスタイルができあがったら、コンテンツに入れたブロックのスタイルを個別にカスタマイズしていきます。記事ページとアバウトページのコンテンツをP.78のように投稿エディターで開き、エディターのUI（ブロックツールバーや設定サイドバー）を使って次のようにカスタマイズして仕上げます。

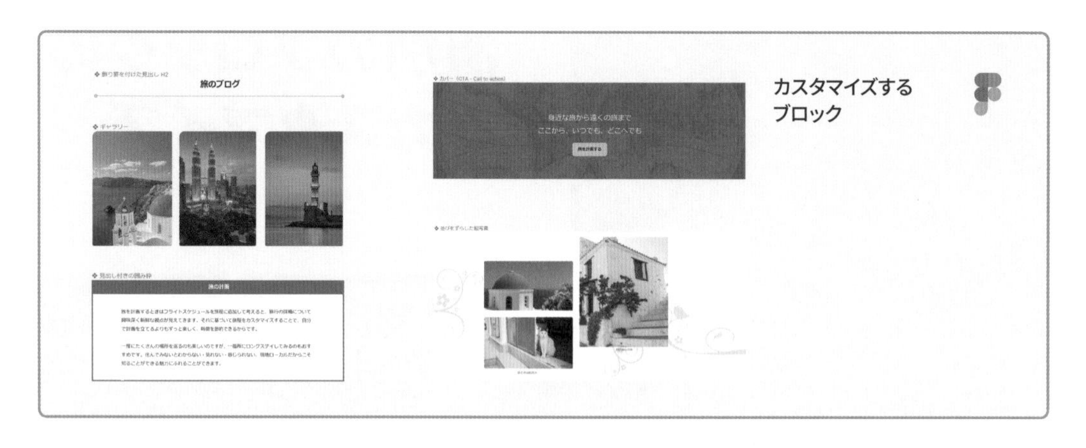

4.2
Customize Blocks

ブロックが持つ機能を使ったシンプルなカスタマイズ

ブロックが持つ機能を使ってカスタマイズします。ここではアバウトページのコンテンツに入れた「ギャラリー」と「カバー（CTA）」を次のようにカスタマイズします。

+ ギャラリーの画像の角丸をカスタマイズする

ギャラリーブロック内の画像は、P.172の画像ブロックのベースとなるスタイルで角丸になっています。ここでは左上の角丸だけを大きくします。

ギャラリー内の3つの画像ブロックを選択し、左上の角丸の半径を `20px` にします。以上で、ギャラリーのカスタマイズは完了です。

ギャラリー内の3つの画像を選択（Shift＋クリックで複数選択）

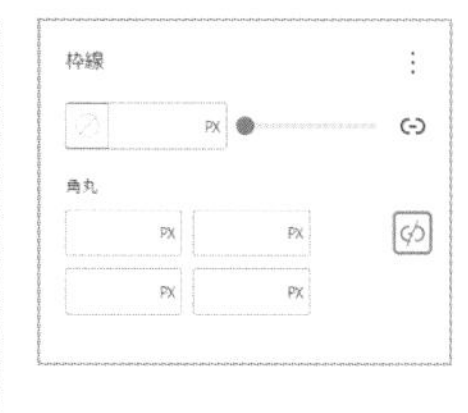

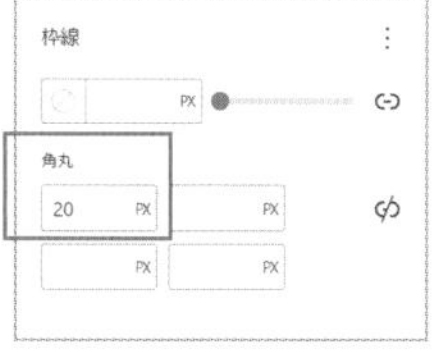

左上の角丸の半径を20pxに指定

＋ カバーブロックのオーバーレイの色をカスタマイズする

カバーブロックのオーバーレイの色のように、現時点ではベースとなるスタイルとして theme.json で指定できないものもあります。こうしたものはコンテンツに入れたブロックごとに指定します。ここではカバーブロックのオーバーレイを青色にします。

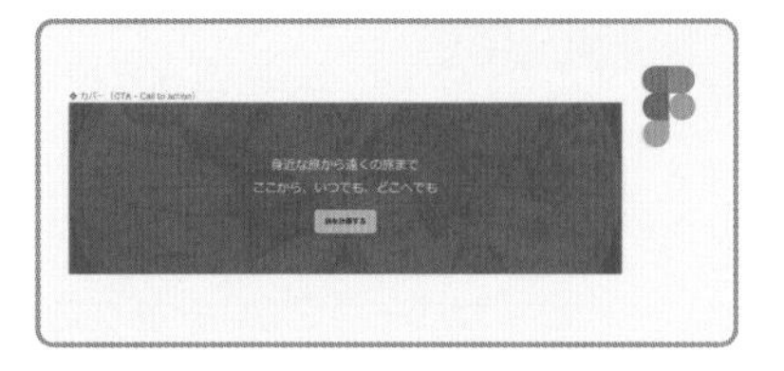

カバーブロックを選択し、オーバーレイの色をプリセットの `Secondary（青）` に、不透明度を `80` にします。以上で、カバーブロックのカスタマイズは完了です。

カバーを選択。

オーバーレイの色と不透明度を指定

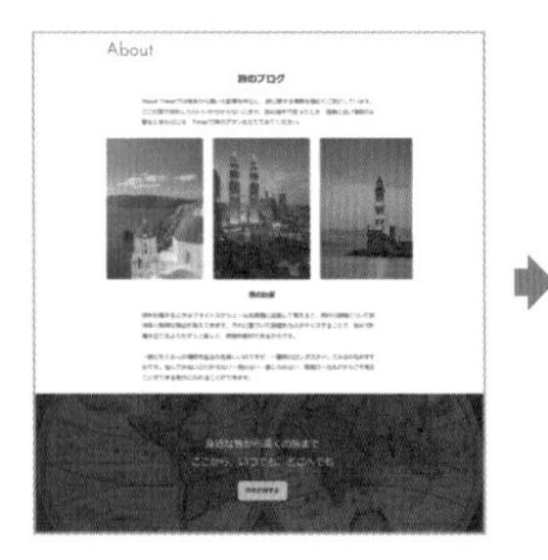

コンテンツを保存して、フロントの表示にもギャラリーとカバーブロックのカスタマイズ結果が反映されることを確認します。

複数のブロックを組み合わせたパーツの作成

1つのブロックの機能で実現するのは難しくても、複数のブロックを組み合わせるとさまざまなカスタマイズができます。ここでは「見出し付きの囲み枠」と「並びをずらした組写真」を作成します。

＋ 見出し付きの囲み枠を作成する

アバウトページのコンテンツに入れた見出しと2つの段落をカスタマイズし、「見出し付きの囲み枠」を作ります。
そのため、全体は青色の枠で囲み、見出しは青色の帯にします。枠は幅広にして、その中身（2つの段落）はコンテンツサイズの横幅にします。

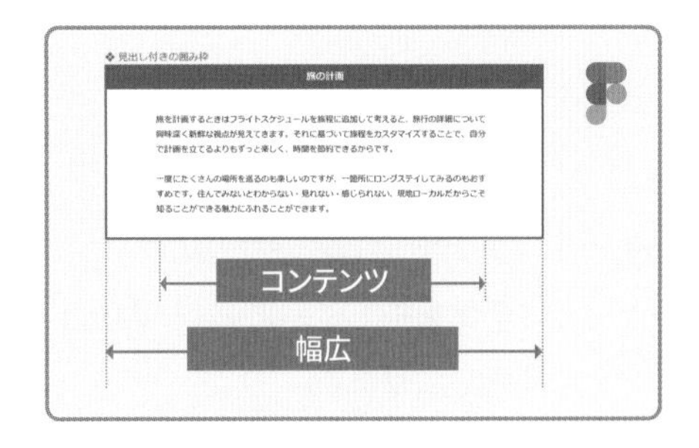

ブロックの構成を確認する

見出しと2つの段落ブロックは、P.81のように順番に並べただけの状態です。見出しブロックは見出しレベルを H3 に、テキストの配置を 中央寄せ にしてあります。

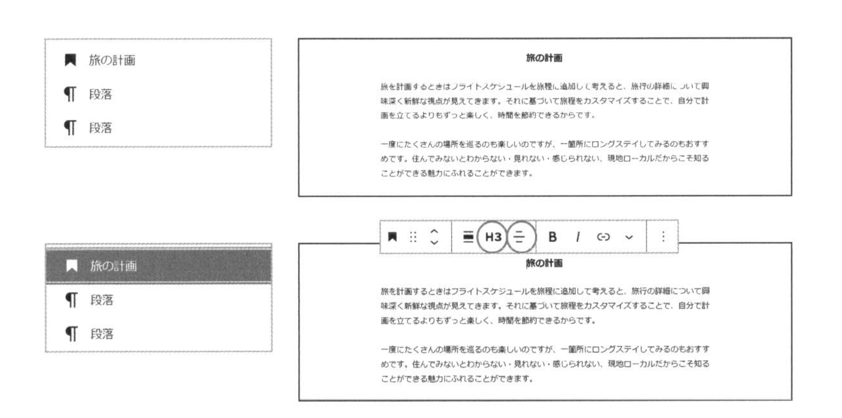

これらを使って、次の手順で囲み枠の形にしていきます。

手順

❶ 見出しと２つの段落をグループブロックの中に入れ、まとめて扱えるようにします。そのため、Shift ＋クリックで３つのブロックを選択し、「グループ化」を選びます。

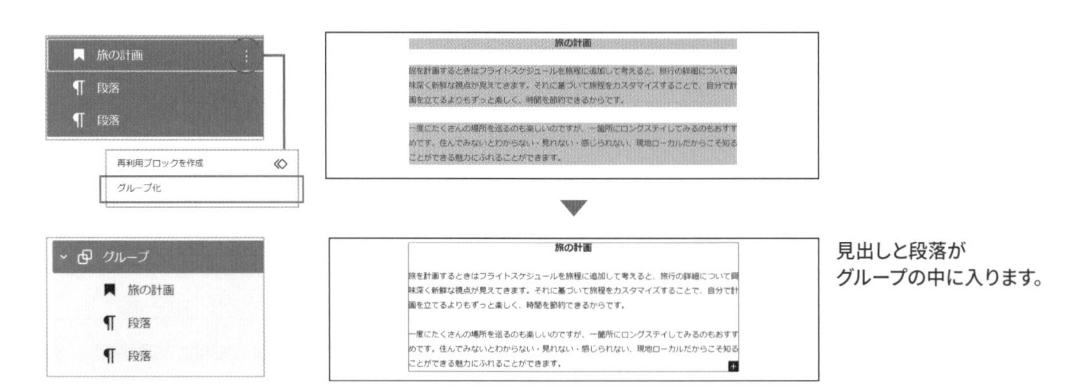

❷ グループブロックは配置を `幅広` にします。さらに、枠線の太さを `4px`、色を `Secondary（青）` にして全体を枠で囲みます。枠の上下にはプリセット `5` の上下マージンを入れ、前後のブロックとの間隔を広げます。

枠内の余白や配置は中身の方でコントロールするため、`コンテント幅を使用するインナーブロック` をオフにして Flow レイアウトタイプにします。さらに、ブロックの間隔を `0px` にして、見出しと段落の間に入っていた余白を削除します。

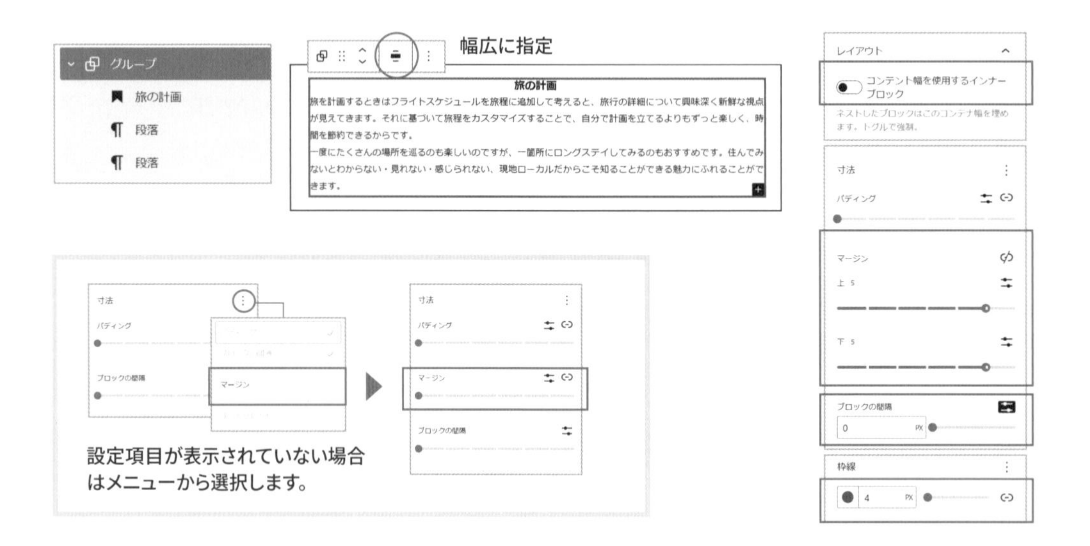

❸ 見出しブロックは背景色を Secondary（青） に、テキストの色を Base（白） に指定し、パディングでブロック内にプリセット 1 の余白を入れます。

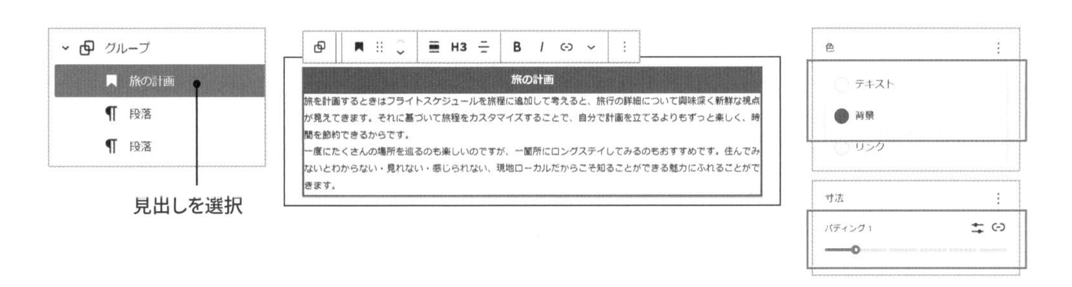

❹ 2つの段落をグループ化し、グループブロックの コンテント幅を使用するインナーブロック をオンにして Constrained レイアウトタイプにします。これで、中身の段落がコンテンツサイズの横幅になります。さらに、上下に 4、左右に 3 のパディングを入れ、囲み枠の内側に余白を確保します。以上で見出し付きの囲み枠は完成です。

+ 並びをずらした組写真を作成する

記事ページのコンテンツに入れた3枚の写真の並びをずらし、背景に全幅の装飾画像を重ねたレイアウトにします。また、右側の写真はコンテンツサイズの段落と右端が揃うようにします。

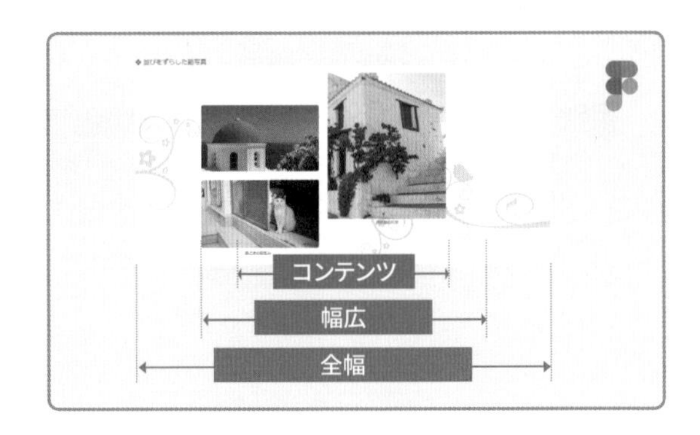

ブロックの構成を確認する

組写真は P.80 のようにカラムブロックで構成してあります。カラムブロックは階層構造を持つブロックで、コンテンツに挿入すると全体が◫で、各カラムが◧で構成されます。

組写真のカラムブロックは挿入時に `50/50` のパターンを選択して挿入したものです。そのため、◫のカラム数は `2` に設定され、同じ横幅の2つのカラム◧が入った構成になっています。◫の配置は `幅広` にしてあります。

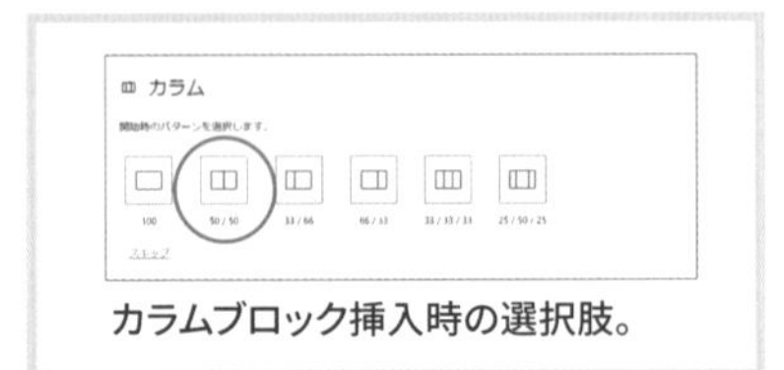

カラムブロック挿入時の選択肢。

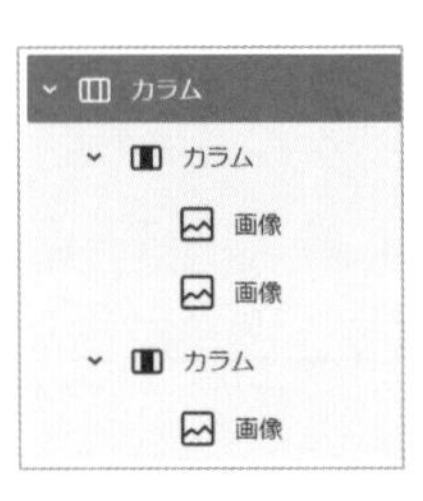

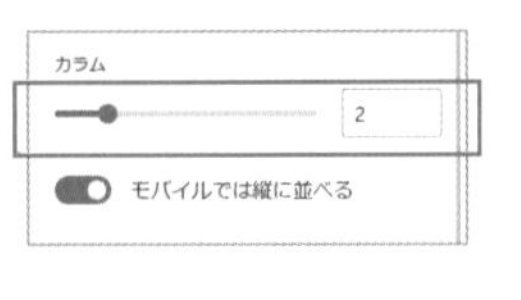

そして、1カラム目◧には2つの画像ブロックを、2カラム目◧には1つの画像を挿入してあります。

1カラム目

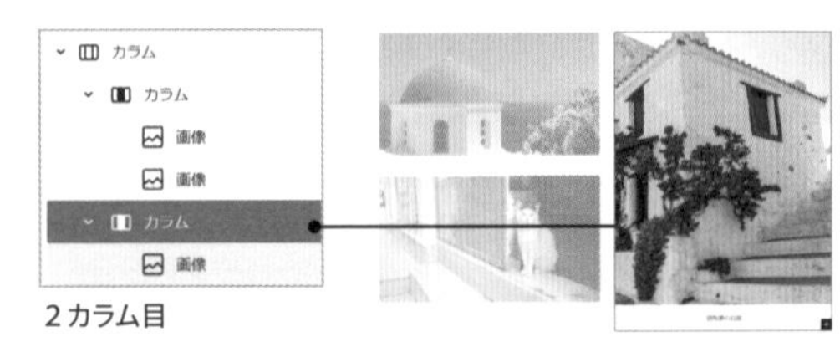

2カラム目

手順

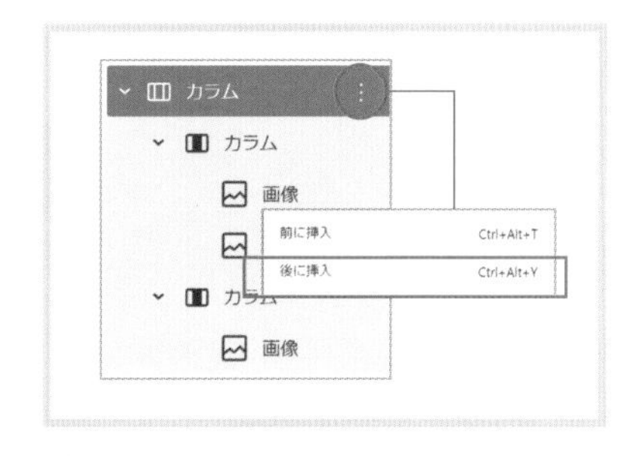

❶ 背景の装飾画像は、画像に他のブロックを重ねることが可能なカバーブロックを使って表示します。まずは、カラムブロック▥の後にカバーブロックを追加します。▥のメニューから「後に挿入」を選び、ブロック挿入ツールでカバーブロックを選ぶのが簡単です。

追加したカバーブロックには装飾画像（decoration.png）をドラッグ＆ドロップします。

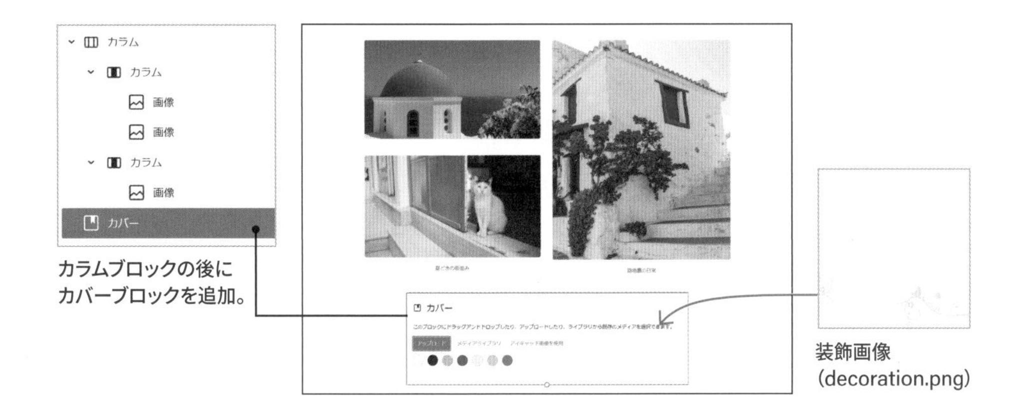

❷ 画像をドラッグ＆ドロップすると、カバーブロックの中に標準で挿入される段落ブロックが選択されます。この段落ブロックは削除します。

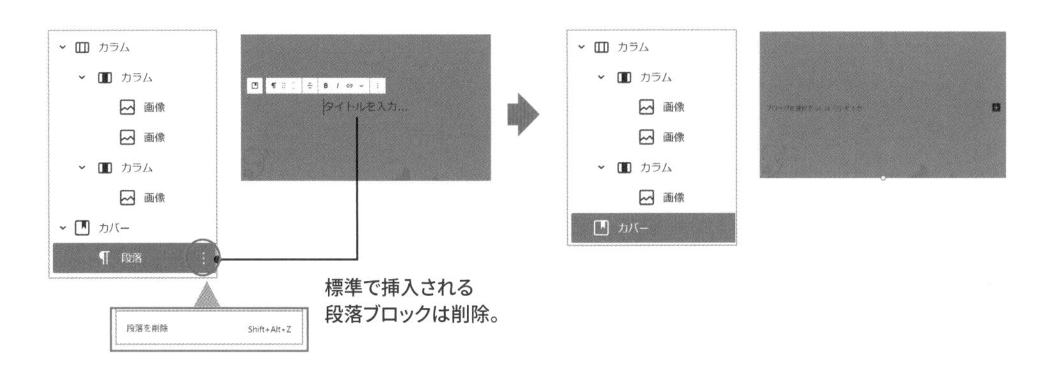

❸ カバーブロックを選択し、配置を `全幅` にします。焦点ピッカーで画像の切り抜き位置を左 `74%`、上 `100%` にします。オーバーレイの不透明度は `0` にします。

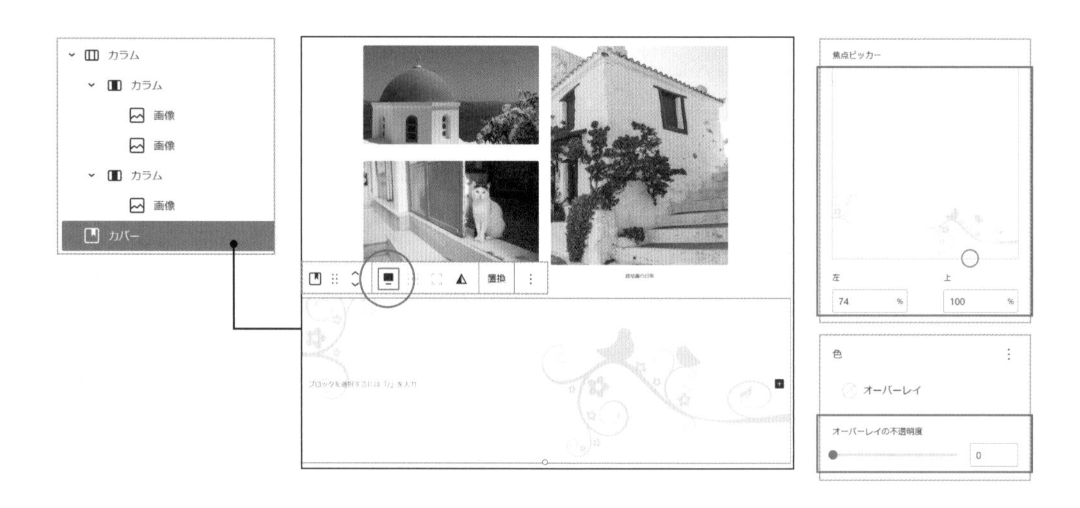

❹ カバーブロックの中にカラムブロックを入れます。

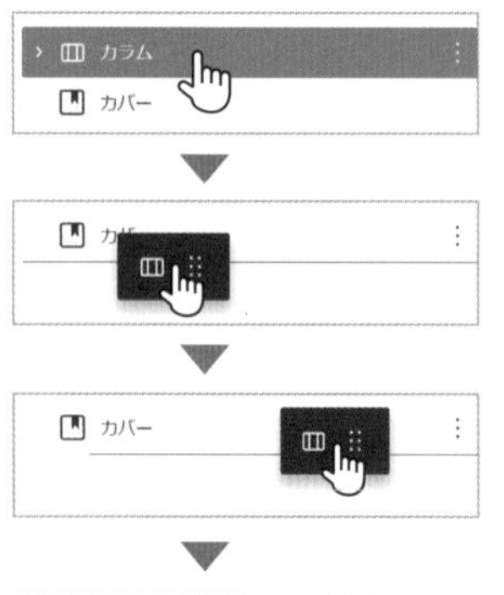

リスト表示でカラムブロックを選択し、カバーブロックの下にドラッグします。

カバーブロックの下に青色のラインが表示されます。このラインの長さは移動先の階層を示し、長い場合はカバーと同じ階層になります。

少し右に動かすとラインが短くなるのでドロップします。

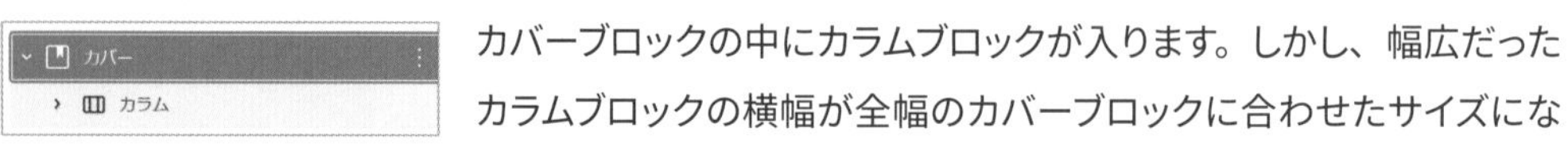

カバーブロックの中にカラムブロックが入ります。しかし、幅広だったカラムブロックの横幅が全幅のカバーブロックに合わせたサイズになります。

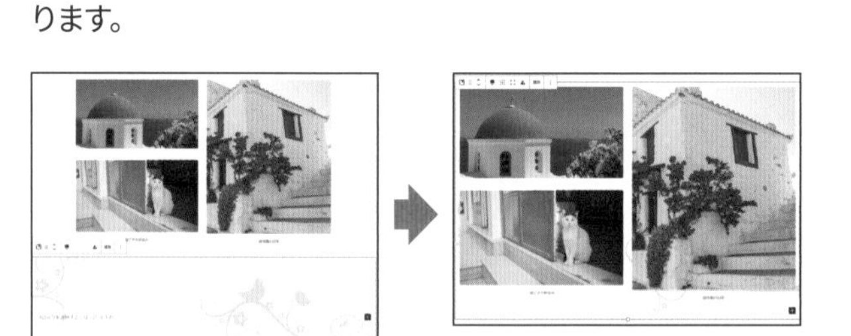

カバーブロックに入れた後

❺ カバーブロックは P.97 の「コンテナ」に分類されるブロックではないため、中身の横幅をコントロールできません。そこで、カラムブロックをグループ化し、「コンテナ」に分類されるグループブロックの中に入れます。

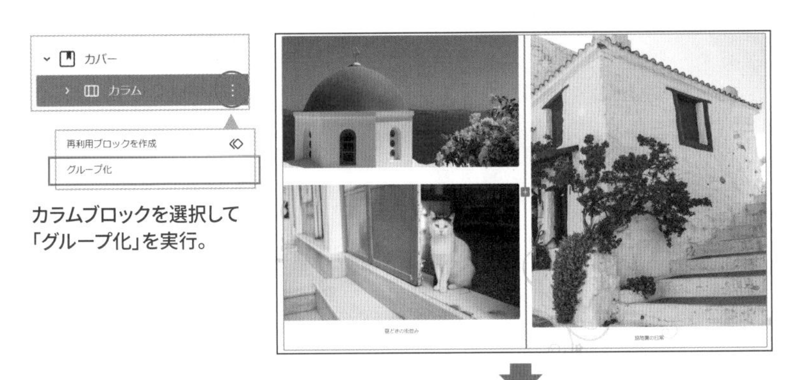

カラムブロックを選択して「グループ化」を実行。

グループブロックの コンテント幅を使用するインナーブロック がオンになっていることを確認します。レイアウトタイプが Constrained になり、カラムブロックが幅広サイズになります。

❻ 写真を上下にずらしていきます。まずは2カラム目を選択し、下パディングをプリセットの 6 にします。

2カラム目の下パディング

❼ 1カラム目を選択し、垂直配置を 下揃え にします。

❽ 右側の写真をコンテンツサイズの右端に揃えます。ただし、完全に揃えるのは難しいので、3カラム目を追加して大まかに揃えます。まずは、カラムブロック を選択し、カラム数を 3 にして3カラム目を追加します。

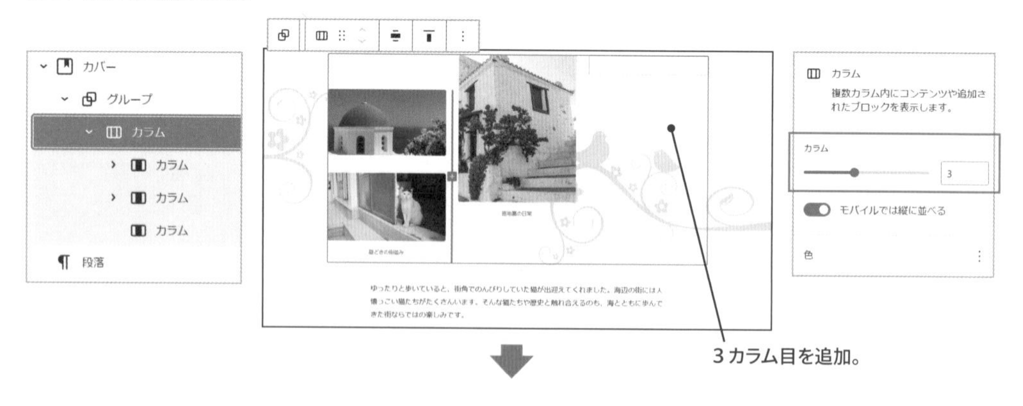

3カラム目を選択し、幅を10%にします。3カラム目はこのまま空の状態にしておきます。

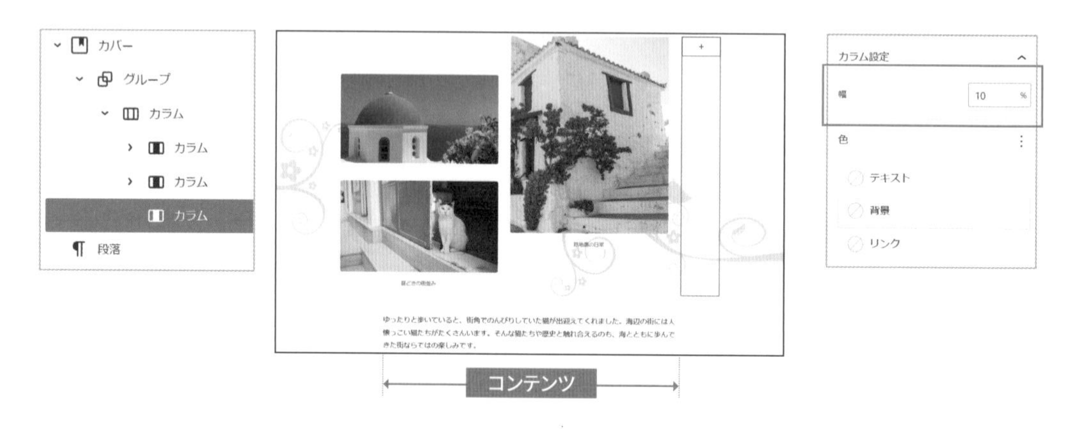

❾ 記事を保存してフロントでの表示を確認します。小さい画面幅でも問題がないことを確認したら、並びをずらした組写真は完成です。

カラムブロックでは782pxをブレークポイントに、横並びと縦並びが切り替わります。
切り替わらない場合、カラムブロックの「モバイルでは縦に並べる」がオンになっていることを確認します。

モバイルでは縦に並べる

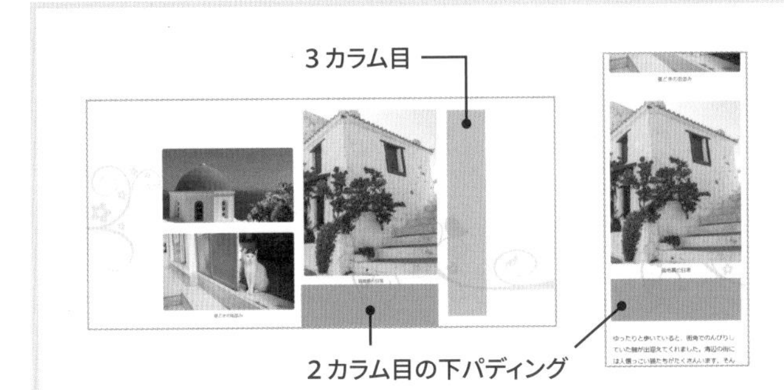

空のカラムは縦並びにしたときは高さが0になり、表示に影響しません。

パディングやマージンを使わず、空の3カラム目でレイアウトを調整したのは、小さい画面で余計な余白が入るのを防ぐためです。

theme.jsonでは扱えないスタイルによるカスタマイズ

ブロックの機能でも theme.json でも扱えないスタイルでカスタマイズしたい場合、theme.json とは別にスタイルを用意し、ブロックに適用します。

＋ 見出しに飾り罫を付ける

ここではアバウトページの見出しを両端に丸の付いた飾り罫で装飾します。しかし、コアブロックにこうした装飾を施す機能はなく、現在のところ、theme.json で扱えるスタイルでも実現できません。そのため、theme.json とは別にスタイルを用意します。

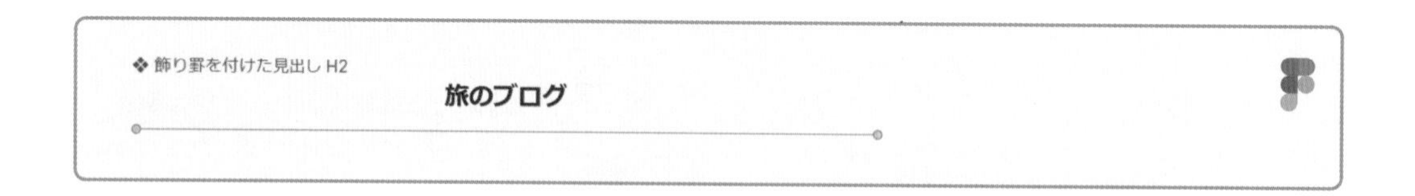

見出しを構成するブロックと出力コードを確認する

theme.json とは別に用意するスタイルは、ブロックが出力するコードに直接適用することになります。そのため、見出しを構成するブロックと出力コードを確認しておきます。装飾したい見出しは、P.81 のように見出しブロックで構成し、見出しのレベルを H2 に、テキストの配置を 中央寄せ にしてあります。

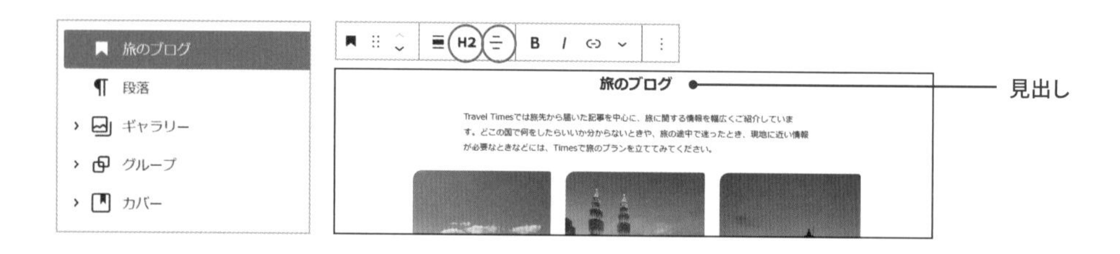

このブロックの出力コードは次のようになっています。見出しブロックの場合、ブロックの種類を示す「wp-block- ブロック名」という形のクラスは付加されず、<h1> ～ <h6> を使ったコードになります。「has-text-align-center」クラスはテキストを中央寄せにしたことで付加されるクラスです。
フロントの出力コードを確認していますが、編集に必要なクラスや属性が付加されていることを除くと、エディター側も同じコードです。このコードにスタイルを適用します。

```
<h2 class="has-text-align-center"> 旅のブログ </h2>
```


手順

❶ 適用するスタイルは、見出しブロックのスタイルセレクターで選択できるようにします。そのため、functions.php に `register_block_style()` を追加し、スタイルセレクターの選択肢を登録します。登録先は見出しブロック `core/heading`、スタイル名は `decoration-line`、ラベルは `丸付き飾り罫` と指定します。これで、見出しブロックを選択すると設定サイドバーにスタイルセレクターが表示され、「丸付き飾り罫」を選べるようになります。

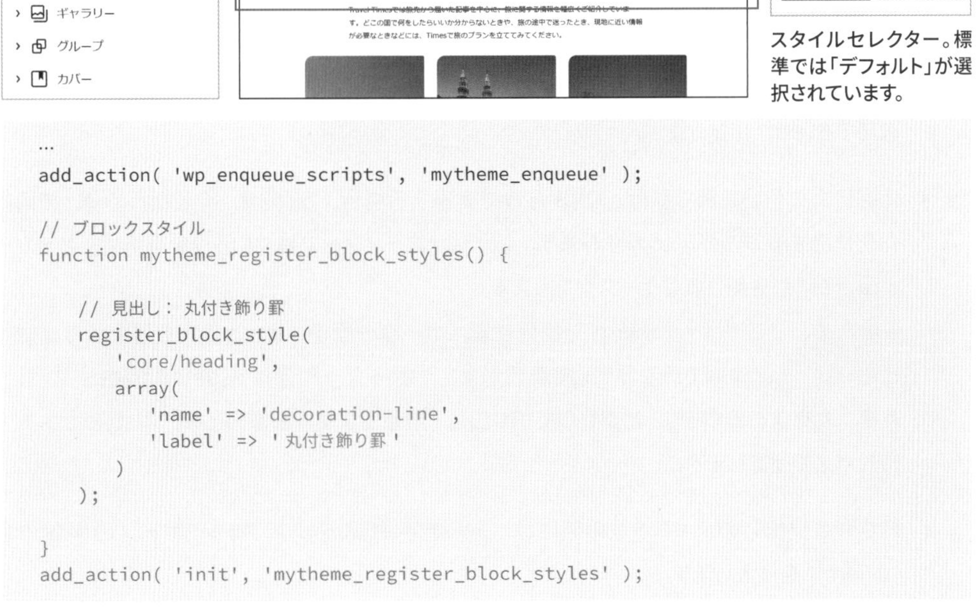

スタイルセレクター。標準では「デフォルト」が選択されています。

```
...
add_action( 'wp_enqueue_scripts', 'mytheme_enqueue' );

// ブロックスタイル
function mytheme_register_block_styles() {

    // 見出し：丸付き飾り罫
    register_block_style(
        'core/heading',
        array(
            'name' => 'decoration-line',
            'label' => '丸付き飾り罫'
        )
    );

}
add_action( 'init', 'mytheme_register_block_styles' );
```

mytheme/functions.php

❷ スタイルセレクターで「丸付き飾り罫」を選択して保存します。この段階では適用するスタイルを用意していないので、表示は変化しません。

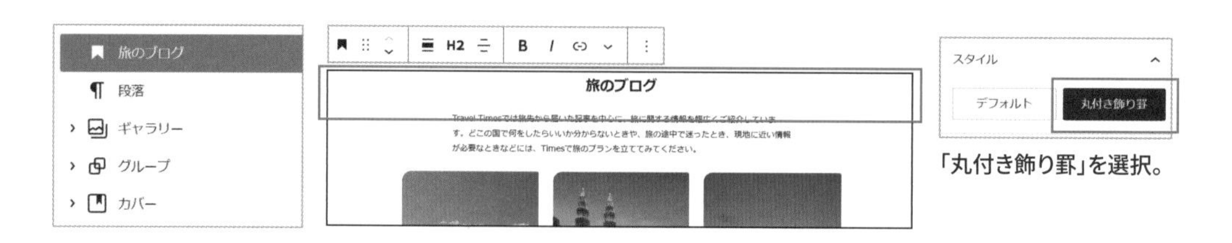

「丸付き飾り罫」を選択。

出力コードを確認すると、<h2> に `is-style-decoration-line` クラスが追加されたことがわかります。このクラスはスタイルセレクターで選択したスタイルを示すもので、「is-style- スタイル名」という形になります。

```
<h2 class="has-text-align-center is-style-decoration-line"> 旅のブログ </h2>
```

❸ このクラスに適用する形でスタイルを用意します。ここでは、外部スタイルシートとして用意するため、テーマの style.css に次のようにスタイルを追加します。インラインスタイルとして用意する場合は P.192 を参照してください。

- 「丸付き飾り罫」はすべてのレベル H1 ～ H6 の見出しブロックで選択できます。そのため、セレクタは h1 ～ h6 要素のいずれかで、 `is-style-decoration-line` クラスを持つものに適用するように指定します。

- 両端に丸の付いた飾り罫は、CSS だけで実現する場合、 `::before` と `::after` で両端の丸を作成する方法が思い浮かびます。しかし、エディターではブロックを選択したときなどに `::after` が使用されるケースがあります。
  そのため、ここでは `::after` を使用せず、ボーダー画像（line.svg）を用意して `border` と `border-image` で飾り罫として表示します。ボーダー画像は assets/images フォルダに置き、丸を含む四隅を 12 ピクセルで切り出して表示します。画像の URL は style.css からの相対パスで指定します。

- 飾り罫と見出しのテキストとの間には、 `padding-bottom` でフォントサイズの半分の余白（0.5em）を挿入します。

```
/*
Theme Name: My Theme
…
*/

/* 見出し： 丸付き飾り罫 */
:is(h1, h2, h3, h4, h5, h6).is-style-decoration-line {
  padding-bottom: 0.5em;
  border: solid 12px transparent;
  border-image: url(assets/images/line.svg) 12;
}
```

mytheme/style.css

テーマフォルダ内にボーダー画像を追加。

ボーダー画像
(line.svg)

12px

12px 12px

4

style.css を保存してエディターとフロントをリロードすると、見出しに飾り罫が付きます。style.css は P.91 でエディターとフロントの両方に読み込んでいるため、両方にスタイルが適用されます。

エディター

フロント

❹ 最後に、見出しの配置を 幅広 にしたら完成です。

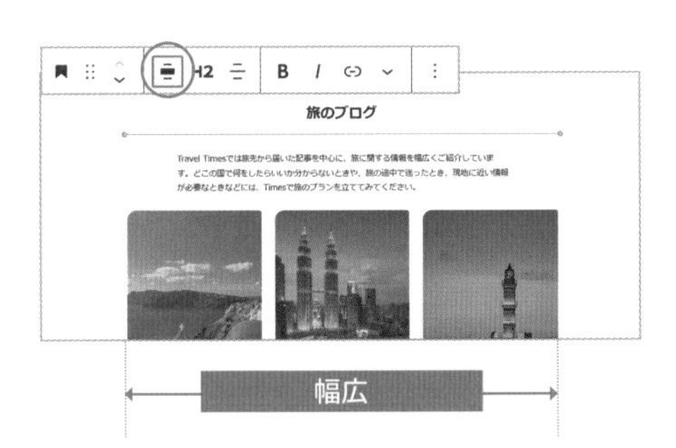

theme.jsonでは扱えないスタイルを外部スタイルシートで用意した場合

テーマのstyle.cssで用意したスタイルはP.91の設定により、外部スタイルシートとして次のようにフロントに読み込まれます。外部スタイルシートは常に読み込まれますが、theme.jsonでは扱えないスタイルをstyle.cssでまとめて管理できるというメリットがあります。

```
<link rel="stylesheet" id="mytheme-style-css" href="http://xxx.xxx.xxx/wp-
content/themes/mytheme/style.css?ver=1666041961" media="all">
```

エディターではインラインで読み込まれます。CSSのセレクタには `editor-styles-wrapper` クラスが付加され、詳細度が高くなるように処理されます。画像にはテーマフォルダのURLが付加されます。

```
<style>
.editor-styles-wrapper :is(h1, h2, h3, h4, h5, h6).is-style-decoration-line {
  padding-bottom: 0.5em;
  border: solid 12px;
  border-image: url(http://xxx.xxx.xxx/wp-content/themes/mytheme/assets/images/line.svg) 12;
}
</style>
```

theme.jsonでは扱えないスタイルをインラインスタイルで用意した場合

適用するスタイルをインラインスタイルとして用意する場合、`register_block_style()` の `inline_style` で指定します。

```
// 見出し： 丸付き飾り罫
register_block_style(
    'core/heading',
    array(
        'name' => 'decoration-line',
        'label' => '丸付き飾り罫',
        'inline_style' => '
            :is(h1, h2, h3, h4, h5, h6).is-style-decoration-line {
                padding-bottom: 0.5em;
                border: solid 12px;
                border-image:
                  url('.get_theme_file_uri( 'assets/images/line.svg' ).') 12;
            }
        '
    )
);
```

ボーダー画像はテーマフォルダ内のファイルのURLを取得するget_theme_file_uri()で指定します。

mytheme/functions.php

ブロックテーマではページ内で使用したブロックのスタイルのみがフロントに読み込まれます。そのため、register_block_style() で用意したスタイルは、そのブロックが持つスタイルといっしょにインラインで読み込まれます。見出しブロックの場合は次のようになります。

見出しブロックが持つスタイル

```
<style id='wp-block-heading-inline-css'>
  h1.has-background,h2.has-background,h3.has-background,h4.has-background,
  h5.has-background,h6.has-background{
    padding:1.25em 2.375em
  }

  :is(h1, h2, h3, h4, h5, h6).is-style-decoration-line {
    padding-bottom: 0.5em;
    border: solid 12px;
    border-image: url(http://xxx.xxx.xxx/wp-content/themes/mytheme/assets/images/line.svg) 12;
  }
</style>
```

register_block_style()
で用意したスタイル

エディターにもインラインで読み込まれます。ただし、外部スタイルシートで用意した場合と異なり、詳細度を高くする処理は施されません。

```
<style>
:is(h1, h2, h3, h4, h5, h6).is-style-decoration-line {
  padding-bottom: 0.5em;
  border: solid 12px;
  border-image: url(http://xxx.xxx.xxx/wp-content/themes/mytheme/assets/images/line.svg) 12;
}
</style>
```

ブロック名の確認

register_block_style() などで必要になるブロック名は、エディターのキャンバスに配置したブロックの data-type 属性を確認します。たとえば、見出しブロックを Chrome のデベロッパーツールで選択すると、data-type 属性が「core/heading」になっていることがわかります。

```
<h2 role="document" aria-multiline="true" aria-label="ブロック: 見出し" tabindex=
"0" class="block-editor-rich-text__editable block-editor-block-list__block wp-blo
ck alignwide has-text-align-center is-selected wp-block-heading is-style-decorati
on-line rich-text" id="block-78840293-e6b8-4ac4-93f2-7efe00aaf492" data-block="78
840293-e6b8-4ac4-93f2-7efe00aaf492" data-type="core/heading" data-title="見出し"
contenteditable="true" style="white-space: pre-wrap; min-width: 1px;">旅のブログ
</h2> == $0
```

ブロックの個別のカスタマイズ結果をテーマで扱う

ここまでのカスタマイズで、記事ページとアバウトページのコンテンツは完成です。ただし、コンテンツに入れたブロックのスタイルを個別にカスタマイズした結果は、外部スタイルシートでスタイルを用意した見出しの装飾を除くと、シリアライズドスタイルになっています。

記事ページ

アバウトページ

```
<!-- wp:image {"id":17,"sizeSlug":"large","linkDestination":"none","style":{"border":
{"radius":{"topLeft":"20px"}}}} -->
<figure class="wp-block-image size-large has-custom-border"><img src="http://xxx.
xxx.xxx/wp-content/uploads/2022/09/photo01-720x1024.jpg" alt="" class="wp-image-17"
style="border-top-left-radius:20px"/></figure>
<!-- /wp:image -->
```

ギャラリー内の画像ブロックのコード。
左上の角丸をカスタマイズした結果がシリアライズされて含まれています。

シリアライズドスタイルはブロックに含まれる形でコンテンツの一部としてデータベースに保存されます。そのため、テーマで扱うことができません。同じデザインやレイアウトを再現するためには、カスタマイズ済みのブロックをコピーするか、同じ設定を繰り返し指定する必要があります。しかし、それは手間がかかります。

そこで、カスタマイズしたブロックはテーマが扱える「ブロックパターン」にすることを考えます。ブロックパターンにすることで、シリアライズドスタイルを含むブロックのコードをテーマ側に保存し、ブロックと同じように挿入ツールを使ってコンテンツに簡単に挿入できるようになるためです。

ブロック
パターン
Travel
タイトルを追加
ブロック挿入ツールの「パターン」タブに
テーマで管理しているブロックパターンが表示されます。
挿入ツールで選択すると、
ブロックパターンを挿入できます。

作成中のテーマでは、カスタマイズしたブロックを P.301 でブロックパターンにしていきます。

テーマを変えても維持されるブロックごとのシリアライズドスタイル

シリアライズドスタイルとして保存されているため、テーマを変更してもそのスタイルは維持されます。たとえば、デフォルトテーマの Twenty Twenty Three に変えると、記事ページとアバウトページのコンテンツは次のようになります。

ベースとなるスタイルが Twenty Twenty Three の theme.json を元にしたものになるため、色の組み合わせ、フォント、余白のバランスなどは変わりますが、ギャラリーの画像や、囲み枠、カバー、組写真のデザインやレイアウトは維持されていることがわかります。

これは、P.83 で確認した 2 つの条件「カスタマイズに関する情報がコンテンツのブロックの中に含まれていること」と「カスタマイズ結果に適用されるスタイルがあること」が成立しているためです。公式のブロックパターンディレクトリに用意されたブロックパターン（カスタマイズされたブロック）を、テーマと関係なく利用できるのもこのためです。

ブロックパターンディレクトリ
https://ja.wordpress.org/patterns/

Chapter

5

ページの基本構造の作成

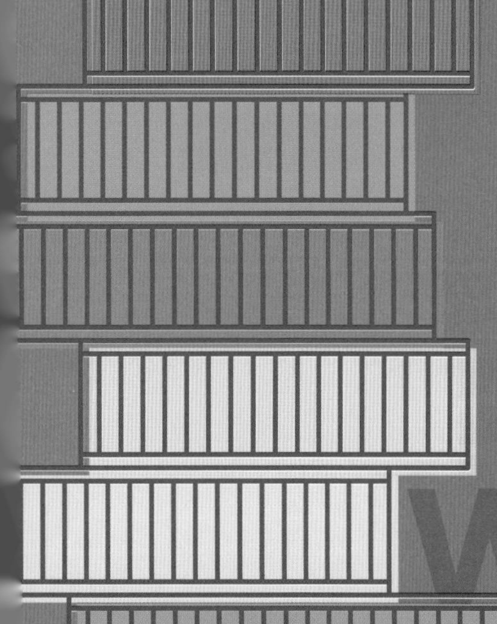

WordPress

ブロックの構成とスタイリングによるページとパーツの作成

ここまではコンテンツを構成するブロックをカスタマイズしてきましたが、Chapter 5と6では0からブロックを組み立てて、ページ全体を作成していきます。ブロックの構成はページごとに異なるため、次のように各ページのテンプレートを用意して作成します。複数のページで同じものを使いたいヘッダーやフッターなどのパーツは、テンプレートパーツとして管理します。

作成するページと使用するテンプレート

トップページ
（記事一覧ページ）
index.html

記事ページ
single.html

アバウトページ
page.html

アーカイブページ
（カテゴリー、タグ）
archive.html

404ページ
404.html

検索結果ページ
search.html

テンプレートパーツ

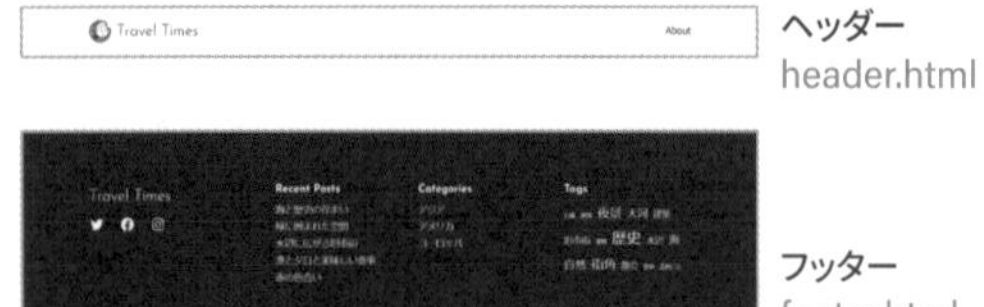

ヘッダー
header.html

フッター
footer.html

記事一覧
posts.html

検索 search.html

+ 作成手順

作成手順としては、インデックステンプレートでページの基本構造（ヘッダー、メイン、フッター）を作り、それをベースに各ページを作成していきます。基本構造の作成は Chapter 5 で、各ページの作成は Chapter 6 で行います。

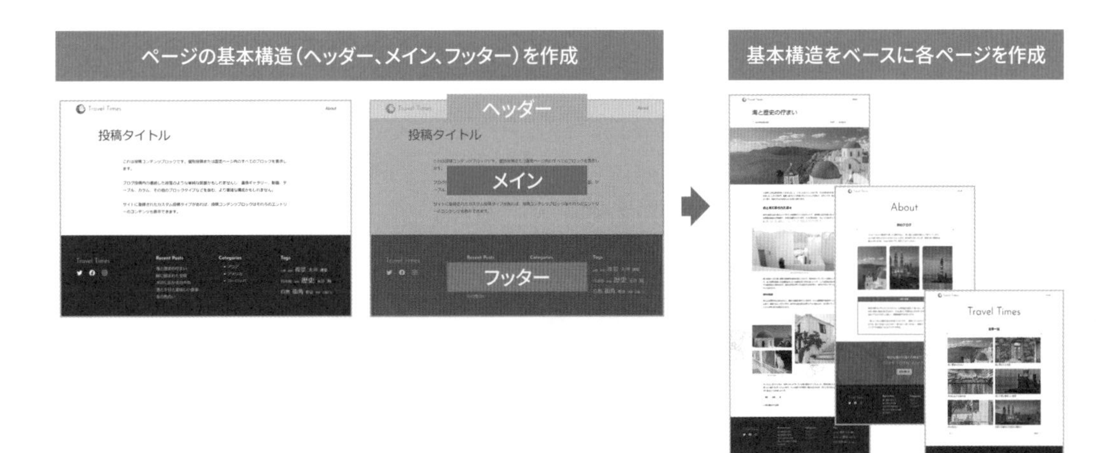

+ ブロックの構成とスタイリング

ページやパーツを作る際には、ブロックを組み合わせて構成し、スタイリングして仕上げます。考え方としては従来の HTML & CSS で、HTML でコーディングしてからCSS でスタイリングしていくのと同様です。

ブロックを構成する

ブロックを並べ、コンテナを使って配置や並びをコントロールし、ページやパーツを構成します。

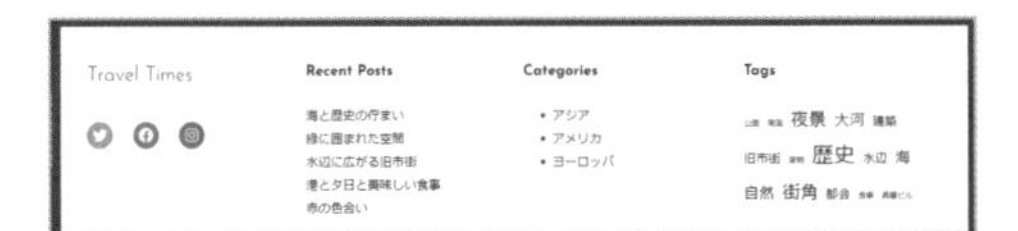

スタイリングする

ブロックごとに設定サイドバー、スタイルサイドバー、theme.jsonを使い分けてスタイリングして仕上げます。

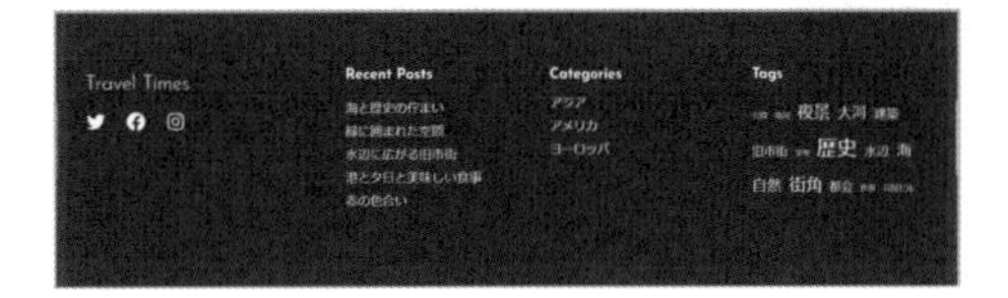

ページの基本構造（ヘッダー、メインコンテンツ、フッター）を作る

コンテンツは投稿エディター側で作成してきましたが、ページ全体はサイトエディターで作成します。まずはページの基本構造（ヘッダー、メインコンテンツ、フッター）を作ります。

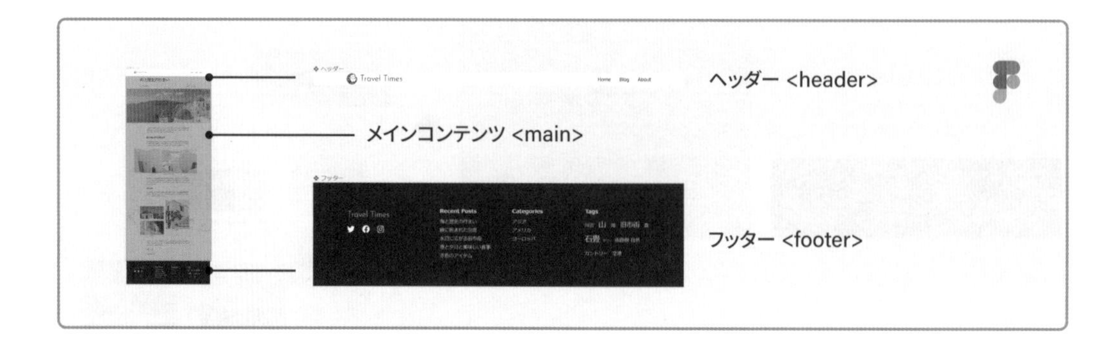

＋ サイトエディターでインデックステンプレートを開く

ページ全体を作成するためには、［外観＞エディター］でサイトエディターを開き、テンプレートを編集していきます。この段階では唯一のテンプレートであるインデックステンプレート（index.html）が開きます。ブロックの構成を確認すると、STEP 2.8 〜 2.9 での編集結果として、グループで横幅をコントロールした「投稿タイトル」と、コンテンツを表示する「投稿コンテンツ」ブロックを並べた状態になっています。これらをメインコンテンツとして扱うため、<main> でマークアップします。

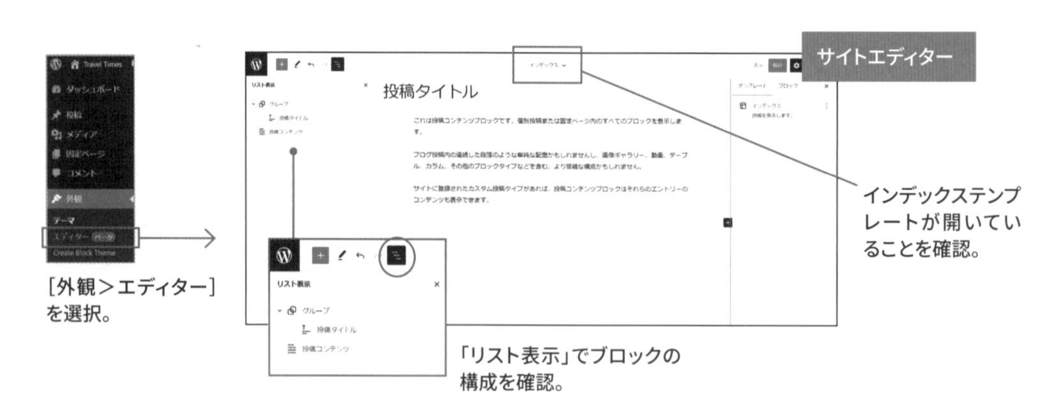

+ メインコンテンツとして<main>でマークアップする

メインコンテンツとして <main> でマークアップするため、「投稿タイトル」と「投稿コンテンツ」ブロックをグループ化し、このグループの「高度な設定」で HTML 要素を <main> にします。
さらに、このグループは中身の横幅のコントロールには使用しないため、「コンテント幅を使用するインナーブロック」をオフにして、Flow レイアウトタイプにします。

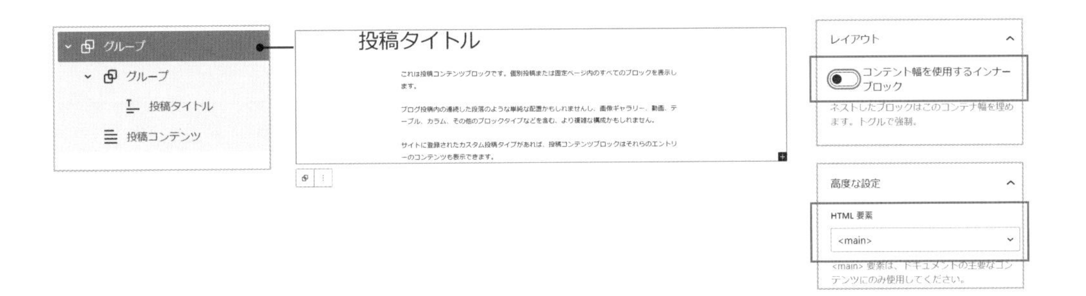

+ ヘッダーとフッターを追加する

ヘッダーとフッターはすべてのページで同じものを使いたいので、「テンプレートパーツ」として管理しているものを使います。
ただし、テンプレートパーツはキャンバス上に直接配置できないので、まずはテンプレートパーツエリアを用意します。「ヘッダー」ブロックと「フッター」ブロックを追加すると、これらがテンプレートパーツエリアとして機能します。各ブロックの「高度な設定」で、HTML 要素を <header> と <footer> にします。

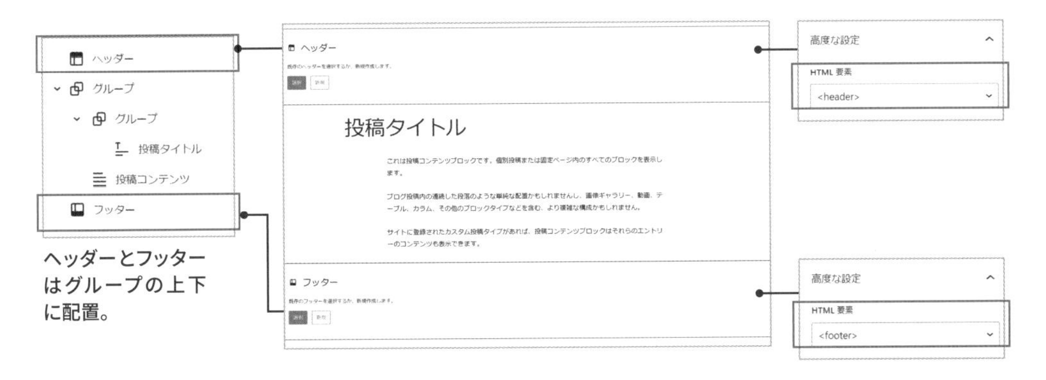

※「ヘッダー」ブロックと「フッター」ブロックのHTML要素では「エリアに基づくデフォルト」という選択肢も用意されており、デフォルトで選択されていますが、自動判別が機能しないケースも見受けられるため、可能な限り指定することをおすすめします。

各エリアで「選択」をクリックします。テーマで管理している既存のテンプレートパーツが表示されるので、選択して読み込みます。
これらはCreate Block Themeプラグインが作成した初期状態のヘッダーとフッターのテンプレートパーツです。リスト表示にはブロック名の代わりにテンプレートパーツのスラッグ（headerとfooter）が表示されます。

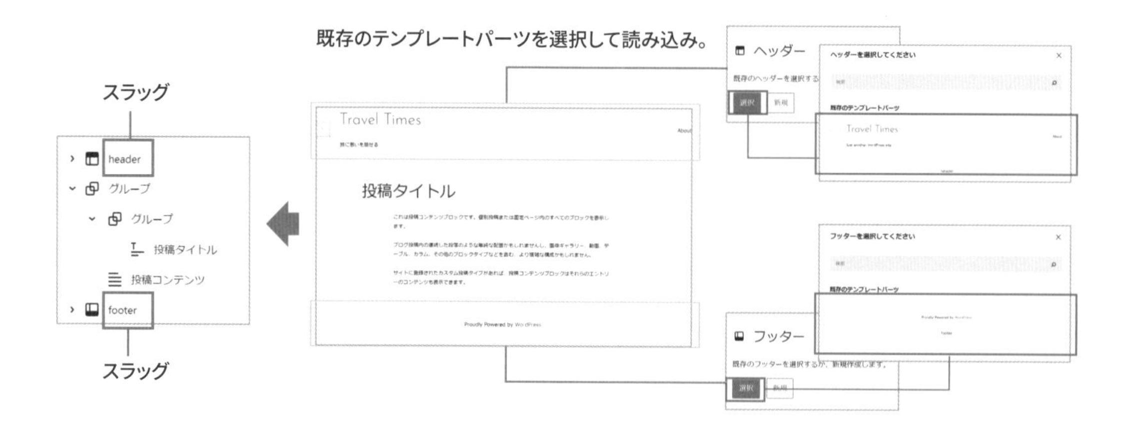

ここで使用したテンプレートパーツはpartsフォルダ内の以下のファイルです（スラッグ＋.htmlというファイル名になっています）。

theme.jsonのtemplatePartsを確認すると右のような記述があります。この記述はCreate Block Themeプラグインが作成した初期状態のもので、テンプレートパーツのスラッグとエリアを紐付けています。これにより、footerはフッターブロック、headerはヘッダーブロックで選択できます。現状ではuncategorizedというエリアも指定できますが、このエリアに指定したものは、エリアに関係なくテンプレートパーツを選択できる「テンプレートパーツ」ブロックでのみ使用できるようになります。

```
{
    "settings": {
      …
    },
    "styles": {
      …
    },
    "templateParts": [
        {
            "area": "header",
            "name": "header"
        },
        {
            "area": "footer",
            "name": "footer"
        }
    ],
    …
}
```

areaでエリアを、nameでスラッグを指定。

mytheme/theme.json

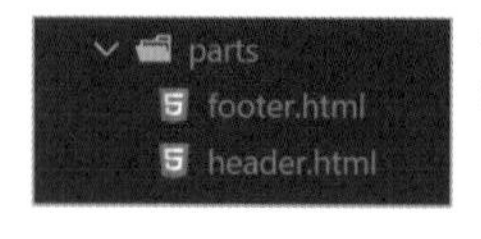

テーマのpartsフォルダ内に用意されたテンプレートパーツ

インデックステンプレートを保存してフロントを確認します。ヘッダーとフッターが表示され、出力コードが <header>、<main>、<footer> になっていることがわかります。

```
<div class="wp-site-blocks">
    <header class="wp-block-template-part">
        header テンプレートパーツの中身
    </header>
    <main class="is-layout-flow wp-block-group" id="wp--skip-link--target">
        メインコンテンツ
    </main>
    <footer class="wp-block-template-part">
        footer テンプレートパーツの中身
    </footer>
</div>
```


エディターに表示するパーツ名

エディターに表示するテンプレートパーツ名は title で指定できます。

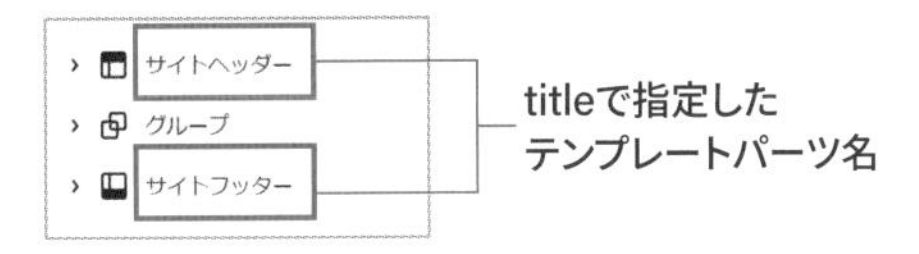

titleで指定したテンプレートパーツ名

```
{
    …
    "templateParts": [
        {
            "area": "header",
            "name": "header",
            "title": " サイトヘッダー "
        },
        {
            "area": "footer",
            "name": "footer",
            "title": " サイトフッター "
        }
    ],
    …
```

mytheme/theme.json

コンテンツの内外でリンクの色を変える

ヘッダーとフッターのテンプレートパーツを編集していく前に、ベースとなるリンクの色を変更します。
ベースとなるリンクの色は P.165 で Secondary（青）にしてあります。そのため、ヘッダーやフッターに含まれるリンクも青色になっています。ここでは Figma のデザインのように、コンテンツ内のリンクは青色のままで、コンテンツ以外のリンクを黒色にします。

ヘッダーに含まれるリンク

エーゲ海に位置するこの街でも、
という時期でもカラッとした空気で

コンテンツに含まれるリンク

そのためには、theme.json でサイト全体のリンクの色を Secondary（青）から Contrast（黒）に変更します。ただし、それだけではコンテンツ内のリンクも黒色になってしまいます。

これを防ぐため、コンテンツを表示する投稿コンテンツブロック（core/post-content）内のリンクの色を Secondary（青）にする指定も追加します。現在のところスタイルサイドバーでは指定できないので、theme.json を直接編集します。
この指定は `wp-block-post-content` クラスを付けた詳細度の高いスタイルとして出力され、投稿コンテンツブロック内のリンクに適用されます。

※wp-block-post-contentクラスを付けたスタイルは、ブロックテーマではページ内で投稿コンテンツブロックを使用しているときにだけ出力されます。

```
…
"styles": {
  "blocks": {
    "core/image": {
      …
    },
    "core/post-content": {
      "elements": {
        "link": {
          "color": {
            "text": "var:preset|color|secondary"
          }
        }
      }
    }
  },
  …
  "elements": {
    "link": {
      ":hover": {
        "typography": {
          "textDecoration": "underline"
        }
      },
      "color": {
        "text": "var:preset|color|contrast"
      },
      "typography": {
        "textDecoration": "none"
      }
    }
```

styles.blocksで、コンテンツを表示する投稿コンテンツブロック内のリンクの色をSecondary（青）に指定。

elements.link.colorでサイト全体のリンクの色をContrast（黒）に変更。

mytheme/theme.json

ヘッダーに含まれるリンク

コンテンツに含まれるリンク

▼

```
.wp-block-post-content a:where(:not(.wp-element-button)){
  color: var(--wp--preset--color--secondary);
}
```

```
a:where(:not(.wp-element-button)) {
  color: var(--wp--preset--color--contrast);
  text-decoration: none;
}
a:where(:not(.wp-element-button)):hover {
  text-decoration: underline;
}
```

グローバルスタイル

ヘッダーに含まれるリンク

コンテンツに含まれるリンク

なお、カーソルを重ねたときのスタイルは色を指定せず、styles.elements.link の :hover で下線を表示するようにしているため、右のようになります。

テンプレートパーツを編集する

テンプレートパーツは、サイトエディター内にあるテンプレートパーツエディターで開いて編集します。インデックステンプレートの編集画面から開く場合、キャンバスに挿入したヘッダーやフッターのエリアを選択し、「編集」をクリックします。

もしくは、左上のアイコンをクリックしてサイトエディターのナビゲーションを開き、「テンプレートパーツ」の中から編集したいものを選びます。

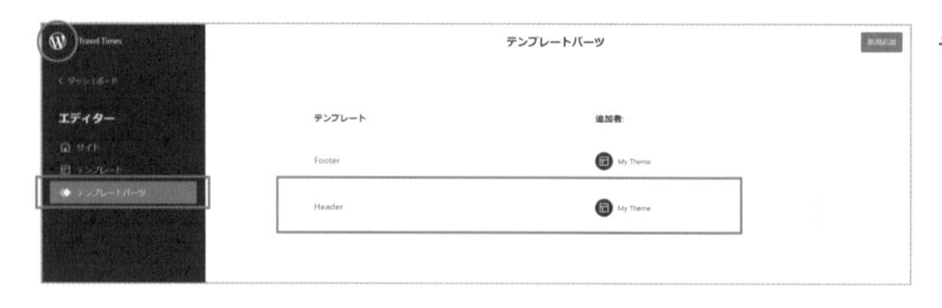

テンプレートパーツの一覧

テンプレートパーツエディターでパーツが開くので、編集していきます。

テンプレートパーツエディター

ヘッダーを作成する

ヘッダーはサイトロゴ、サイト名、ナビゲーションを横並びにして構成します。さらに、Figma のデザインで使用されている 3 段階の横幅のうち、一番大きい横幅 1180px にします。ナビゲーションはモバイルでは 3 本線のアイコンボタンに切り替え、オーバーレイメニューで表示します。

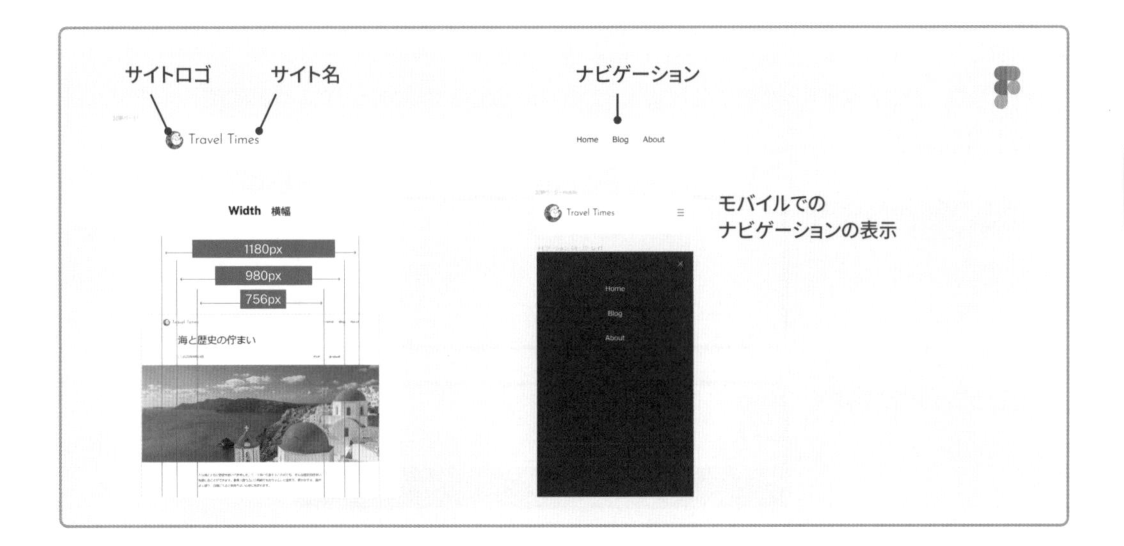

＋ ヘッダーのブロックを構成する

上記のデザインは次のようなブロックのツリー構造で実現します。ロゴとタイトルで一括り、それとナビゲーションで一括りになっているのがポイントです。この構成を作っていきます。

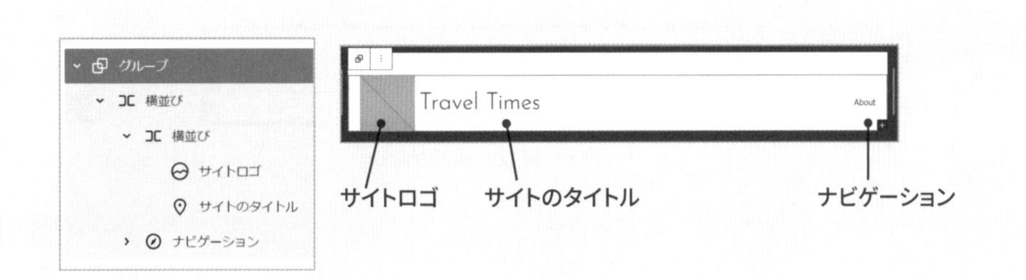

❶ 「header」テンプレートパーツをテンプレートパーツエディターで開き、Create Block Theme プラグインで用意されたブロックはすべて削除します。白紙にした状態で、「サイトロゴ」、「サイトのタイトル」、「ナビゲーション」ブロックを挿入します。

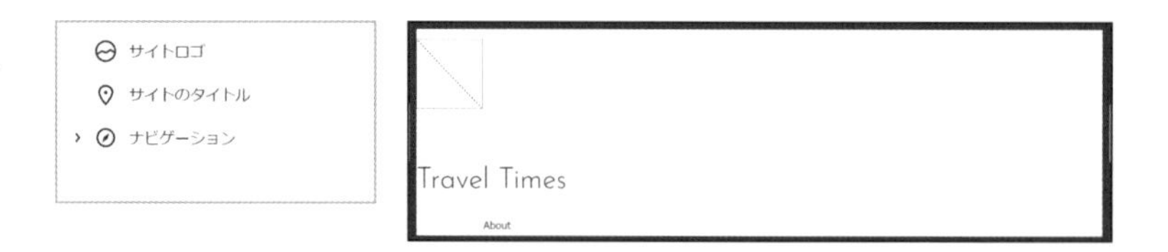

❷ ロゴとタイトルをグループ化し、「横並びに変換」を選択します。グループブロックが横並びブロックになり、ロゴとタイトルが横に並びます。これらの間隔は寸法の「ブロックの間隔」でプリセットの `1` にします。

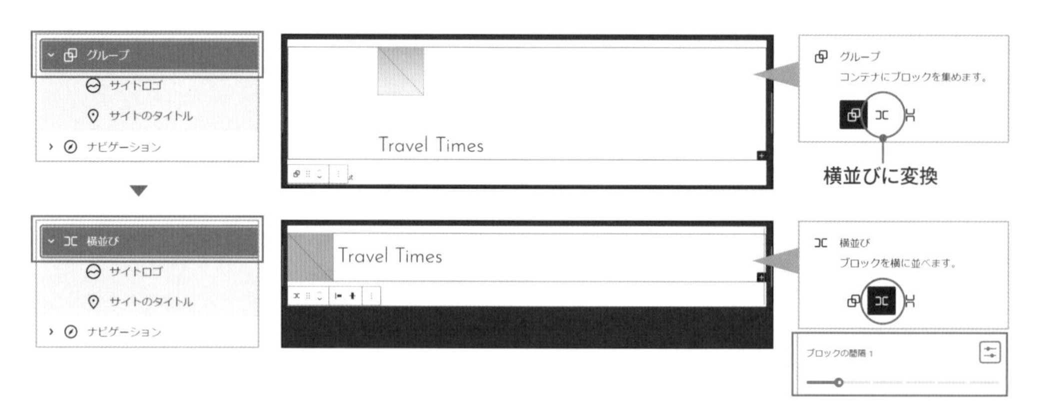

❸ この横並びブロックとナビゲーションもグループ化し、同じように横並びに変換します。レイアウトの配置は `項目の間隔（Space between）` にして両端揃えにします。
さらに横幅を調整したいところですが、ブロックツールバーに配置の項目がありません。これは、テンプレートエリアを構成するブロックが「コンテナ」に分類されるブロックではないためです。

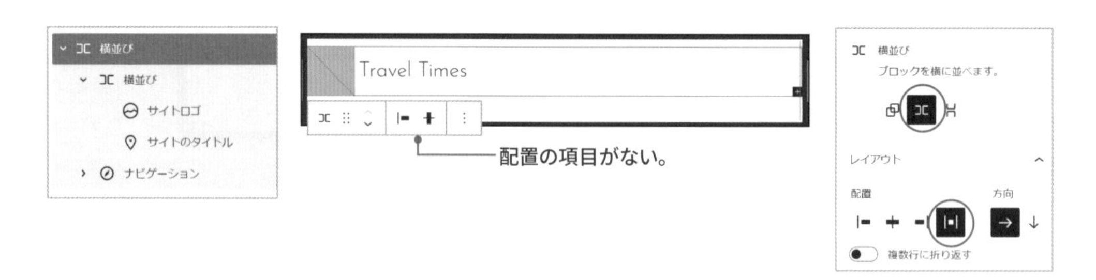

❹ 全体をグループブロックの中に入れ、 コンテント幅を使用するインナーブロック をオンにして中身の横幅をコントロールします。ここでは Figma のデザインに従って 1180px にしますが、必要に応じて 980px の方も使えるようにしておきたいので、コンテンツサイズを `980px` 、幅広サイズを `1180px` に指定します。
この横幅 1180px を使うため、グループ直下の横並びブロックの配置を 幅広 にします。

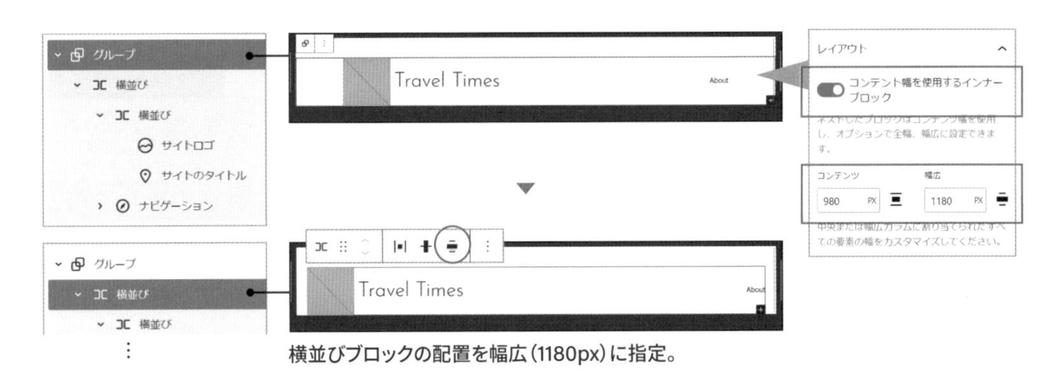

横並びブロックの配置を幅広（1180px）に指定。

❺ サイトロゴにロゴ画像（icon.png）をドラッグ＆ドロップし、画像の幅を `44px` に指定します。 サイトアイコンとして使用する を初期状態のままオンにしておくと、ブラウザのタブにもこの画像が表示されます。

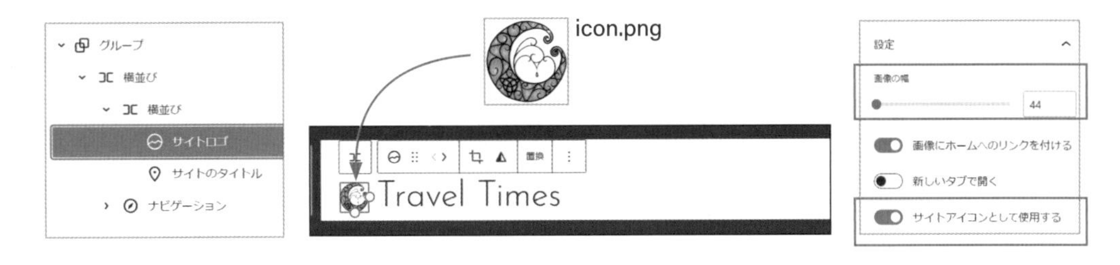

❻ サイトのタイトルはマークアップがH1になっています。しかし、P.93で投稿タイトルをH1にしたので、ここでは P（段落）に変更します。

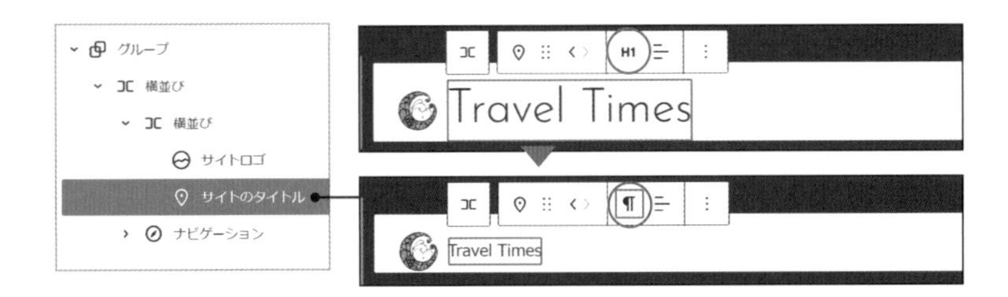

❼ ナビゲーションブロックの中には、公開したすべての固定ページへのリンクを表示する「固定ページリスト」ブロックがあります。アバウトページへのリンクが表示されているので、ここではそのまま使用し、リンクの構成は P.268 で設定します。以上で、ブロックを構成する作業は完了です。

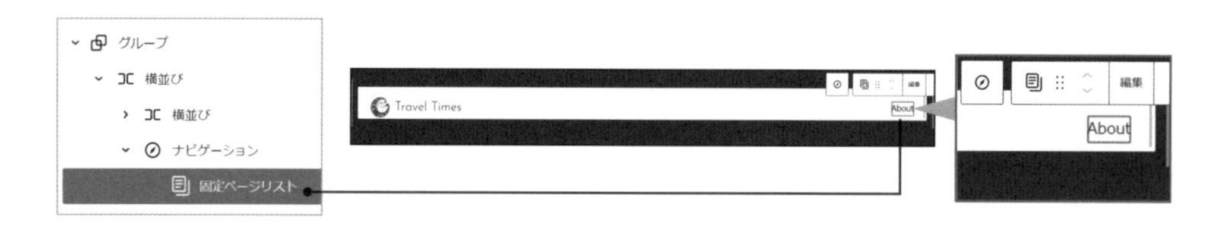

＋ ヘッダーをスタイリングする

スタイリングしてヘッダーを仕上げます。

❶ 「サイトのタイトル」ブロックのスタイルを theme.json で指定します。サイトエディターでスタイルサイドバーを開き、［ブロック＞サイトのタイトル＞タイポグラフィ］でフォントを `Josefin Sans`、フォントサイズを `大 (large)`、外観で太さを斜体なしの `ライト (300)` に指定します。Create Block Theme プラグインを使って theme.json に反映させると次のようになります。

```
"styles": {
  "blocks": {
    …
    "core/post-content": {
      …
    },
    "core/site-title": {
      "typography": {
        "fontFamily": "var:preset|font-family|josefin-sans",
        "fontSize": "var:preset|font-size|large",
        "fontStyle": "normal",
        "fontWeight": "300"
      }
    }
  },
```

mytheme/theme.json

❷ 「ナビゲーション」ブロックのモバイルのスタイルを指定します。設定サイドバーでアイコンボタンを 3本線 に、オーバーレイメニューを モバイル で表示するように指定します。

オーバーレイメニューは配置を 中央揃え 、背景を Contrast（黒）、テキストを Base（白）にします。

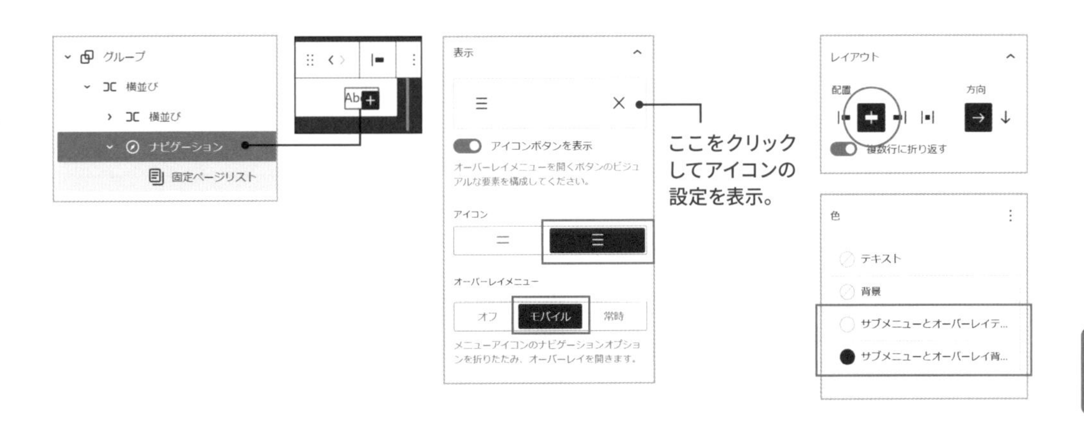

❸ フロントを確認すると、モバイルではアイコンボタンに切り替わり、クリックするとオーバーレイメニューが表示されます。ここでの設定は、header テンプレートパーツにシリアライズされ、保存されます。

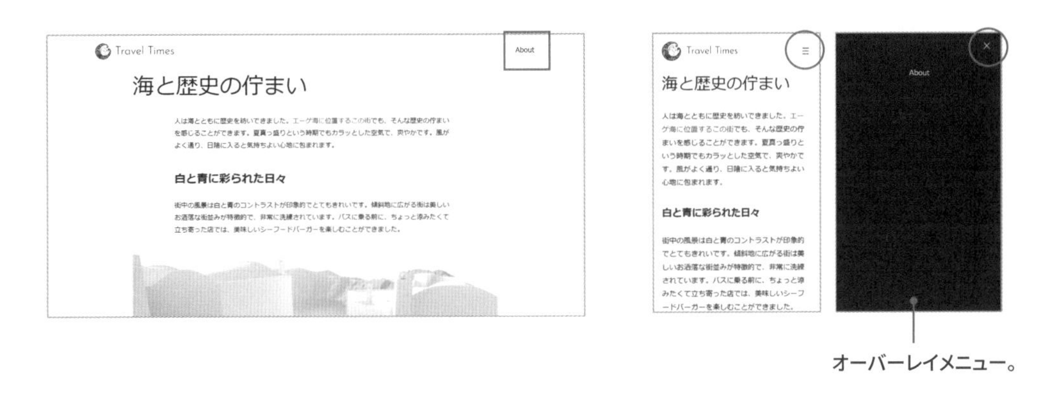

最後に、ここまでのカスタマイズ結果をテーマに反映させておきます。以上でヘッダーは完成です（作業の区切りごとに反映することをおすすめします）。

フッターを作成する

フッターはサイト名とソーシャルアイコン、最新の投稿、カテゴリー一覧、タグクラウドを横並びにして構成し、モバイルでは縦並びにします。さらに、ヘッダーと同じように中身の横幅は1180pxにします。

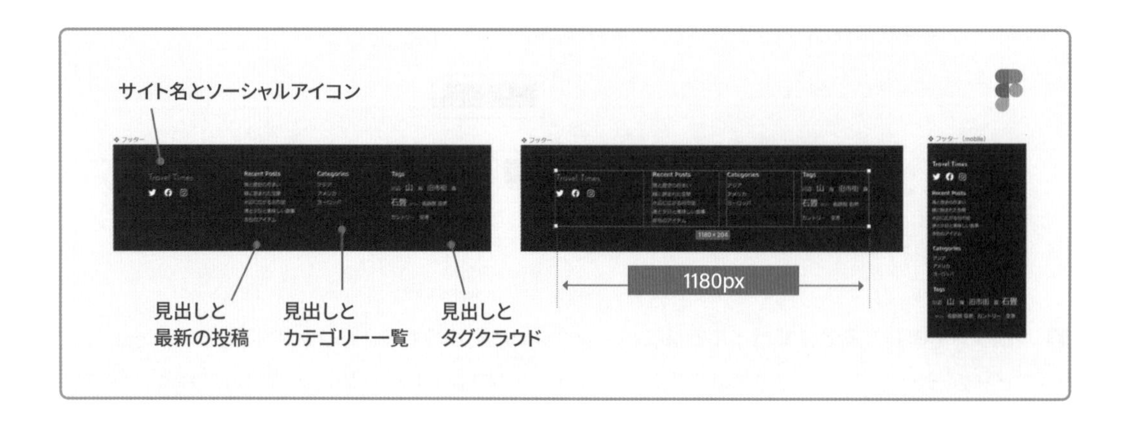

＋ フッターのブロックを構成する

上記のデザインは次のようなブロックのツリー構造で実現します。４カラムでサイト名や各種メニューを並べます。

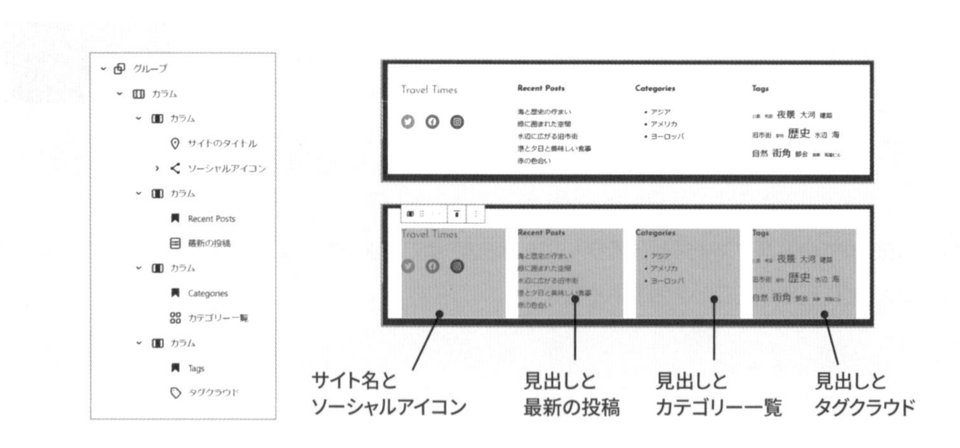

❶ 「footer」テンプレートパーツをテンプレートパーツエディターで開き、Create Block Theme プラグインで用意されたブロックはすべて削除します。白紙にした状態で「カラム」ブロックを挿入します。４カラムの選択肢はないので、３カラムを選んで挿入し、を選択してカラム数を 4 にします。

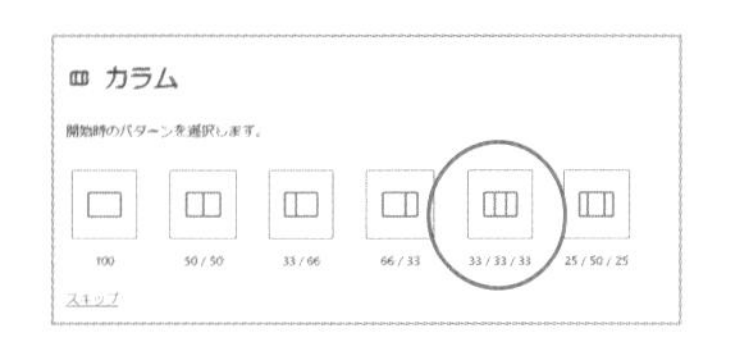

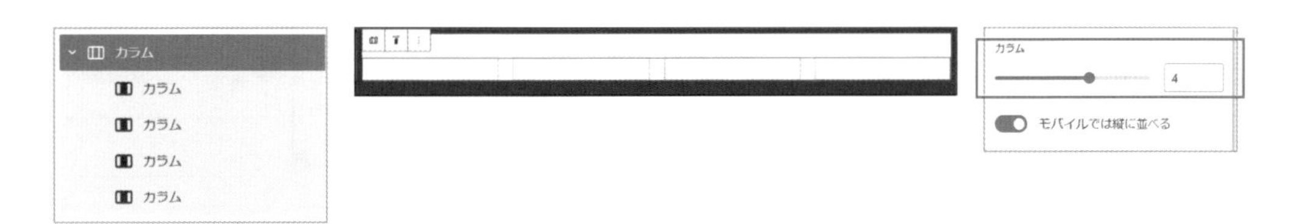

❷ 各カラムにブロックを追加します。１カラム目には「サイトのタイトル」と「ソーシャルアイコン」、２～４カラム目には見出しに加えて、それぞれ「最新の投稿」、「カテゴリー一覧」、「タグクラウド」を追加します。マークアップはサイトのタイトルを P に、見出しは H3 にします。

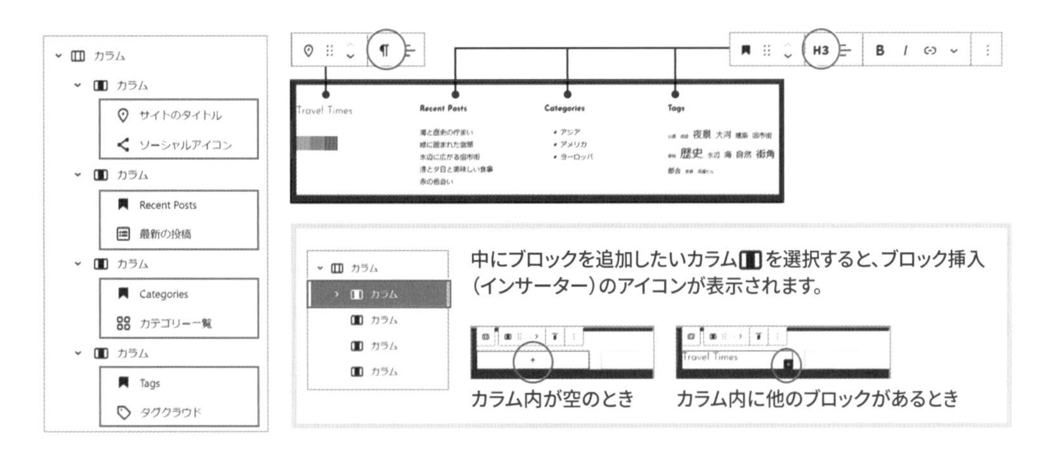

❸ 「ソーシャルアイコン」ブロックを選択し、Twitter、Facebook、Instagram のアイコンを追加します。半透明な表示にならないように、各アイコンにはリンク先を指定します。

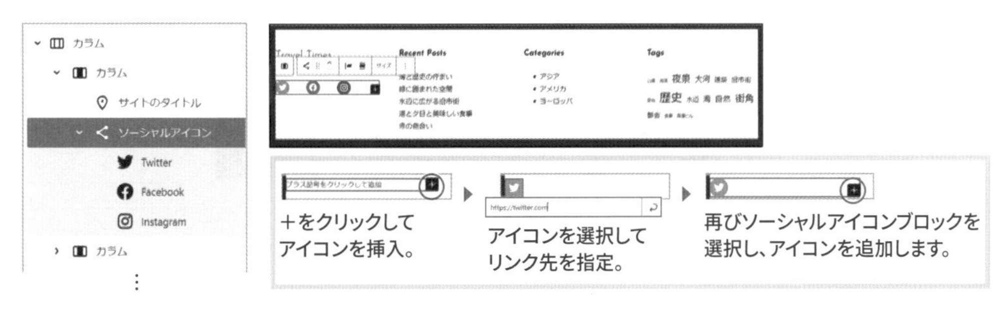

❹ ヘッダーと同じように横幅をコントロールします。全体をグループブロックの中に入れ、`コンテント幅を使用するインナーブロック` をオンにして、コンテンツサイズを `980px`、幅広サイズを `1180px` にします。
この横幅 1180px を使うため、グループ直下のカラムの配置を `幅広` にします。以上で、ブロックを構成する作業は完了です。

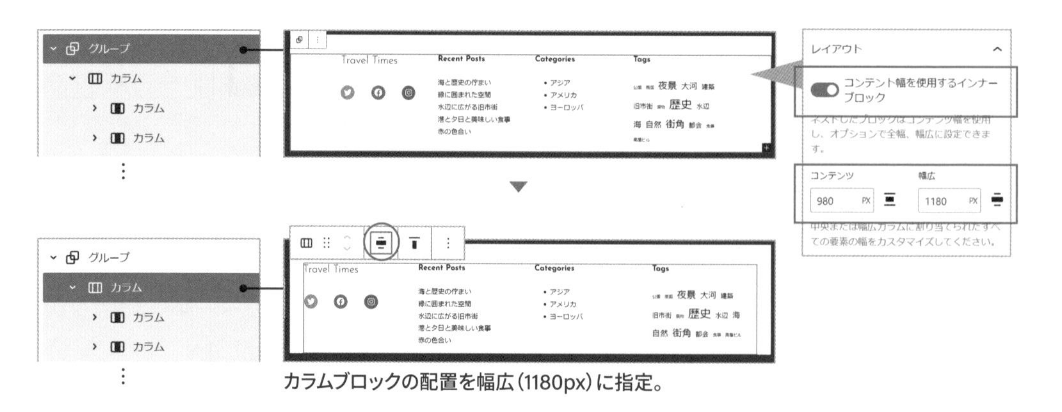

カラムブロックの配置を幅広（1180px）に指定。

＋ フッターをスタイリングする

スタイリングしてフッターを仕上げます。

❶ グループブロックを選択し、背景を `Contrast（黒）`、テキストとリンクを `Base（白）` にします。グループの中身は個別に色を指定していないため、ソーシャルアイコン以外はテキストとリンクが白色になります。

寸法では上下パディングをプリセットの `6` にします。

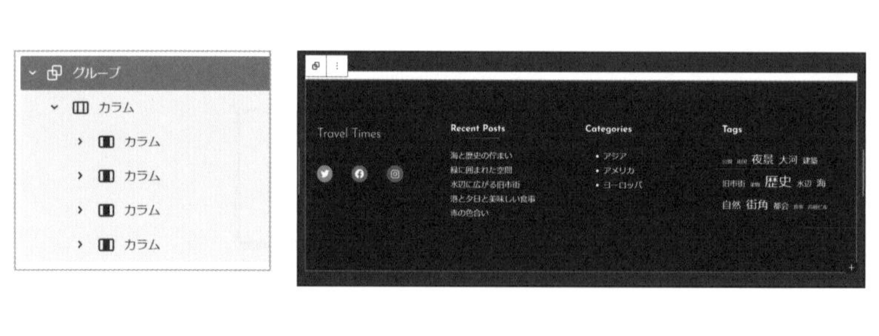

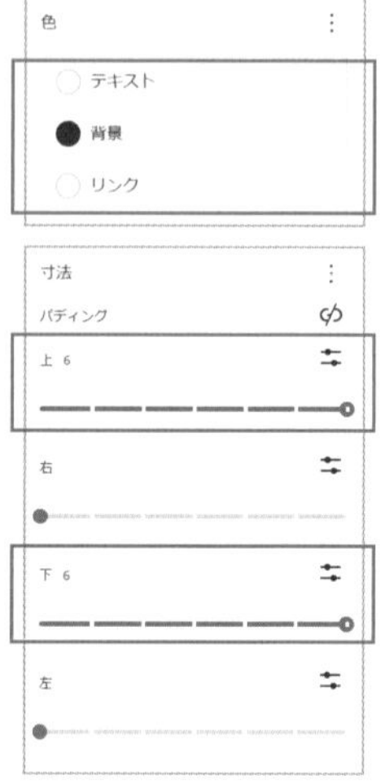

❷ 各カラム内のブロックの間隔を狭くするため、４つのカラムを選択し、「ブロックの間隔」をプリセットの `1` にします。

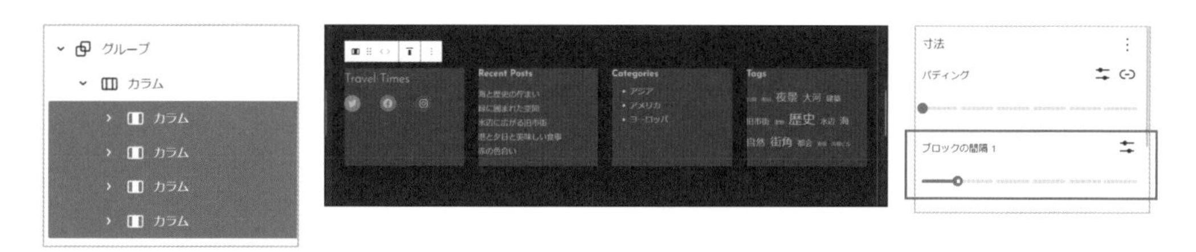

❸ １つ目のカラムだけ横幅を大きくするため、「幅」を `28%` にします。

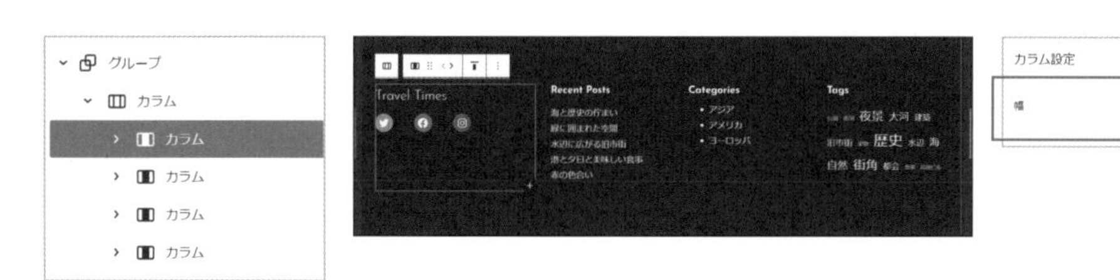

❹ ソーシャルアイコンを選択し、スタイルを `ロゴのみ` 、色を `Base（白）`、ブロックの間隔をプリセットの `3` にします。

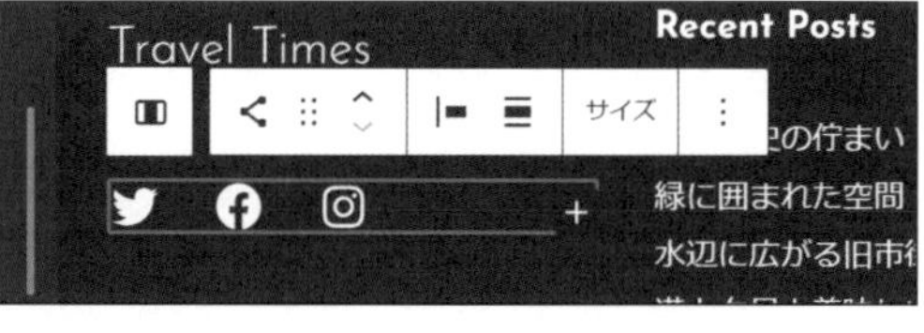

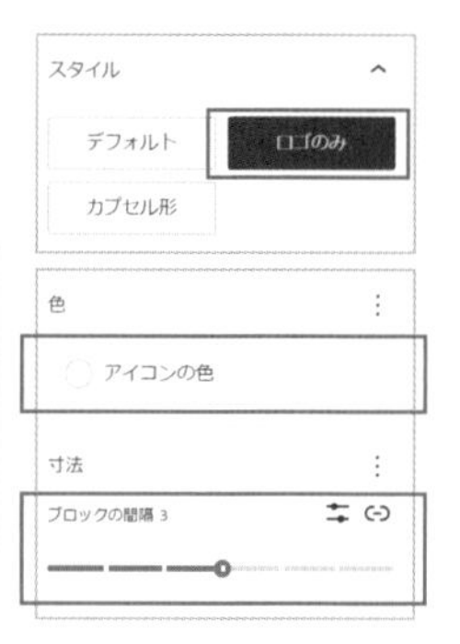

❺ カテゴリー一覧のリストマークを削除します。ただし、ブロックの機能として用意されていないので、スタイルを適用する必要があります。そこで、P.189 のように register_block_style() を使ってスタイルを適用します（現時点ではこのスタイルを theme.json で扱うことはできません）。出力コードを確認すると、<ul> と <li> でマークアップされ、ブロック名を使った `wp-block-categories` クラスが付加されています。

```
<ul class="wp-block-categories-list wp-block-categories">
  <li class="cat-item cat-item-7">
    <a href="…"> アジア </a>
  </li>
  …
</ul>
```

functions.phpでスタイルセレクターの選択肢を登録します。登録先はカテゴリー一覧ブロック `core/categories`、スタイル名は `no-listmark`、ラベルは `リストマークなし` にします。style.cssでは `wp-block-categories` と `is-style-no-listmark` クラスを持つものにリストマークを削除するスタイルを適用します。

```
// ブロックスタイル
function mytheme_register_block_styles() {

    // 見出し: 丸付き飾り罫
    register_block_style(
        …
    );

    // カテゴリー一覧: リストマークなし
    register_block_style(
        'core/categories',
        array(
            'name' => 'no-listmark',
            'label' => 'リストマークなし'
        )
    );

}
…
```

mytheme/functions.php

```
…
  border-image: url(assets/images/
line.svg) 12;
}

/* カテゴリー一覧: リストマークなし */
.wp-block-categories.is-style-no-listmark {
  list-style: none;
  padding-left: 0;
}
```

mytheme/style.css

サイトエディターをリロードし、カテゴリー一覧ブロックのスタイルセレクターで「リストマークなし」を選択します。これで `is-style-no-listmark` クラスが追加され、リストマークが消えます。

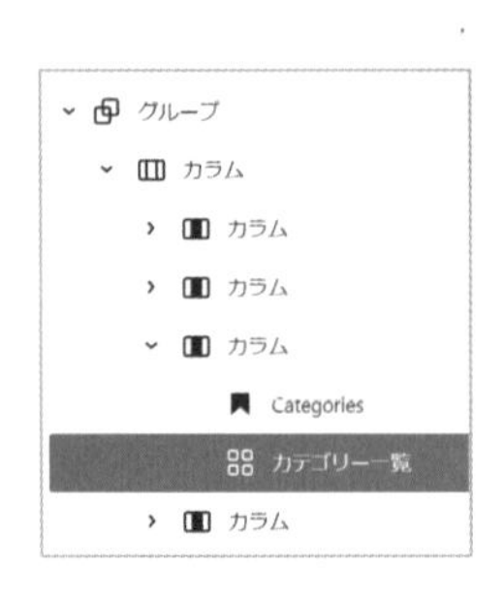

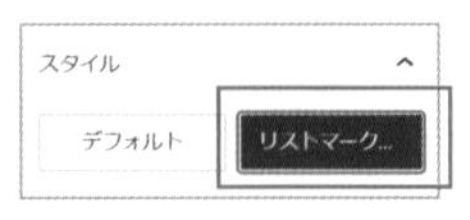

以上でフッターは完成です。モバイルでは縦並びになることがわかります。

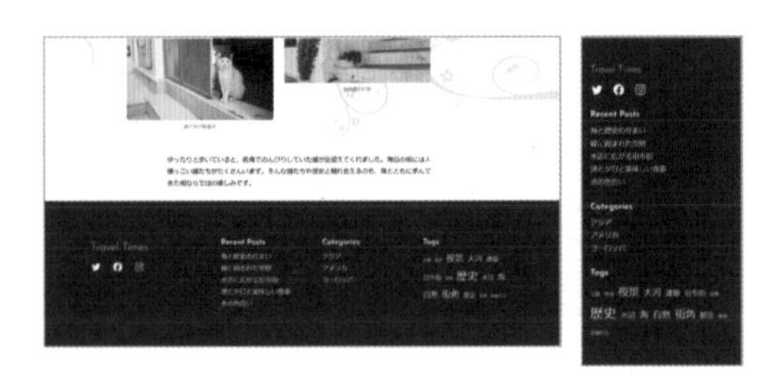

5.7 Page Structure ページを構成する主要パーツの間隔を指定する

ページを構成する主要パーツ（ヘッダー、メインコンテンツ、フッター）はサイト全体で共通しており、その間隔も共通です。メインコンテンツ内の、コンテンツのヘッダーとボディの間隔も共通しています。アバウトページのみ、メインコンテンツとフッターの間に余白がないだけです。
そのため、サイトエディターで再びインデックステンプレートを開き、これらの間隔を指定します。

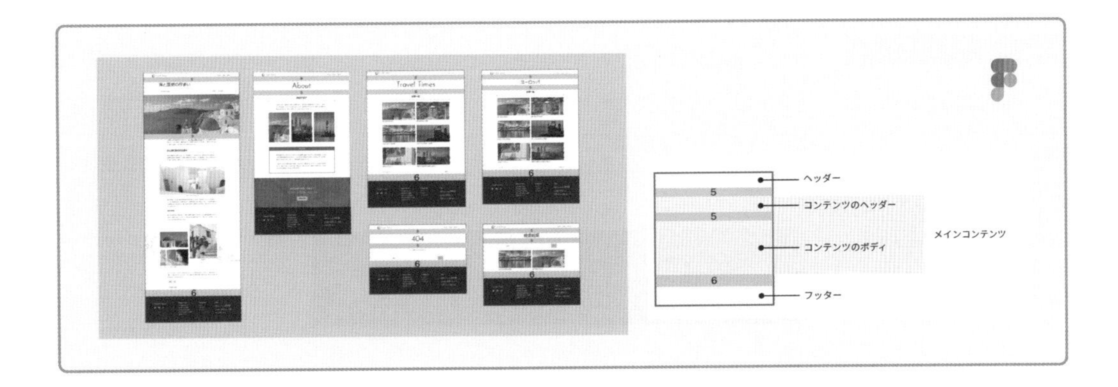

＋ ブロックの構成を確認して間隔を指定する

サイトエディターでインデックステンプレートを開き、ブロックの構成を確認すると、ヘッダー、メインコンテンツ、フッターを構成する3つのブロックを並べています。これらにはページ全体を構成する<div>により、P.155のフクロウセレクタを使ったスタイルが適用され、上マージンで1.8emの余白が入っています。

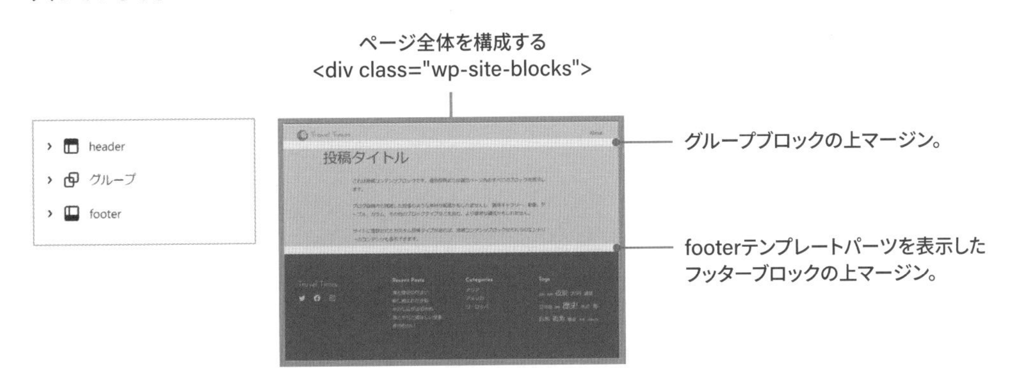

この余白サイズを、Figma のデザインに合わせて変更します。このとき、各ブロックの上マージンで変更できるとよいのですが、現時点では footer テンプレートパーツを表示したフッターブロックにその機能はありません。さらに、フッターブロックに対して theme.json から指定することを考えますが、この設定ではブロック間のマージンをコントロールしているフクロウセレクタの詳細度を超えることができず、設定が効果を見せません。

そのため、ヘッダー、メインコンテンツ、フッターの間隔は、メインコンテンツを構成するグループブロックの上下マージンで指定します。ここでは上をプリセットの `5`、下を `6` にします。

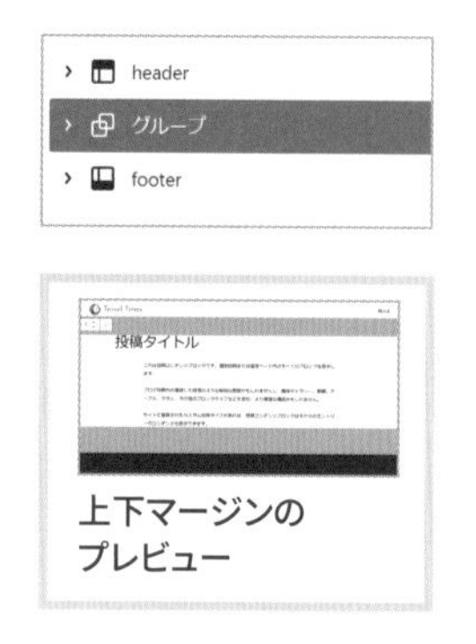

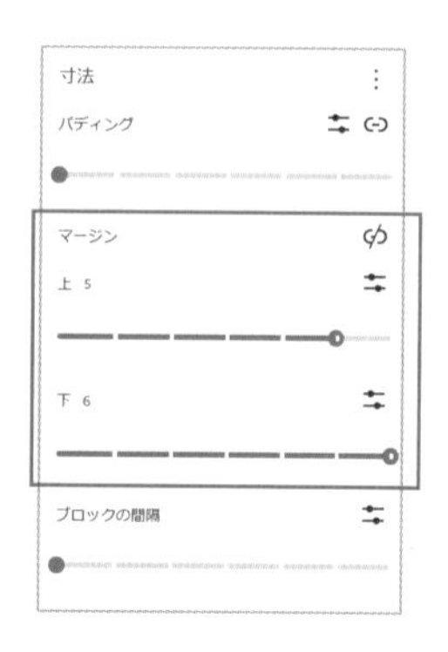

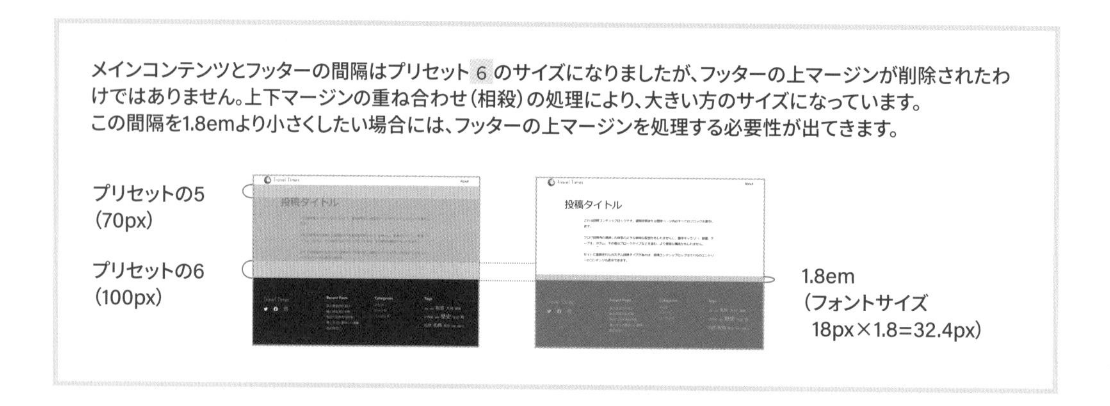

メインコンテンツとフッターの間隔はプリセット `6` のサイズになりましたが、フッターの上マージンが削除されたわけではありません。上下マージンの重ね合わせ（相殺）の処理により、大きい方のサイズになっています。
この間隔を1.8emより小さくしたい場合には、フッターの上マージンを処理する必要性が出てきます。

+ メインコンテンツ内のブロックの構成を確認して間隔を指定する

同じように、メインコンテンツ内のブロックの構成も確認します。投稿タイトルを入れた「グループ」ブロックと、「投稿コンテンツ」ブロックがあります。こちらも P.155 のフクロウセレクタを使ったスタイルで 1.8em の間隔になっています。

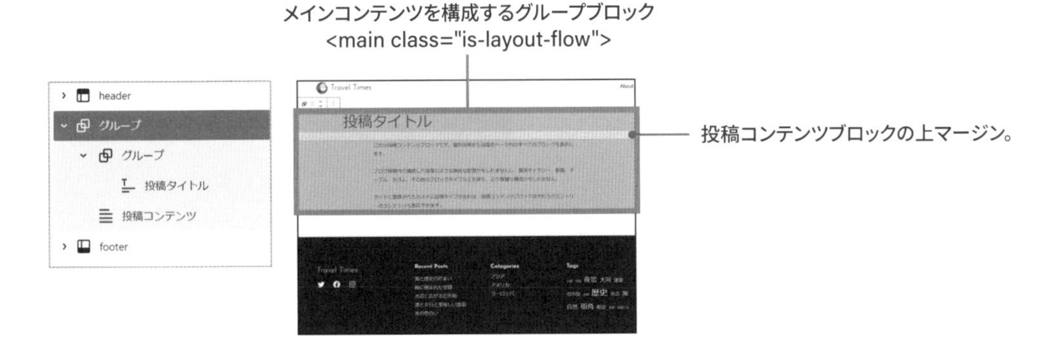

ここでは投稿タイトルを入れたグループを「コンテンツのヘッダー」、投稿コンテンツを「コンテンツのボディ」として扱い、間隔をプリセットの 5 にします。ただし、投稿コンテンツブロックにもマージンの機能がないので、投稿タイトルを入れたグループの下マージンで指定します（フッターブロックの場合と同様に theme.json からの指定では効果がありません）。

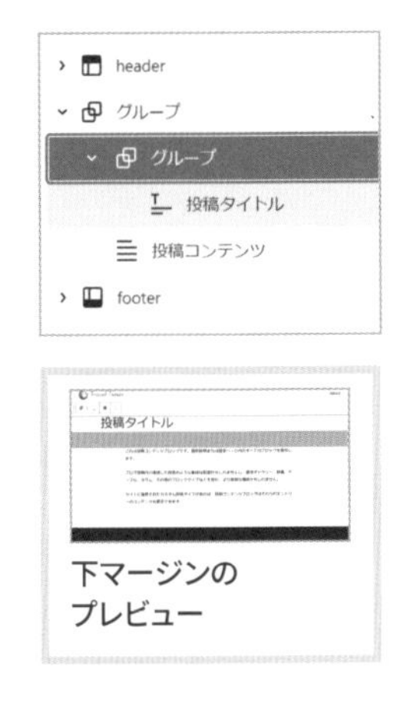

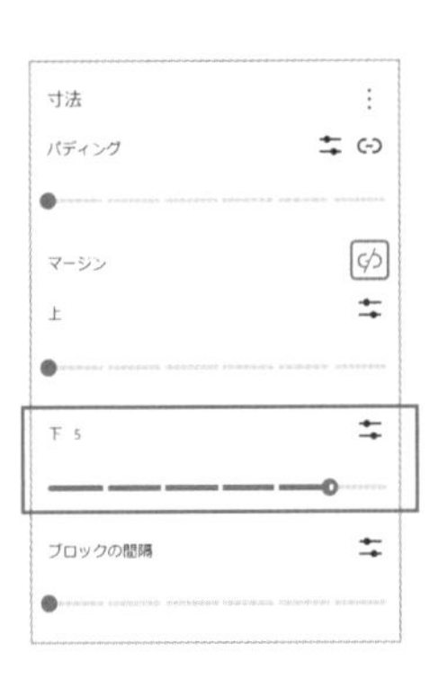

以上で、間隔の指定は完了です。フロントの表示でも間隔が大きくなったことがわかります。

次のステップからは、このインデックステンプレートをベースに、各ページを仕上げていきます。アバウトページのフッターの上に入っている余白についても、その作業の中でカスタマイズしていきます。

記事ページ

アバウトページ

スペーサーブロックで間隔を調整する

ブロックの間隔は「スペーサー」ブロックでも調整できます。ブロックの構成として余白を入れた場所が明確になりますが、P.155 のフクロウセレクタによる上マージンが入ることも考慮しなければなりません。

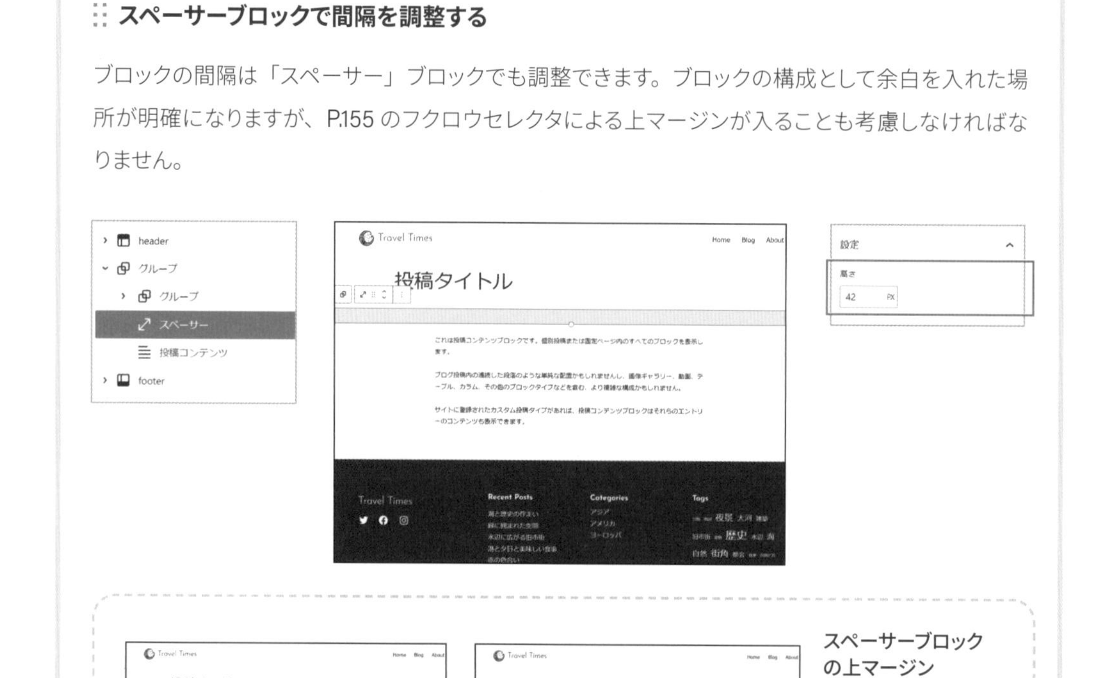

Chapter

6

テンプレートによるページの作成

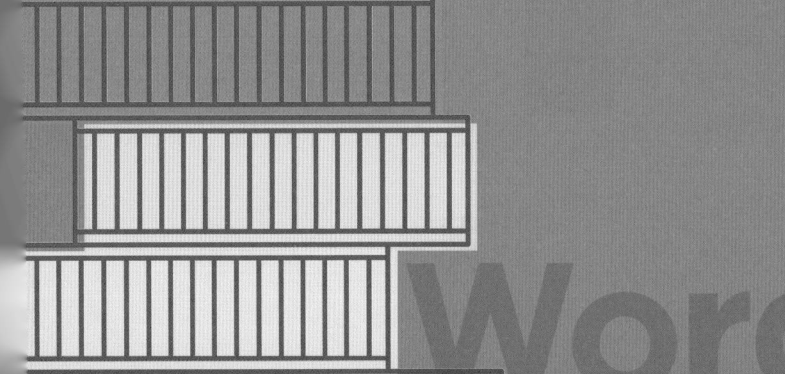

単一テンプレートで記事ページを仕上げる

ここからは Chapter 5 でページの基本構造を形にしたインデックステンプレートをベースに、各ページを仕上げていきます。
まずは、[投稿] のコンテンツを表示する「記事ページ」を仕上げます。ここではインデックステンプレートをコピーして記事ページ用のテンプレートを作成し、記事のヘッダーとフッターを追加していきます。

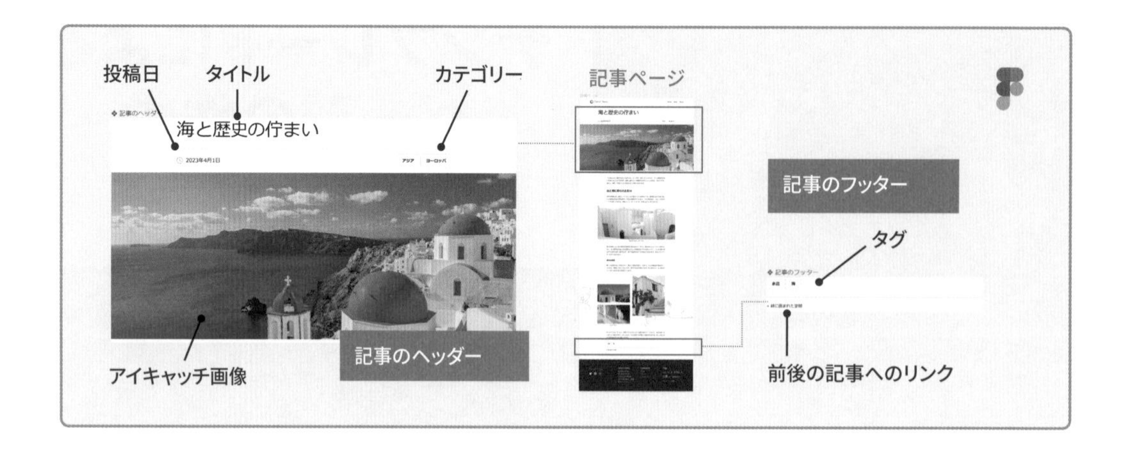

+ 記事ページのテンプレートを作成する

記事ページの生成に使用される「単一(Single)」テンプレートを作成します。

サイトエディターで左上のアイコンをクリックし、ナビゲーションから「テンプレート」を選んでテンプレートの一覧を開きます。ここで新しいテンプレートを追加するため、右上の「新規追加」から「単一」を選択します。

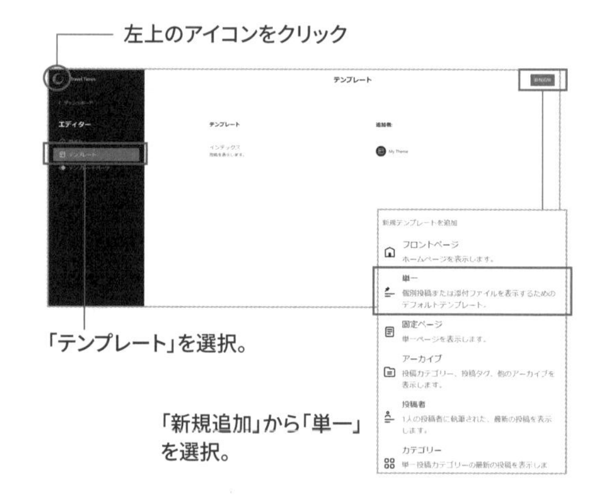

単一テンプレートが作成され、編集画面が開きます。インデックステンプレートの中身がコピーされているため、ページの基本構成ができあがった状態で作業を進めることができます。

+ 記事のヘッダー部分のブロックを構成する

記事のヘッダー部分のデザインは、インデックステンプレートの段階で作成した「投稿タイトル」を入れたグループブロックを使い、次のように構成します。

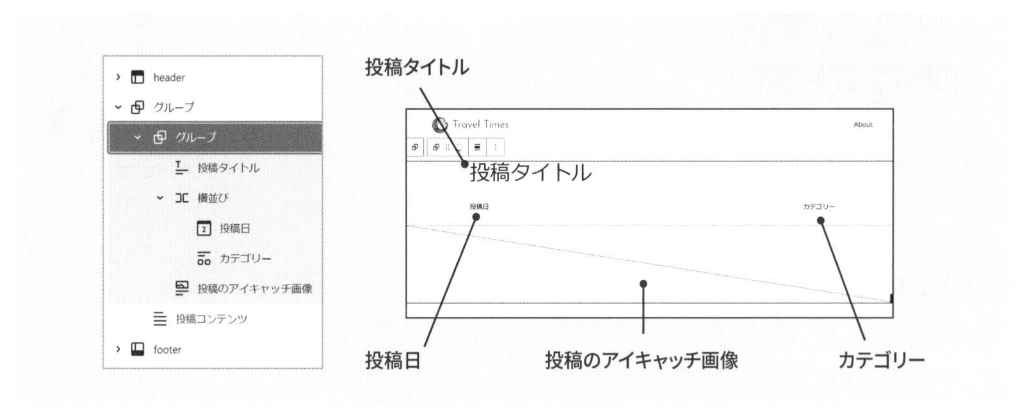

❶ 投稿タイトルを入れたグループブロックを選択し、＋をクリックしてブロックを追加していきます。

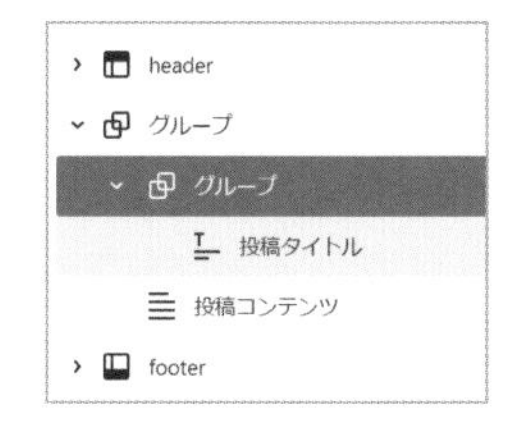

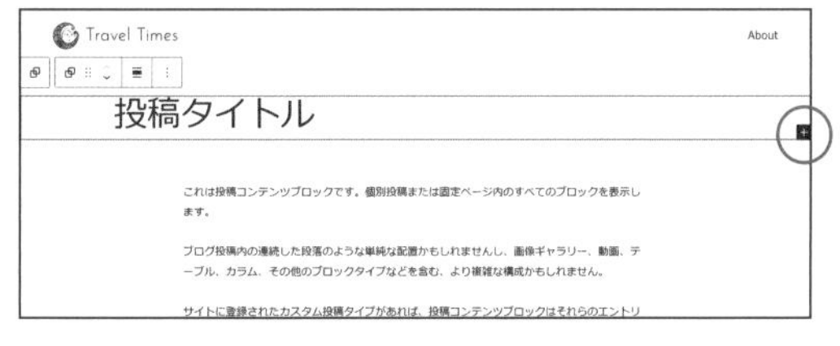

ここでは「投稿日」、「カテゴリー」、「投稿のアイキャッチ画像」ブロックを追加します。アイキャッチ画像は配置を 全幅 にします。

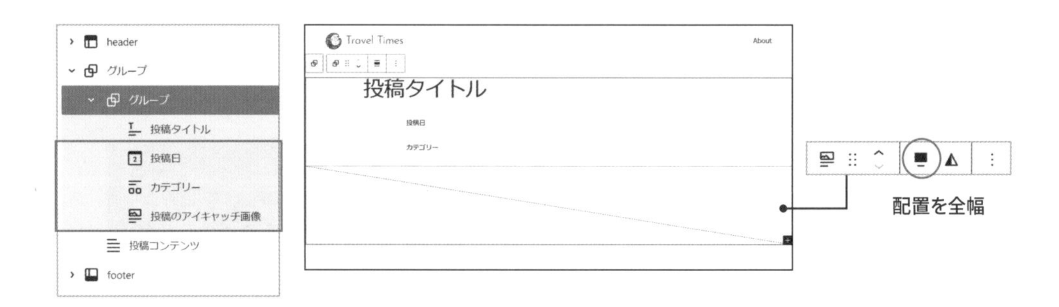

❷ 投稿日とカテゴリーをグループ化し、横並びに変換します。レイアウトの配置は 項目の間隔（Space between） にして両端揃えにし、 複数行に折り返す をオンにして画面幅に収まらないときには縦並びにします。配置は 幅広 にします。以上で、ブロックの構成は完了です。

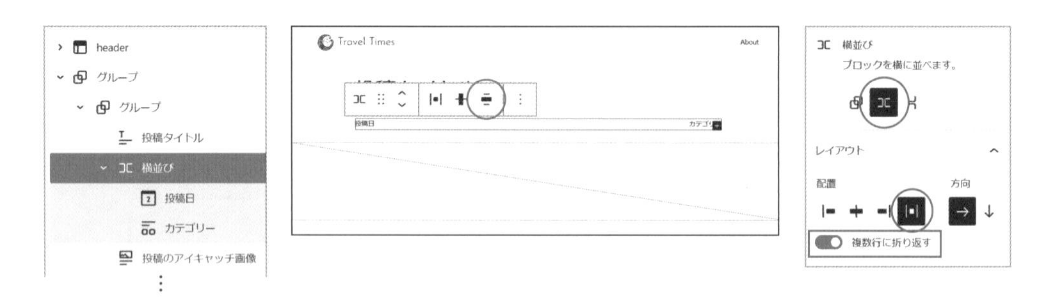

＋ 記事のヘッダー部分をスタイリングする

フロントの表示を確認すると、投稿日、カテゴリー、アイキャッチ画像が表示されます。これらのスタイルを指定していきます。

記事ページの表示。この段階では小さい画面幅でも横並びになっています。

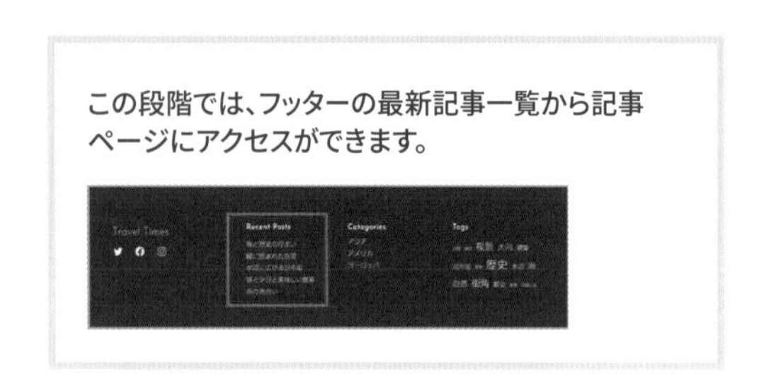

この段階では、フッターの最新記事一覧から記事ページにアクセスができます。

❶ 横並びブロックを選択し、タイトルとの間に区切り線を入れます。上の枠線の色を `Gray(グレー)`、太さを `1px` に指定。上パディングと上マージンはプリセットの `2` にし、枠線の上下に余白を入れます。

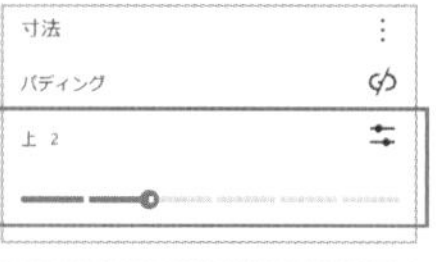

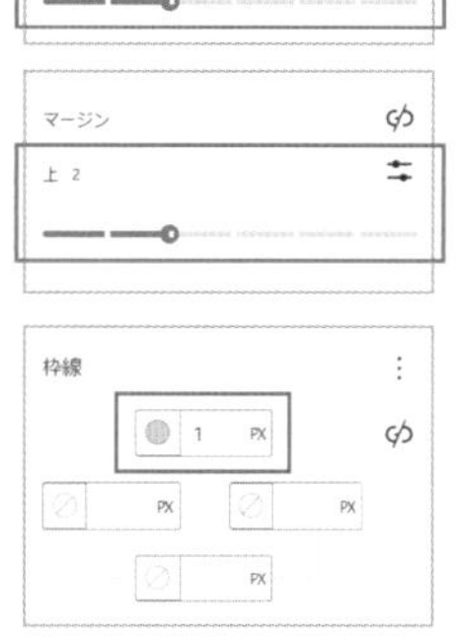

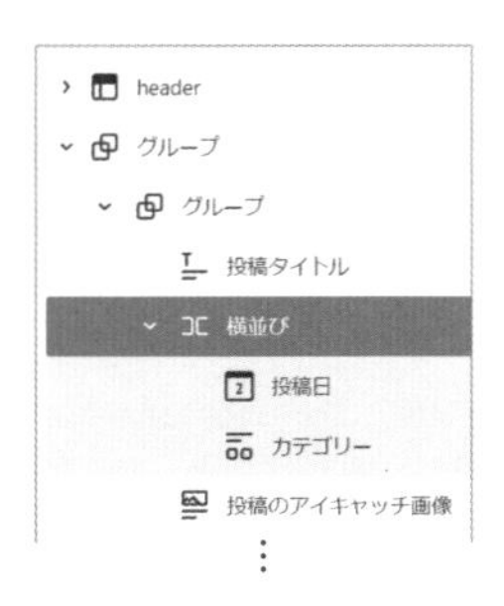

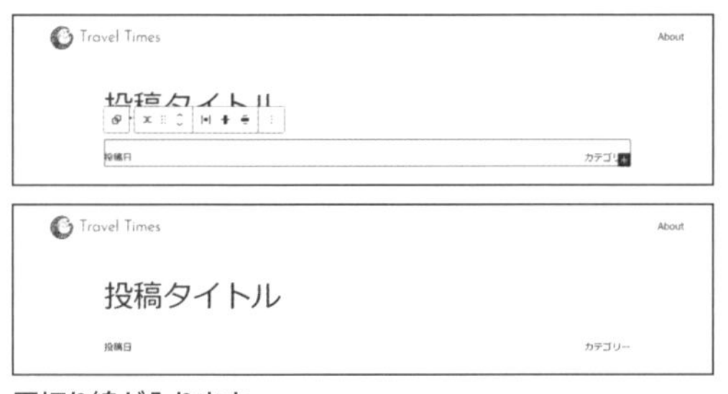

区切り線が入ります。

❷ 投稿日にアイコンを付けます。ただし、現時点ではアイコンを挿入するコアブロックはありません。画像ブロックなどを使う方法もありますが、位置調整が難しくなるのに加えて、WordPress は SVG に未対応です。

そのため、P.189 のように register_block_style() を使い、SVG で用意したアイコンを付加するスタイルを適用します。アイコンはフリーで利用できる Font Awesome の clock を使うため、SVG ファイルをダウンロードし、テーマフォルダ内の assets/images/ に置きます。

6

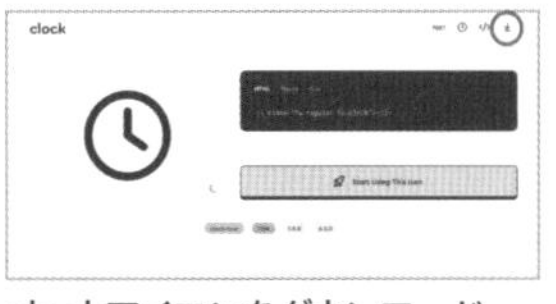

clockアイコンをダウンロード

https://fontawesome.com/icons/clock?s=regular&f=classic

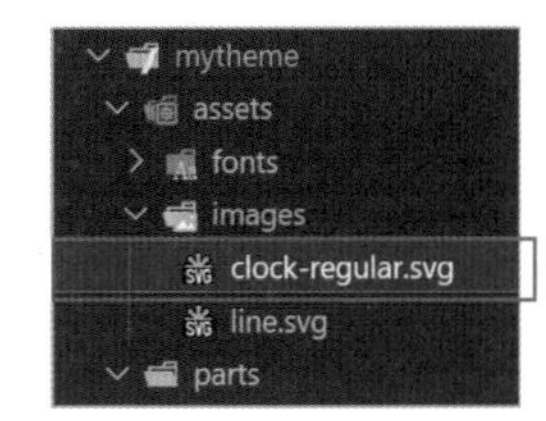

※SVGファイル内に帰属情報が含まれているため、ダウンロードしたものをそのまま使用します。

投稿日のフロントの出力コードは次のようになっています。ブロックを示すクラスは `wp-block-post-date` です。サイトエディターでは「投稿日」と表示されるだけなので、<time> は出力されません。

2022年10月20日

```
<div class="wp-block-post-date">
    <time datetime="2022-10-20T13:45:42+09:00">2022 年 10 月 20 日 </time>
</div>
```

functions.php でスタイルセレクターの選択肢を登録します。登録先は投稿日ブロック `core/post-date`、スタイル名は `clock-icon`、ラベルは `時計アイコン` にします。style.css では `wp-block-post-date` と `is-style-clock-icon` クラスを持つものに `::before` でアイコンを追加するスタイルを用意します。

```
// ブロックスタイル
function mytheme_register_block_styles() {
    …
    );

    // 投稿日：時計アイコン
    register_block_style(
        'core/post-date',
        array(
            'name' => 'clock-icon',
            'label' => '時計アイコン'
        )
    );

}
…
```

mytheme/functions.php

```
…
  padding-left: 0;
}

/* 投稿日：時計アイコン */
.wp-block-post-date.is-style-clock-icon::before {
  content: url(assets/images/clock-regular.svg);
  display: inline-block;
  width: 1em;
  height: 1em;
  vertical-align: -0.125em;
  margin-right: 0.4em;
  font-size: 1.25em;
  opacity: 0.3;
}
```

mytheme/style.css

display〜vertical-alignはアイコンの表示を整えるスタイルで、Font Awesomeのライブラリを使ったときに適用されるものです（::beforeでの挿入時にアイコンが消えるのを防ぐためwidthを追加しています）。margin-rightではテキストとの間隔、font-sizeではアイコンサイズ、opacityではアイコンの濃淡を指定しています。

サイトエディターをリロードし、投稿日ブロックのスタイルセレクターで「時計アイコン」を選択します。これで `is-style-clock-icon` クラスが追加され、時計アイコンが表示されます。

Font Awesomeのプラグイン（https://ja.wordpress.org/plugins/font-awesome/）を使う方法もありますが、右のようにインラインテキストのコードになるため、段落ブロックなどに入力して使う必要があります。

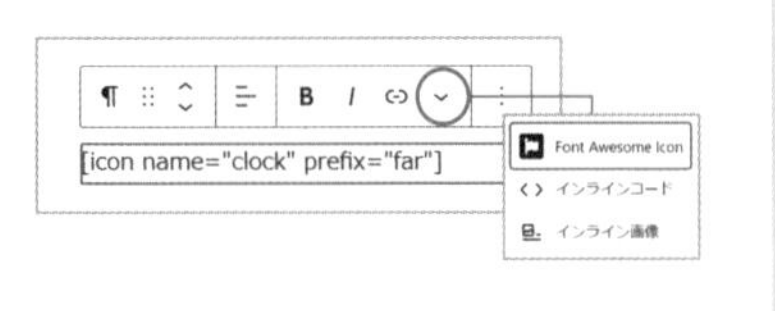

❸ カテゴリーブロックのスタイルを指定します。エディターでは「カテゴリー」としか表示されませんが、フロントでは右のように記事が属するカテゴリーのリンクが出力されています。このリンクを枠線で囲み、ボタンの形にします。
ただし、現時点ではカテゴリーブロックにその機能はありません。そのため、theme.json でカテゴリーブロック（core/post-terms）内のリンクのスタイルを次のように指定します。

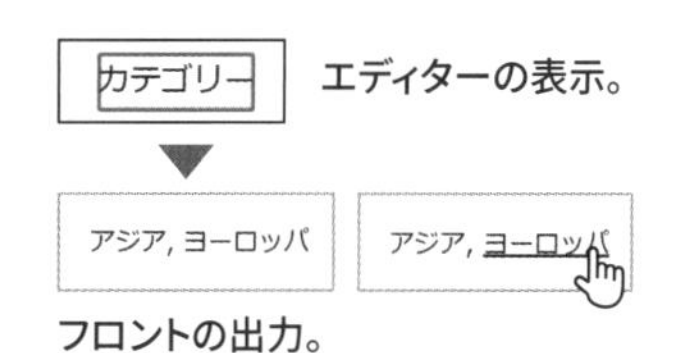

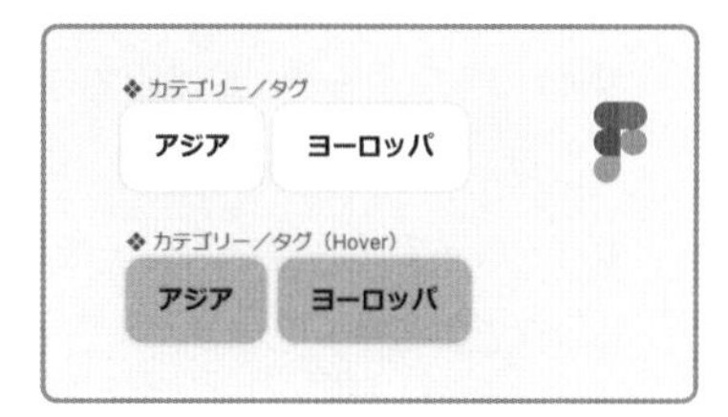

※現時点ではスタイルサイドバーでも指定できないため、theme.jsonを直接編集します。

```
"styles": {
  "blocks": {
    …
    "core/post-terms": {
      "elements": {
        "link": {
          ":hover": {
            "color": {
              "background": "var:preset|color|primary"
            },
            "typography": {
              "textDecoration": "none"
            }
          },
          "border": {
            "color": "var:preset|color|tertiary",
            "radius": "10px",
            "style": "solid",
            "width": "2px"
          },
          "spacing": {
            "padding": {
              "bottom": "var:preset|spacing|30",
              "left": "var:preset|spacing|40",
              "right": "var:preset|spacing|40",
              "top": "var:preset|spacing|30"
            }
          },
          "typography": {
            "fontSize": "var:preset|font-size|small",
            "fontStyle": "normal",
            "fontWeight": "700"
          }
        }
      }
    },
    "core/site-title": {
      …
```

styles.blocksで、カテゴリーブロック内のリンクのスタイルを以下のように指定。

カーソルを重ねたときのスタイル：
背景色をPrimary（黄色）に、下線表示をなしに指定。

枠線のスタイル：
枠線の色をTertiary（薄いグレー）、角丸を10px、スタイルをsolid（実線）、太さを2pxに指定。

スペースのスタイル：
上下パディングをプリセットの 1（スラッグ30）、左右パディングをプリセットの 2（スラッグ40）に指定。

テキストのスタイル：
フォントサイズを小（small）、外観を斜体なしの太さ700に指定。

mytheme/theme.json

これでリンクがボタンの形になります。ただし、リンクの間に区切り文字「,（カンマ）」が入っているので削除します。

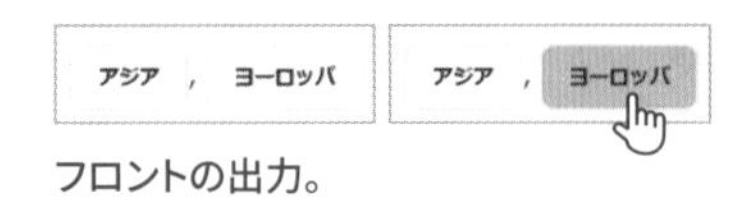

フロントの出力。

❹ 区切り文字を変更・削除する機能はカテゴリーブロックに用意されています。ただし、現時点ではサイトエディターの UI に出てきません。投稿エディターでは設定できるため、一旦サイトエディターを抜け、［投稿＞新規作成］で投稿エディターを開き、「カテゴリー」ブロックを追加します。設定サイドバーで「高度な設定」を開くと「区切り」にカンマが入力されています。これを削除して「ブロックをコピー」します。

投稿エディターを開いてカテゴリーブロックを追加。

「区切り」を空にしてコピー。

サイトエディターに戻り、P.88のテンプレート一覧の画面から「単一」テンプレートを開きます。コピーしたカテゴリーブロックに置き換えるため、次のようにします。

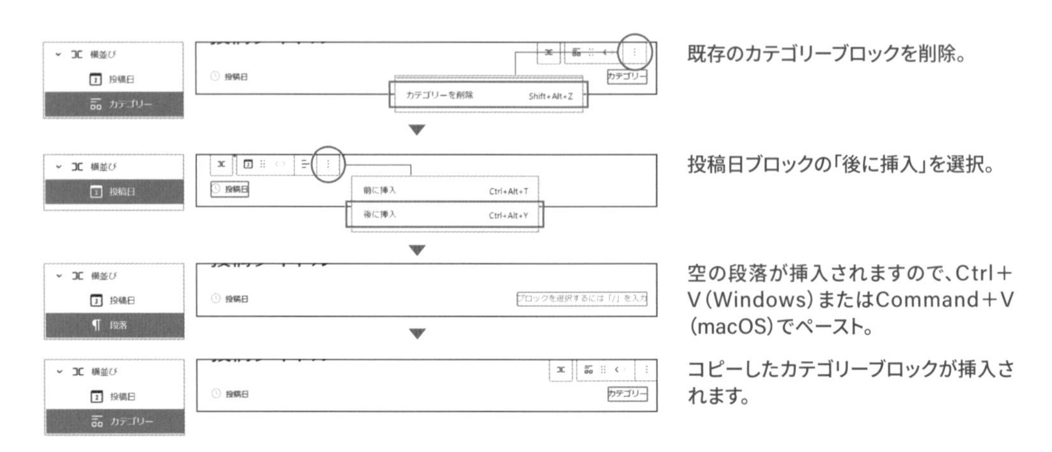

既存のカテゴリーブロックを削除。

投稿日ブロックの「後に挿入」を選択。

空の段落が挿入されますので、Ctrl＋V（Windows）またはCommand＋V（macOS）でペースト。

コピーしたカテゴリーブロックが挿入されます。

保存してフロントを確認すると、カテゴリーブロックの出力からカンマがなくなったことがわかります。以上で、記事のヘッダー部分のスタイリングは完了です。

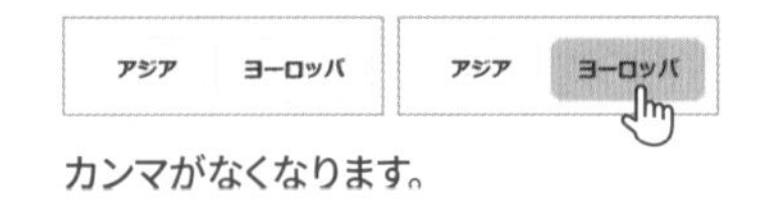

カンマがなくなります。

+ 記事のフッター部分のブロックを構成する

記事のフッター部分のデザインは、次のようなブロックのツリー構造で実現します。

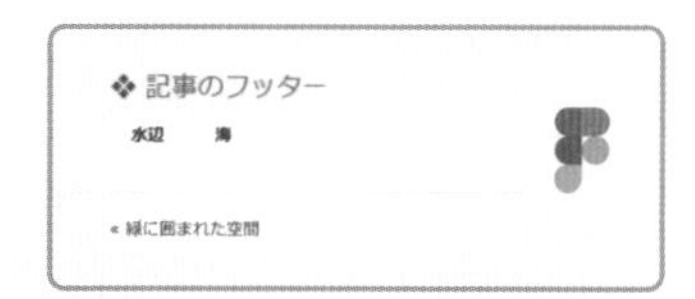

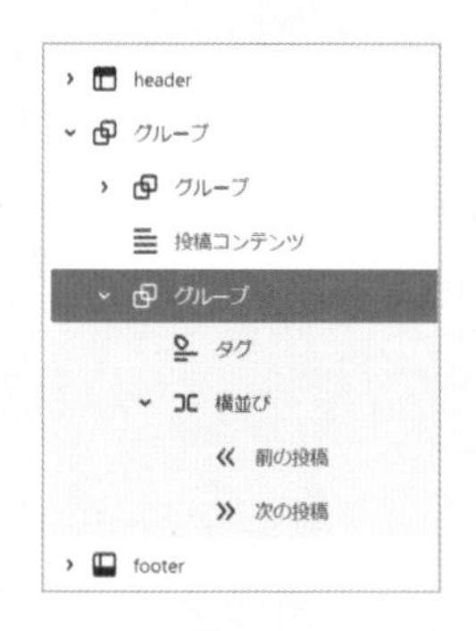

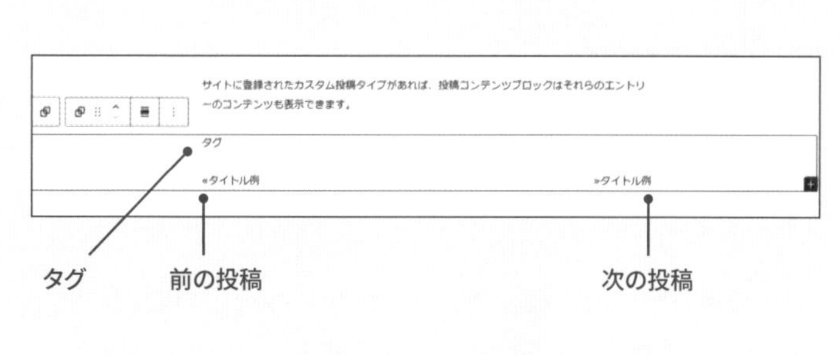

❶ 投稿コンテンツの後に「タグ」、「前の投稿」、「次の投稿」ブロックを追加します。ただし、タグブロックは内部的にはカテゴリーブロックと同じもので、サイトエディターでは区切り文字を編集できません。そのため、P.228 と同じように投稿エディターで区切り文字を消し、コピーしたものを追加しておきます。

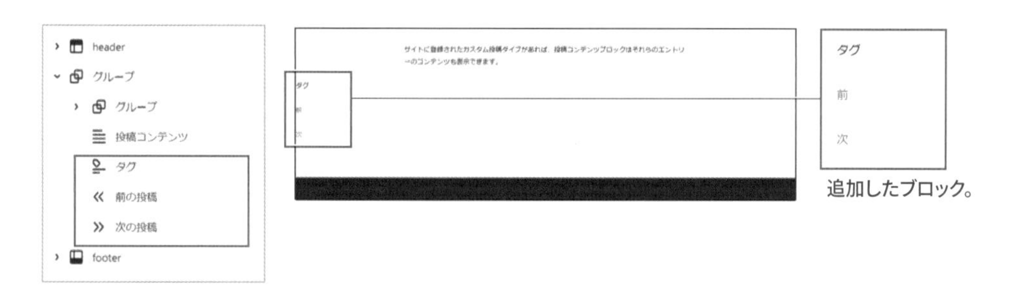

追加したブロック。

ブロックの構成が複雑になってくると、思ったところにブロックを追加するのが難しくなっていきます。このような場合、各ブロックのメニューに用意された「前に挿入」、「後に挿入」を使うのが確実です。
空の段落ブロックが追加されますので、この段落を選択した状態で、左上の ＋ (ブロック挿入ツール) を開いてブロックを選択するか、コピーしたブロックをペーストします。
適当な位置に挿入し、P.184のようにドラッグ＆ドロップで調整しても問題ありません。

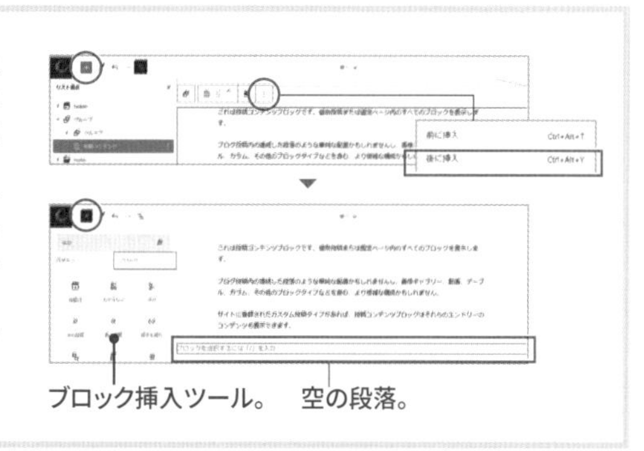

ブロック挿入ツール。　空の段落。

❷ 追加した3つのブロックをグループ化します。`コンテント幅を使用するインナーブロック` はオンにして、Constrained レイアウトタイプにします。これで、3つのブロックの横幅はコンテンツサイズ（756px）になります。

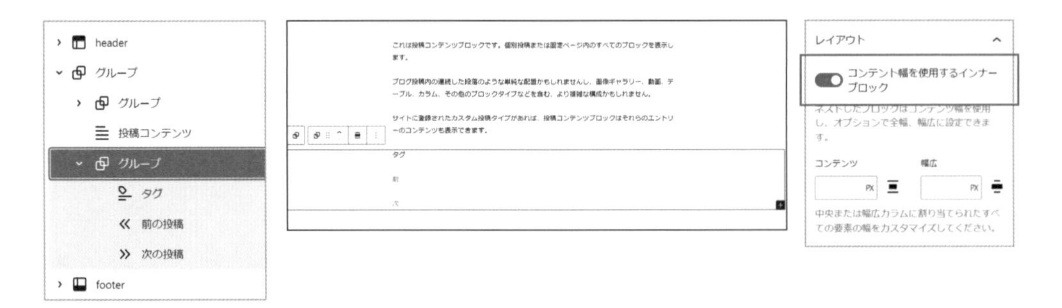

❸ 「前の投稿」と「次の投稿」ブロックをグループ化して横並びに変換し、レイアウトの配置を `項目の間隔（Space between）` にします。

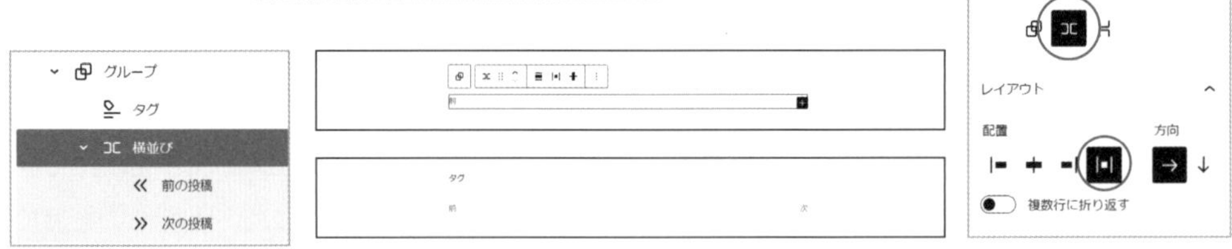

❹ 「前の投稿」と「次の投稿」ブロックを選択し、タイトルをリンクとして表示するをオンにします。

❺ 「前」、「次」と表示されている箇所にはテキストでラベルを入力できます。ここでは「«」と「»」を入力しています。以上で、ブロックの構成は完了です。

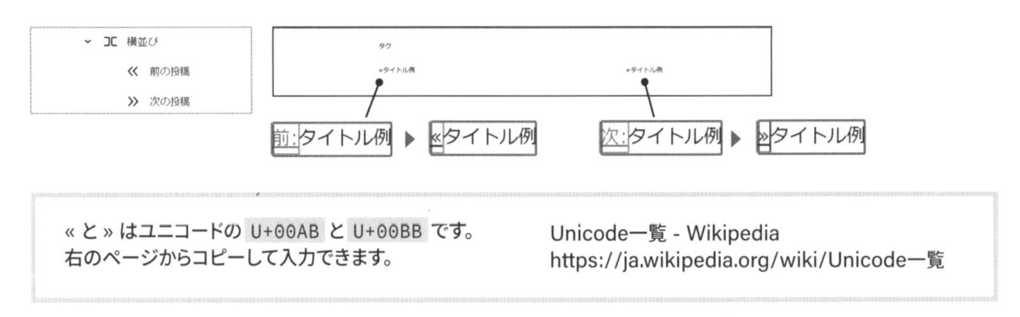

« と » はユニコードの `U+00AB` と `U+00BB` です。
右のページからコピーして入力できます。

Unicode一覧 - Wikipedia
https://ja.wikipedia.org/wiki/Unicode一覧

＋ 記事のフッター部分をスタイリングする

テンプレートを保存してフロントの表示を確認すると右のようになっています。タグには P.227 の theme.json で指定したカテゴリーのスタイルが適用されていますので、前後の記事へのリンクをスタイリングしていきます。

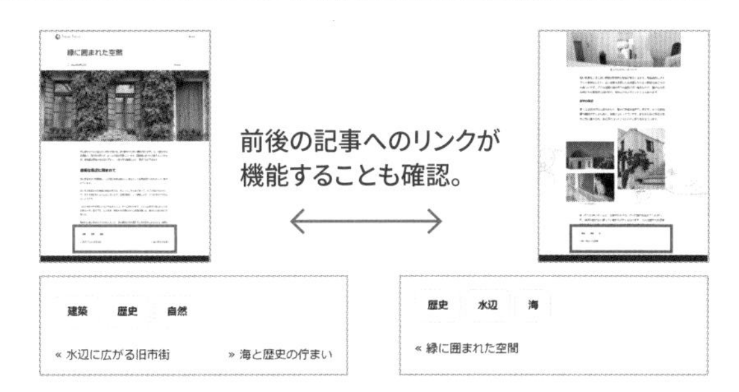

❶ 「次の投稿」ブロックのラベル「»」をタイトルの右側に表示します。ただし、現時点ではブロックにその機能はありません。そのため、P.189 のように register_block_style() を使ってスタイルを適用します。

「次の投稿」の出力コードは次のようになっています。ブロックを示すクラスは `wp-block-post-navigation-link` で、子要素としてラベルが <span>、リンクが <a> で構成されています。

» 海と歴史の佇まい

```
<div class="post-navigation-link-next wp-block-post-navigation-link">
  <span class="post-navigation-link__label">»</span>
  <a href="http://…/waterfront/" rel="next">海と歴史の佇まい</a>
</div>
```

functions.php でスタイルセレクターの選択肢を登録します。登録先は「次の投稿」ブロック `core/post-navigation-link`、スタイル名は `reverse`、ラベルは `ラベル逆配置` にします。style.css では `wp-block-post-navigation-link` と `is-style-reverse` クラスを持つものにラベルの配置を逆にするスタイルを適用します。

```
// ブロックスタイル
function mytheme_register_block_styles() {
    …
    );

    // 次の投稿：ラベル逆配置
    register_block_style(
        'core/post-navigation-link',
        array(
            'name' => 'reverse',
            'label' => 'ラベル逆配置'
        )
    );
}
```

mytheme/functions.php

```
…
  opacity: 0.3;
}

/* 次の投稿：ラベル逆配置 */
.wp-block-post-navigation-link.is-style-reverse {
  display: flex;
  flex-direction: row-reverse;
  gap: 0.3em;
}
```

Flexboxを使ってラベルとリンクの配置を逆にするように指定。

mytheme/style.css

サイトエディターをリロードし、「次の投稿」ブロックのスタイルセレクターで「ラベル逆配置」を選択します。これで `is-style-reverse` クラスが追加され、配置が逆になります。

❷ 横並びブロックを選択し、タグとの間に区切り線を入れます。上の枠線の色を `Gray（グレー）`、太さを `1px` に指定。プリセットで上パディングは `2`、上マージンは `3` にし、枠線の上下に余白を入れます。

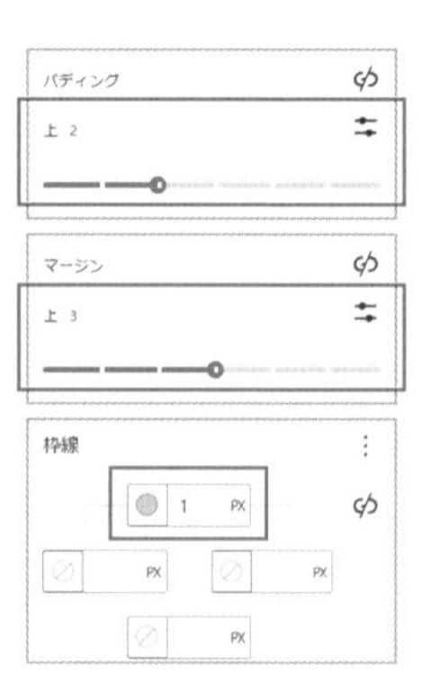

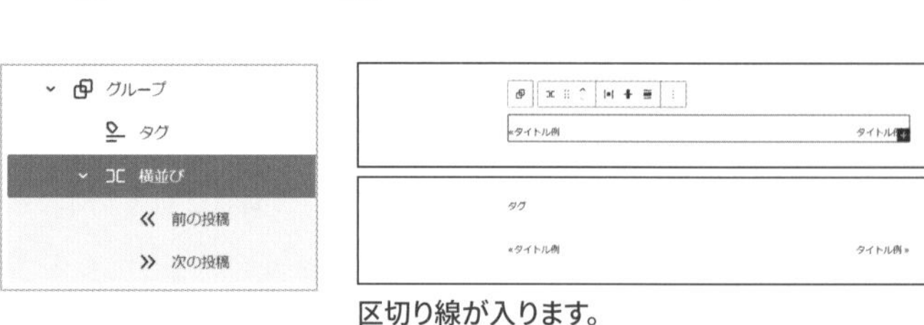

区切り線が入ります。

以上で、記事ページは完成です。ここで追加した記事のヘッダーやフッターがきちんと表示されることも確認しておきます。

＋ 新規に作成したテンプレートをテーマに反映させる

新規に作成した「単一」テンプレートはデータベースに保存され、テンプレートの一覧画面では追加者（Added by）として作成したWordPressのユーザーが表示されます。メニューからは「削除」することも可能です。

Create Blick Themeプラグインを使ってテーマに反映すると、単一テンプレートは「single.html」というファイル名でtemplatesフォルダ内に保存されます。この状態でテンプレートの一覧画面を開くと、追加者（Added by）にはテーマ名が表示され、テーマで管理する状態になったことがわかります。

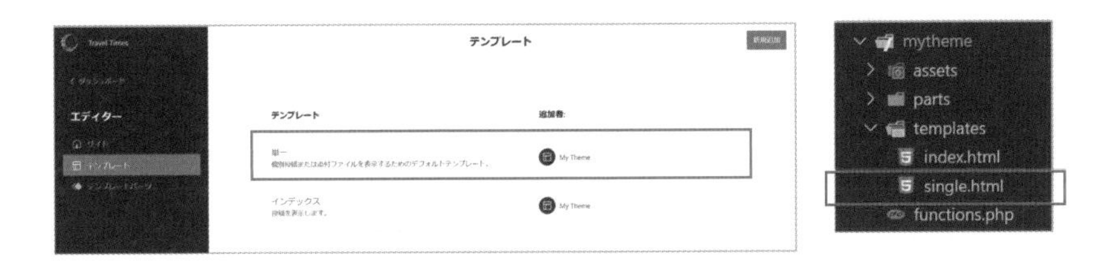

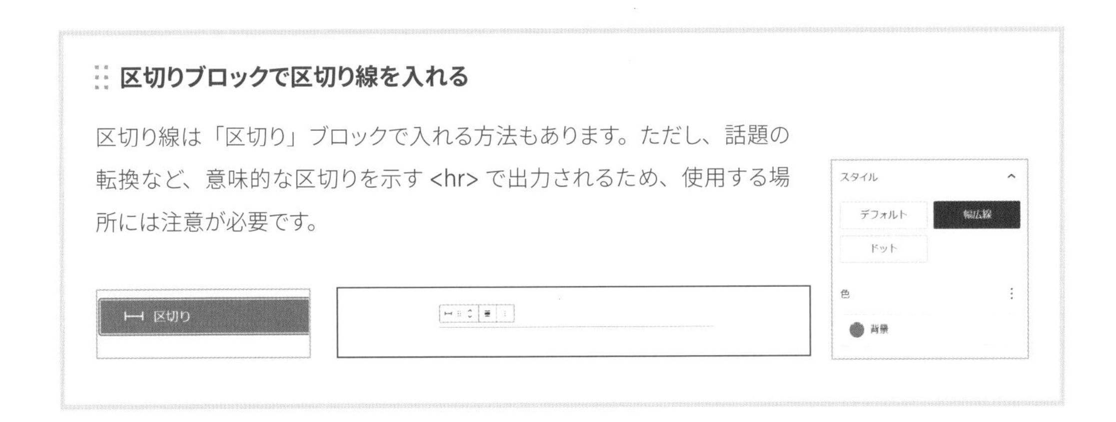

区切りブロックで区切り線を入れる

区切り線は「区切り」ブロックで入れる方法もあります。ただし、話題の転換など、意味的な区切りを示す<hr>で出力されるため、使用する場所には注意が必要です。

固定ページテンプレートで アバウトページを仕上げる

次に、[固定ページ] で管理しているコンテンツのページ（アバウトページ）を仕上げます。Figmaのデザインのようにページのタイトルを中央揃えで大きく配置し、コンテンツとフッターの間に余白を入れない形にします。

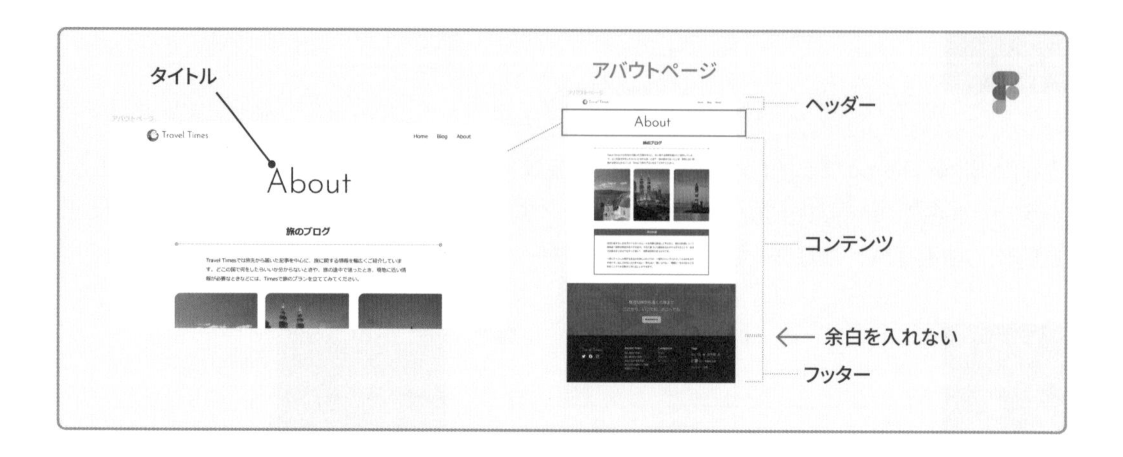

＋ 固定ページのテンプレートを作成する

固定ページの生成に使用される「固定ページ(Page)」テンプレートを作成します。
サイトエディターのナビゲーションから「テンプレート」を選んでテンプレートの一覧を開き、「新規追加」から「固定ページ」を選択します。

２つの選択肢が表示されます。すべての固定ページの生成に使用する場合は「固定ページ一覧」を、特定の固定ページの生成のみに使用する場合は「固定ページ」を選択します。ここでは「固定ページ一覧」を選びます。

固定ページテンプレートが作成され、編集画面が開きます。単一テンプレートと同じようにインデックステンプレートをコピーして作成され、右のように表示されます。

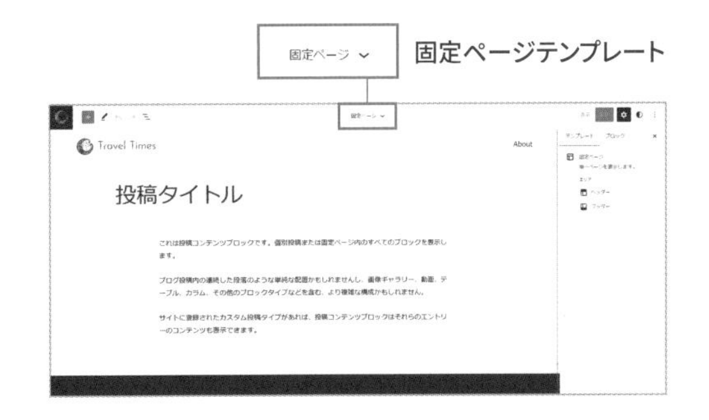

+ 固定ページのブロックを構成する

インデックステンプレートをコピーした状態なため、固定ページに必要な「ヘッダー（header)」、「投稿タイトル」、「投稿コンテンツ」、「フッター（footer)」ブロックは構成済みです。

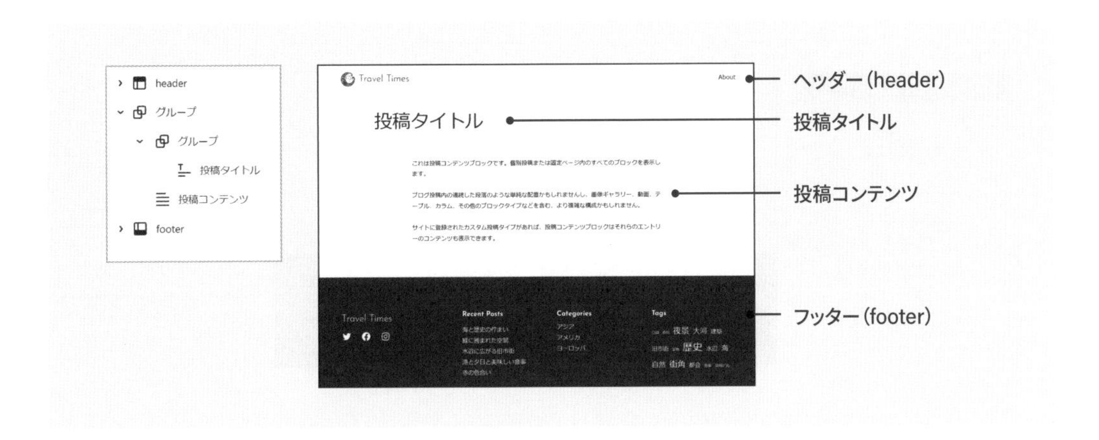

+ 固定ページをスタイリングする

ブロックは構成済みなため、スタイリングして仕上げます。フロントの表示を確認すると右のようになっていますので、タイトルのスタイルを指定し、フッターの上の余白を削除します。

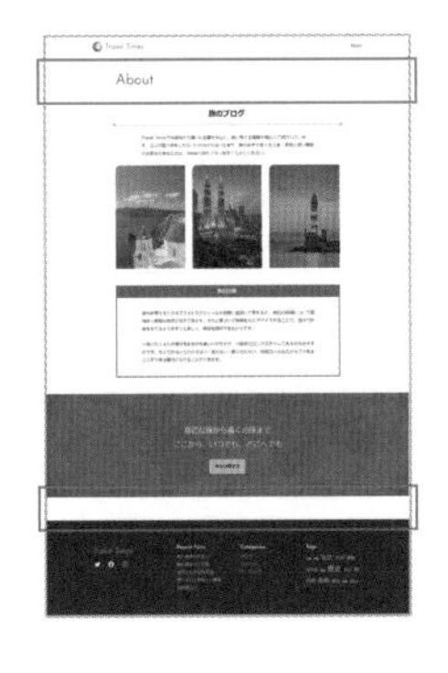

アバウトページにはページ右上のナビゲーションからアクセスできます。
Travel Times
About
About

❶ まずはタイトルのスタイルを指定します。「投稿タイトル」ブロックを選択し、テキストの配置を `テキスト中央寄せ` に、フォントサイズをプリセットの `XXL (xx-large)` にします。

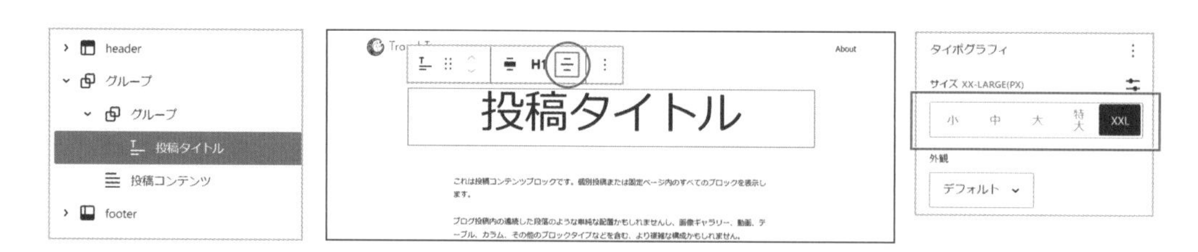

❷ 次に、コンテンツとフッターの間に入っている余白を削除します。そのため、メインコンテンツを構成するグループブロックを選択し、P.218 で挿入した下マージンを「0」にします。しかし、メインコンテンツとフッターとの間には余白が残ります。

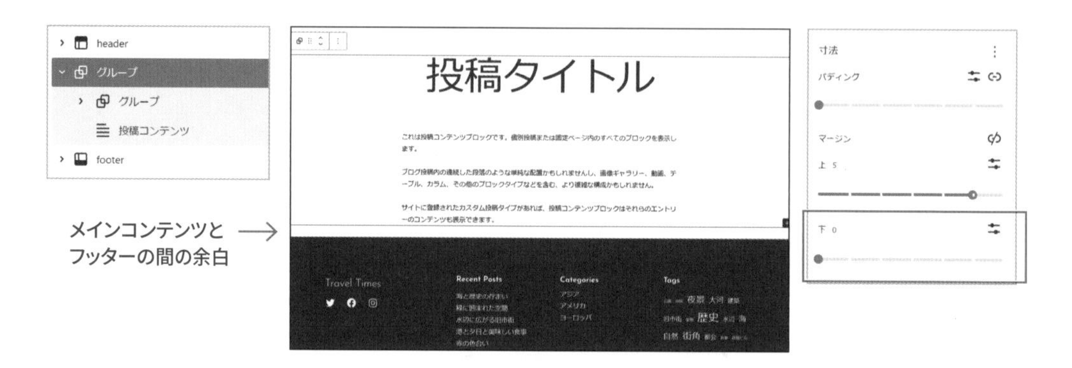

❸ 残った余白は、P.217 のように挿入されたフッターブロックの上マージンです。P.218 で確認したように、現時点ではフッターブロックからも theme.json からも調整できないため、register_block_style() を使ってスタイルを適用します。

フッターブロックの出力コードは次のようになっています。ブロックを示すクラス名は `wp-block-template-part` です。これは、フッターブロックやヘッダーブロックが、エリアに関係なくテンプレートパーツを選択できる「テンプレートパーツ」ブロックと内部的に同じものなためです。

```
<footer class="wp-block-template-part">
    …
</footer>
```

functions.phpでスタイルセレクターの選択肢を登録します。登録先は「テンプレートパーツ」ブロック `core/template-part`、スタイル名は `rm-margin-top`、ラベルは `上マージン削除` にします。style.cssでは `wp-block-template-part` と `is-style-rm-margin-top` クラスを持つものに上マージンを削除するスタイルを適用します。

```
// ブロックスタイル
function mytheme_register_block_styles() {
    …
    );

    // テンプレートパーツ: 上マージン削除
    register_block_style(
        'core/template-part',
        array(
            'name' => 'rm-margin-top',
            'label' => '上マージン削除'
        )
    );
}
```

mytheme/functions.php

```
…
  gap: 0.3em;
}

/* テンプレートパーツ: 上マージン削除 */
.wp-block-template-part.is-style-rm-margin-top {
  margin-top: 0;
}
```

margin-topを0にして、上マージンを削除。

mytheme/style.css

サイトエディターをリロードし、フッター(footer)ブロックのスタイルセレクターで「上マージン削除」を選択します。これで `is-style-rm-margin-top` クラスが追加され、余白が消えます。

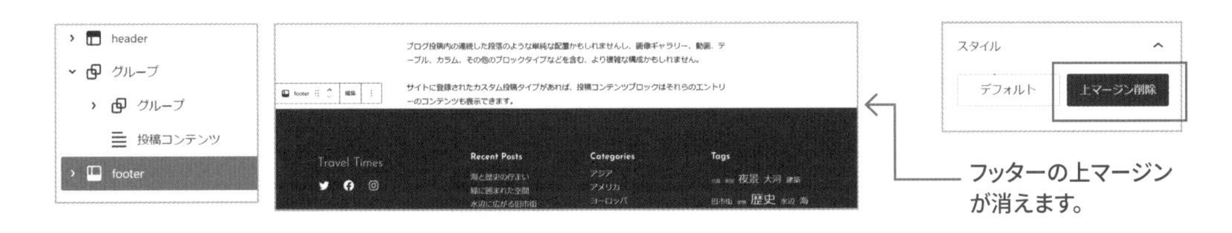

フッターの上マージンが消えます。

以上で、アバウトページは完成です。フロントを開き、タイトルが大きくなり、フッターの上の余白が消えていることを確認します。

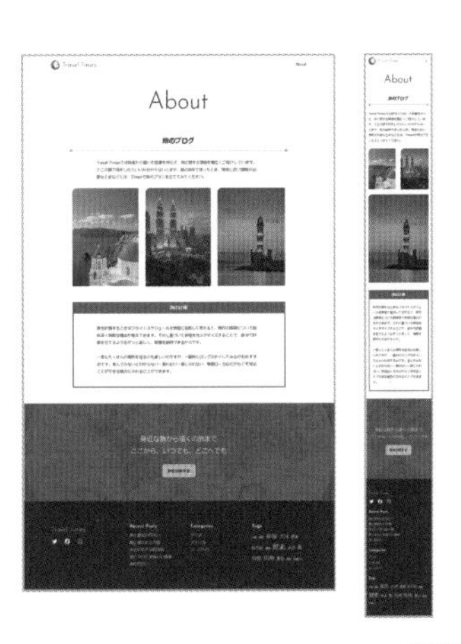

作成した固定ページテンプレートをテーマに反映させると、page.htmlとしてtemplatesフォルダ内に保存されます。

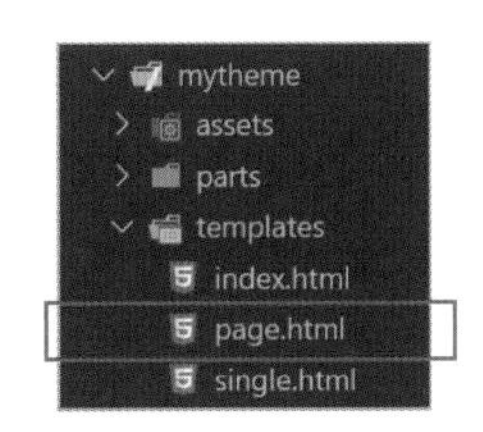

インデックステンプレートで記事一覧のトップページを作成する

記事一覧のトップページを作成し、記事ページにアクセスできるようにします。記事一覧には、各記事のアイキャッチ画像とタイトルを表示します。カーソルを重ねたら、アイキャッチ画像には影を付けます。

+ インデックステンプレートを開く

記事一覧はこの段階ではトップページとして作成します。そして、サイト型のトップページを作成したあとで、記事一覧ページとして /blog でアクセスできるように変更します。

このような記事一覧のトップページの生成には「ホーム」または「インデックス」テンプレートが使用されます。ただし、現時点のサイトエディターでは「ホーム」テンプレートを新規に追加できません。そのため、インデックステンプレートを使って記事一覧ページを作成します。サイトエディターで開いて編集していきます。

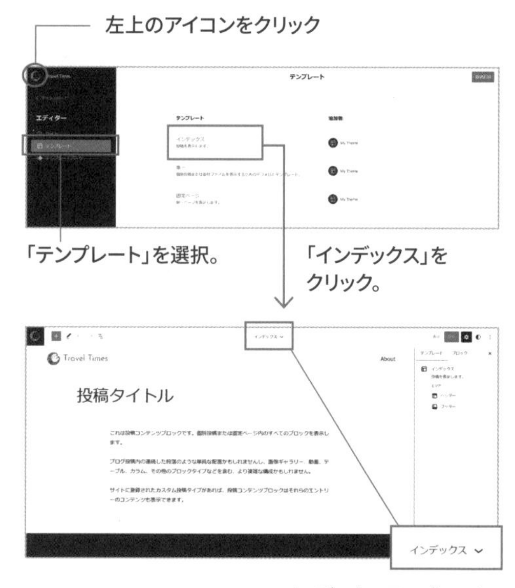

インデックステンプレート

＋ 記事一覧のトップページのブロックを構成する

記事一覧のトップページは次のようなブロックのツリー構造で実現します。ヘッダーとフッターはインデックステンプレートに挿入済みのものをそのまま使用します。

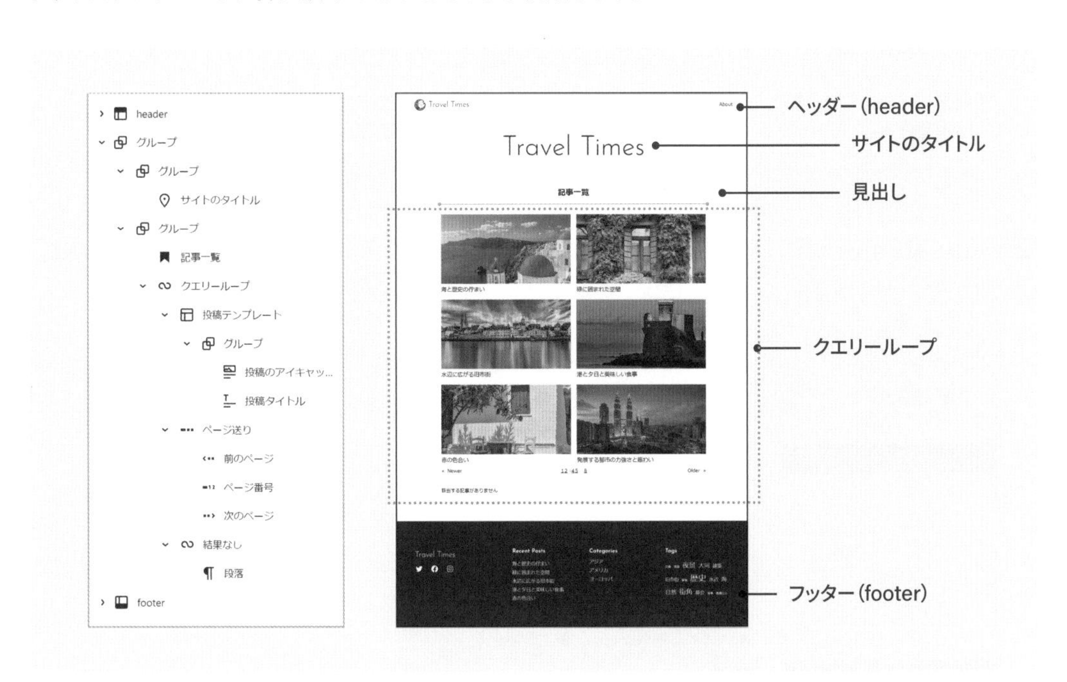

❶ まずは、インデックステンプレートに挿入していた「投稿タイトル」ブロックを削除し、「サイトのタイトル」ブロックに置き換え、サイト名を表示します。このブロックは配置を 幅広 に、マークアップを H1 にします。 タイトルをホームにリンクする はオフにします。
なお、「グループ」ブロックには P.218 ～ 219 で間隔を調整するマージンを付加していますので、削除したり置き換えたりせず、そのまま使用します。

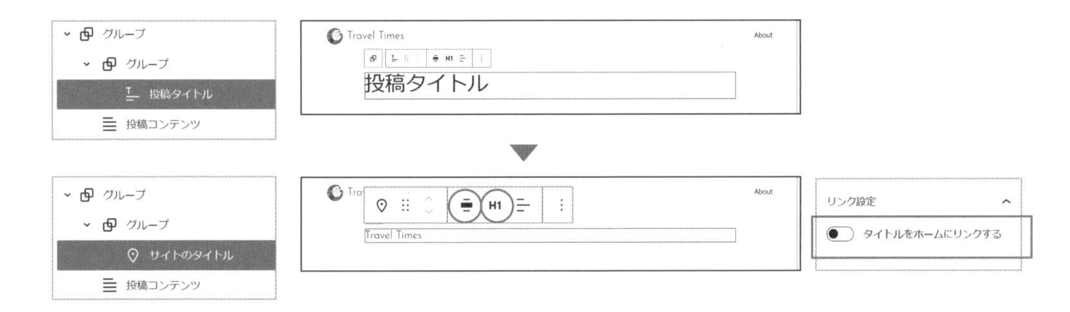

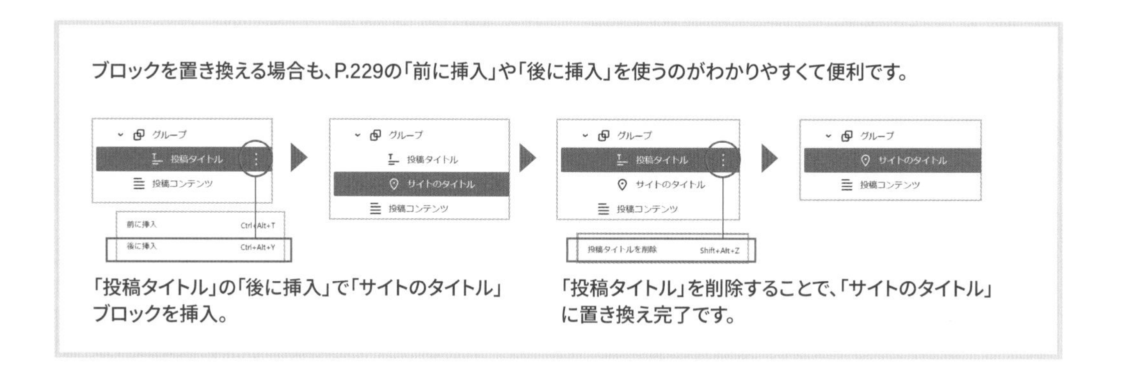

ブロックを置き換える場合も、P.229の「前に挿入」や「後に挿入」を使うのがわかりやすくて便利です。

「投稿タイトル」の「後に挿入」で「サイトのタイトル」ブロックを挿入。

「投稿タイトル」を削除することで、「サイトのタイトル」に置き換え完了です。

❷ 同じように、インデックステンプレートに挿入していた「投稿コンテンツ」ブロックを削除し、「見出し」ブロックに置き換えます。見出しには「記事一覧」と入力し、マークアップは H2 にします。

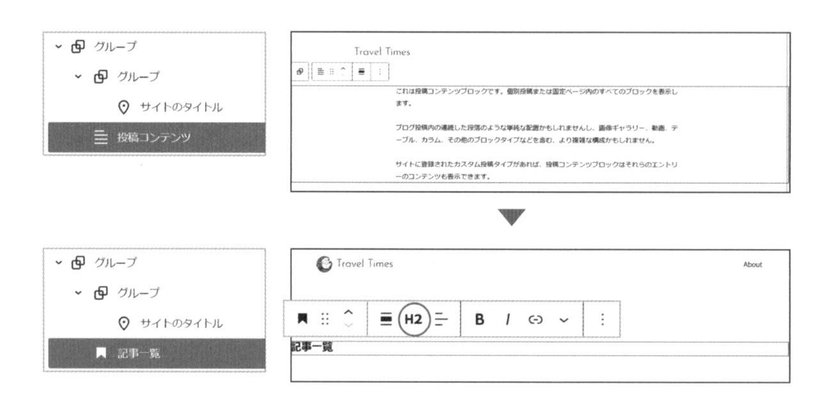

❸ 見出しはグループ化してグループブロックの中に入れ、配置を 幅広 にします。

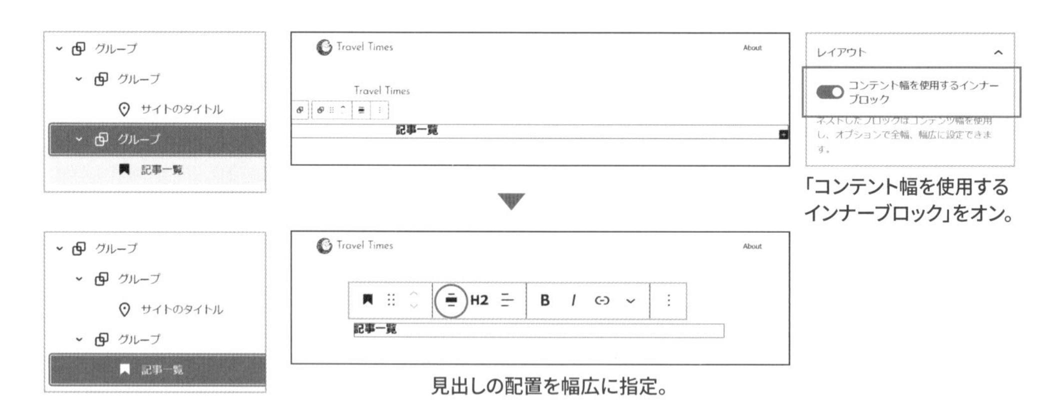

「コンテント幅を使用するインナーブロック」をオン。

見出しの配置を幅広に指定。

❹ 見出しの後には、記事をリストアップする「クエリーループ」ブロックを追加します。各記事のアイキャッチ画像とタイトルを表示したいので、「新規」を選び、「画像、日付、タイトル」を選択します。

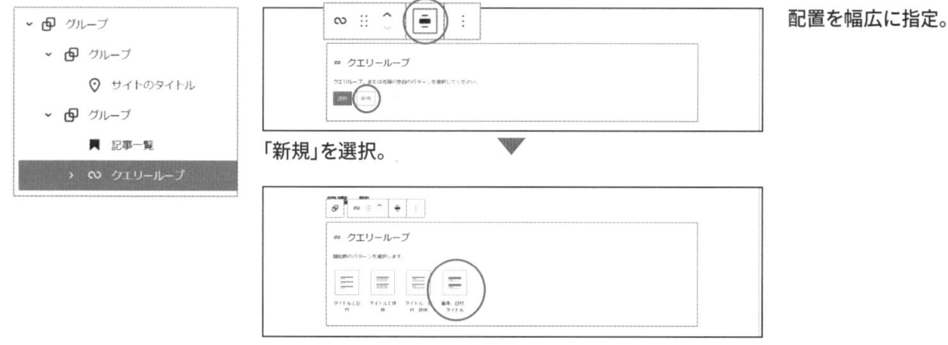

❺ 記事が「リスト表示」でリストアップされますので、「グリッド表示」に切り替えます。

初期状態では「投稿」で管理している記事をリストアップする設定になっています。

❻ 6 件の記事を 2 カラムで表示するため、表示設定の「ページごとの項目数」を 6 に、カラムを 2 にします。

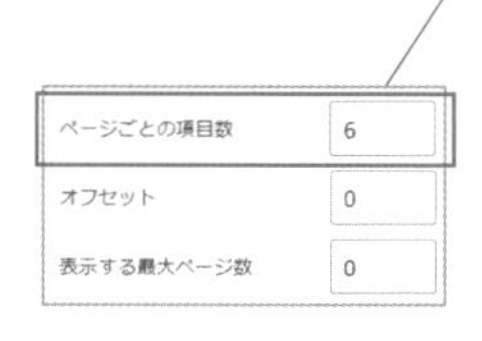

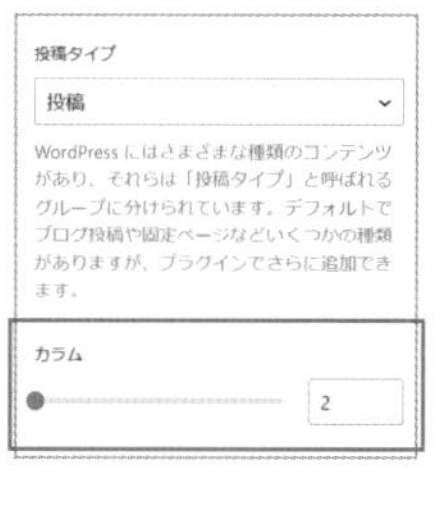

6

❼ クエリーループ内にはデフォルトで「投稿テンプレート」、「ページ送り」、「結果なし」ブロックが用意されています。このうち、「投稿テンプレート」で各記事の構成が決まります。「投稿のアイキャッチ画像」、「投稿日」、「投稿タイトル」の3つのブロックで構成されているため、「投稿日」ブロックを削除します。

「投稿日」ブロックを削除します。

❽ 「投稿のアイキャッチ画像」は 投稿へのリンク をオンにします。

❾ 「投稿タイトル」はマークアップを H3 にして、 タイトルをリンクにする をオンにします。

❿ 「ページ送り」ブロックは、「前のページ」、「ページ番号」、「次のページ」の3つのブロックで構成されています。レイアウトの配置は 項目の間隔 に、矢印は シェブロン にします。

⓫ 「前のページ」、「次のページ」ブロックのテキストを「Newer」、「Older」と入力します。

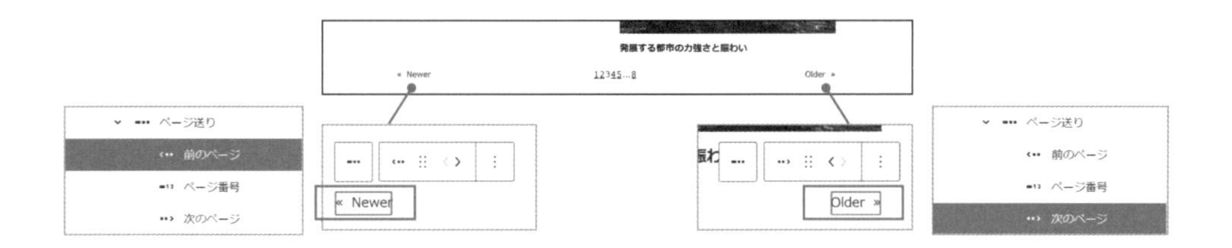

⓬ 「結果なし」ブロックでは、リストアップする記事がない場合に表示する内容を構成します。デフォルトでは空の段落ブロックが用意されているため、ここでは「該当する記事がありません」と入力します。以上で、ブロックの構成は完了です。

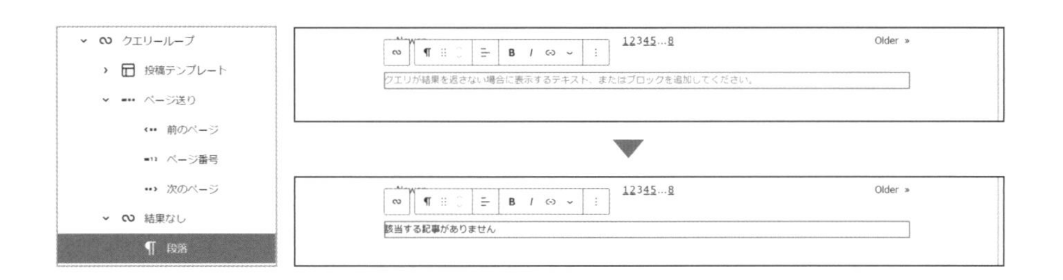

＋ 記事一覧のトップページをスタイリングする

フロントでトップページを開くと右のようになっています。ページネーションの「Older」をクリックすると2ページ目以降が開きますので、これらをスタイリングしていきます。

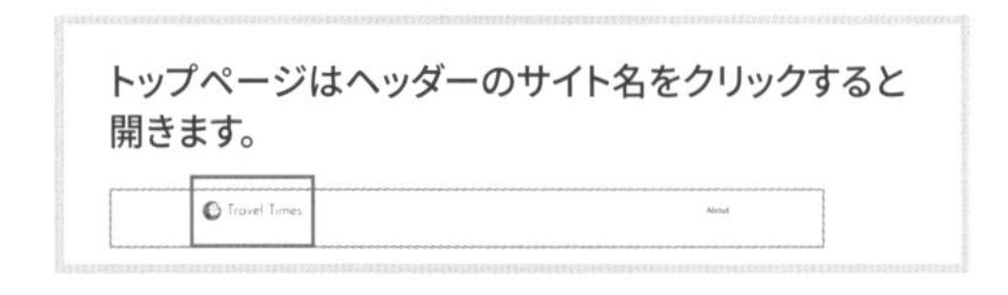

トップページはヘッダーのサイト名をクリックすると開きます。
Travel Times
About

ページネーションの表示

❶ まずはサイト名のスタイルを指定します。「サイトのタイトル」ブロックを選択し、テキストの配置を テキスト中央寄せ に、フォントサイズをプリセットの XXL（xx-large） にします。このスタイルは、P.236 の固定ページの投稿タイトルと同じです。

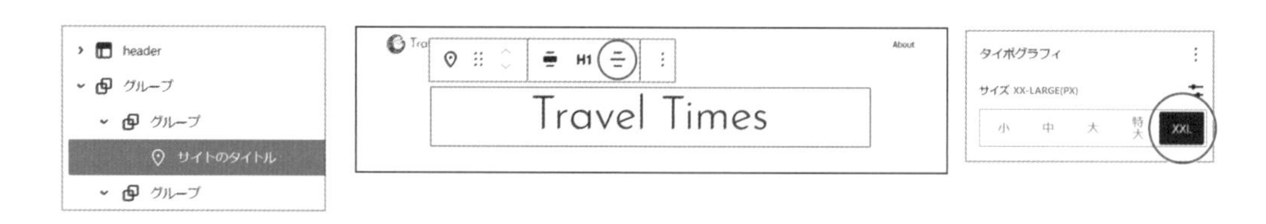

❷ 記事一覧の見出しを P.188 の見出しと同じスタイルにします。テキストの配置を テキスト中央寄せ にして、スタイルで 丸付き飾り罫 を選択します。

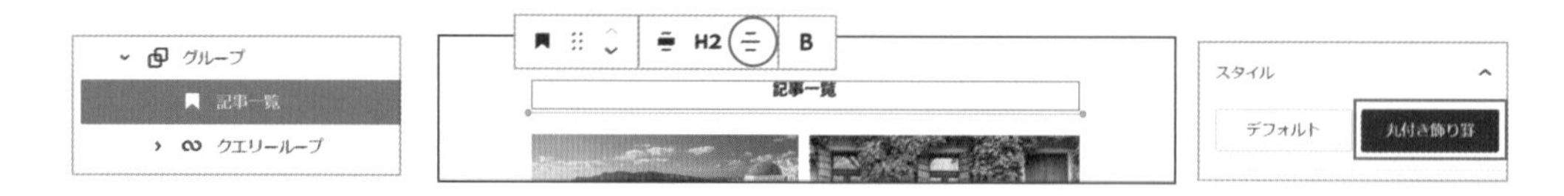

❸ アイキャッチ画像の高さを揃えて切り抜くため、高さを 250px、縮尺を 余白なし （object-fit: cover）にします。

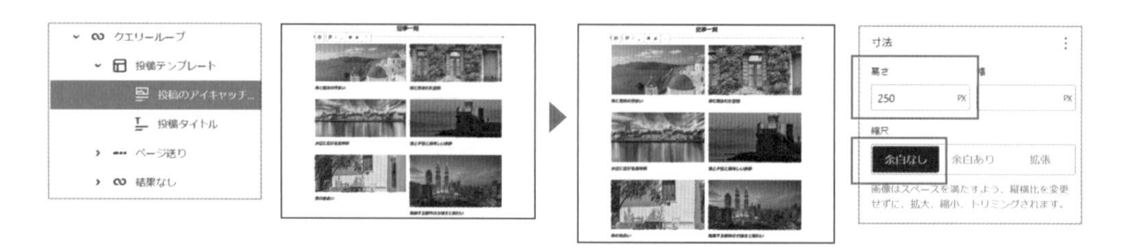

❹ リンクを設定したアイキャッチ画像にカーソルを重ねたら、影が付くようにします。ただし、現時点ではブロックにその機能はありません。theme.json で「投稿のアイキャッチ画像」ブロック（core/post-featured-image）内のリンクのスタイルを次のように指定します。

※現時点ではスタイルサイドバーでも指定できないため、theme.jsonを直接編集します。

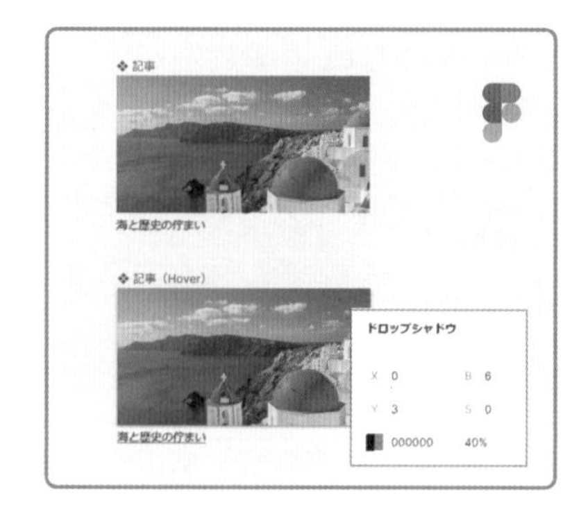

フロントをリロードしてアイキャッチ画像にカーソルを重ねると、影が付きます。

```
"styles": {
  "blocks": {
    …
    "core/post-featured-image": {
      "elements": {
        "link": {
          ":hover": {
            "shadow": "0 3px 6px rgba(0,0,0,0.4)"
          }
        }
      }
    },
    "core/post-terms": {
    …
```

mytheme/theme.json

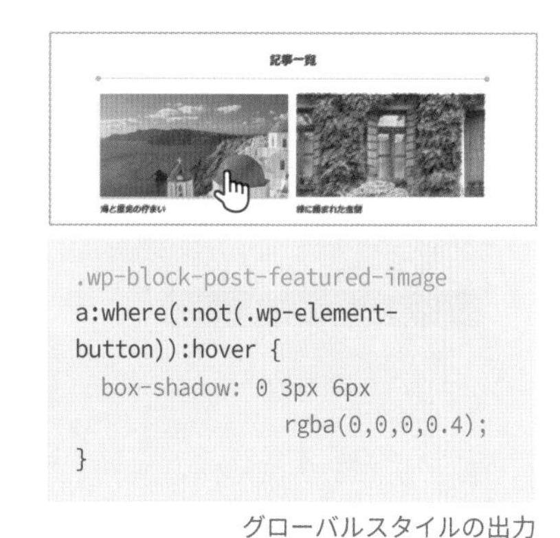


```
.wp-block-post-featured-image
a:where(:not(.wp-element-
button)):hover {
  box-shadow: 0 3px 6px
              rgba(0,0,0,0.4);
}
```

グローバルスタイルの出力

❺ 「投稿タイトル」は見出しとして太字になっているため、外観を 標準 にして細くします。

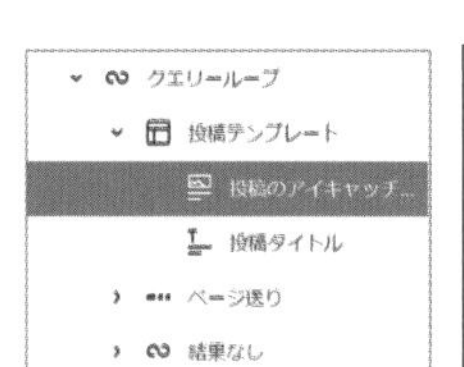

❻ 画像とタイトルの間隔を狭くします。ただし、現時点では「投稿テンプレート」ブロックは「コンテナ」に分類されるものではありません。そのため、中身のブロックには P.155 のフクロウセレクタのスタイルが適用されず、どのように間隔が調整されるかはブロックしだいとなっています。

たとえば、アイキャッチ画像にはブロックが持つ CSS で下マージンが、H3 の見出しにはブラウザの UA スタイルシートで上下マージンが入っています。こうした状態をブロックごとに確認して間隔を調整するのは大変です。

このような場合、コンテナを用意するのが簡単です。「投稿のアイキャッチ画像」と「投稿タイトル」をグループ化して、ブロックの間隔をプリセットの `1` にします。横幅をコントロールする必要はないため、`コンテント幅を使用するインナーブロック` はオフにして Flow レイアウトタイプにします。これでタイトルの上にだけプリセット1の上マージンが入り、画像との間隔が狭くなります。

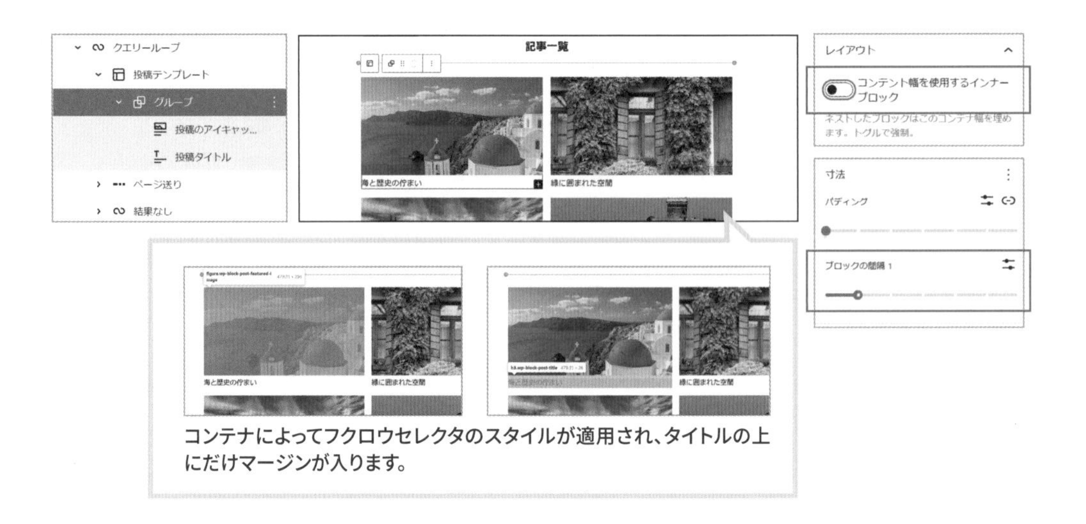

コンテナによってフクロウセレクタのスタイルが適用され、タイトルの上にだけマージンが入ります。

❼ ページネーションの「ページ番号」ブロックで、表示中のページ番号の色を薄くします。ただし、現時点ではブロックにその機能はありません。theme.json でページ番号ブロック（core/query-pagination-numbers）のテキストの色をプリセットの `Gray（グレー）` にします。

※現時点ではスタイルサイドバーでも指定できないため、theme.jsonを直接編集します。

```
"styles": {
  "blocks": {
    …
    "core/query-pagination-numbers": {
      "color": {
        "text": "var:preset|color|gray"
      }
    },
    "core/site-title": {
    …
```

mytheme/theme.json

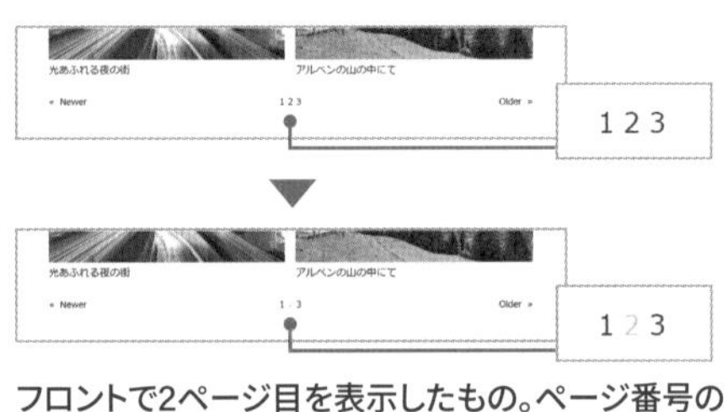

フロントで2ページ目を表示したもの。ページ番号の「2」の色だけが薄くなります。

ここで指定した色のスタイルはページ番号ブロック全体を構成する <div> に適用されます。しかし、リンク <a> が設定されたページ番号は P.205 のスタイルで Contrast（黒）になるため、表示中のページ番号だけが Gray（グレー）になります。

```
.wp-block-query-pagination-numbers {
    color: var(--wp--preset--color--gray);
}
```

ここで用意したスタイル。

```
a:where(:not(.wp-element-button)) {
    color: var(--wp--preset--color--contrast);
    text-decoration: none;
}
a:where(:not(.wp-element-button)):hover {
    text-decoration: underline;
}
```

P.205で用意したスタイル。

グローバルスタイルの出力

光あふれる夜の街　アルペンの山の中にて

« Newer　1 2 3　Older »

1 2 3

```
<div class="wp-block-query-pagination-numbers">
    <a class="page-numbers" href="?cst">1</a>
    <span aria-current="page" class="page-numbers current">2</span>
    <a class="page-numbers" href="?query-0-page=3&amp;cst">3</a>
</div>
```

表示中のページ番号のみ <span>でマークアップ。

ページ番号ブロックの出力コード

以上で、記事一覧のトップページは完成です。モバイルでは 1 カラムのレイアウトになることを確認します。

編集したインデックステンプレートをテーマに反映させると、templates フォルダ内の index.html に反映されます。

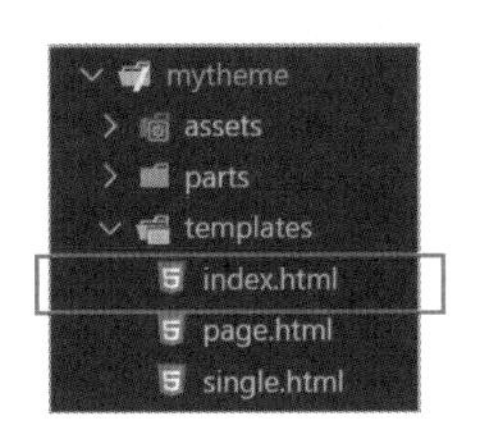

記事一覧をテンプレートパーツにする

記事一覧はトップページだけでなく、このあとに作成するアーカイブ（カテゴリー／タグ）ページや、検索結果ページでも使用します。そのため、ヘッダーやフッターと同じようにテンプレートパーツにします。

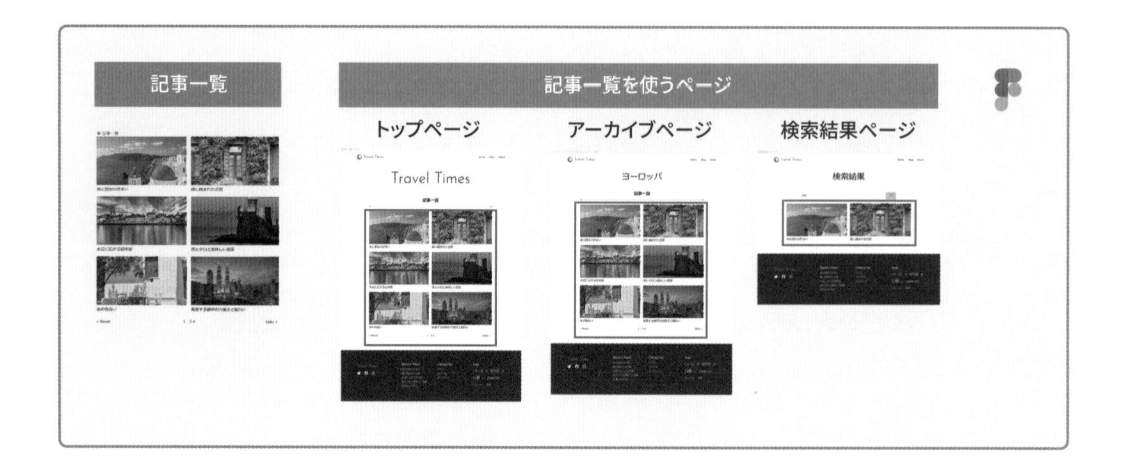

❶ STEP 6.3 で作成した記事一覧をテンプレートパーツにするため、P.238 のようにサイトエディターでインデックステンプレートを開きます。クエリーループブロックを選択し、メニューから「テンプレートパーツを作成」を選択します。

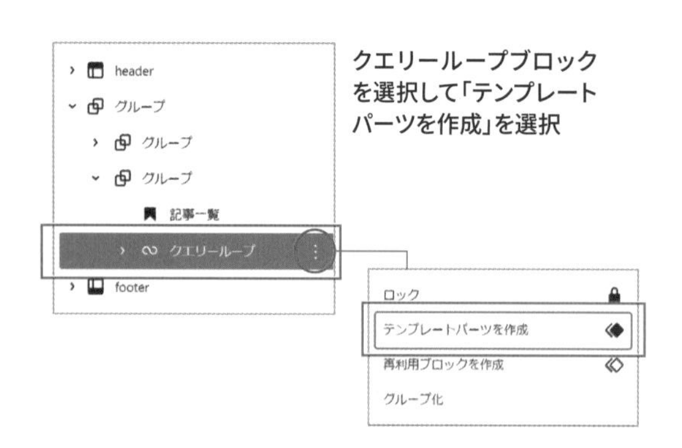

インデックステンプレート

❷ 右のような画面が開きますので、テンプレートパーツの名前とエリアを指定します。スラッグは名前を元に作成されます。
ただし現在のところ、テーマに反映するとテンプレートパーツは「スラッグ.html」というファイル名で出力されますが、名前の情報は失われます。そのため、スラッグにしたい値「posts」を名前として指定します。エリアは「一般」を選択し、「作成」をクリックします。

❸ クエリーループブロックが「posts」テンプレートパーツになり､このパーツを読み込んだテンプレートパーツブロックに置き換わります。

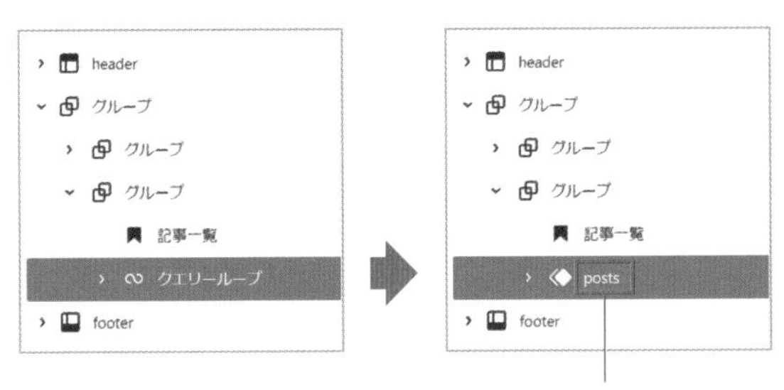

テンプレートパーツブロック。ブロック名の代わりにテンプレートパーツの名前（スラッグ）が「posts」と表示されます。

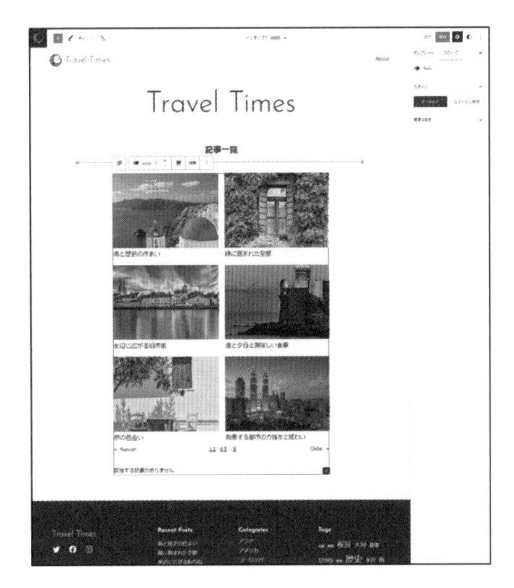

❹ 「posts」を読み込んだテンプレートパーツブロックは初期状態でコンテンツサイズの横幅になるため、配置を「幅広」にします。

❺ インデックステンプレートを保存し、フロントでトップページを開きます。STEP 6.3 で完成させたときと、記事一覧の表示が変わっていないことを確認します。

トップページの表示

+ 作成したテンプレートパーツをテーマに反映させる

P.88 のようにテンプレートパーツの一覧を開くと、作成した「posts」が追加され、テンプレートパーツエディターで編集できることがわかります。ただし、追加者（Added by）は WordPress のユーザーになっており、データベースに保存された状態です。

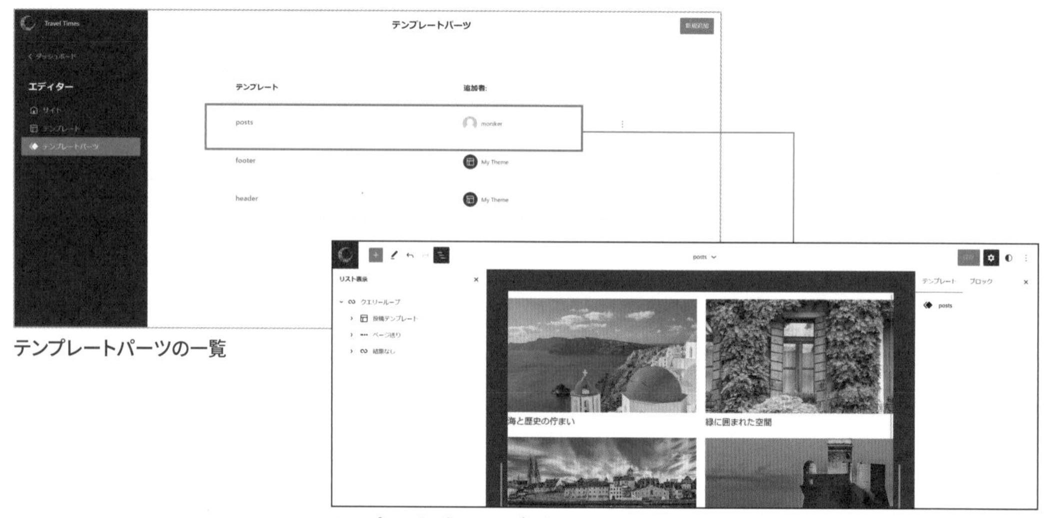

テンプレートパーツの一覧

テンプレートパーツエディター

テーマに反映すると、「posts.html」というファイル名でpartsフォルダ内に保存されます。テンプレートパーツの一覧画面では追加者（Added by）がテーマ名になり、テーマで管理した状態になります。

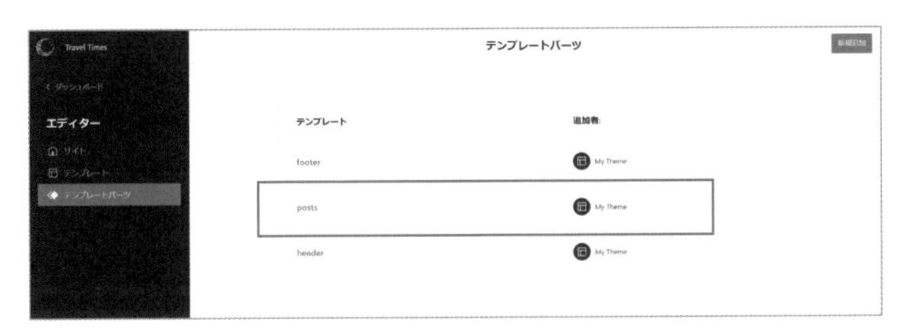

なお、現時点ではテンプレートパーツに関する情報はtheme.jsonに反映されません。そのため、templatePartsに「posts」テンプレートパーツのエリアとスラッグを追加しておきます。「一般」で作成したテンプレートパーツは、紐付けるエリアを「uncategorized」と指定します。

以上で、記事一覧をテンプレートパーツにする設定は完了です。

> テンプレートパーツはtheme.jsonに情報を記述しなくても使うことができます。その場合、ファイル名がスラッグとして扱われ、エリアは「uncategorized」に紐付けられます。
>
> 今回作成した「posts」テンプレートパーツは情報を記述しなくてもその扱いに変わりはありません。しかし、「ヘッダー」や「フッター」エリアに紐付けて作成したテンプレートパーツの場合、テーマに反映させた段階でその情報が失われますので、注意が必要です。

```
{
    "settings": {
        …
    },
    "styles": {
        …
    },
    "templateParts": [
        {
            "area": "header",
            "name": "header"
        },
        {
            "area": "footer",
            "name": "footer"
        },
        {
            "area": "uncategorized",
            "name": "posts"
        }
    ],
    …
}
```

mytheme/theme.json

アーカイブテンプレートでアーカイブページを作成する

アーカイブページを作成し、特定のカテゴリーやタグごとの記事にアクセスできるようにします。

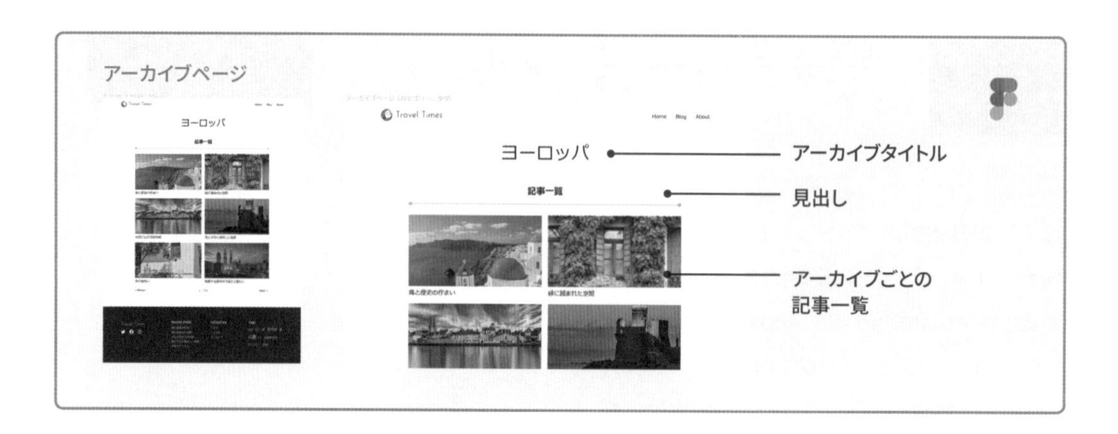

+ アーカイブページのテンプレートを作成する

アーカイブページの生成に使用される「アーカイブ（Archive）」テンプレートを作成します。

他のテンプレートと同じように、サイトエディターでテンプレートの一覧を開き、「新規追加」から「アーカイブ」を選択します。

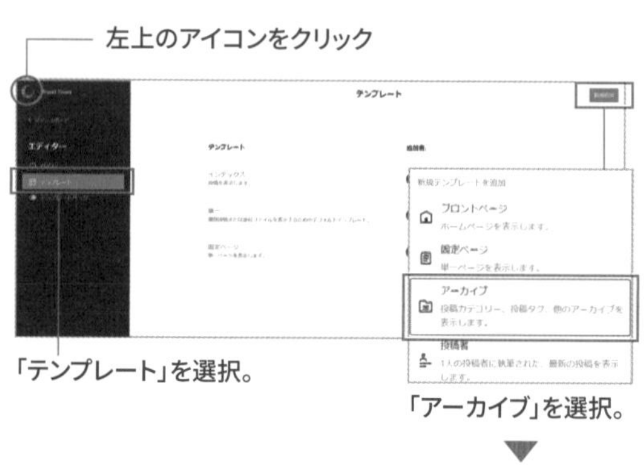

アーカイブテンプレートが作成され、右のように編集画面が開きます。このテンプレートも、インデックステンプレートをコピーして作成されます。

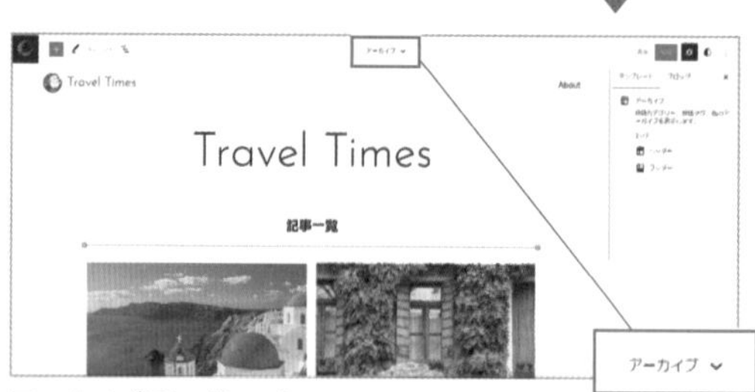

アーカイブテンプレート

＋ アーカイブページのブロックを構成する

アーカイブページは次のようなブロックのツリー構造で実現します。

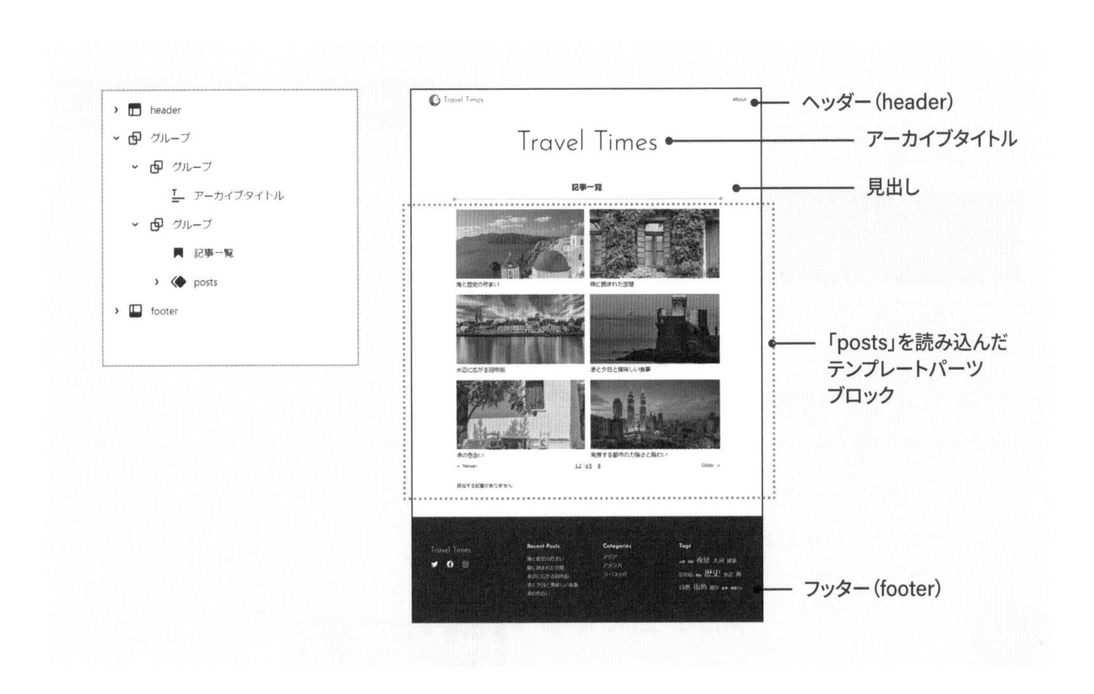

インデックステンプレートとの違いは、サイト名の代わりにアーカイブタイトルを表示する箇所だけです。そのため、「サイトのタイトル」ブロックを削除し、「アーカイブタイトル」ブロックに置き換えます。このブロックは配置を 幅広 に、マークアップを H1 に、テキストの配置を テキスト中央寄せ にします。さらに、アーカイブタイトルはアーカイブ名（カテゴリー名／タグ名）だけを表示するため、タイトルにアーカイブタイプを表示 をオフにします。たとえば、「ヨーロッパ」カテゴリーの場合、「カテゴリー：ヨーロッパ」ではなく、「ヨーロッパ」というタイトルになります。

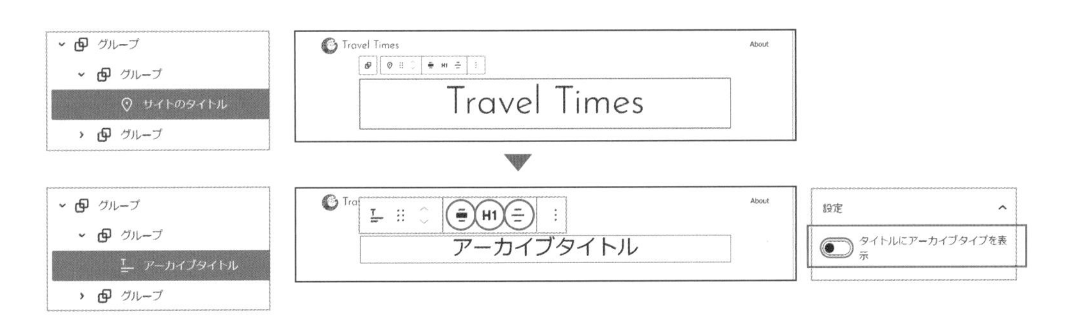

保存してフロントの表示を確認します。すると、アーカイブタイトルはきちんと表示されますが、記事一覧の表示内容が変わりません。アーカイブごとの記事をリストアップするためには設定の変更が必要です。

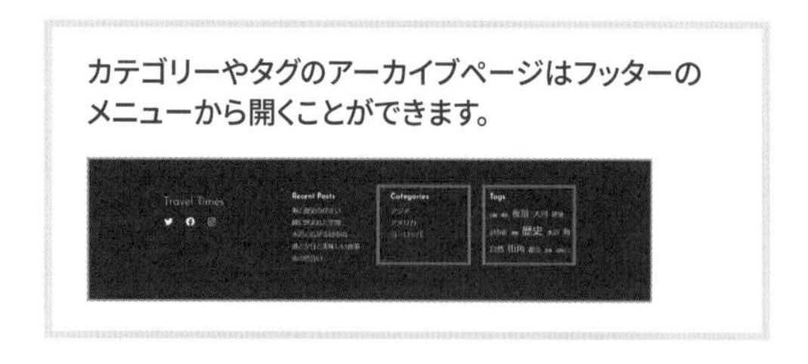
カテゴリーやタグのアーカイブページはフッターのメニューから開くことができます。

「ヨーロッパ」
カテゴリーページ

「街角」
タグページ

+ アーカイブごとの記事をリストアップする

アーカイブごとの記事をリストアップするため、P.88 のようにテンプレートパーツエディターで「posts」テンプレートパーツを開きます。

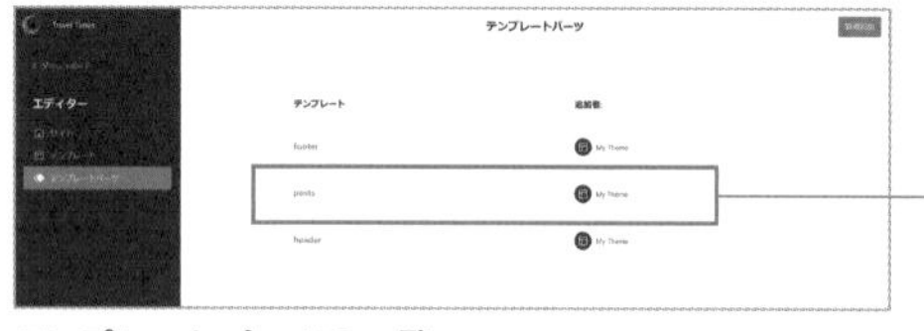
テンプレートパーツの一覧

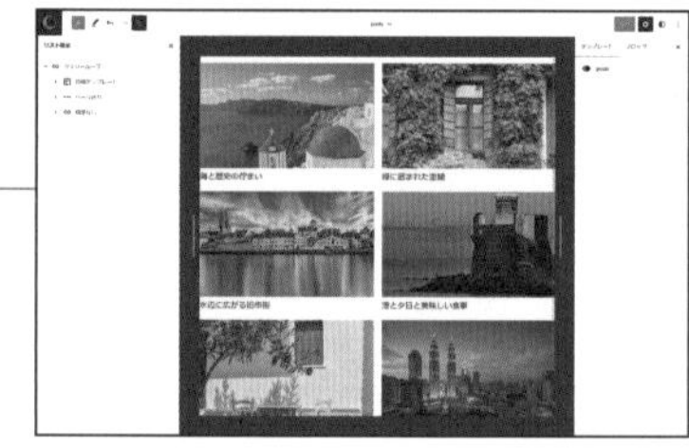
「posts」テンプレートパーツを開きます。

記事一覧を構成する「クエリーループ」ブロックを選択します。P.241 の初期状態のまま「投稿」の記事をリストアップする設定になっています。

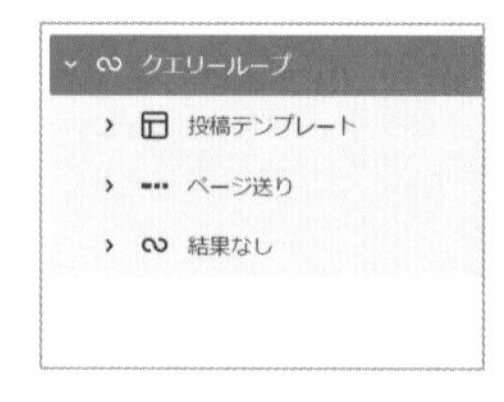

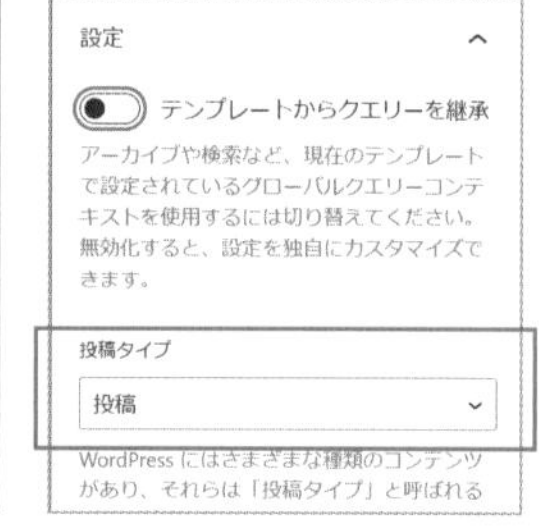

生成ページごとに最適な記事一覧を表示するため、テンプレートからクエリーを継承 をオンにして保存します。

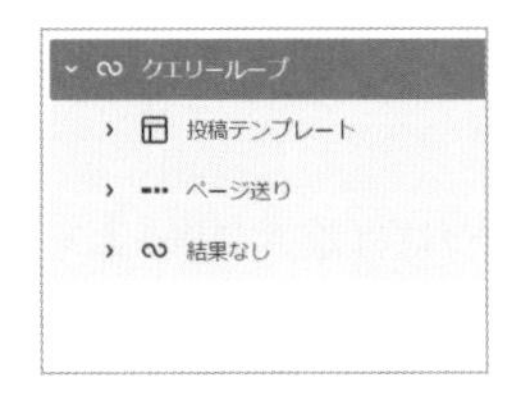

フロントを確認すると、アーカイブページにはアーカイブごとの記事がリストアップされるようになります。同じ「posts」テンプレートパーツを使っているトップページは、記事一覧に表示する最適な記事が「投稿」のコンテンツで処理されるため、これまでと表示が変わらないことも確認しておきます。

「ヨーロッパ」
カテゴリーページ

「街角」
タグページ

トップページ

1ページにリストアップされる記事の最大数は、テンプレートからクエリーを継承 のオン/オフに応じて参照する場所が異なります。
オンの場合は[設定>表示設定]の「1ページに表示する最大投稿数(P.71)」が、オフの場合はクエリーループブロックの「ページごとの項目数(P.241)」が参照されます(ここではどちらも6件にしています)。

以上で、アーカイブページは完成です。テーマに反映すると、アーカイブテンプレートは「archive.html」というファイル名でtemplates フォルダ内に保存されます。
同時に、posts テンプレートパーツのカスタマイズ結果も parts フォルダ内の posts.html に反映されます。

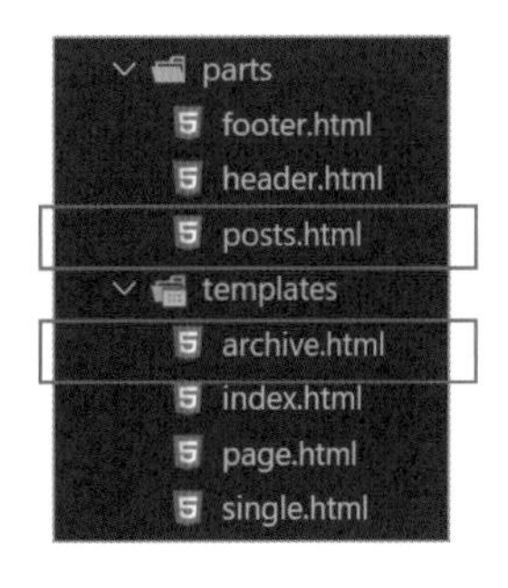

6.6 404テンプレートで404ページを作成する

アクセス先が見つからないときに表示する 404 ページを作成します。このページには検索フォームを用意して、閲覧者がサイト内のコンテンツを検索できるようにします。

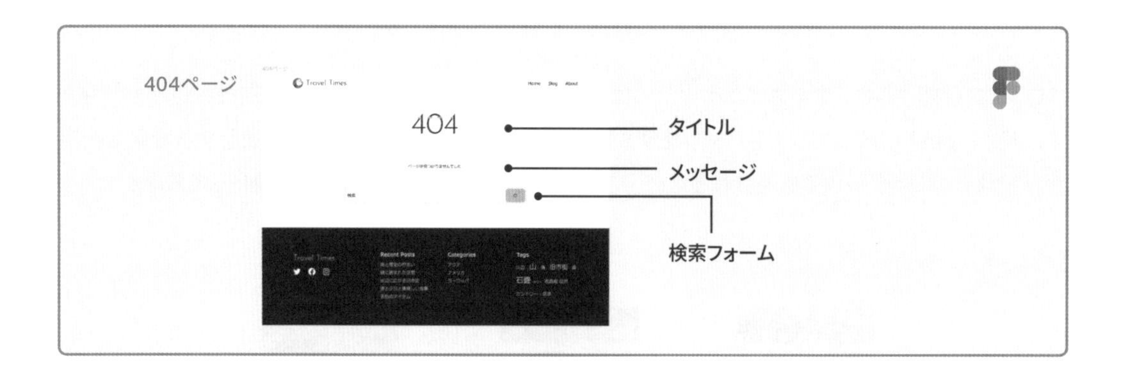

+ 404ページのテンプレートを作成する

404 ページの生成に使用される「404」テンプレートを作成します。サイトエディターでテンプレートの一覧を開き、「新規追加」から「404」を選択します。

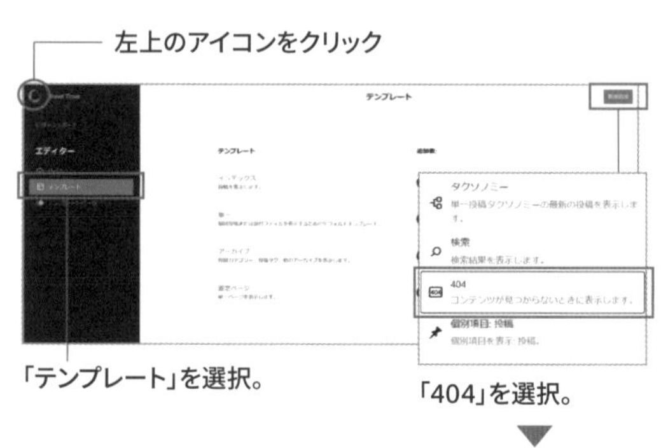

「テンプレート」を選択。

「404」を選択。

404 テンプレートが作成され、右のように編集画面が開きます。このテンプレートも、インデックステンプレートをコピーして作成されます。

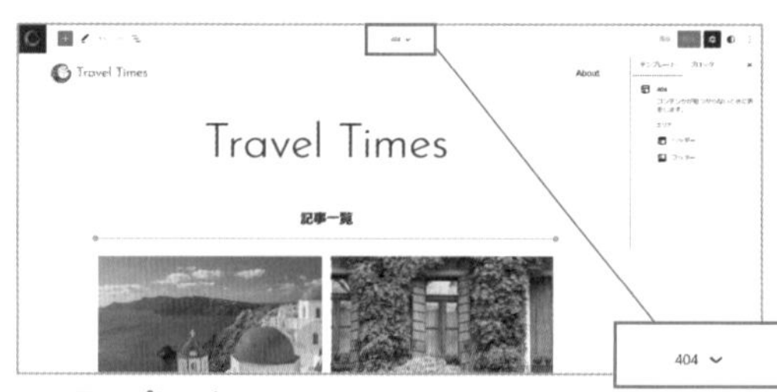

404テンプレート

＋ 404ページのブロックを構成する

404 ページは次のようなブロックのツリー構造で実現します。

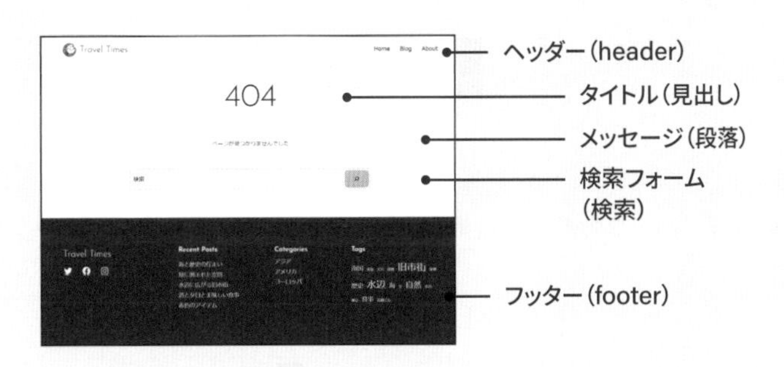

❶ まずは、インデックステンプレートに挿入していた「サイトのタイトル」ブロックを削除し、「見出し」ブロックに置き換えます。このブロックにはページのタイトルとして「404」と入力します。そして、トップページやアーカイブページのタイトルと同じように、配置を 幅広 に、マークアップを H1 に、テキストの配置を テキスト中央寄せ にします。

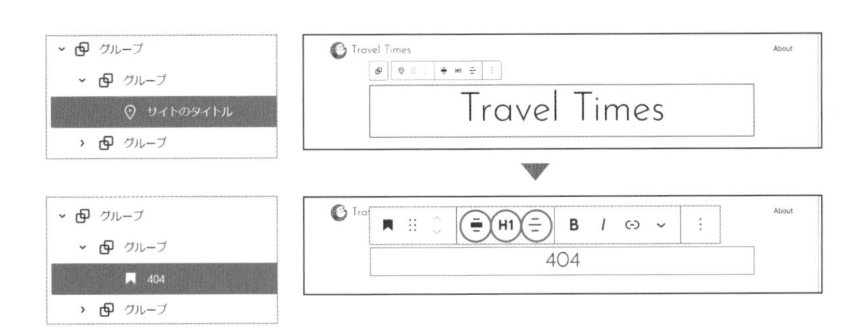

❷ 次に、このページのコンテンツを置き換えます。ここでは記事一覧の「見出し」ブロックと「posts」を読み込んだテンプレートパーツブロックを削除し、「段落」ブロックに置き換えます。
段落ブロックには「ページが見つかりませんでした」とメッセージを入力し、テキストの配置を テキスト中央寄せ にします。

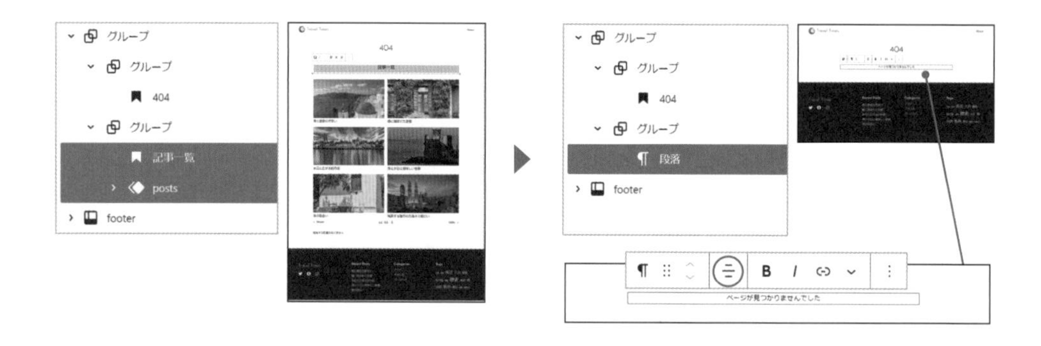

❸ 段落ブロックの後には検索フォームを構成する「検索」ブロックを追加します。

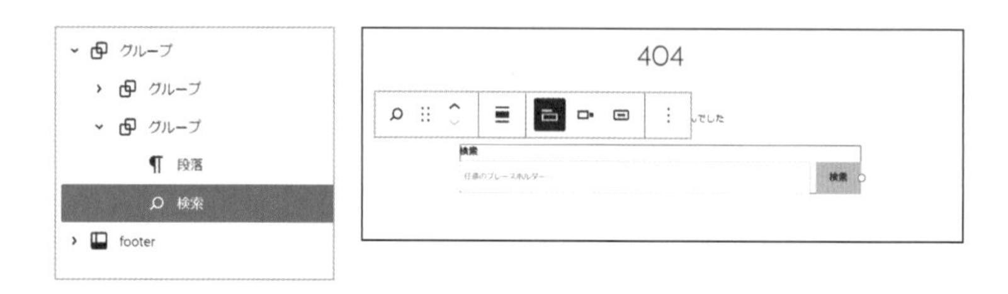

検索ブロックは 検索ラベル をオフに、ボタンの位置を ボタン内側 に、 アイコン付きのボタン をオンにします。さらに、プレースホルダーに「検索」と入力して保存します。

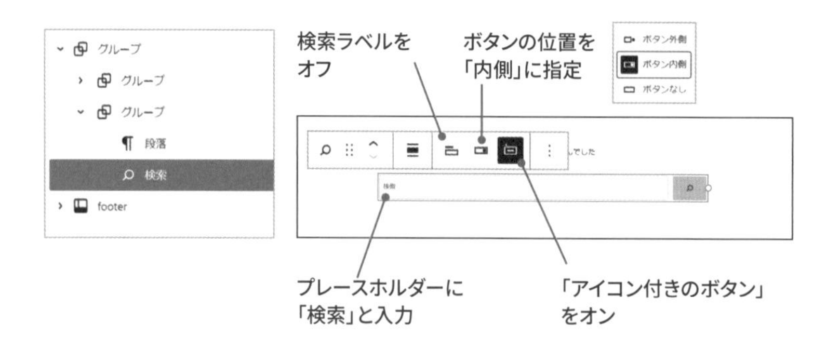

ここでは初期状態の検索ブロックから検索ラベルを削除し、ボタンをアイコンにして、プレースホルダーを入力しています。その上でボタンの位置を変えると、フロントでの表示は次のようになります。

+ 404ページをスタイリングする

フロントの表示は次のようになっています。ここではブロックの間隔やフォントサイズなどを調整して仕上げます。なお、ボタンは P.168 で作成したベースとなるスタイルで表示されています。

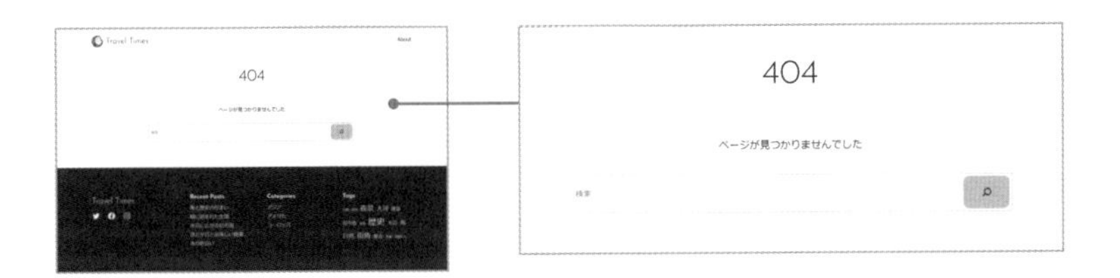

❶ まずは見出しブロックを選択し、トップページや固定ページのタイトルと同じようにフォントサイズを `XXL (xx-large)` にします。

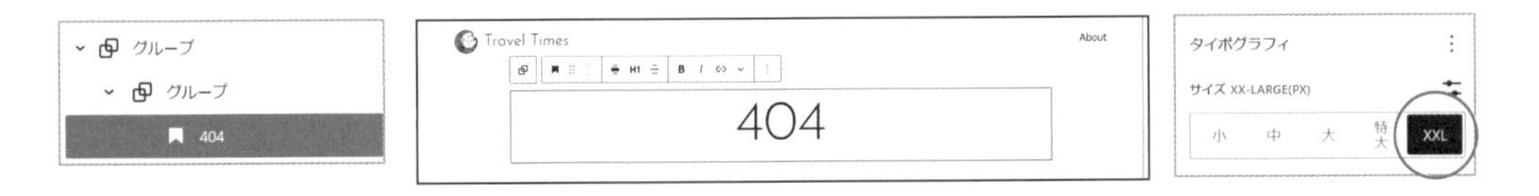

❷ 次に、段落ブロックと検索ブロックの間隔を広げます。ただし、現時点では検索ブロックでマージンを調整できないため、段落ブロックの下マージンをプリセットの `5` にします。

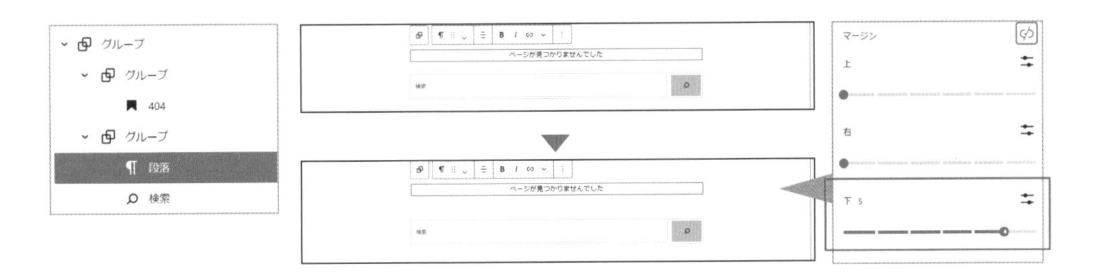

❸ 検索ブロックを選択し、フォントサイズを `中 (medium)` にします。

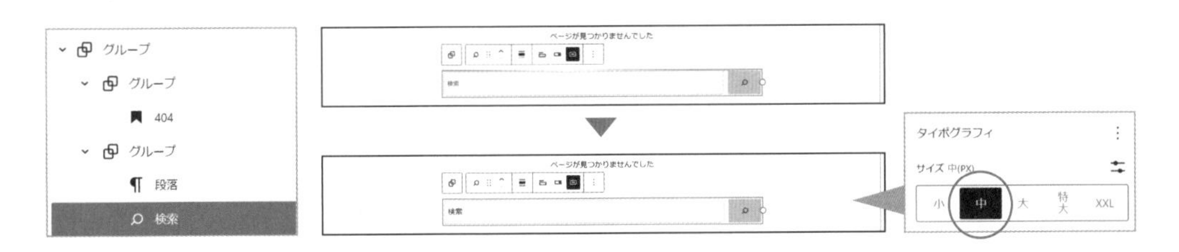

❹ 検索ブロックは検索結果ページでも使いたいので、テンプレートパーツにしておきます。名前は「search」、エリアは「一般」にします。これで、検索ブロックが「search」テンプレートパーツになり、このパーツを読み込んだテンプレートパーツブロックに置き換わります。

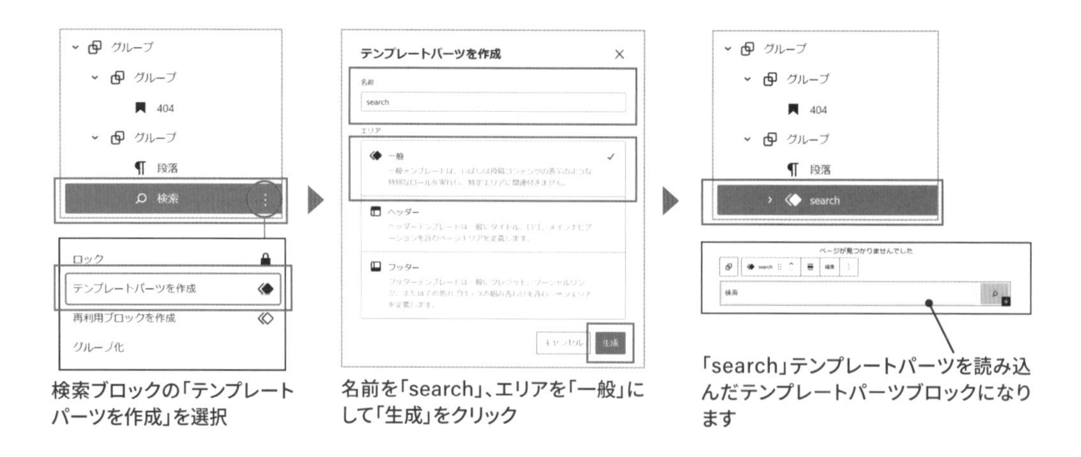

検索ブロックの「テンプレートパーツを作成」を選択

名前を「search」、エリアを「一般」にして「生成」をクリック

「search」テンプレートパーツを読み込んだテンプレートパーツブロックになります

❺ 404 テンプレートを保存してテーマに反映すると、templates フォルダ内に「404.html」というファイル名で保存されます。さらに、search テンプレートパーツは parts フォルダ内に「search.html」というファイル名で保存されます。theme.json には search テンプレートパーツの情報を追加しておきます。

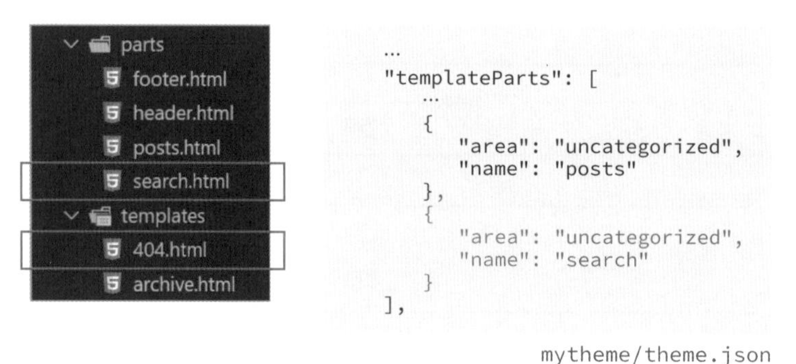


```
…
"templateParts": [
   …
   {
      "area": "uncategorized",
      "name": "posts"
   },
   {
      "area": "uncategorized",
      "name": "search"
   }
],
```

mytheme/theme.json

以上で、404 ページは完成です。フロントを開き、存在しないページの URL にアクセスすると右のように表示されます。

検索テンプレートで検索結果ページを作成する

検索結果ページを作成します。このページには検索キーワードと一致した記事をリストアップします。続けて検索ができるように、検索フォームも入れておきます。

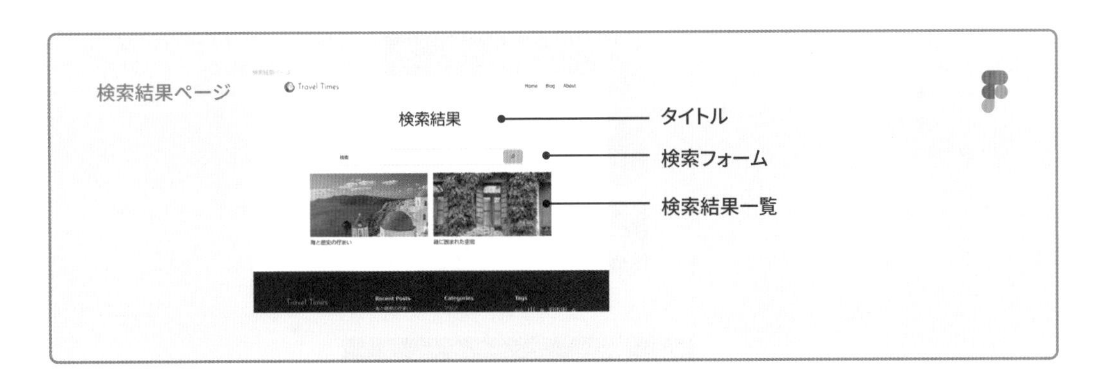

+ 検索結果ページのテンプレートを作成する

検索結果ページの生成に使用される「検索」テンプレートを作成します。サイトエディターでテンプレートの一覧を開き、「新規追加」から「検索」を選択します。

検索テンプレートが作成され、右のように編集画面が開きます。このテンプレートも、インデックステンプレートをコピーして作成されます。

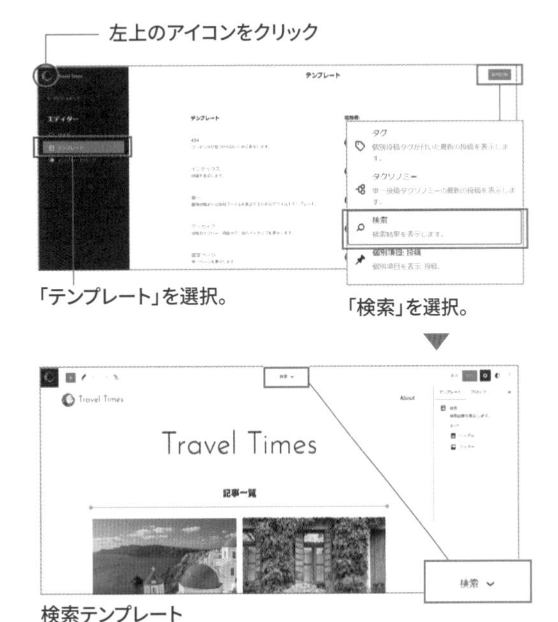

＋ 検索結果ページのブロックを構成する

検索結果ページは次のようなブロックのツリー構造で実現します。

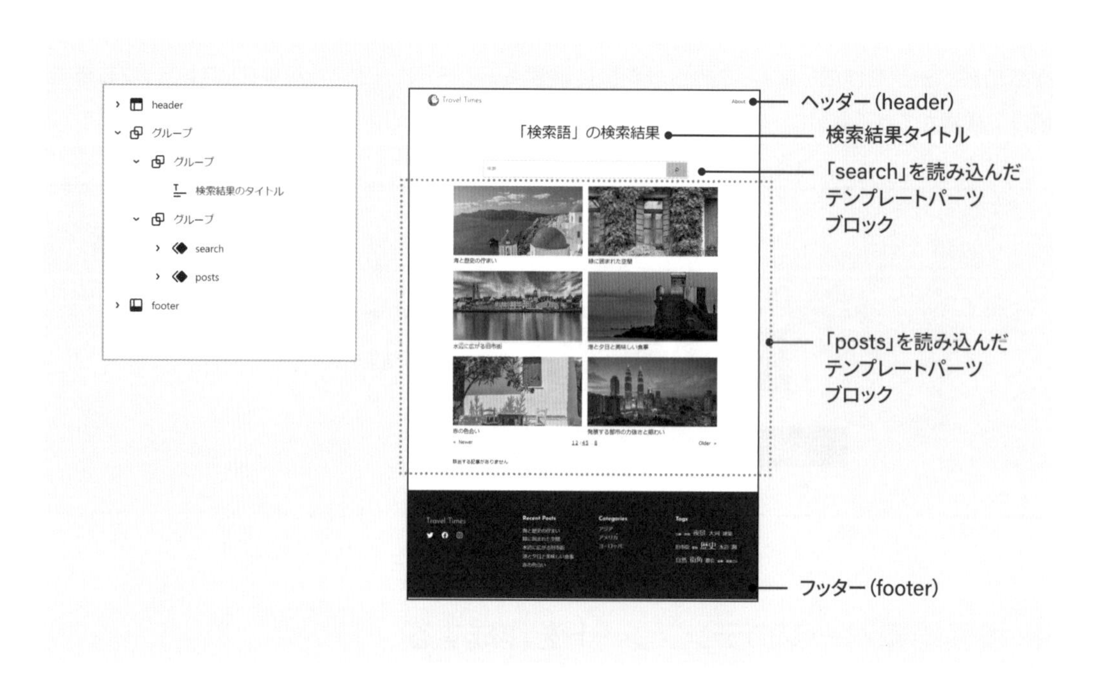

❶ まずは、インデックステンプレートに挿入していた「サイトのタイトル」ブロックを削除し、「検索結果のタイトル」ブロックに置き換えます。このブロックも他のページのタイトルと同じように、配置を 幅広 に、マークアップを H1 に、テキストの配置を テキスト中央寄せ にします。
さらに、 タイトルに検索語を表示 がオンになっていることを確認しておきます。これで、タイトルに検索キーワードが表示されます。

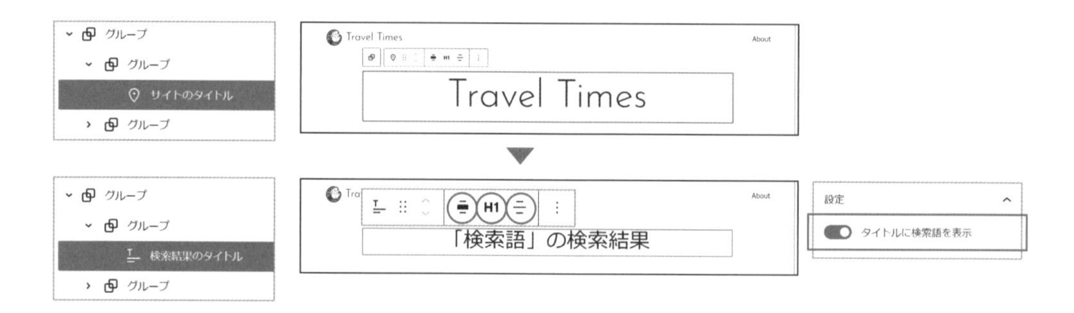

❷ 記事一覧の見出しを検索フォームに置き換えます。そのため、まずは「見出し」ブロックを「テンプレートパーツ」ブロックに置き換えます。次に、「テンプレートパーツ」ブロックの「選択」をクリックし、P.260 で作成した「search」テンプレートパーツを読み込みます。これで、検索フォームへの置き換えは完了です。

テンプレートパーツブロックに置き換え

テンプレートパーツブロックで「search」テンプレートパーツを選択

「search」テンプレートパーツが読み込まれます

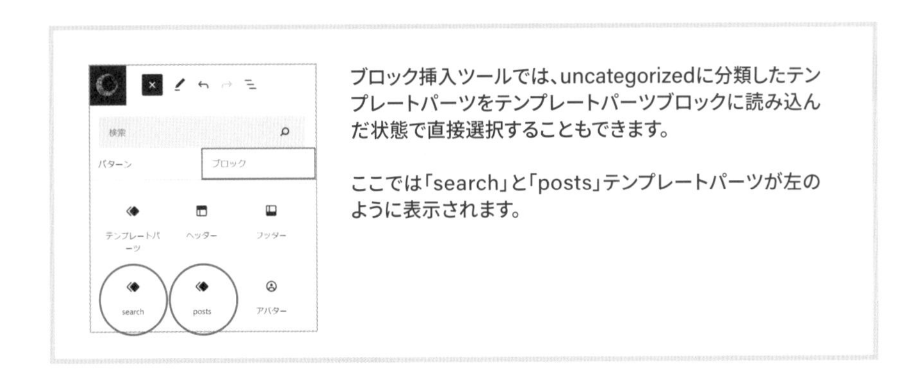

ブロック挿入ツールでは、uncategorizedに分類したテンプレートパーツをテンプレートパーツブロックに読み込んだ状態で直接選択することもできます。

ここでは「search」と「posts」テンプレートパーツが左のように表示されます。

以上で、検索ページは完成です。404 ページで検索すると、検索結果ページが開いてキーワードと一致する記事がリストアップされます。

テーマに反映すると、検索テンプレートは「search.html」というファイル名で templates フォルダ内に保存されます。

検索フォームに「水辺」と入力して検索

検索結果が表示されます

これで、サイトを構成する各ページも完成です。次の章ではトップページをサイト型にしていきます。

トップページ
（記事一覧ページ）

記事ページ

アバウトページ

アーカイブページ
（カテゴリー、タグ）

404ページ

検索結果ページ

Chapter 7

サイト型のトップページ

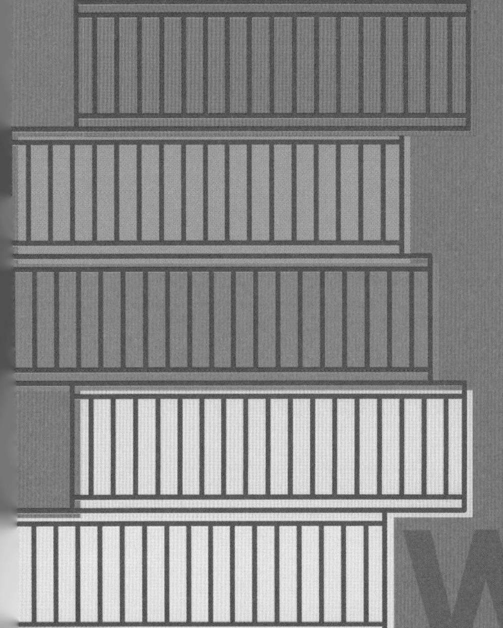

WordPress

サイト型のトップページと記事一覧ページを作成する

Chapter 6 で完成させたサイトでは、記事一覧を表示したブログ型のトップページにしています。これに対し、WordPress にはトップページを「サイト型」と呼ばれるページに置き換え、ビジネスサイトやランディングページ風にできる機能が用意されています。サイト型のページは固定ページのコンテンツとして管理するため、テーマを変えても使用できる、投稿エディターで編集できるといったメリットもあります。

この機能を利用し、ここでは次のようなサイト型のトップページを作成します。さらに、ブログ型のトップページには記事一覧ページとして `/blog/` でアクセスできるようにします。

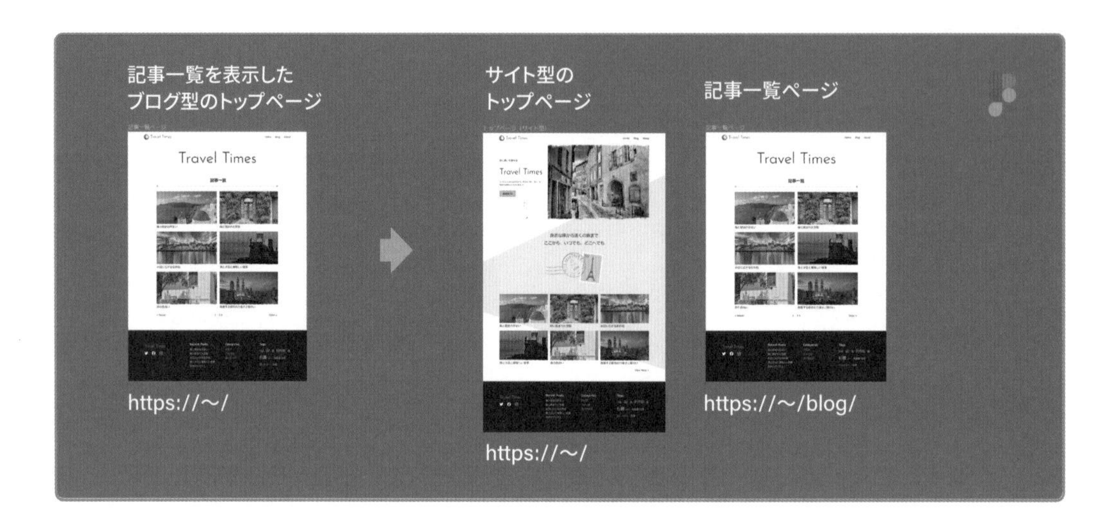

＋ 固定ページを用意する

サイト型のトップページは固定ページを使って作成します。［固定ページ＞新規追加］を選択し、固定ページのタイトルを指定します。ここでは `Home` と指定して公開します。

スラッグはタイトルを元に `home` になりますが、トップページの URL として使用されることはありません。

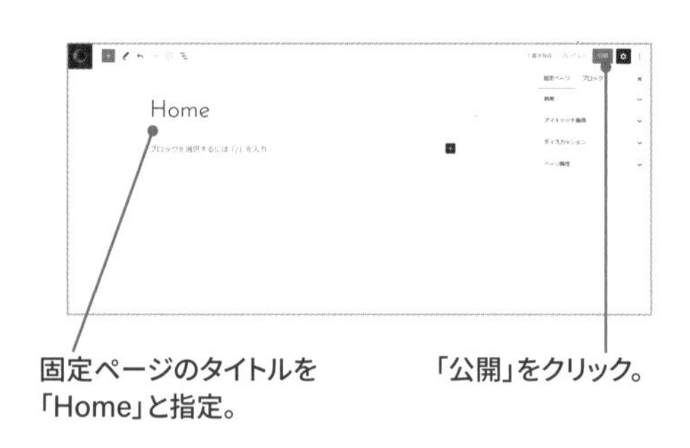

続けて、記事一覧ページも固定ページで作成します。[固定ページ＞新規追加] を選択し、タイトルを `Blog` と指定して公開します。
これでスラッグが `blog` になり、記事一覧ページのURLが `/blog/` になります。

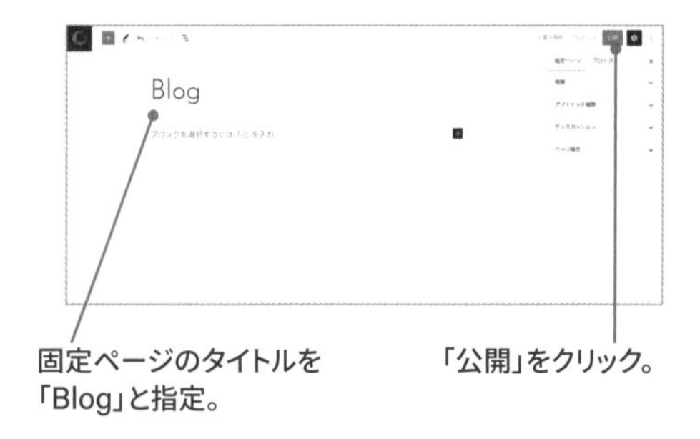

[固定ページ＞固定ページ一覧] を開くと、`Home` と `Blog` が追加されたことがわかります。

+ 固定ページをトップページと記事一覧ページにする

固定ページを用意したら、`Home` がトップページ、`Blog` が記事一覧ページとして機能するように指定します。

[設定＞表示設定] を開き、「ホームページの表示」を「最新の投稿」から「固定ページ」に変更します。ここの「ホームページ」で `Home` を、「投稿ページ」で `Blog` を選択し、設定を保存します。

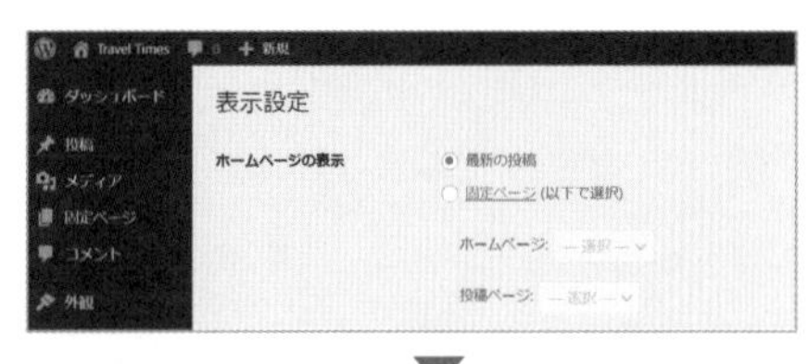

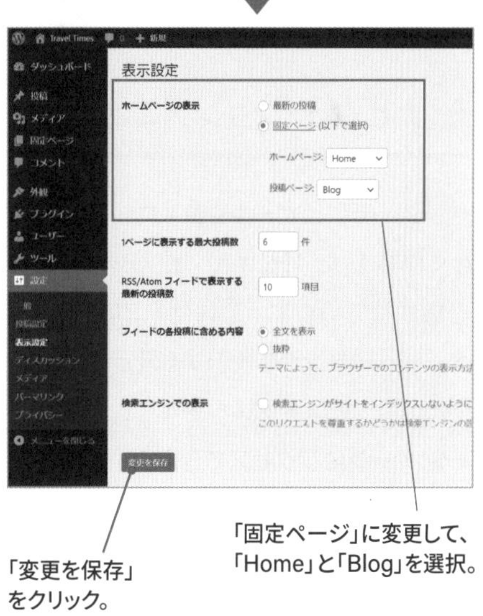

フロントでサイトのトップページ `/` を開くと、右のように表示されます。「Home」とタイトルが表示されていることからわかるように、このページは固定ページの「Home」が固定ページテンプレート（page.html）で生成されたものです。
この「Home」にコンテンツを追加していくことで、サイト型のトップページを作っていきます。コンテンツはSTEP 7.2から追加していきます。

サイトのトップページ
/

一方、記事一覧ページ `/blog/` を開くと、これまでのトップページと同じ処理でインデックステンプレート（index.html）を使ってページが生成され、右のように表示されます。
もちろんページネーションも機能し、2ページ目以降も `/blog/page/ページ番号/` という形のURLで表示されます。記事一覧ページはこれで完成です。

記事一覧ページ
/blog/

2ページ目
/blog/page/2/

＋ ナビゲーションメニューのリンクの並びを調整する

ヘッダーのナビゲーションメニューを確認すると、新しく作成した「Home」と「Blog」へのリンクが追加されています。これはP.210で、すべての固定ページへのリンクを表示する設定にしてあるためです。
「Home」ではトップページに、「Blog」では記事一覧ページにアクセスできます。

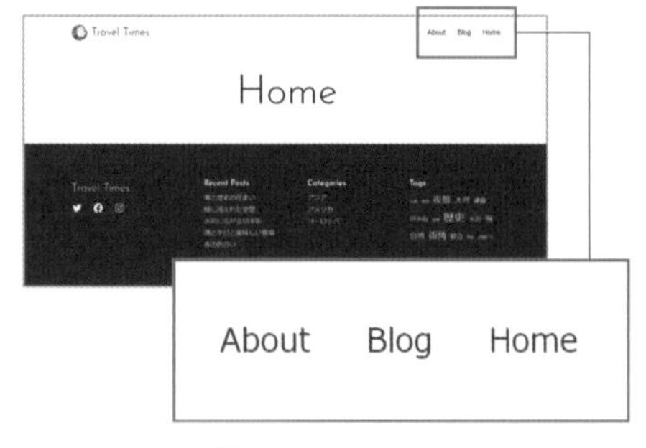

ナビゲーションメニュー

ただし、アルファベット順に並んでいるので、固定ページの「順序」を指定して並び順を調整します。ここでは Home、Blog、About の順に並べ、将来的に追加する固定ページは Blog より後にアルファベット順に並ぶようにします。

投稿エディターで各固定ページを開き、設定サイドバーの「固定ページ」タブで「順序」を指定します。初期値は `0` で、値の小さいものから順に並び、値が同じ場合はアルファベット順になります。そこで、Home を `-2`、Blog を `-1` と指定します。About は初期値の `0` のままにしておきます。

Homeの順序を「-2」に指定。

Blogの順序を「-1」に指定。

Aboutの順序は「0」のままにします。

これで、ナビゲーションメニューのリンクが右のように並びます。

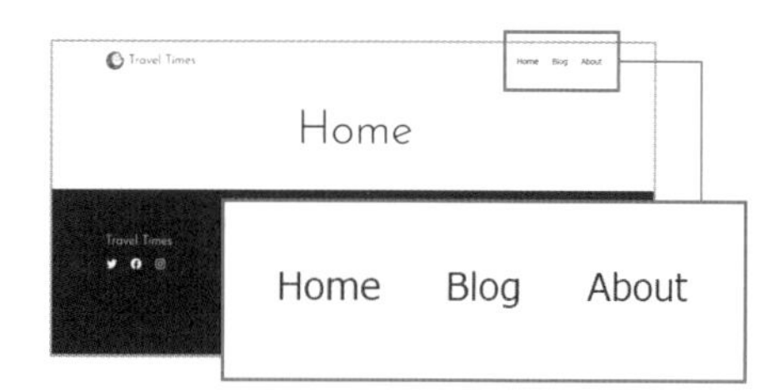

ナビゲーションメニュー側でリンクを調整する

ナビゲーションメニュー側でリンクを調整することもできます。テンプレートパーツエディターで「header」テンプレートパーツを開き、「ナビゲーション」ブロック内の「固定ページリスト」ブロックを選択し、「編集」をクリックします。

個々の「固定ページリンク」ブロックに変換されます。これで、並び順の変更や、不要なリンクの削除ができるようになります。また、+でカスタムリンクのほか、ソーシャルアイコン、検索フォームなども追加できます。

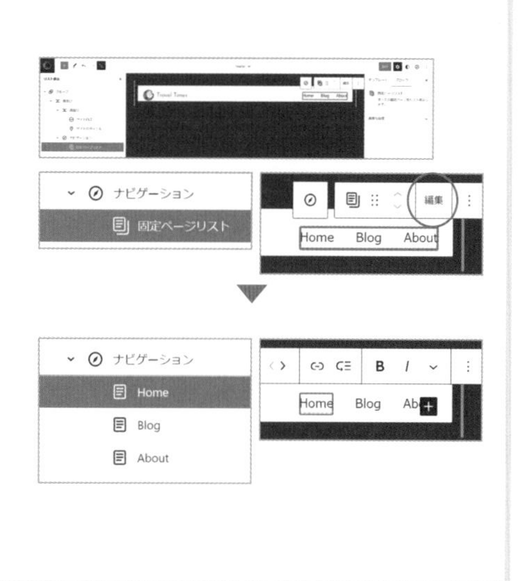

7.2 タイトルを出力しないカスタムテンプレートを作成する

サイト型のトップページは固定ページテンプレート（page.html）で生成されているため、「Home」という固定ページのタイトルが出力されてしまいます。そのため、固定ページのタイトルを出力しないテンプレートを作成し、トップページの生成に使用します。なお、将来的にはトップページ以外にもタイトルを不要とするページ（ランディングページなど）を作成する可能性があることから、任意の記事や固定ページの生成に使用できる「カスタムテンプレート」として作成します。

+ カスタムテンプレートを作成する

カスタムテンプレートを作成するためには、[外観＞エディター]でサイトエディターを開きます。テンプレートの一覧で「新規追加」から「カスタムテンプレート」を選択し、カスタムテンプレートの名前を指定します。スラッグは名前を元に「wp-custom-template-～」という形で作成されます。

ただし現在のところ、テーマに反映するとテンプレートは「スラッグ.html」というファイル名で出力されますが、名前は失われます。ここではスラッグを「wp-custom-template-no-title」とするため、名前を「no-title」と指定して「生成」をクリックします。

これで no-title テンプレートが作成され、編集画面が開きます。このテンプレートは固定ページテンプレート（page.html）をコピーして作成されます。

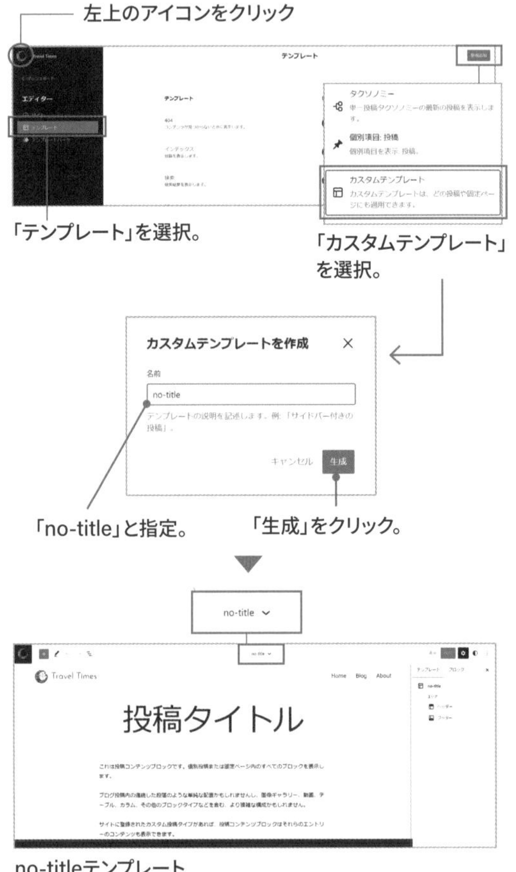

no-titleテンプレート

no-title テンプレートを構成するブロックは右のようになっています。固定ページのタイトルを出力しないようにするため、「投稿タイトル」とそれを入れた「グループ」ブロックを選択し、削除します。これで、タイトルを出力しないテンプレートになります。

さらに、<main> を構成する「グループ」ブロックは上マージンをプリセットの `3` に変更し、ヘッダーとの間隔を小さくしておきます。

テンプレートを保存してテーマに反映すると、「wp-custom-template-no-title.html」というファイル名で templates フォルダ内に保存されます。カスタムテンプレートに関する情報については、現時点では theme.json に反映されないため、`customTemplates` に配列の形で追加します。`name` ではスラッグ（ファイル名）を「wp-custom-template-no-title」、`title` ではエディターに表示する名前を「no-title」、`postTypes` では使用を許可する投稿タイプを「page（固定ページ）」にします。

```
{
  "customTemplates": [
    {
      "name": "wp-custom-template-no-title",
      "postTypes": [
        "page"
      ],
      "title": "no-title"
    }
  ],
  "settings": {
    …
  },
  "styles": {
    …
  },
  "templateParts": [
    …
  ],
  …
}
```

nameとtitleの指定は必須です。

postTypesは省略できます。その場合も、page投稿タイプでの使用が許可されます。ここではわかりやすいように、省略せずに記述しています。

mytheme/theme.json

＋ カスタムテンプレートを使用する

作成したカスタムテンプレートを使用する設定を行います。ここではトップページの生成に使うため、［固定ページ＞固定ページ一覧］で「Home」を選択し、投稿エディターで開きます。

タイトルだけではわかりにくいので、コンテンツとして「サイト型のトップページ」と入力した段落ブロックを追加して更新します。この段階でフロントを確認すると、タイトルとコンテンツが出力されます。

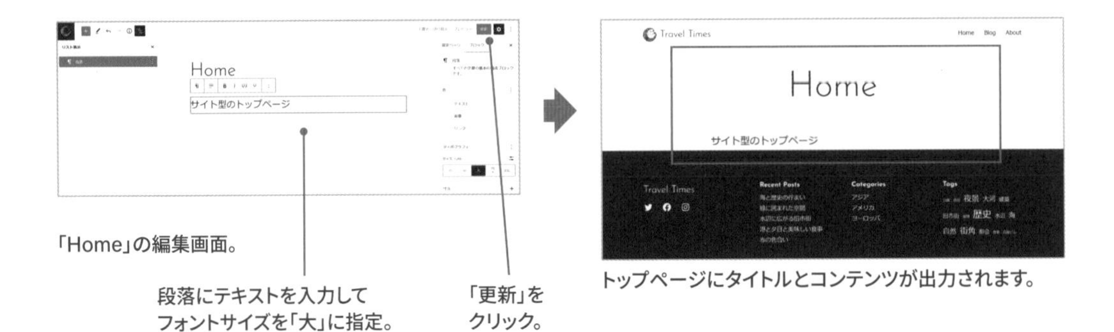

「Home」の編集画面。

段落にテキストを入力して
フォントサイズを「大」に指定。

「更新」を
クリック。

トップページにタイトルとコンテンツが出力されます。

設定サイドバーで「固定ページ」タブを開き、テンプレートの設定を確認します。「固定ページ」になっていることから、固定ページテンプレート（page.html）で生成されていることがわかります。ここをクリックすると生成に使用するカスタムテンプレートを選択できますので、`デフォルトテンプレート` から `no-title` に変更します。

生成に使用するテンプレート
を「no-title」に変更。

更新してトップページを開くと、タイトルが出力されず、コンテンツのみが出力されます。これで、no-title テンプレートで生成されるようになったことがわかります。

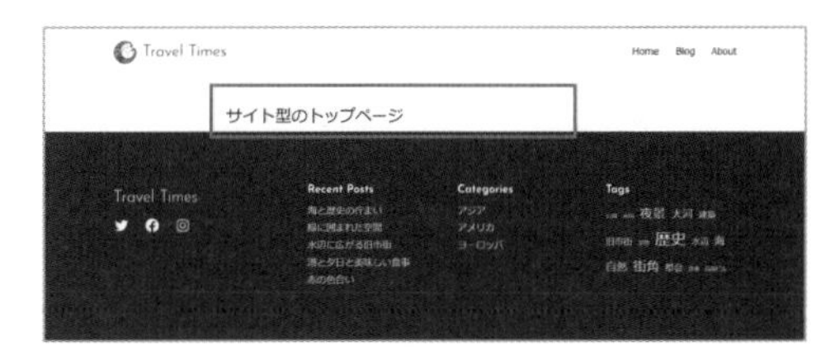

トップページにコンテンツのみが出力されます。

カスタムテンプレートを記事ページでも使用できるようにする場合

カスタムテンプレートを記事ページでも使用できるようにする場合、カスタムテンプレートに関する情報として、`postTypes` に「post（投稿）」投稿タイプを追加します。

```
{
  "customTemplates": [
    {
      "name": "wp-custom-template-no-title",
      "postTypes": [
        "page",
        "post"
      ],
      "title": "no-title"
    }
  ],
  ...
```

mytheme/theme.json

特定の固定ページ専用のテンプレートを使用する場合

特定の固定ページ専用のテンプレートを用意する方法もあります。
たとえば、テンプレートの新規作成で「固定ページ」を選択し、「Home」を選ぶと、「固定ページ :Home」テンプレートが作成されます。テーマに反映すると page-home.html というファイル名で保存されます。

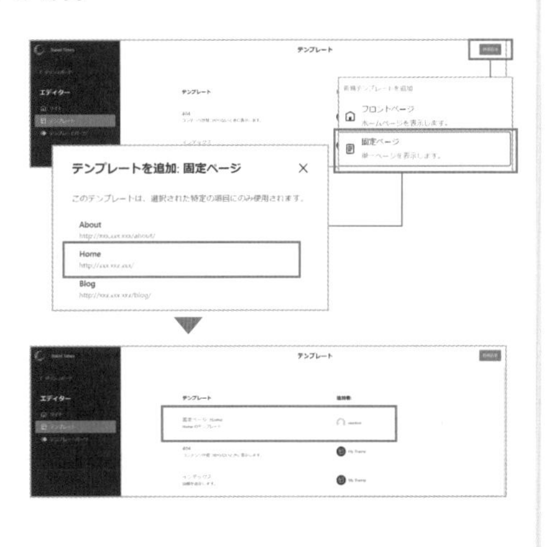

スラッグが home の固定ページの生成には page.html より page-home.html が優先して使用されます。ただし、カスタムテンプレートが指定された場合はそちらが使用されます。

背景の装飾の入れ方を検討する

サイト型のトップページのコンテンツは次のようになっています。これらをブロックで構成していくわけですが、斜めにカットしたグレーの背景をどうやって入れるかを考えておく必要があります。

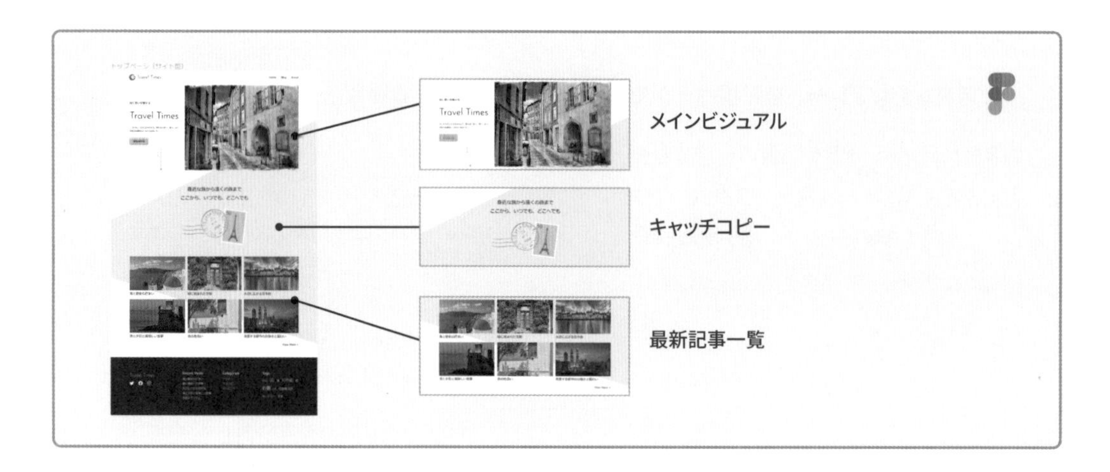

グレーの背景は Figma では図形で作成されていますが、エディターで背景に画像を入れる場合、P.182の組写真のようにカバーブロックを使うことになります。ここではもっとシンプルに、白からグレーに色を切り替えるグラデーションで実現することを考えます。グラデーションはグループブロックの背景として表示できるため、次のように 2 つのグループに分けて作成していきます。

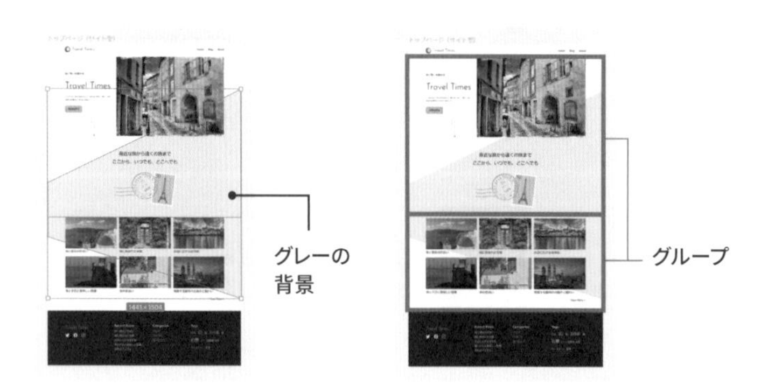

グラデーションを指定するUI

カラムブロックでメインビジュアルを作成する

まずは１つ目のグループを用意し、メインビジュアルを作成します。ヘッダーやフッターと同じように横幅は 1180px にして、下へのスクロールを促すスクロールダウンの装飾はアニメーションにします。モバイルでは画像を上にした縦並びにします。

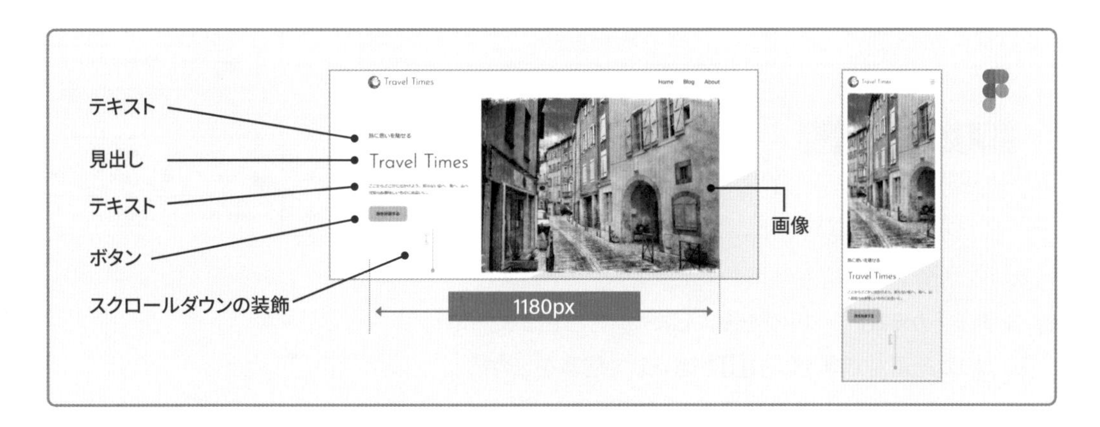

＋ メインビジュアルのブロックを構成する

上記のデザインは次のようなブロックのツリー構造で実現します。２カラムで、１カラム目にテキストを、２カラム目に画像を入れて並べます。

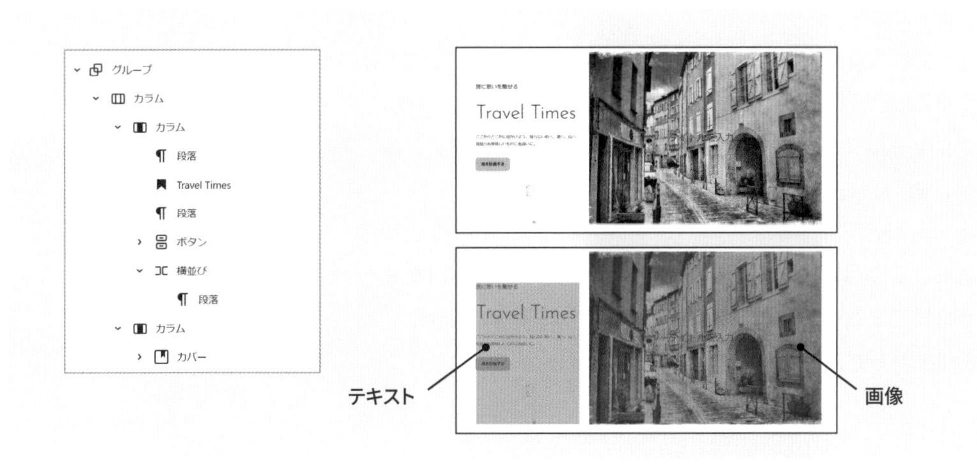

❶ ［固定ページ＞固定ページ一覧］から固定ページの「Home」を投稿エディターで開き、編集していきます。まずは、仮のコンテンツとして挿入した段落ブロックを削除し、グループブロックに置き換えます。
グループブロックは中身の横幅をコントロールするために使うため、配置を 全幅 にします。その上で、P.209 のヘッダーと同じように、 コンテント幅を使用するインナーブロック をオンにして、中身のコンテンツサイズを `980px`、幅広サイズを `1180px` にします。

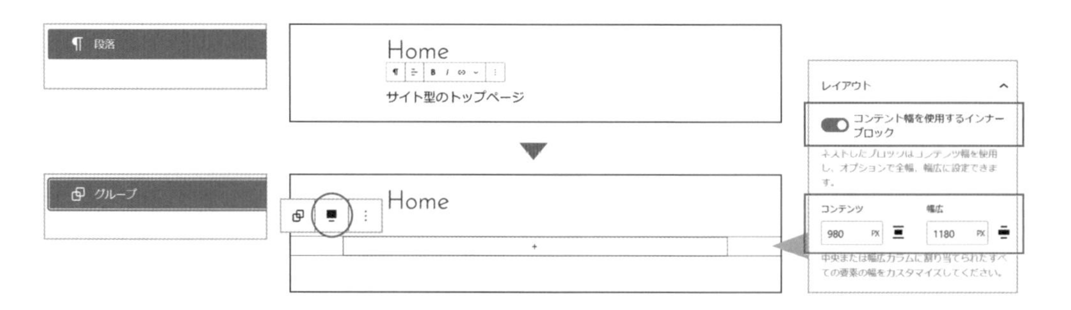

❷ まずは「カラム」ブロックを挿入します。ここでは 33/66 の２カラムを選んで挿入し、▥を選択して配置を 幅広 にします。これでカラム全体の横幅が 1180px になります。

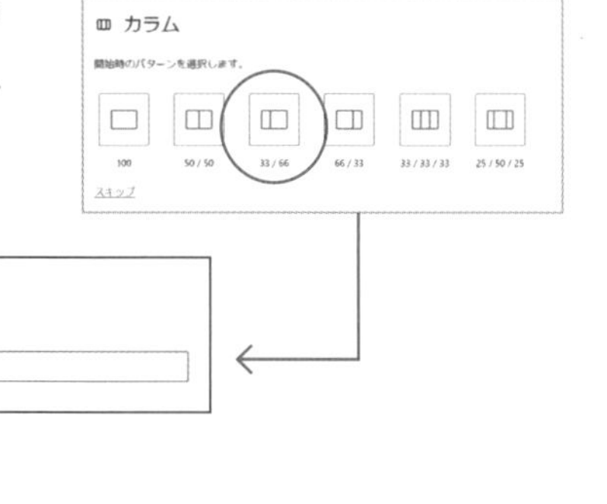

❸ １つ目のカラム◧にブロックを挿入します。段落ブロックでテキストを入力し、見出しブロックはレベルを `H1` にします。スクロールダウンの装飾も、段落ブロックに「Scroll」と入力して作成します。

なお、２つ目の段落では文章中の「山へ」の後に段落を変えない形で改行を入れています。このような改行は Shift ＋ Enter キーで入力できます。

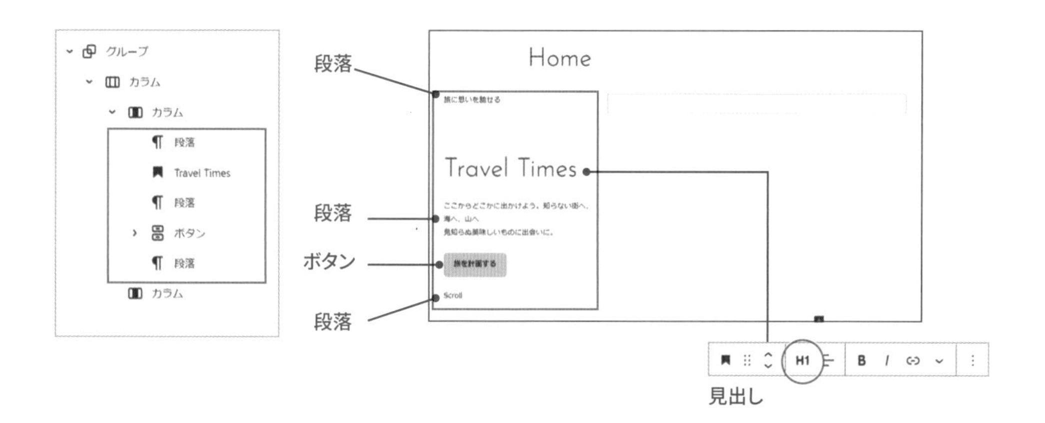

❹ 2つ目のカラムには「カバー」ブロックを挿入し、画像（ancient.jpg）をドラッグ&ドロップして表示します。オーバーレイの不透明度は `0` に、カバー画像の最小の高さは `570px` にします。
以上で、メインビジュアルのブロックの構成は完了です。

画像（ancient.jpg）

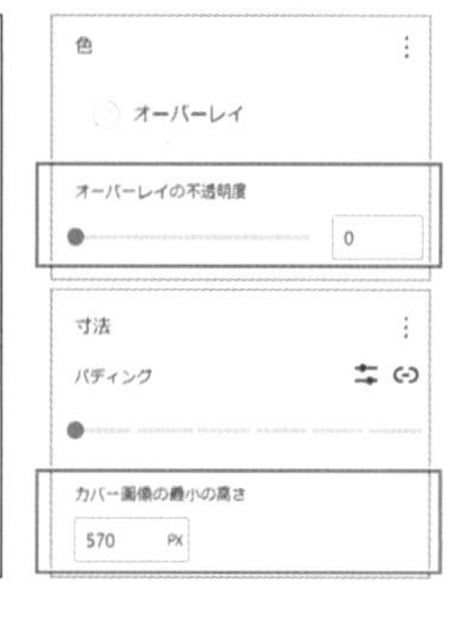

テキストと画像を並べるレイアウトにカラムとカバーブロックを使う理由

テキストと画像を並べるレイアウトであれば、それを目的とした「メディアとテキスト」ブロックという選択肢があります。ただし、ブレークポイントが600pxで、テキストの分量が多くなるとレスポンシブのコントロールが難しくなるという面があります。
そのため、ここではブレークポイントが782pxの「カラム」ブロックでレイアウトを作っています。さらに、高さを固定し、カラム幅に合わせて切り抜くことができるため、画像の表示には「カバー」ブロックを使っています。

＋ メインビジュアルをスタイリングする

メインビジュアルをスタイリングしていきます。

❶ まずは、テキストのスタイルを次のようにします。

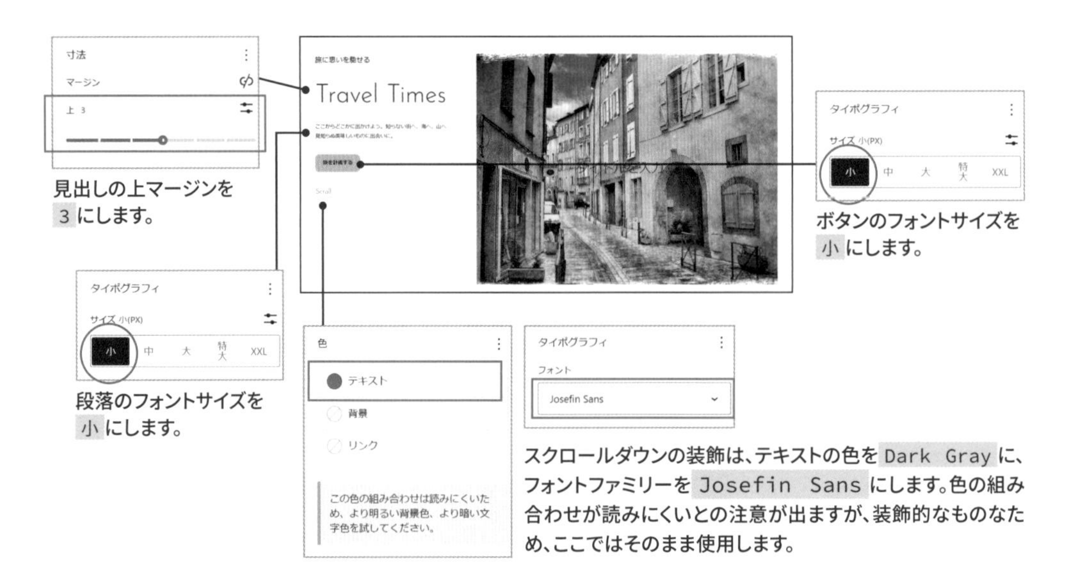

見出しの上マージンを 3 にします。

ボタンのフォントサイズを 小 にします。

段落のフォントサイズを 小 にします。

スクロールダウンの装飾は、テキストの色を `Dark Gray` に、フォントファミリーを `Josefin Sans` にします。色の組み合わせが読みにくいとの注意が出ますが、装飾的なものなため、ここではそのまま使用します。

❷ スクロールダウンのテキストを縦書きにして、縦線に沿って上から下に黄色い丸が動くようにします。ただし、現時点ではブロックにその機能はありません。そのため、P.189 のように register_block_style() を使ってスタイルを適用します。

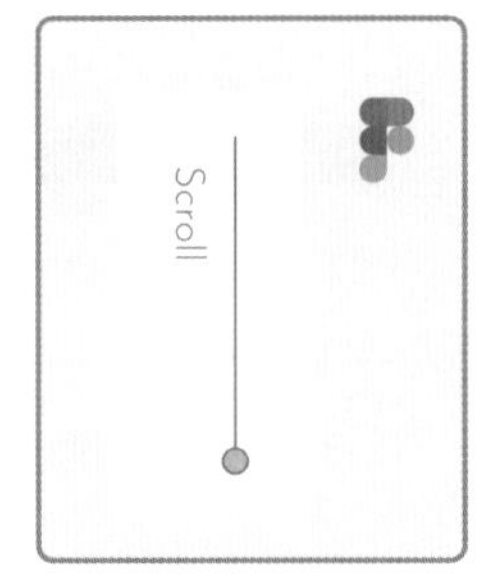

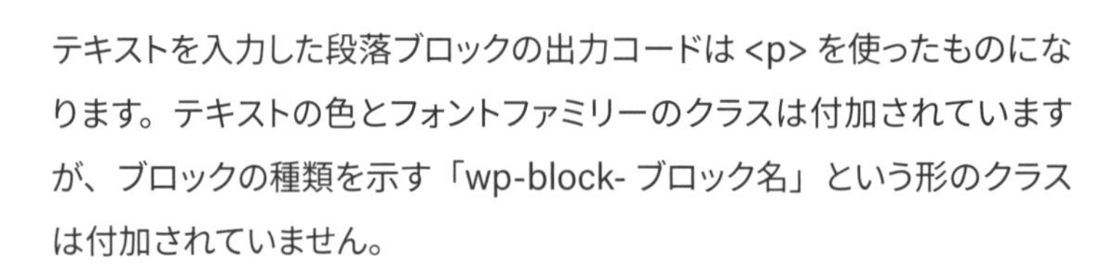

テキストを入力した段落ブロックの出力コードは <p> を使ったものになります。テキストの色とフォントファミリーのクラスは付加されていますが、ブロックの種類を示す「wp-block- ブロック名」という形のクラスは付加されていません。

Scroll

```
<p class="has-dark-gray-color has-text-color
 has-josefin-sans-font-family">Scroll</p>
```

これにスタイルを適用するため、functions.php でスタイルセレクターの選択肢を登録します。

登録先は「段落」ブロック `core/paragraph`、スタイル名は `scroll-down`、ラベルは `スクロールダウン` にします。style.css では `is-style-scroll-down` クラスを持つものに以下のスタイルを適用します。

```
// ブロックスタイル
function mytheme_register_block_styles() {
    …
    );

    // 段落： スクロールダウン
    register_block_style(
        'core/paragraph',
        array(
            'name' => 'scroll-down',
            'label' => 'スクロールダウン'
        )
    );

}
```

mytheme/functions.php

```
…
  margin-top: 0;
}

/* 段落： スクロールダウン */
p.is-style-scroll-down {
  position: relative;
  height: 144px;
  border-right: solid 1px
    var(--wp--preset--color--dark-gray);
  writing-mode: vertical-rl;
}

p.is-style-scroll-down::before {
  content: "";
  position: absolute;
  top: 0;
  right: -7px;
  width: 12px;
  height: 12px;
  border: solid 1px
    var(--wp--preset--color--dark-gray);
  border-radius: 50%;
  background-color:
   var(--wp--preset--color--primary);
  animation: scroll 4s infinite;
}

@keyframes scroll {
  0% {
    top: 0%;
    opacity: 0;
  }
  20% {
    opacity: 1;
  }
  80% {
    opacity: 1;
  }
  100% {
    top: 100%;
    opacity: 0;
  }
}
```

mytheme/style.css

ここでは <p> を高さ144pxの縦書きにして、右側に縦線を表示します。黄色い丸は <p> の ::before で作成し、position で縦線に重ね、animation で上から下に動くようにしています。段落ブロックのスタイルセレクターで「スクロールダウン」を選択すると次のようになります。

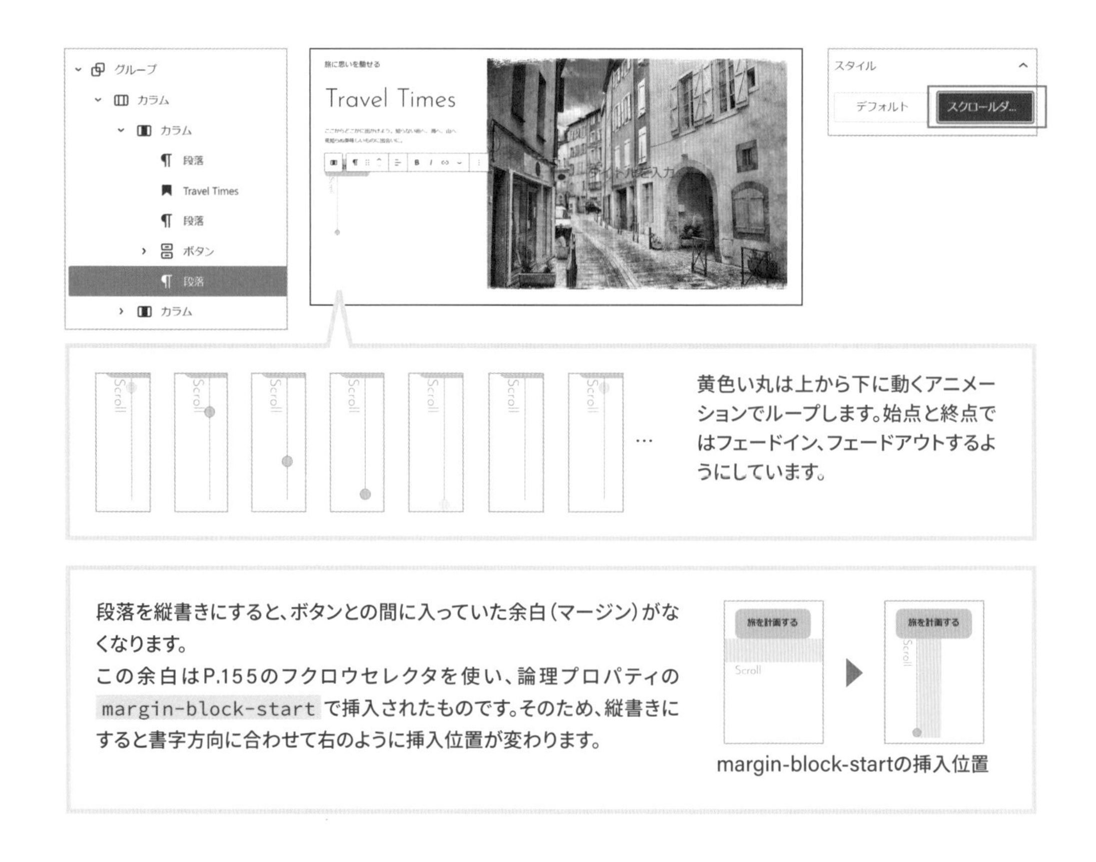

グループ
カラム
カラム
段落
Travel Times
段落
ボタン
段落
カラム
旅に思いを馳せる
Travel Times
スタイル
デフォルト
スクロールダ...
Scroll
黄色い丸は上から下に動くアニメーションでループします。始点と終点ではフェードイン、フェードアウトするようにしています。
段落を縦書きにすると、ボタンとの間に入っていた余白（マージン）がなくなります。
この余白はP.155のフクロウセレクタを使い、論理プロパティの margin-block-start で挿入されたものです。そのため、縦書きにすると書字方向に合わせて右のように挿入位置が変わります。
旅を計画する
Scroll
旅を計画する
Scroll
margin-block-startの挿入位置

❸ スクロールダウンを中央揃えにします。段落ブロックをグループ化して「横並び」に変換し、レイアウトの配置を 中央揃え にします。

※ChromeとSafariではグループブロックでも中央揃えになりますが、Firefoxにも対応する場合は横並びブロックにして、Flexレイアウトタイプで中央揃えにします。

❹ 1つ目のカラム を選択し、垂直配置を 下揃え にします。これで、大きい画面幅でのスタイリングは完了です。

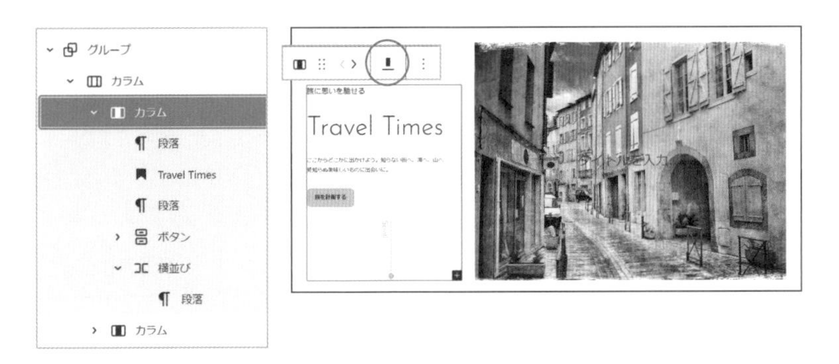

❺ プレビューを「モバイル」にして、小さい画面幅での表示を確認します。すると、左右に余白が入っていません。

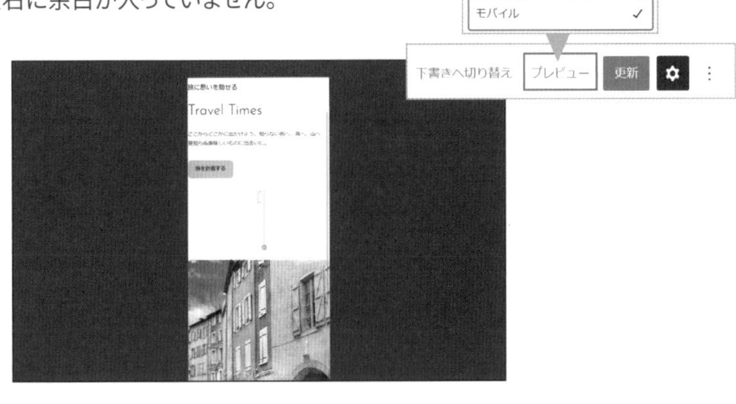

グループブロックを選択し、左右パディングをプリセットの 3 にして余白を入れます。これは P.158 で入れたルートパディングと同じサイズの余白です。ここにルートパディングが自動で入らない理由については P.284 を参照してください。

❻ 続けて、モバイルでは画像とテキストの並びを逆にして、画像を上にします。ただし、現時点ではカラムブロックにその機能はないため、P.189のように register_block_style() を使ってスタイルを適用します。

カラムブロックは `wp-block-columns` クラスを持つ Flex レイアウトタイプのコンテナです。出力コードを見ると、CSS の Flexbox ですべてのカラムを横並びにし、781px 以下の画面幅では各カラムの横幅（flex-basis）を 100% にして縦並びに切り替えるコードになっています。

```
<div class="is-layout-flex
 wp-container-10 wp-block-columns
 alignwide">
   <div class="is-layout-flow
    wp-block-column
    is-vertically-aligned-bottom"
    style="flex-basis:33.33%">
        ※テキストを入れたカラム
   </div>
   <div class="is-layout-flow
    wp-block-column"
    style="flex-basis:66.66%">
        ※画像を入れたカラム
   </div>
</div>
```

```
body .is-layout-flex {
    display: flex;
}
.wp-block-columns {
    display: flex;
    flex-wrap: wrap!important;
}
@media (max-width: 781px) {
  .wp-block-columns:not(.is-not-stacked-on-mobile)
   > .wp-block-column {
    flex-basis: 100% !important;
  }
}
```

functions.php でスタイルセレクターの選択肢を登録します。登録先は「カラム」ブロック `core/columns`、スタイル名は `reverse`、ラベルは `モバイル逆順` にします。style.css では `wp-block-columns` と `is-style-reverse` クラスを持つものに以下のスタイルを適用します。

```
// ブロックスタイル
function mytheme_register_block_styles() {
    …
    );

    // カラム： モバイル逆順
    register_block_style(
        'core/columns',
        array(
            'name' => 'reverse',
            'label' => 'モバイル逆順'
        )
    );
}
```

mytheme/functions.php

```
…
    opacity: 0;
  }
}

/* カラム：モバイル逆順 */
@media (max-width: 781px) {
  .wp-block-columns.is-style-reverse {
    flex-direction: column-reverse;
  }
}
```

カラムの中身を逆順の縦並びにするように指定。

mytheme/style.css

カラムブロック のスタイルセレクターで「モバイル逆順」を選択します。

以上で、メインビジュアルは完成です。フロントでも表示を確認しておきます。カラムブロックのブレークポイント 782px で並びが切り替わり、次のようになります。

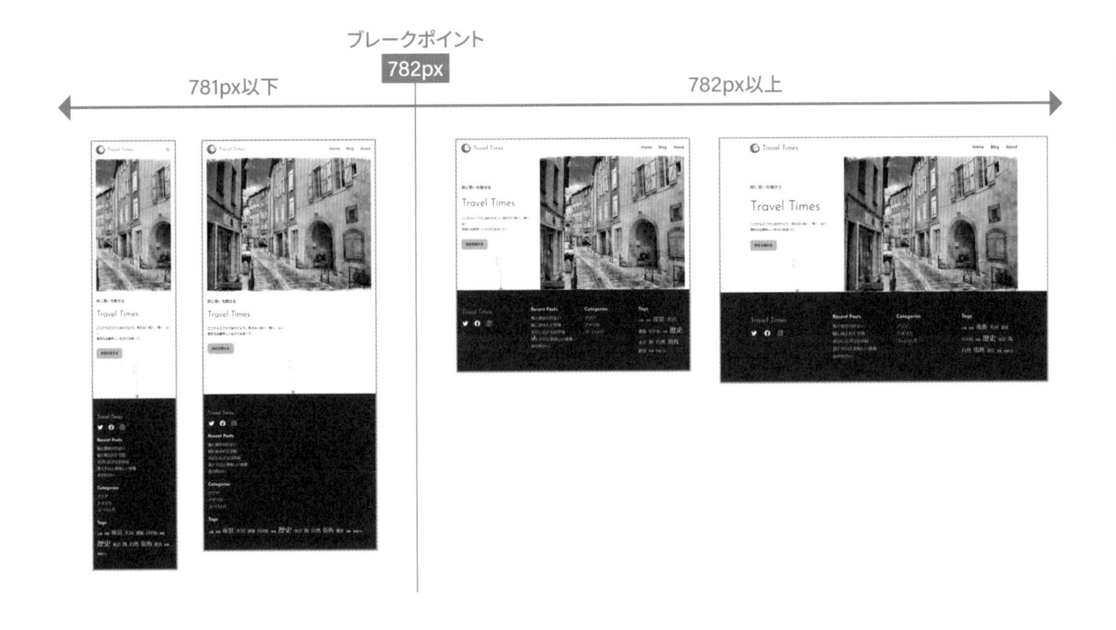

全幅にしたコンテナ内の左右の余白

メインビジュアルを構成するグループブロックは 全幅 にしていますが、画面幅を小さくすると中身の左右に余白が入りません。そのため、P.281 の❺では左右パディングを挿入して対応しました。このパディングをリセットすると、やはり余白が入らないことがわかります。

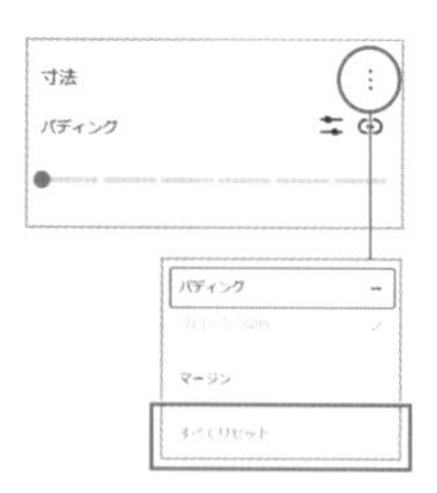

作成中のテーマでは theme.json で useRootPaddingAwareAlignments を有効化しているため、ルートパディングが自動挿入されてもいいように感じます。有効化している場合、P.162 のように「has-global-padding」クラスがすべての Constrained レイアウトタイプのコンテナに追加され、その最上位階層のものに左右のルートパディング（余白）が挿入されます。グループブロックはコンテンツ内では最上位階層の Constrained レイアウトタイプのコンテナです。

しかし、ページ全体で見ると Constrained レイアウトタイプの「投稿コンテンツ」ブロックの中身です。［外観＞エディター］で新規にサイトエディターを開くと、トップページを生成している no-title テンプレートがコンテンツを読み込んだ状態で開きますので、ブロックの構成を確認します。すると、「投稿コンテンツ」ブロック内に固定ページ「Home」のコンテンツが読み込まれていることがわかります。
このように、コンテンツ内のグループブロックは「最上位階層の Constrained レイアウトタイプのコンテナ」にならないため、ルートパディングが挿入されません。

これに対応する場合、ブロックに個別にパディングを挿入する方法に加えて、次のように Flow レイアウトタイプのコンテナを使う方法もあります。

サイトエディターを新規に開きます。

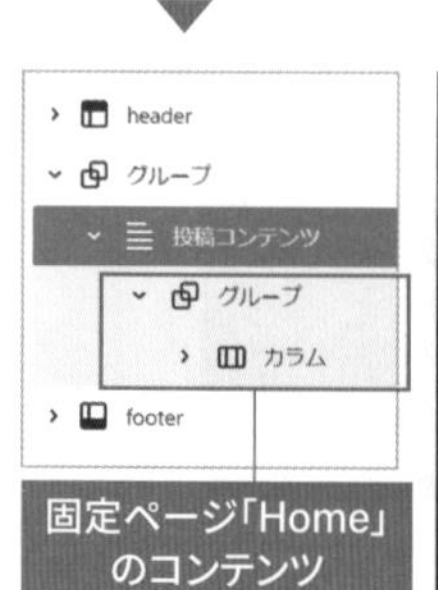

全幅の Flow レイアウトタイプのコンテナを使って左右にルートパディングを入れる方法

theme.json で useRootPaddingAwareAlignments を有効化すると、グローバルスタイルには P.162 のスタイルに加えて、次のスタイルも出力されます。これは、[Constrained のブロック > Constrained 以外の全幅ブロック > 全幅でないブロック] にルートパディングを挿入するものです。

```
.has-global-padding
> .alignfull:where(:not(.has-global-padding))
> :where([class*="wp-block-"]:not(.alignfull):not([class*="__"]),p,h1,h2,h3,h4,h5,h6,ul,ol) {
    padding-right: var(--wp--style--root--padding-right);
    padding-left: var(--wp--style--root--padding-left);
}
```

最初の [Constrained のブロック] には投稿コンテンツブロックが該当します。そのため、次のように設定すると、メインビジュアルを構成するグループブロックにルートパディングを適用できます。

1. 固定ページ「Home」を投稿エディターで開き、コンテンツ全体をグループ化します。このグループは Flow レイアウトタイプにし、配置を 全幅 にします。パディングは入れません。これが [Constrained 以外の全幅ブロック] に該当するものになります。

2. メインビジュアルを構成するグループブロックは配置を なし に変更し、パディングもリセットしておきます。レイアウトタイプは Constrained のまま変更しません。これが [全幅でないブロック] に該当し、ルートパディングが挿入されます。現在のところ、投稿エディターの表示には反映されませんが、フロントでは左右に余白が入ったことがわかります。

※配置をなしにしても親が Flowレイアウトタイプなため、親に合わせた横幅(全幅)になります。

斜めにカットした背景を入れる

メインビジュアルの下にキャッチコピーを追加し、斜めにカットしたグレーの背景を入れます。

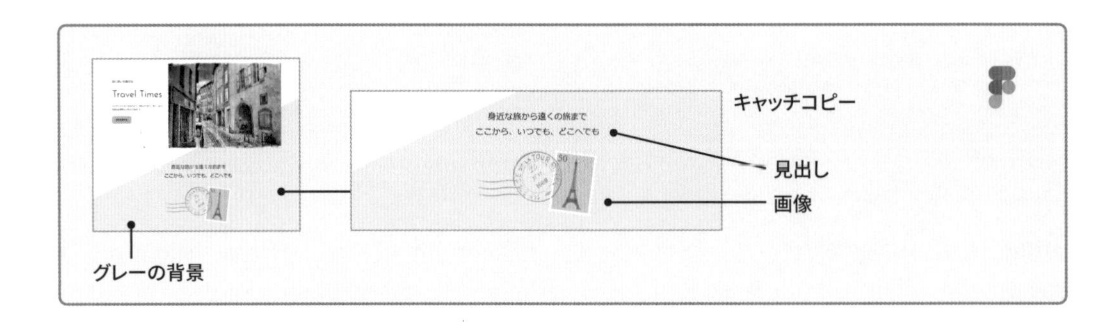

＋ キャッチコピーのブロックを構成する

背景を追加する前に、キャッチコピーを追加します。キャッチコピーはカラムと同じグループブロックの中に入れ、見出しと画像ブロックで構成します。

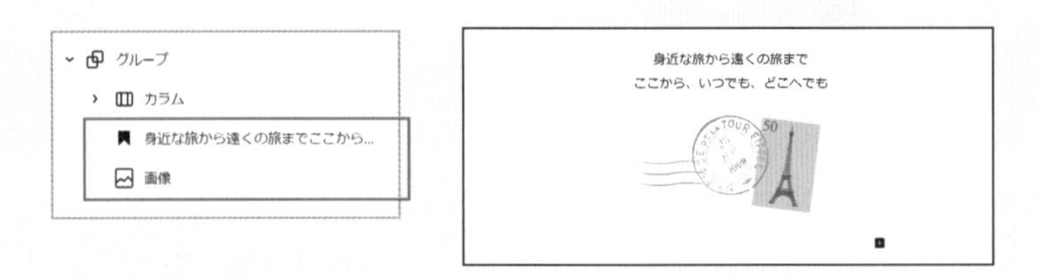

❶ メインビジュアルを構成するカラムブロックの後に「見出し」ブロックを追加します。レベルは H2 に、テキストの配置は テキスト中央寄せ にします。

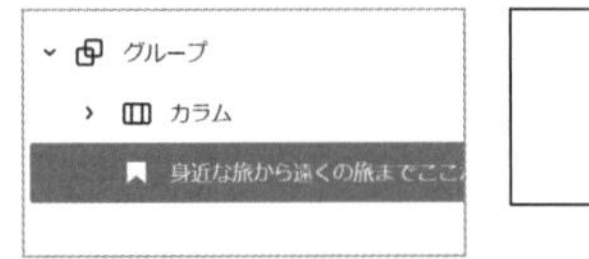

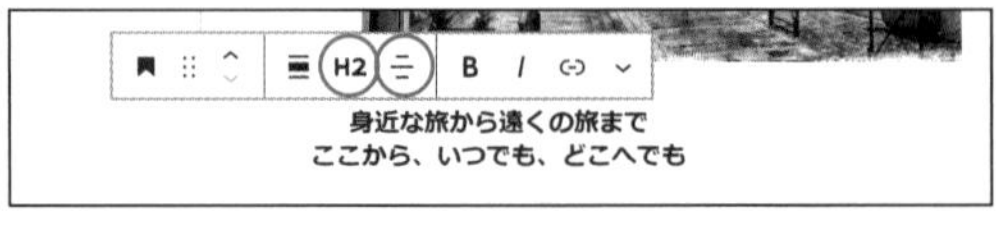

❷ 見出しの後に「画像」ブロックを追加し、画像（stamp.jpg）をドラッグ＆ドロップして表示します。

画像(stamp.jpg)

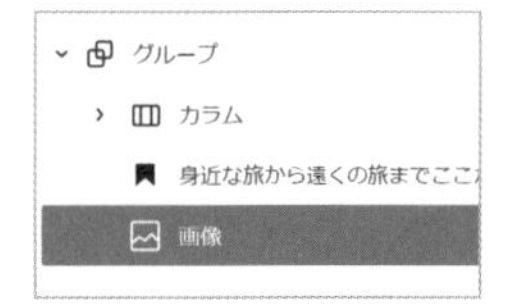

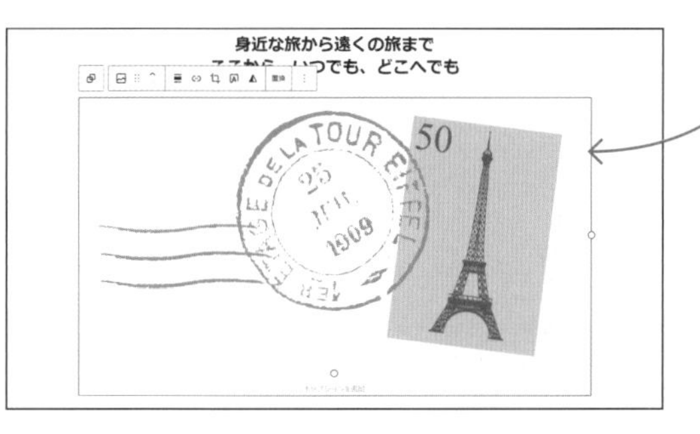

✚ キャッチコピーをスタイリングする

キャッチコピーをスタイリングしていきます。

❶ 「見出し」ブロックを選択し、外観で太さを斜体なしの `標準` に、行の高さを `1.8` に、上マージンをプリセットの `6` にします。

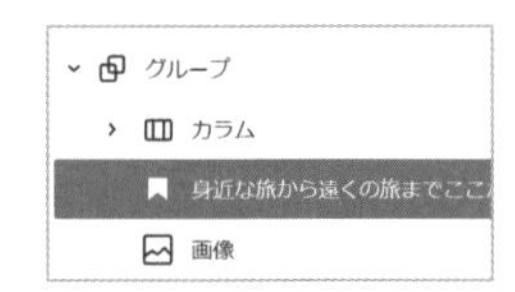

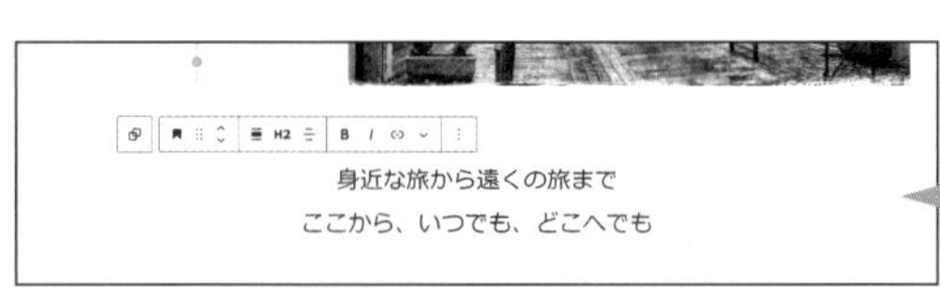

❷ 「画像」ブロックを選択し、配置を `中央揃え` に、画像の寸法を `50%` にします。以上で、キャッチコピーは完成です。

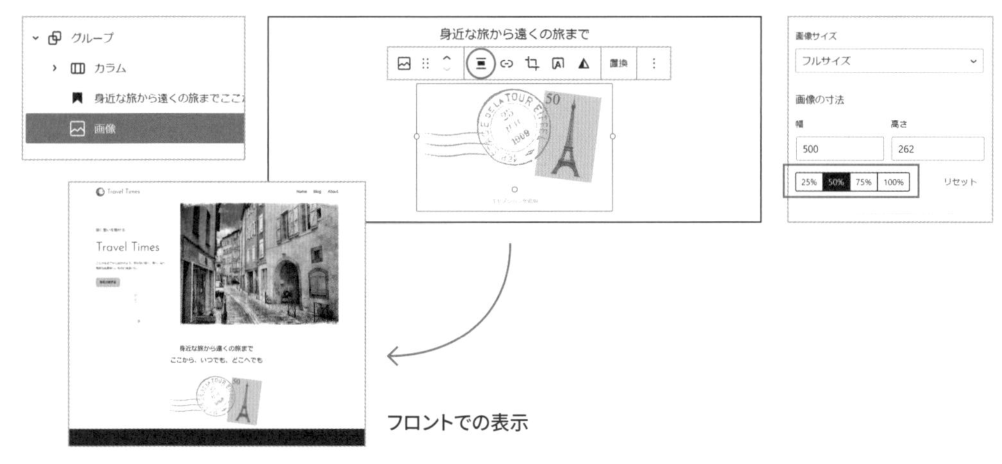

フロントでの表示

+ 斜めにカットした背景を入れる

メインビジュアルとキャッチコピーを入れたグループブロックに、斜めにカットしたグレーの背景を入れます。この背景は線形グラデーションで作成します。グラデーションは透明色から半透明なグレーに変化させ、ページ全体の背景色を変えても馴染むようにします。

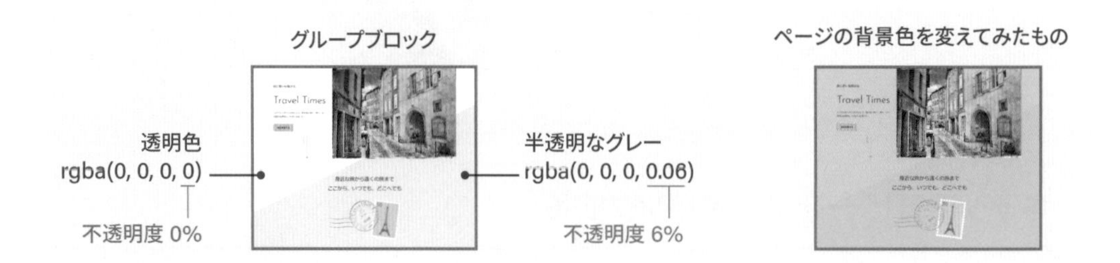

❶ グループブロックを選択し、「背景」をクリックします。Gradient タブを開き、グラデーションを作成します。グラデーションのタイプは 線形 にします。

❷ 続けて、グラデーションの２色を指定します。初期状態で２つのポイントがありますので、各ポイントをクリックしてカラーパレットを開きます。ここでは RGB で左側を透明色に、右側を半透明なグレーにします。この段階では、透明色から半透明なグレーに滑らかに変化するグラデーションになります。

背景がグラデーションになります。
角度は自動的に135°にセットされます。

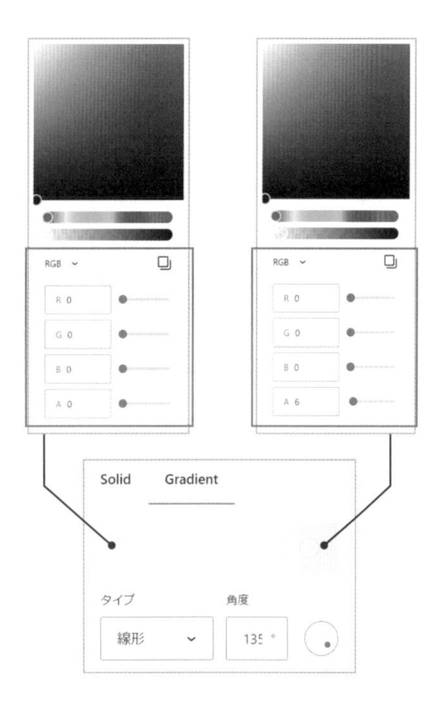

❸ グラデーションの２色を中央で切り替えます。まずは左側のポイントをドラッグし、中央付近に移動させます。次に、右側のポイントをドラッグし、中央に置いたポイントに重ねます。

グラデーションの２色が中央で切り替わります。

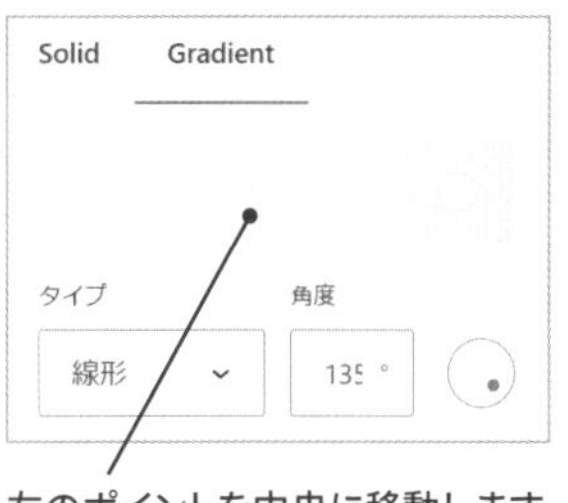

左のポイントを中央に移動します。

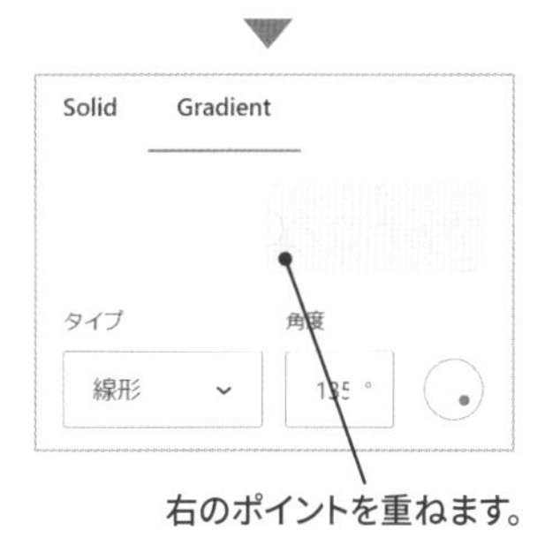

右のポイントを重ねます。

❹ 角度を調整します。ここでは `155°` にして、グラデーションの設定を閉じます。

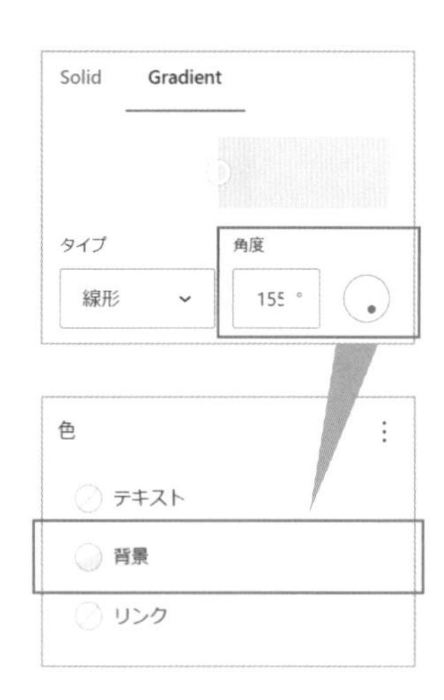

❺ 背景を指定すると、グループブロックの上下には小さいパディングが挿入されます。これは、P.90の「コアブロックの追加分のCSS」で挿入されるものなため、必要に応じてサイズを調整します。ここでは上パディングを `0px` に、下パディングをプリセットの `5` にします。

上下パディング

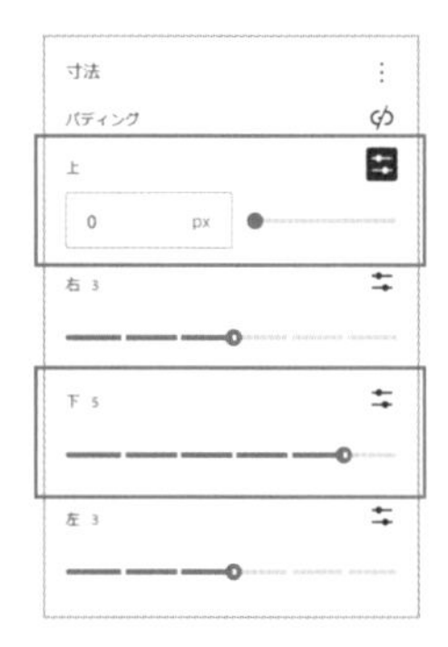

以上で、斜めにカットした背景は完成です。フロントの表示を確認すると右のようになっています。

最新記事の一覧を作成する

最新記事の一覧を作成します。6 件の最新記事をリストアップしますが、ページネーションは付けず、記事一覧ページへのリンクを用意します。横幅はメインビジュアルと同じ 1180px にして、斜めにカットしたグレーの背景を入れて仕上げます。

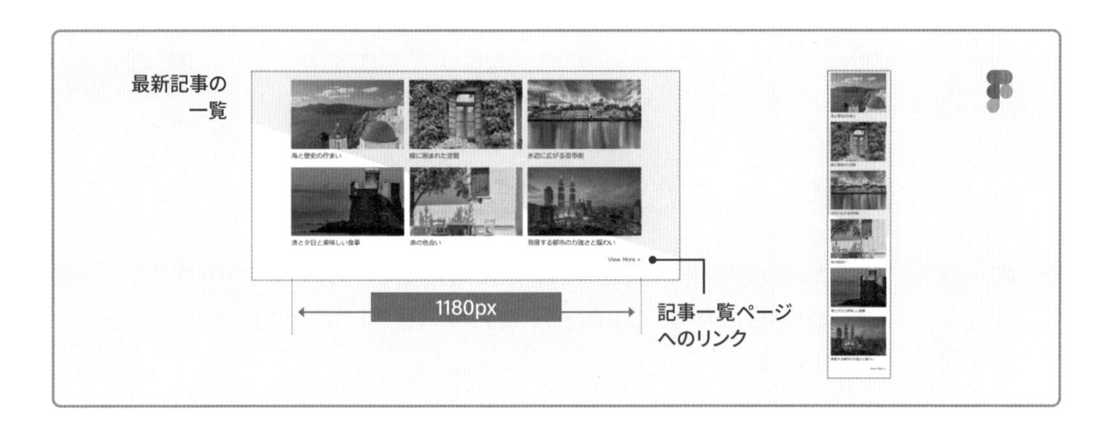

最新記事の一覧のブロックを構成する

最新記事の一覧は次のようなブロックのツリー構造で実現します。

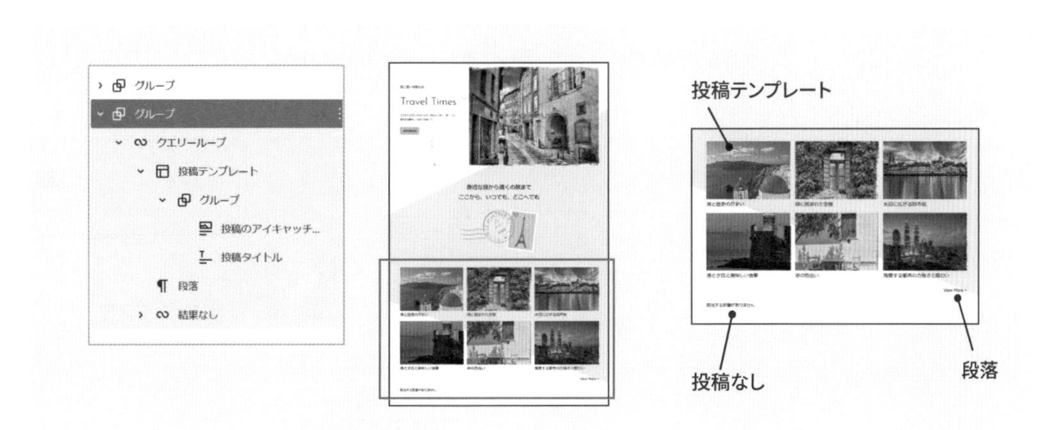

❶ 最新記事の一覧にも斜めにカットしたグレーの背景を入れるため、STEP 7.5 で完成させたグループブロックをコピーして作成していきます。まずは、グループブロックを選択して「複製」を選択します。

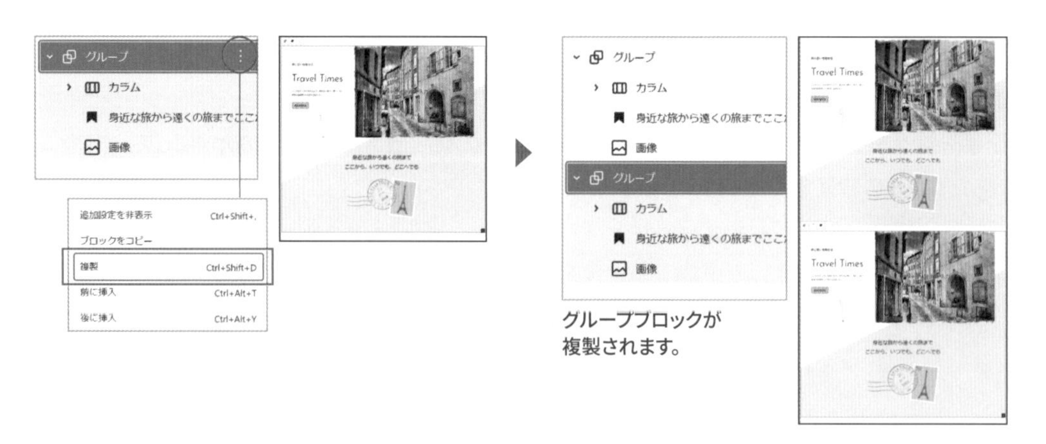

❷ 複製したグループブロックの中身をすべて削除します。さらに、元のグループブロックとの間に入る余白も削除します。この余白は P.155 のフクロウセレクタのスタイルで挿入されているため、上マージンを `0px` にして削除します。

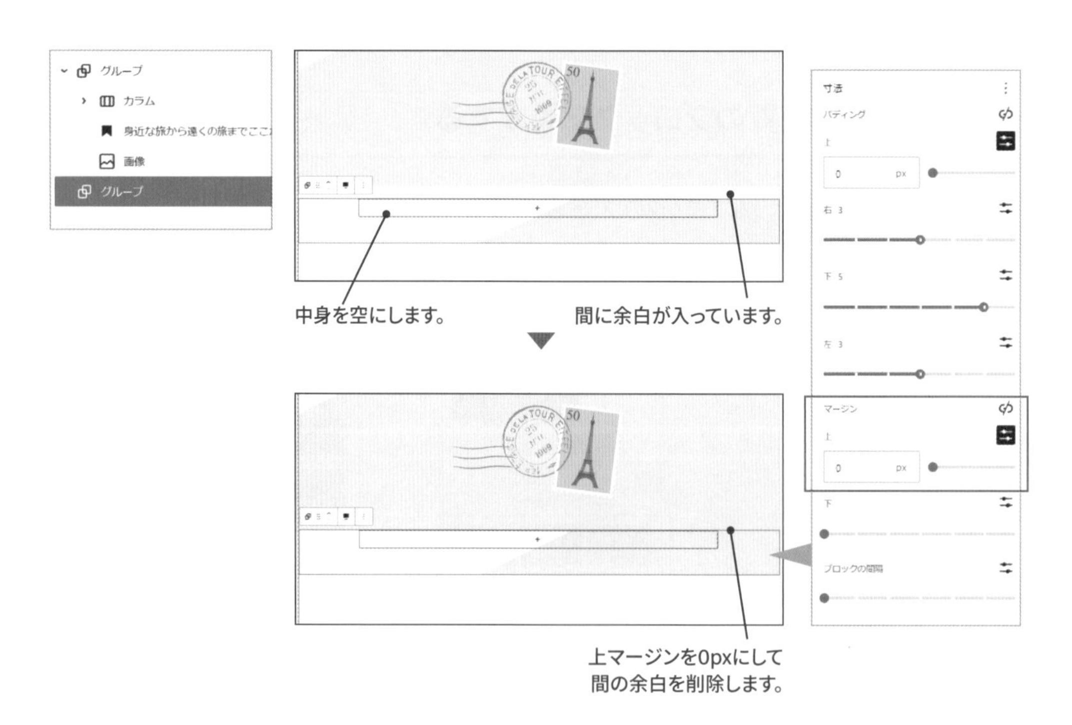

❸ 空にしたグループブロックの中には、STEP 6.4 で「posts」テンプレートパーツにした記事一覧を挿入します。しかし、ブロック挿入ツールを開いても、「テンプレートパーツ」ブロックが見当たりません。テンプレートパーツはテンプレートで使うことが前提で、投稿エディターでは使用できないためです。

「クエリーループ」ブロックは用意されているため、P.241 のように1から記事一覧を作成することはできますが、手間がかかります。そこで、「posts」テンプレートパーツをコピーしてきます。

ブロック挿入ツール

「テンプレートパーツ」ブロックが見当たりません。

> 記事一覧を投稿エディターでも簡単に使用できるようにするには、テンプレートパーツではなく、ブロックパターンとして用意しておく方法があります。詳しくはP.317を参照してください。

❹ ［外観＞エディター］でサイトエディターを開き、テンプレートパーツの一覧から「posts」の編集画面を開きます。記事一覧を構成する「クエリーループ」ブロックの「ブロックをコピー」を選択してコピーします。

［固定ページ＞固定ページ一覧］から投稿エディターに戻り、固定ページ「Home」の編集を続けます。空にしたグループブロック内に「段落」ブロックを追加し、コピーしたものをペーストします。

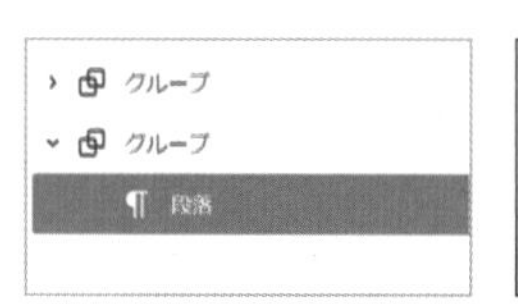

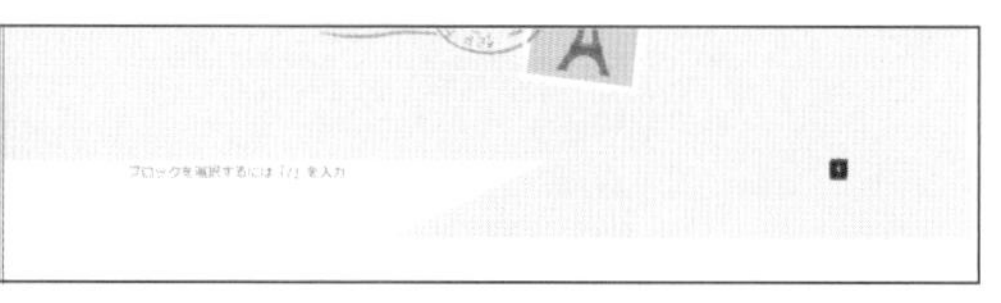

グループブロック内に追加した空の段落ブロックを選択し、Ctrl＋V（Windows）またはCommand＋V（macOS）でペーストします。

「クエリーループ」ブロックがペーストされ、次のようになります。しかし、エディターには記事の一覧が表示されますが、フロントには「該当する記事がありません」と表示されます。

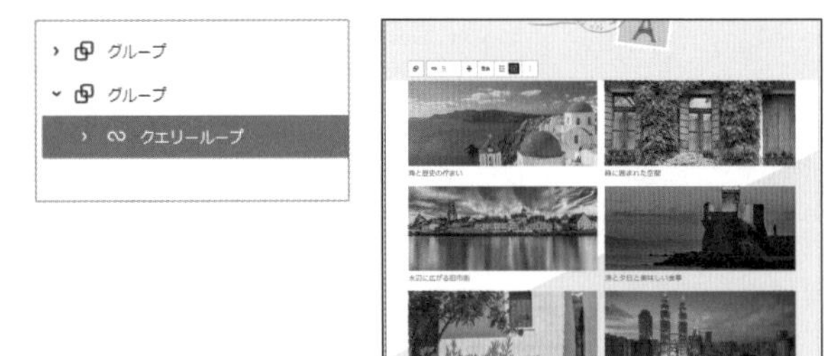

フロントの表示

このようになるのは、クエリーループブロックの テンプレートからクエリーを継承 がオンになっているためです。記事一覧ページやアーカイブページなどでは、これによって P.255 のように生成ページごとに最適な記事一覧が表示されます。しかし、固定ページには「最適な記事一覧」として処理されるものがありません。そのため、テンプレートからクエリーを継承 をオフにして、何をリストアップするかを指定する必要があります。ここでは［投稿］で管理している記事をリストアップするため、投稿タイプを 投稿 に、並び順を 投稿順（最新から） にします。

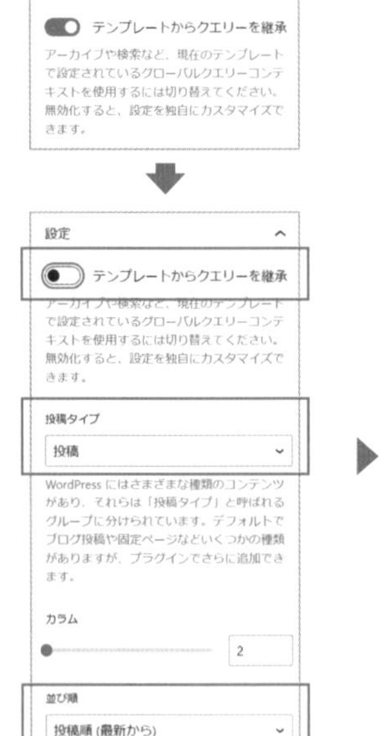

フロントの表示

❺ 最新記事の一覧は 3 列× 2 行にするため、カラムを 3 にします。

❻ ページネーションは削除し、記事一覧ページへのリンクに置き換えます。そのため、クエリーループ内の「ページ送り」ブロックを削除し、代わりに「段落」ブロックを追加します。段落ブロックには「View More »」と入力し、テキストの配置を テキスト右寄せ にします。

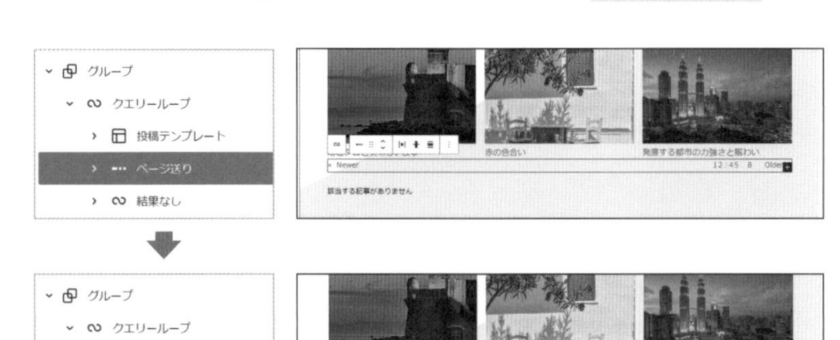

※「»」の入力方法はP.230を参照してください。

❼ 記事一覧ページにリンクするため、段落に入力したテキスト全体を選択し、「リンク」をクリックします。検索欄に「Blog」と入力すると、サイト内の一致するページが表示されますので、選択します。これでリンクが設定されます。以上で、ブロックの構成は完了です。

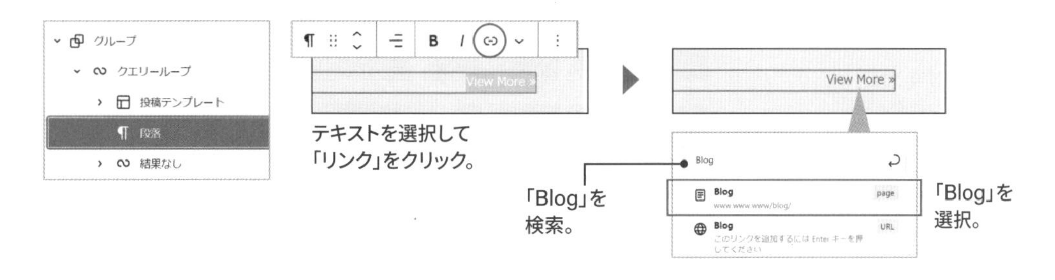

＋ 最新記事の一覧をスタイリングする

フロントでトップページを開くと右のようになっています。ここではリンクの色や、斜めにカットしたグレーの背景をカスタマイズして仕上げます。

フロントの表示

❶ 最新記事の一覧では、リンクの色が黒色ではなく青色になっています。これは、P.205 でコンテンツ内のリンクを青色に、コンテンツ以外のリンクを黒色にしたためです。theme.json で「投稿コンテンツ」ブロック内のリンクを `Secondary（青色）` にしているため、そのブロックの中身である固定ページのコンテンツ内のリンクは青色になります。

リンクの色を変えるためには、コンテンツに挿入したブロックごとに色を指定します。まずは、「投稿タイトル」ブロックを選択し、リンクの色を `Contrast（黒色）` にします。

続けて、「段落」ブロックを選択してリンクの色を `Contrast（黒色）` にします。

❷ 斜めにカットしたグレーの背景の角度を変更します。最新記事の一覧を構成するグループブロックを選択し、「背景」をクリックしてグラデーションの角度を `20°` にします。

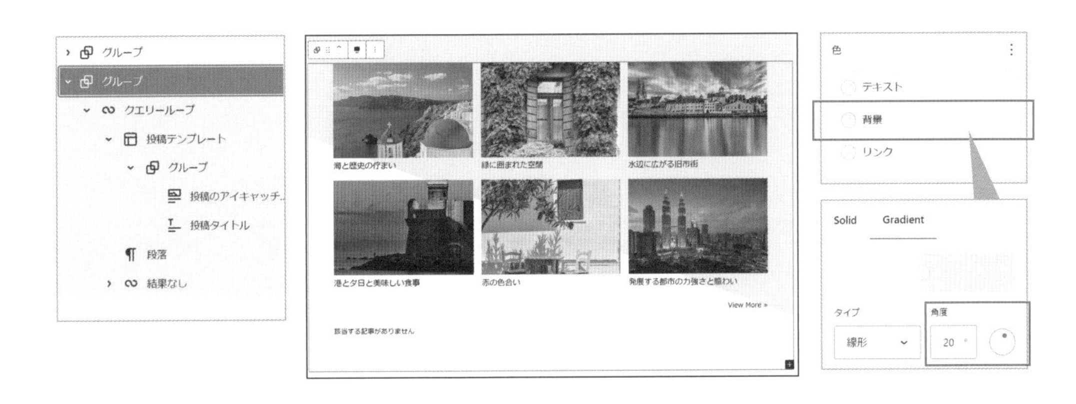

以上で、サイト型のトップページは完成です。サイト全体のページ構成は次のようになります。

テンプレート階層（テンプレートヒエラルキー）

ページの生成に使用されるテンプレートは、テンプレートのファイル名で決まります。ファイル名の付け方には「テンプレート階層」と呼ばれるルールがあり、優先度の高いものが使用されます。これにより、すべてのページを index.html だけで生成したり、特定のページだけをカスタムテンプレートで生成するといったことができます。

	生成に使用されるテンプレート 高 ← 優先順位 → 低				
投稿記事ページ	-	カスタム .html	post- スラッグ .html	single.html	index.html
固定ページ	-	カスタム .html	page- スラッグ .html	page.html	
サイト型のトップページ	front-page.html				
記事一覧のトップページ	front-page.html	-		home.html	
アーカイブページ(カテゴリー)	category- スラッグ .html		category.html	archive.html	
アーカイブページ(タグ)	tag- スラッグ .html		tag.html		
404ページ	-			404.html	
検索結果ページ	-			search.html	

※「カスタム .html」はカスタムテンプレートです。P.272 のように投稿記事や固定ページの編集画面で選択して使用します。

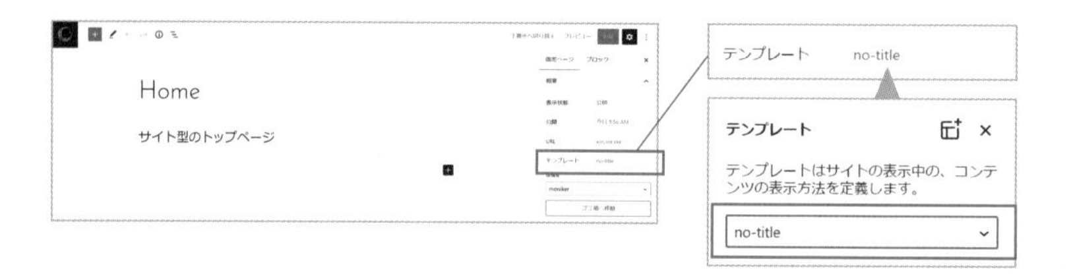

※ サイトエディターでテンプレートを作成するとき、コピーされるテンプレートはテンプレート階層にしたがって決まります。たとえば、固定ページテンプレート（page.html）は P.234 のようにインデックステンプレート（index.html）をコピーして作成されます。さらに、カスタムテンプレート（カスタム .html）を作成すると、P.270 のように固定ページテンプレート（page.html）がコピーされます。

Chapter

8

エディターを使いやすくする

8.1 エディターを使いやすくする機能

Editor

Gutenberg にはエディターを使いやすくするさまざまな機能が用意されています。用途や目的に応じてこれらを組み合わせ、エディターをより効果的に、わかりやすく利用できるようにします。

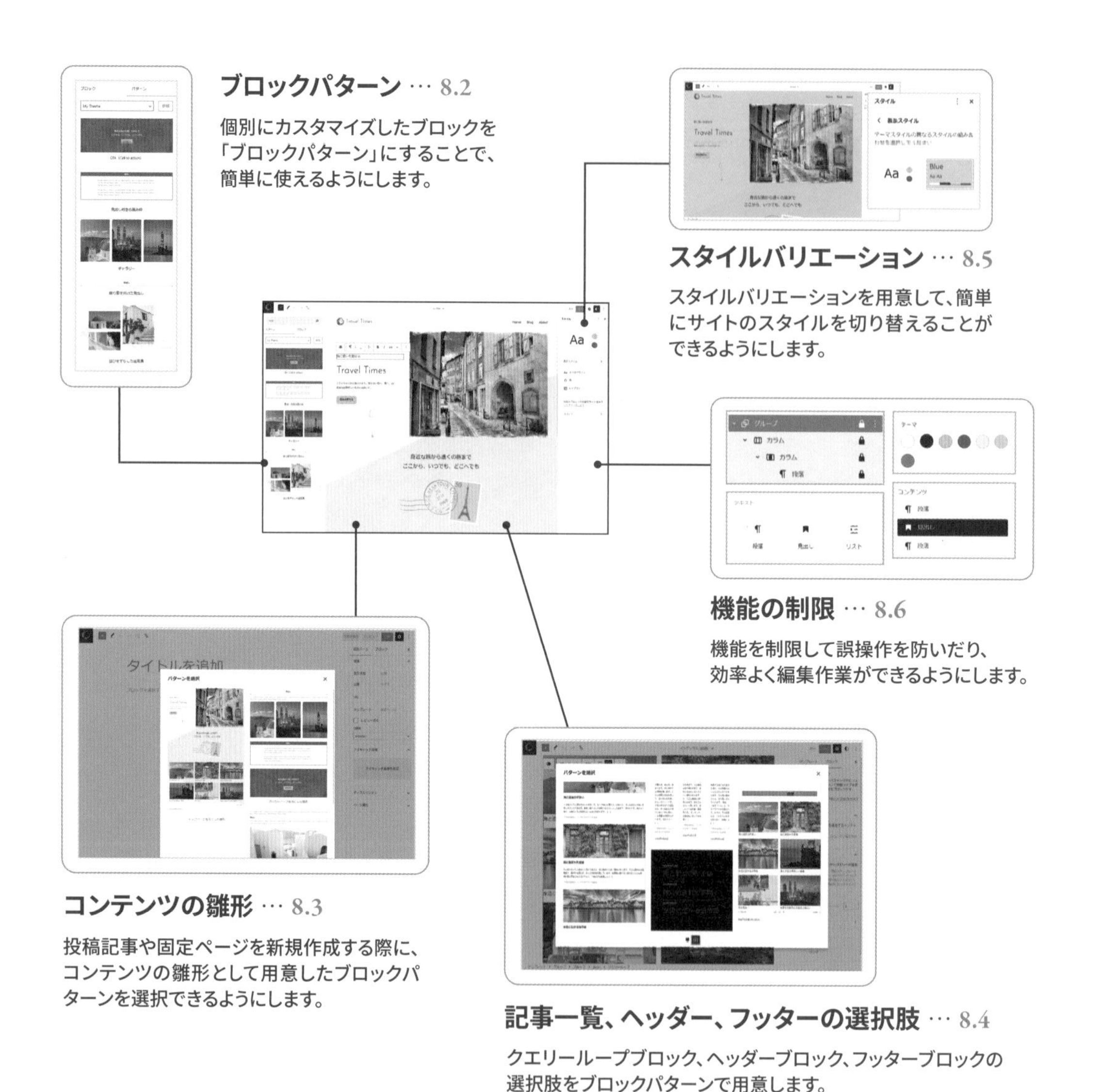

ブロックパターン … 8.2

個別にカスタマイズしたブロックを「ブロックパターン」にすることで、簡単に使えるようにします。

スタイルバリエーション … 8.5

スタイルバリエーションを用意して、簡単にサイトのスタイルを切り替えることができるようにします。

機能の制限 … 8.6

機能を制限して誤操作を防いだり、効率よく編集作業ができるようにします。

コンテンツの雛形 … 8.3

投稿記事や固定ページを新規作成する際に、コンテンツの雛形として用意したブロックパターンを選択できるようにします。

記事一覧、ヘッダー、フッターの選択肢 … 8.4

クエリーループブロック、ヘッダーブロック、フッターブロックの選択肢をブロックパターンで用意します。

ブロックパターンを用意する

Chapter 4 や Chapter 7 では、コンテンツに入れたブロックを組み合わせたり、スタイルを個別にカスタマイズしてさまざまなパーツやレイアウトを作っています。こうしたカスタマイズ結果は「ブロックパターン」にすることで、同じ設定を繰り返し指定しなくても、次のように簡単にコンテンツに追加して利用できるようになります。

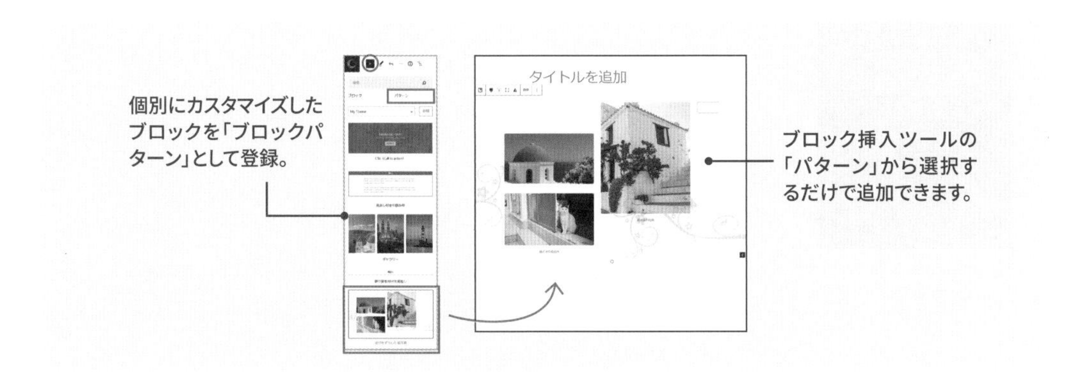

個別にカスタマイズしたブロックを「ブロックパターン」として登録。
タイトルを追加
ブロック挿入ツールの「パターン」から選択するだけで追加できます。

さらに、ブロックパターンのコードはテーマ側に保存するため、シリアライズドスタイルを含むカスタマイズ結果をデータベースではなく、テーマで扱う形にできるというメリットもあります。ここでは Chapter 4 で個別にカスタマイズしたブロックを「ブロックパターン」にしていきます。

＋ ブロックパターンを作成する

❶ まずは、CTA（Call to action）を構成したカバーブロックをブロックパターンにします。現時点ではエディターにブロックパターンを作成する機能は用意されていないため、コードをコピーして作成していきます。投稿エディターでアバウトページを開き、カバーブロックを選択してコピーします。

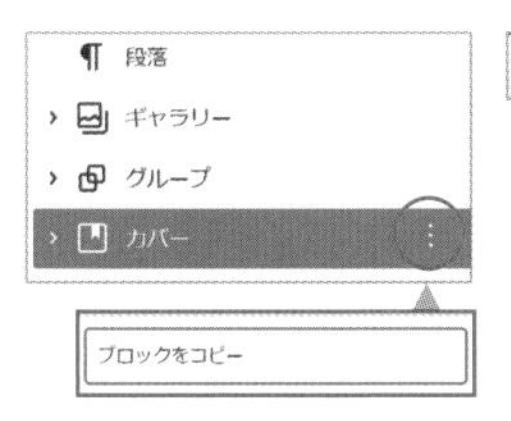

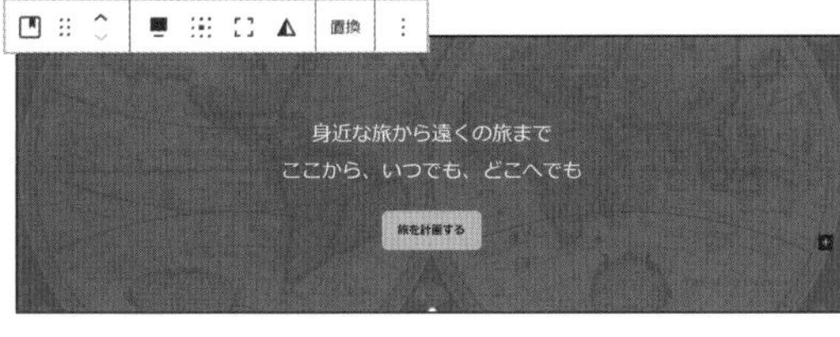

カバーブロックを選択して「ブロックをコピー」を選択。

❷ テーマフォルダ内に `patterns` フォルダを作成し、ブロックパターンを登録するための PHP ファイルを用意します。ここでは `cta.php` ファイルを作成し、さきほどコピーしたコード（青色の部分）をペーストします。
このコードの上にはパターンヘッダー（赤色の部分）を追加し、Title でラベルを、Slug でスラッグを指定します。これらは必須で、スラッグは `テーマのスラッグ / パターンのスラッグ` という形式にします。ここではラベルを「CTA（Call to action）」、スラッグを「mytheme/cta」としています。Block types ではパターンで使用した主要ブロックを `core/cover` と指定します。

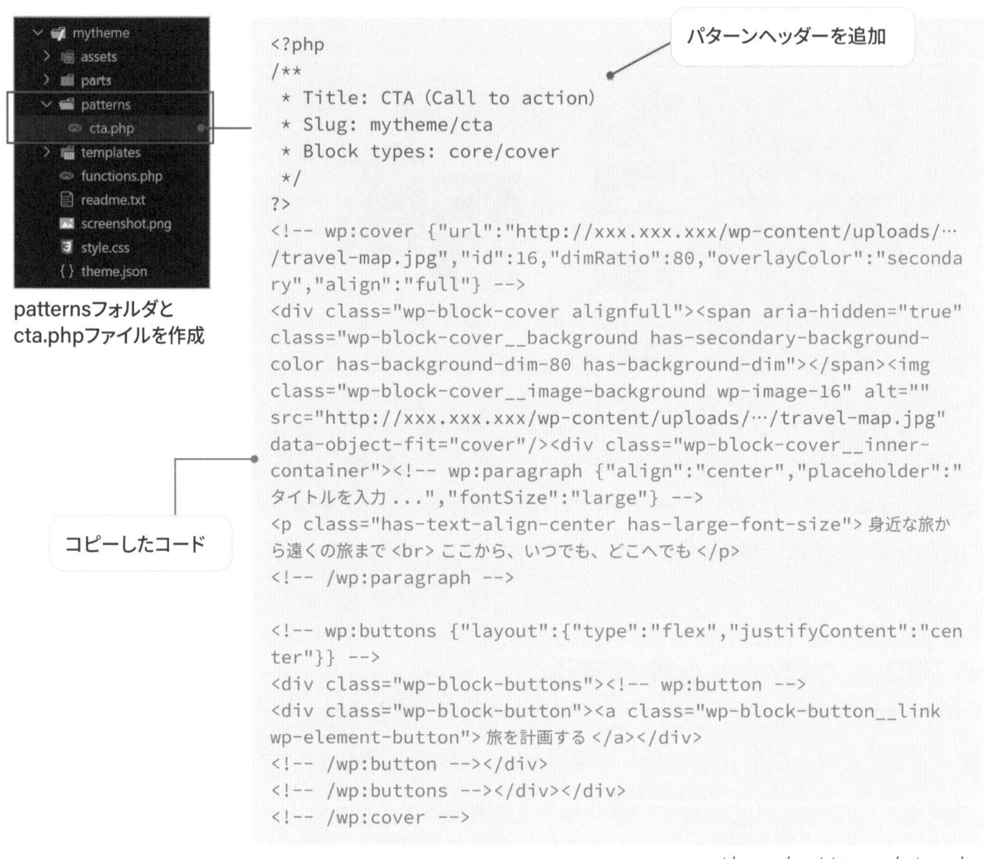

```
<?php
/**
 * Title: CTA (Call to action)
 * Slug: mytheme/cta
 * Block types: core/cover
 */
?>
<!-- wp:cover {"url":"http://xxx.xxx.xxx/wp-content/uploads/…
/travel-map.jpg","id":16,"dimRatio":80,"overlayColor":"seconda
ry","align":"full"} -->
<div class="wp-block-cover alignfull"><span aria-hidden="true"
class="wp-block-cover__background has-secondary-background-
color has-background-dim-80 has-background-dim"></span><img
class="wp-block-cover__image-background wp-image-16" alt=""
src="http://xxx.xxx.xxx/wp-content/uploads/…/travel-map.jpg"
data-object-fit="cover"/><div class="wp-block-cover__inner-
container"><!-- wp:paragraph {"align":"center","placeholder":"
タイトルを入力 ...","fontSize":"large"} -->
<p class="has-text-align-center has-large-font-size">身近な旅か
ら遠くの旅まで<br>ここから、いつでも、どこへでも</p>
<!-- /wp:paragraph -->

<!-- wp:buttons {"layout":{"type":"flex","justifyContent":"cen
ter"}} -->
<div class="wp-block-buttons"><!-- wp:button -->
<div class="wp-block-button"><a class="wp-block-button__link
wp-element-button">旅を計画する</a></div>
<!-- /wp:button --></div>
<!-- /wp:buttons --></div></div>
<!-- /wp:cover -->
```


patternsフォルダと
cta.phpファイルを作成

mytheme/patterns/cta.php

なお、カバーブロックでは画像を使用しているため、コードには WordPress にアップロードして管理している画像の URL（ピンク色の部分）が含まれています。この URL のままでは、テーマを他の WordPress で使用したときに画像が見つからないことになります。

そのため、パターンで使用している画像もテーマフォルダ内に用意します。ここでは assets 内の images フォルダに追加します。

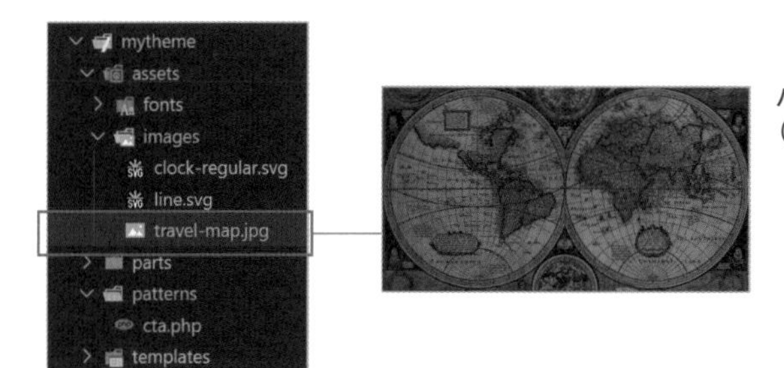

パターンで使用している画像
(travel-map.jpg)

cta.php 内の画像の URL を置き換えます。`get_theme_file_uri()` でテーマフォルダ内の画像ファイルの URL を取得するように置き換えると、次のようになります。

```
<?php
/**
 * Title: CTA (Call to action)
 * Slug: mytheme/cta
 * Block types: core/cover
 */
?>
<!-- wp:cover {"url":"<?php echo esc_url( get_theme_file_uri(
'assets/images/travel-map.jpg' ) ); ?>","id":16,"dimRatio":80,
"overlayColor":"secondary","align":"full"} -->
<div class="wp-block-cover alignfull"><span aria-hidden="true"
class="wp-block-cover__background has-secondary-background-
color has-background-dim-80 has-background-dim"></span><img
class="wp-block-cover__image-background wp-image-16" alt=""
src="<?php echo esc_url( get_theme_file_uri( 'assets/images/
travel-map.jpg' ) ); ?>" data-object-fit="cover"/><div
class="wp-block-cover__inner-container"><!--
wp:paragraph {"align":"center","placeholder":"タイトルを入
力...","fontSize":"large"} -->
<p class="has-text-align-center has-large-font-size">身近な旅か
ら遠くの旅まで<br>ここから、いつでも、どこへでも</p>
<!-- /wp:paragraph -->

<!-- wp:buttons {"layout":{"type":"flex","justifyContent":"cen
ter"}} -->
<div class="wp-block-buttons"><!-- wp:button -->
<div class="wp-block-button"><a class="wp-block-button__link
wp-element-button">旅を計画する</a></div>
<!-- /wp:button --></div>
<!-- /wp:buttons --></div></div>
<!-- /wp:cover -->
```

mytheme/patterns/cta.php

❸ エディターでブロック挿入ツールの「パターン」タブを開きます。デフォルトで用意されたパターンがたくさん表示されますので、カテゴリーから「未分類」を選択します。すると、カテゴリーを指定せずに作成した「CTA（Call to action）」が表示されます。

❹ パターンをクリックするとコンテンツに追加され、通常のブロックと同じように編集できます。編集結果は cta.php で管理している元のパターンには影響しません。

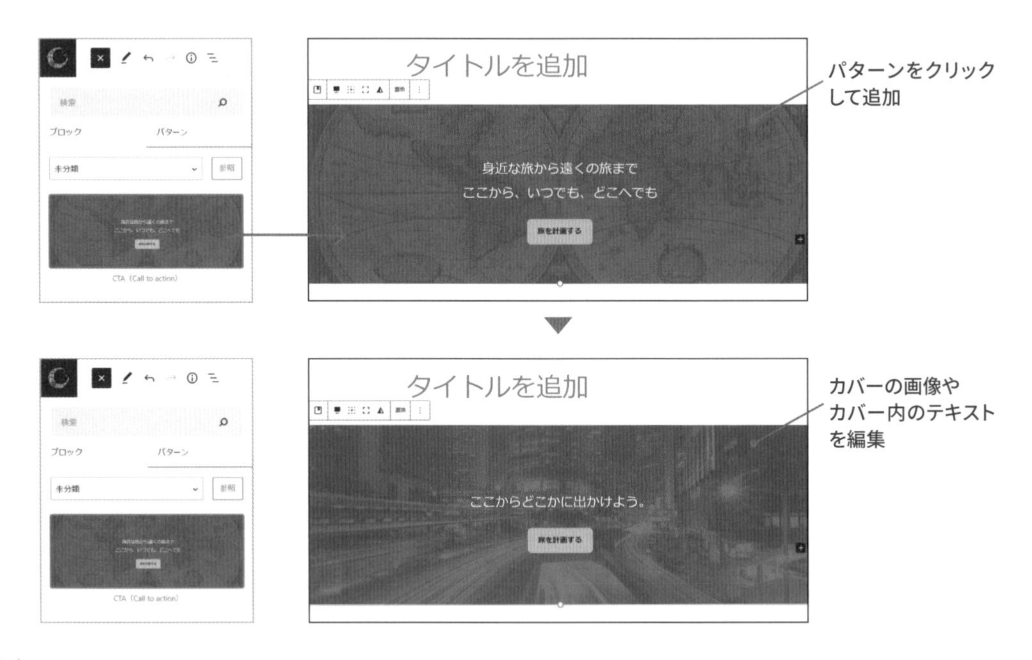

+ ブロックパターンをカスタムカテゴリーに分類する

❶ ブロックパターンをカテゴリーに分類します。このとき、デフォルトのカテゴリーだけでなく、カスタムカテゴリーを作って分類することもできます。その場合、functions.php に `register_block_pattern_category()` を次のように追加します。ここではスラッグを「mytheme」、ラベルを「My Theme」にしたカテゴリーを作成しています。
また、デフォルトで用意されたパターンがたくさんあるとわかりにくいため、`remove_theme_support()` も追加します。これで、一部を残してデフォルトのパターンが削除されます。

```
…
// ブロックパターンのカテゴリー
function mytheme_block_pattern() {

    // My Theme カテゴリーを追加
    register_block_pattern_category(
        'mytheme',
        array( 'label' => 'My Theme' )
    );

    // デフォルトで用意されたパターンを削除
    remove_theme_support('core-block-patterns');

}
add_action( 'init', 'mytheme_block_pattern' );
```

mytheme/functions.php

❷ cta.php を開き、パターンヘッダーに Categories を追加してカテゴリーのスラッグを「mytheme」と指定します。これで、「My Theme」カテゴリーに分類されます。

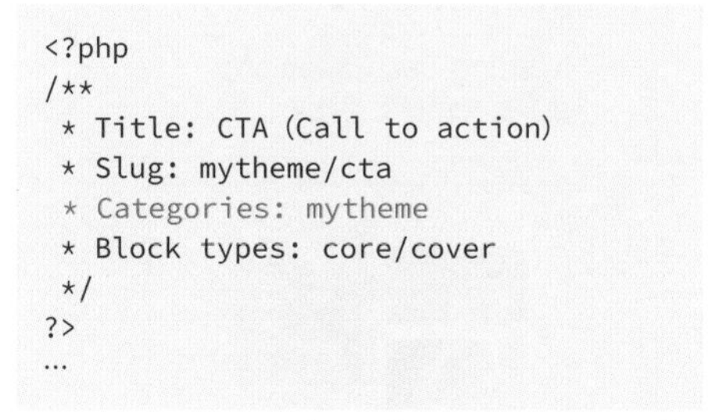

```
<?php
/**
 * Title: CTA (Call to action)
 * Slug: mytheme/cta
 * Categories: mytheme
 * Block types: core/cover
 */
?>
…
```

mytheme/patterns/cta.php

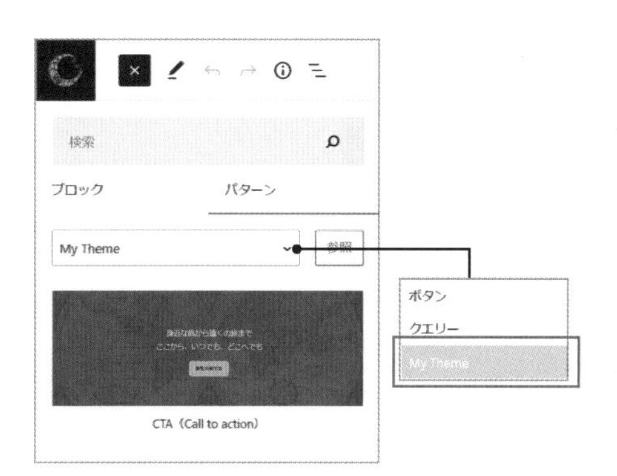

デフォルトで用意されたカテゴリーに分類する場合、次のスラッグを指定します。カンマ区切りで複数のカテゴリーに分類することもできます。

カテゴリー	スラッグ	カテゴリー	スラッグ
注目	featured	ヘッダー	header
ボタン	buttons	フッター	footer
カラム	columns	テキスト	text
ギャラリー	gallery	クエリー	query

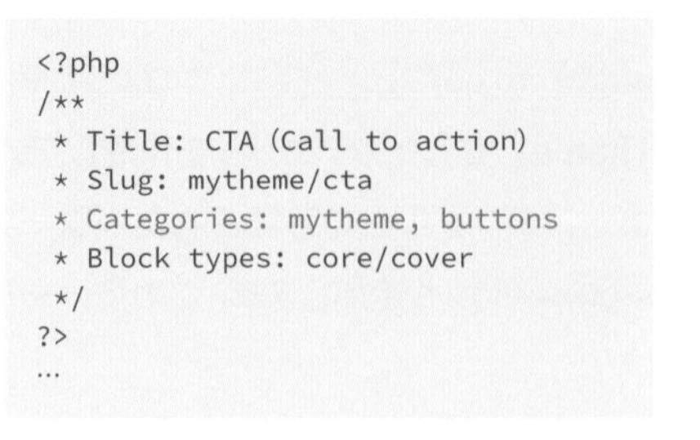

```
<?php
/**
 * Title: CTA (Call to action)
 * Slug: mytheme/cta
 * Categories: mytheme, buttons
 * Block types: core/cover
 */
?>
…
```

+ ブロックパターンを増やす

cta.php と同じように、Chapter 4 でカスタマイズした残りのブロックをブロックパターンにしていきます。まずは画像と PHP ファイルを追加します。

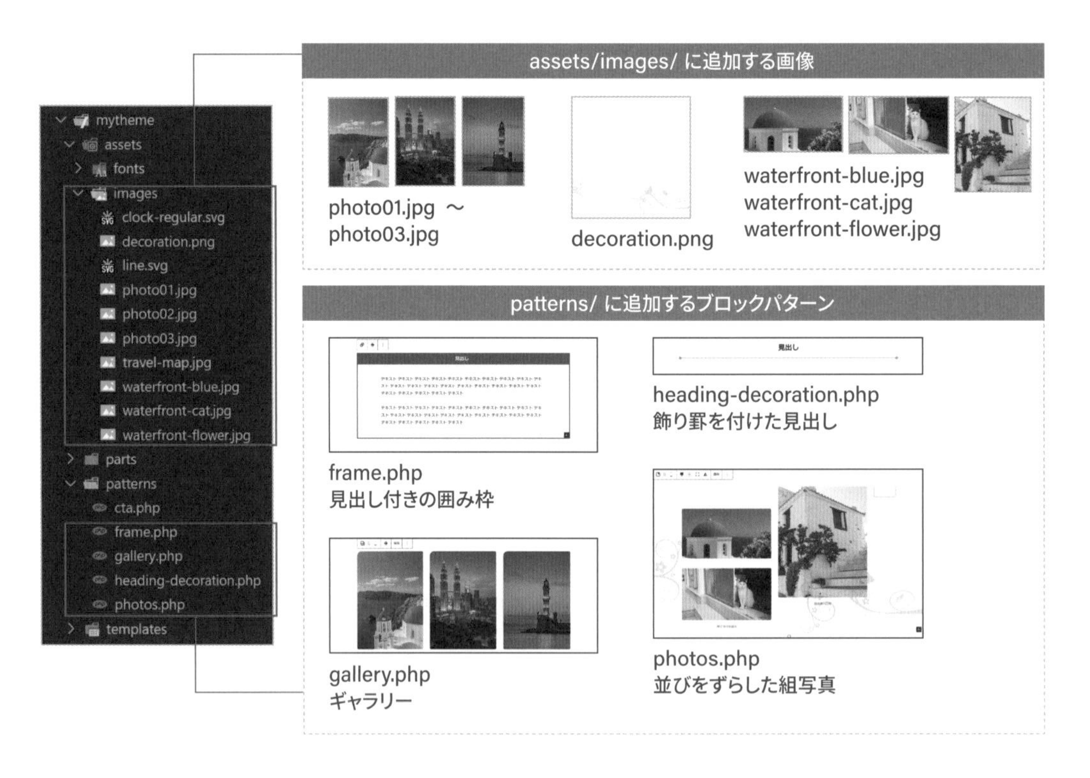

見出し付きの囲み枠

見出し付きの囲み枠は、frame.php にアバウトページのグループブロックをコピーしてパターンにします。コードに含まれる見出しと段落のテキストは汎用的な内容に書き換えます。さらに、Block types にはこのパターンの主要ブロックである `core/heading（見出し）` と `core/paragraph（段落）` を指定します。

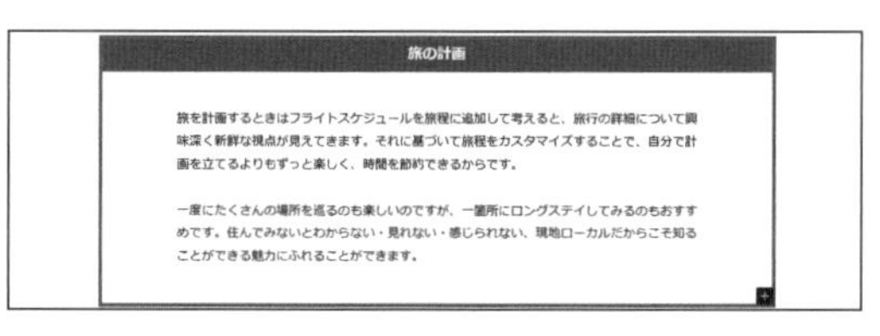

グループブロックをコピー

```
<?php
/**
 * Title: 見出し付きの囲み枠
 * Slug: mytheme/frame
 * Categories: mytheme
 * Block types: core/heading, core/paragraph
 */
?>
<!-- wp:group {"align":"wide","style":{"spacing":{"margin":{"top":"var:preset|spacing|
…
<h3 class="has-text-align-center has-base-color has-secondary-background-color has-
text-color has-background" style="…">見出し</h3>
<!-- /wp:heading -->

<!-- wp:group {"style":{"spacing":{"padding":{"top":"var:preset|spacing|60","right":
…
60);padding-left:var(--wp--preset--spacing--50)"><!-- wp:paragraph -->
<p>テキスト テキスト テキスト テキスト テキスト テキスト テキスト テキスト テキスト テキスト テキスト テキスト
テキスト テキスト テキスト テキスト テキスト テキスト テキスト テキスト テキスト テキスト テキスト</p>
<!-- /wp:paragraph -->

<!-- wp:paragraph -->
<p>テキスト テキスト テキスト テキスト テキスト テキスト テキスト テキスト テキスト テキスト テキスト テキスト
テキスト テキスト テキスト テキスト テキスト テキスト テキスト テキスト テキスト テキスト テキスト</p>
<!-- /wp:paragraph --></div>
<!-- /wp:group --></div>
<!-- /wp:group -->
```

mytheme/patterns/frame.php

ギャラリー

ギャラリーは、gallery.php にアバウトページのギャラリーブロックをコピーしてパターンにします。コードに含まれる画像の URL はテーマフォルダのものに書き換えます。Block types にはこのパターンの主要ブロックである `core/gallery（ギャラリー）` を指定します。

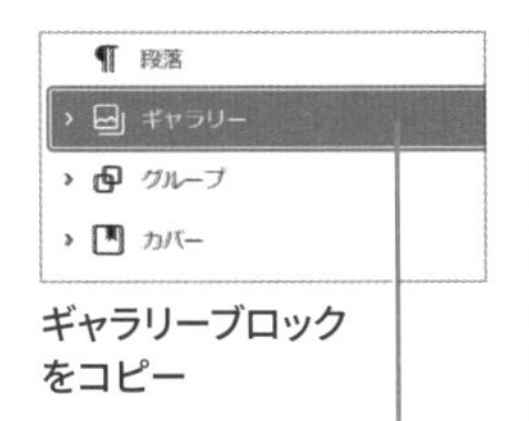

```
<?php
/**
 * Title: ギャラリー
 * Slug: mytheme/gallery
 * Categories: mytheme
 * Block types: core/gallery
 */
?>
<!-- wp:gallery {"linkTo":"none","align":"wide"} -->
…
<figure class="wp-block-image size-large has-custom-border"><img src="<?php echo
esc_url( get_theme_file_uri( 'assets/images/photo01.jpg' ) ); ?>" alt="" class="wp-
image-17" style="border-top-left-radius:20px"/></figure>
…
<figure class="wp-block-image size-large has-custom-border"><img src="<?php echo
esc_url( get_theme_file_uri( 'assets/images/photo02.jpg' ) ); ?>" alt="" class="wp-
image-14" style="border-top-left-radius:20px"/></figure>
…
<figure class="wp-block-image size-large has-custom-border"><img src="<?php echo
esc_url( get_theme_file_uri( 'assets/images/photo03.jpg' ) ); ?>" alt="" class="wp-
image-15" style="border-top-left-radius:20px"/></figure>
<!-- /wp:image --></figure>
<!-- /wp:gallery -->
```

mytheme/patterns/gallery.php

飾り罫を付けた見出し

飾り罫を付けた見出しは、heading-decoration.php にアバウトページの見出しブロックをコピーしてパターンにします。コードに含まれる見出しのテキストは汎用的なものに書き換え、Block types には `core/heading（見出し）` を指定します。

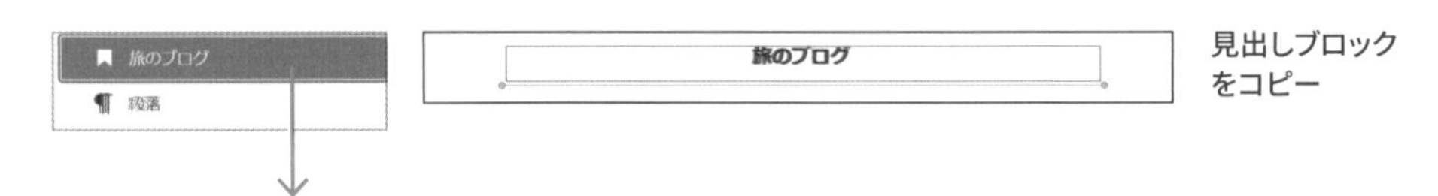

```
<?php
/**
 * Title: 飾り罫を付けた見出し
 * Slug: mytheme/heading-decoration
 * Categories: mytheme
 * Block types: core/heading
 */
?>
<!-- wp:heading {"textAlign":"center","align":"wide","className":"is-style-decoration-line"} -->
<h2 class="alignwide has-text-align-center is-style-decoration-line">見出し</h2>
<!-- /wp:heading -->
```

mytheme/patterns/heading-decoration.php

並びをずらした組写真

並びをずらした組写真は、photos.php に投稿記事「海と歴史の佇まい」のカバーブロックをコピーしてパターンにします。コードに含まれる画像の URL はテーマフォルダのものに書き換え、Block types にはこのパターンの主要ブロックである `core/image`（画像）と `core/cover`（カバー）を指定します。

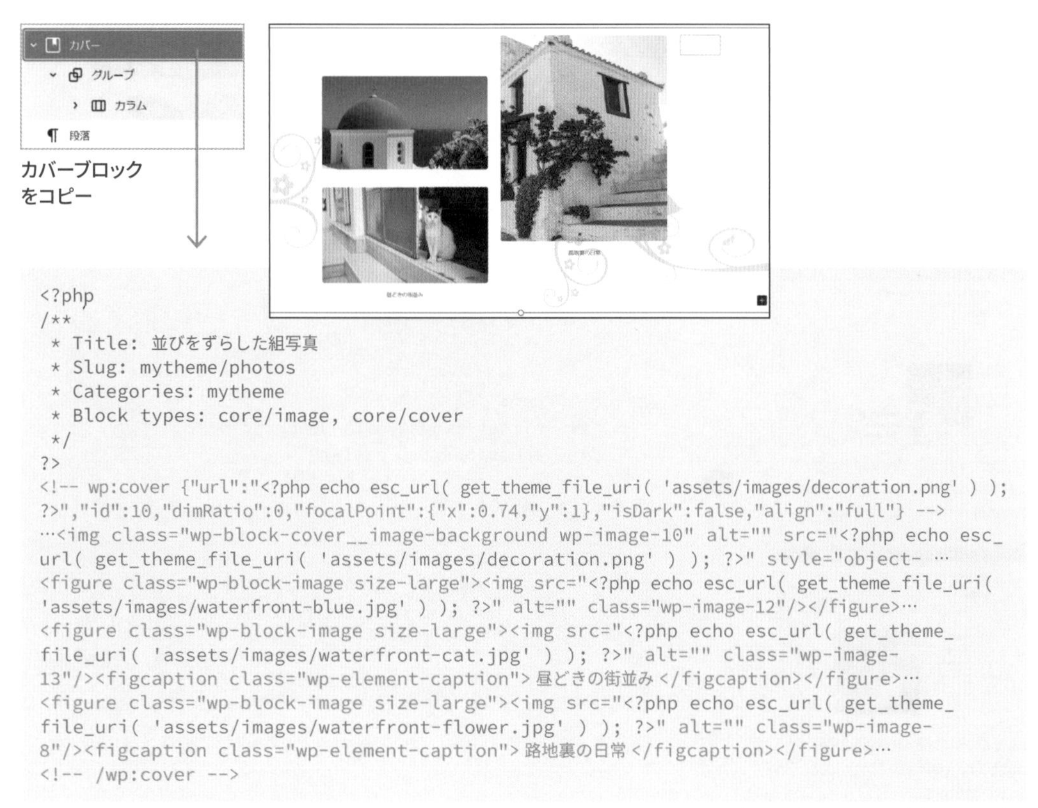


```
<?php
/**
 * Title: 並びをずらした組写真
 * Slug: mytheme/photos
 * Categories: mytheme
 * Block types: core/image, core/cover
 */
?>
<!-- wp:cover {"url":"<?php echo esc_url( get_theme_file_uri( 'assets/images/decoration.png' ) );
?>","id":10,"dimRatio":0,"focalPoint":{"x":0.74,"y":1},"isDark":false,"align":"full"} -->
…<img class="wp-block-cover__image-background wp-image-10" alt="" src="<?php echo esc_
url( get_theme_file_uri( 'assets/images/decoration.png' ) ); ?>" style="object- …
<figure class="wp-block-image size-large"><img src="<?php echo esc_url( get_theme_file_uri(
'assets/images/waterfront-blue.jpg' ) ); ?>" alt="" class="wp-image-12"/></figure>…
<figure class="wp-block-image size-large"><img src="<?php echo esc_url( get_theme_
file_uri( 'assets/images/waterfront-cat.jpg' ) ); ?>" alt="" class="wp-image-
13"/><figcaption class="wp-element-caption">昼どきの街並み</figcaption></figure>…
<figure class="wp-block-image size-large"><img src="<?php echo esc_url( get_theme_
file_uri( 'assets/images/waterfront-flower.jpg' ) ); ?>" alt="" class="wp-image-
8"/><figcaption class="wp-element-caption">路地裏の日常</figcaption></figure>…
<!-- /wp:cover -->
```

mytheme/patterns/photos.php

作成したブロックパターン

以上で、ブロックパターンの作成は完了です。ブロック挿入ツールの「パターン」タブで「My Theme」カテゴリーを開くと、作成したパターンが表示されます。クリックしてコンテンツに追加し、問題なく使えることを確認しておきます。

＋ ブロックパターンディレクトリのパターンを追加する

ブロックパターンディレクトリには多くのパターンが登録されており、コピーして利用できるのはもちろん、テーマに追加してブロック挿入ツールから利用することもできます。その場合、使いたいパターンのURLからスラッグを取得し、theme.jsonのpatternsセクションで指定します。

ブロックパターンディレクトリ
https://ja.wordpress.org/patterns/

https://ja.wordpress.org/patterns/pattern/two-offset-images-with-description/

https://ja.wordpress.org/patterns/pattern/introduction-with-gallery/

```
{
  "customTemplates": [
  …
  ],
  "patterns": [
    "two-offset-images-with-description",
    "introduction-with-gallery"
  ],
  "settings": {
  …
  }
  …
}
```

mytheme/theme.json

ブロックパターンディレクトリのパターン

ここで指定した２つのパターンは「カラム」、「テキスト」、「ギャラリー」カテゴリーで確認できます。
コンテンツに追加してみると、使用するフォントやブロックの間隔、リンクなどのスタイルが、使用中のテーマのtheme.jsonに従ったものになることがわかります。

+ コンテンツを維持したままパターンに置き換える

見出しや段落のようにシンプルな構造のブロックは、コンテンツを維持したままパターンに置き換えることができます。ブロックツールバーのアイコンをクリックし、Block typesの情報を元に表示されたパターンを選択すると置き換わります。

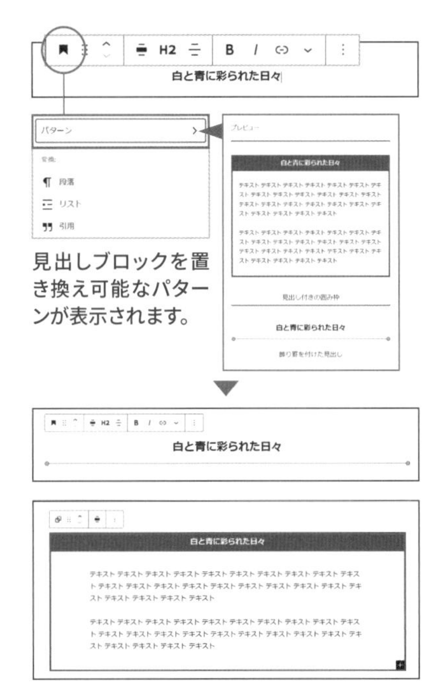

見出しブロックを置き換え可能なパターンが表示されます。

選択したパターンに置き換わります。

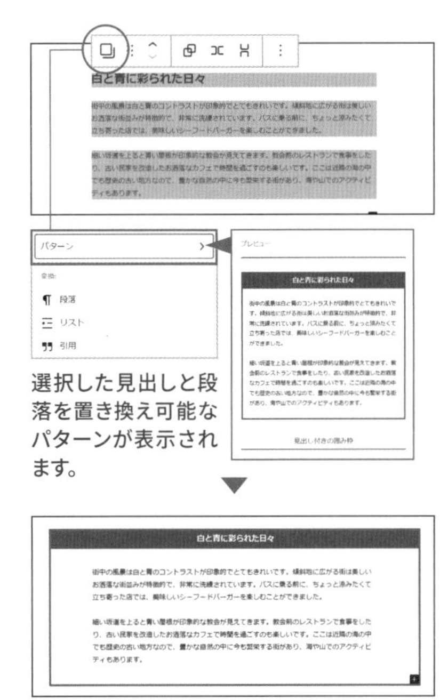

選択した見出しと段落を置き換え可能なパターンが表示されます。

選択したパターンに置き換わります。

コンテンツの新規作成時に雛形を選択できるようにする

コンテンツの雛形としてブロックパターンを用意しておくと、投稿記事や固定ページを新規作成する際に選択肢として表示できます。これにより、効率よくコンテンツの作成を始めることができます。

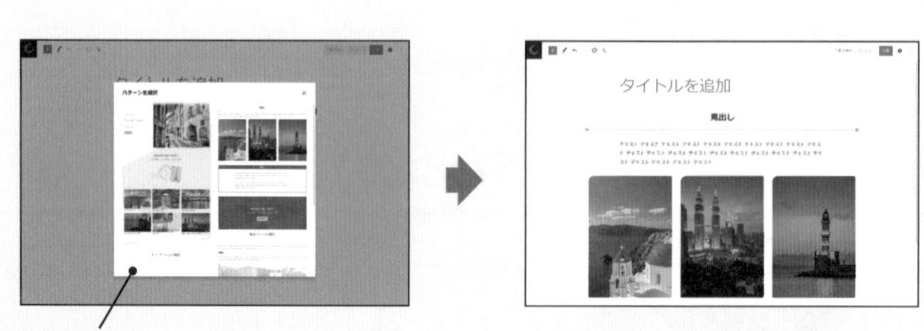

新規作成時に雛形として表示されるパターン

選択したパターンが追加されます。

雛形にしたいブロックパターンでは、パターンヘッダーの Block types を `core/post-content` にします。さらに、どの投稿タイプを新規作成するときに選択できるようにするかを Post types で指定します。ここでは、既存のコンテンツを元に3つのブロックパターンを作成し、雛形にします。

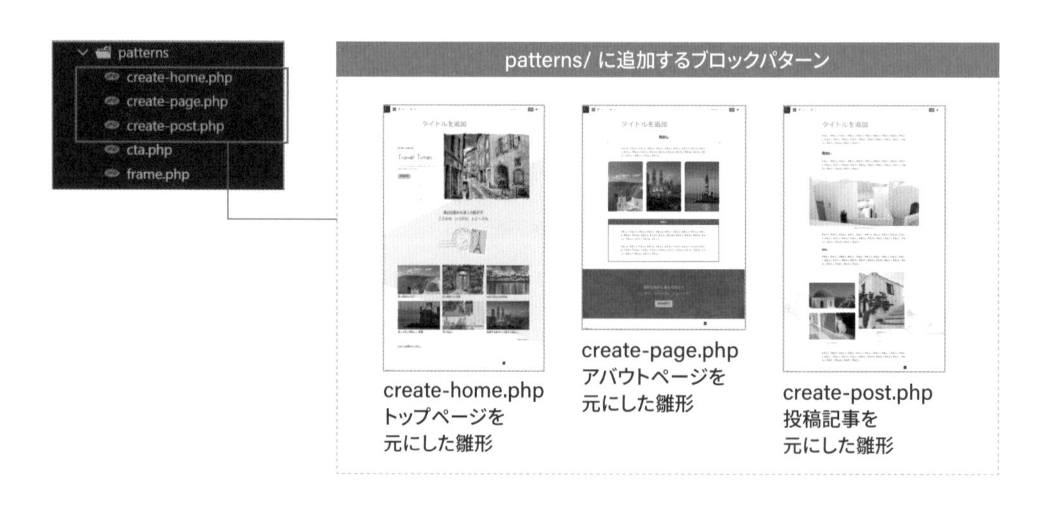

create-home.php
トップページを
元にした雛形

create-page.php
アバウトページを
元にした雛形

create-post.php
投稿記事を
元にした雛形

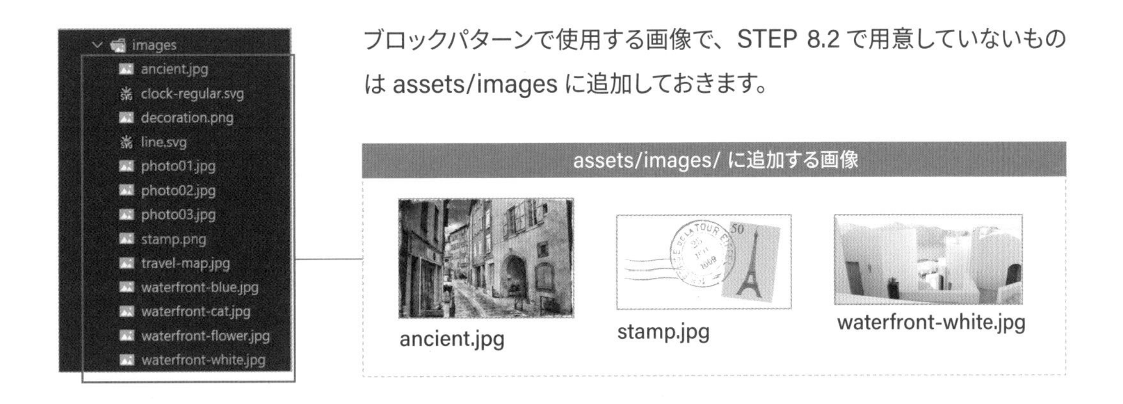

ブロックパターンで使用する画像で、STEP 8.2 で用意していないものは assets/images に追加しておきます。

また、雛形にするブロックパターンは他のパターンとは分けて扱いたいので、新しいカテゴリーを用意します。ここではスラッグを `mypagebase` にした「My Page Base」カテゴリーを作成し、パターンヘッダーの Categories ではこのカテゴリーを指定します。

```
…
// ブロックパターンのカテゴリー
function mytheme_block_pattern() {

    // My Theme カテゴリーを追加
    register_block_pattern_category(
        'mytheme',
        array( 'label' => 'My Theme' )
    );

    // My Page Base カテゴリーを追加
    register_block_pattern_category(
        'mypagebase',
        array( 'label' => 'My Page Base' )
    );

    // デフォルトで用意されたパターンを削除
    remove_theme_support('core-block-patterns');

}
add_action( 'init', 'mytheme_block_pattern' );
```

register_block_pattern_category()を追加

mytheme/functions.php

トップページを元にした雛形

Chapter 7 で作成したトップページの構成を雛形にします。そのため、投稿エディターで固定ページ「Home」を開き、右上のメニューから「すべてのブロックをコピー」を選択し、create-home.php に追加します。

この雛形は固定ページを新規作成するときに選択できるようにするため、Post types を `page` にします。

「Home」を構成する
すべてのブロックをコピー

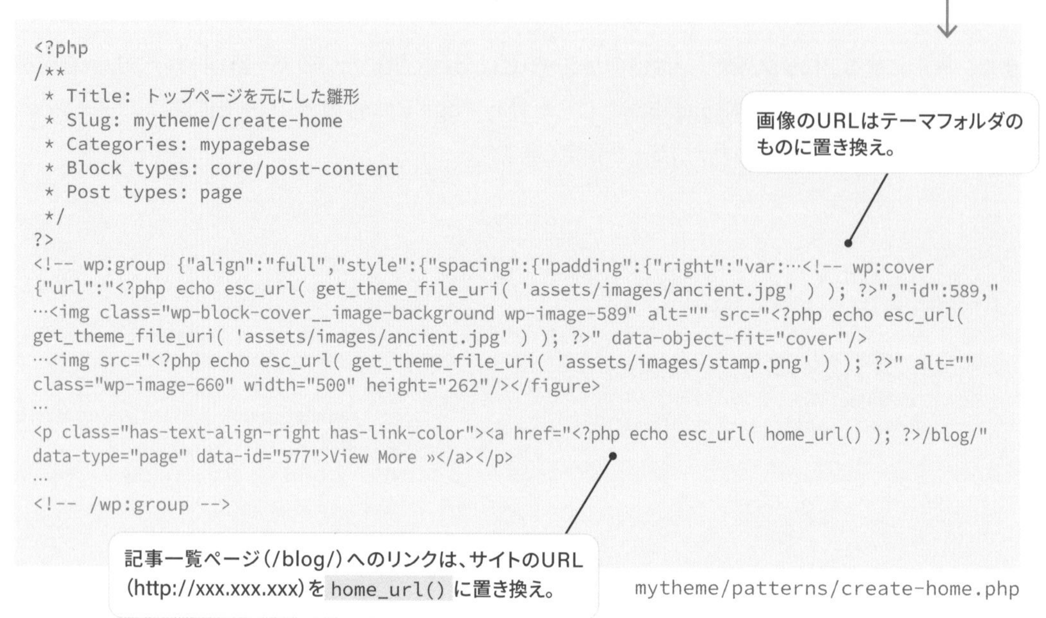

```
<?php
/**
 * Title: トップページを元にした雛形
 * Slug: mytheme/create-home
 * Categories: mypagebase
 * Block types: core/post-content
 * Post types: page
 */
?>
<!-- wp:group {"align":"full","style":{"spacing":{"padding":{"right":"var:…<!-- wp:cover
{"url":"<?php echo esc_url( get_theme_file_uri( 'assets/images/ancient.jpg' ) ); ?>","id":589,"
…<img class="wp-block-cover__image-background wp-image-589" alt="" src="<?php echo esc_url(
get_theme_file_uri( 'assets/images/ancient.jpg' ) ); ?>" data-object-fit="cover"/>
…<img src="<?php echo esc_url( get_theme_file_uri( 'assets/images/stamp.png' ) ); ?>" alt=""
class="wp-image-660" width="500" height="262"/></figure>
…
<p class="has-text-align-right has-link-color"><a href="<?php echo esc_url( home_url() ); ?>/blog/"
data-type="page" data-id="577">View More »</a></p>
…
<!-- /wp:group -->
```


mytheme/patterns/create-home.php

アバウトページを元にした雛形

アバウトページの構成を雛形にします。トップページのときと同じように投稿エディターで固定ページ「About」を開き、すべてのブロックをコピーして create-page.php に追加します。

この雛形も固定ページを新規作成するときに選択できるようにするため、Post types を `page` にします。

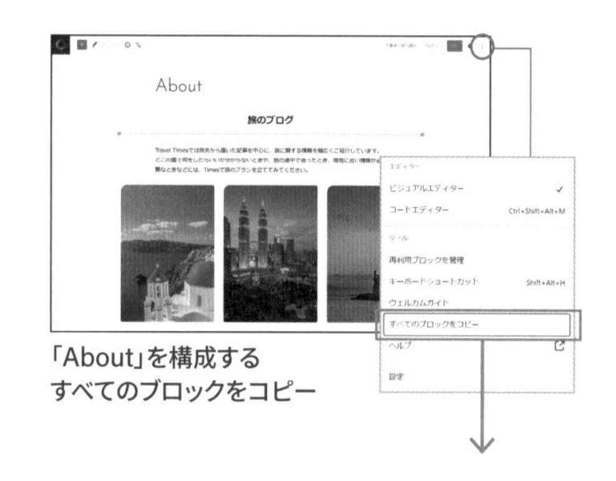

「About」を構成する
すべてのブロックをコピー

```
<?php
/**
 * Title: アバウトページを元にした雛形
 * Slug: mytheme/create-page
 * Categories: mypagebase
 * Block types: core/post-content
 * Post types: page
 */
?>
<!-- wp:heading {"textAlign":"center","align":"wide","className":"is-style-decoration-line"} -->
<h2 class="alignwide has-text-align-center is-style-decoration-line"> 見出し </h2>
<!-- /wp:heading -->

<!-- wp:paragraph -->
<p> テキスト テキスト テキスト テキスト テキスト テキスト テキスト テキスト テキスト テキスト テキスト テキスト テキスト
テキスト テキスト テキスト テキスト テキスト テキスト テキスト テキスト テキスト テキスト テキスト </p>
<!-- /wp:paragraph -->
…
<!-- /wp:buttons --></div></div>
<!-- /wp:cover -->
```

STEP 8.2のときと同じように、コードに含まれるテキストは汎用的なものに、画像のURLはテーマフォルダのものに置き換えます。

mytheme/patterns/create-home.php

投稿記事を元にした雛形

投稿記事の構成を雛形にします。投稿エディターで投稿記事の「海と歴史の佇まい」を開き、すべてのブロックをコピーして create-post.php に追加します。

この雛形は投稿記事と固定ページを新規作成するときに選択できるようにするため、Post types には `post` と `page` を指定します。

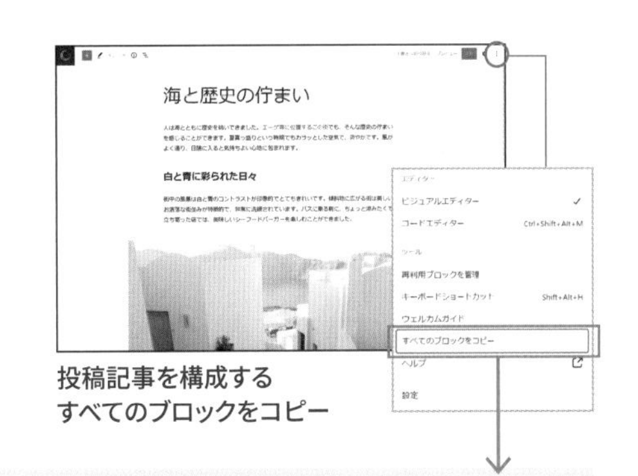

投稿記事を構成する
すべてのブロックをコピー

```
<?php
/**
 * Title: 投稿記事を元にした雛形
 * Slug: mytheme/create-post
 * Categories: mypagebase
 * Block types: core/post-content
 * Post types: post, page
 */
?>
<!-- wp:paragraph -->
<p> テキスト テキスト テキスト テキスト テキスト テキスト テキスト テキスト テキスト テキスト テキスト テキスト テキスト
テキスト テキスト テキスト テキスト テキスト テキスト テキスト テキスト テキスト テキスト テキスト </p>
<!-- /wp:paragraph -->
…
<!-- /wp:paragraph -->
```

STEP 8.2のときと同じように、コードに含まれるテキストは汎用的なものに、画像のURLはテーマフォルダのものに置き換えます。

mytheme/patterns/create-home.php

以上で、雛形の作成は完了です。投稿記事や固定ページを新規に作成すると、ポップアップで雛形の選択肢が表示され、選択した雛形（パターン）が挿入されます。ポップアップ外をクリックすれば、白紙の状態で始めることもできます。

[投稿>新規追加]で投稿記事を新規に作成したもの。記事を元にした雛形のみが表示されます。

選択したパターンが追加されます。

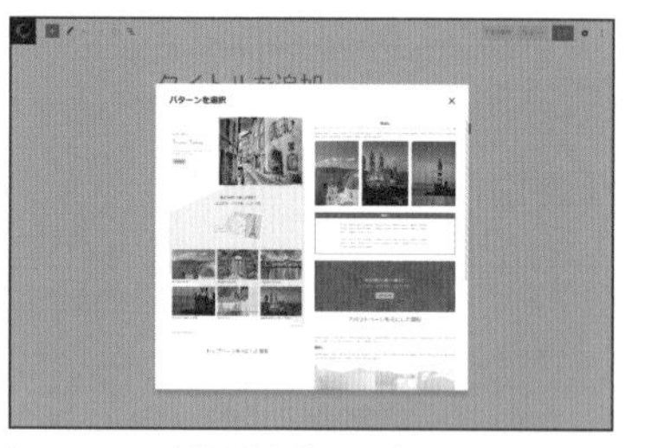

[固定ページ>新規追加]で固定ページを新規に作成したもの。3つの雛形が表示されます。

選択したパターンが追加されます。

Categoriesで指定したように、ここで作成したブロックパターンはブロック挿入ツールでは「My Page base」カテゴリーに表示されます。

また、Post typesの指定により、ブロック挿入ツールに表示されるのも指定した投稿タイプのコンテンツを編集しているときのみとなります。

固定ページの編集画面でブロック挿入ツールを開いたときの表示。

8.4 Editor 記事一覧、ヘッダー、フッターの選択肢を追加する

クエリーループブロック、ヘッダーブロック、フッターブロックでは、あらかじめ作成したパターンを選択肢として利用できます。

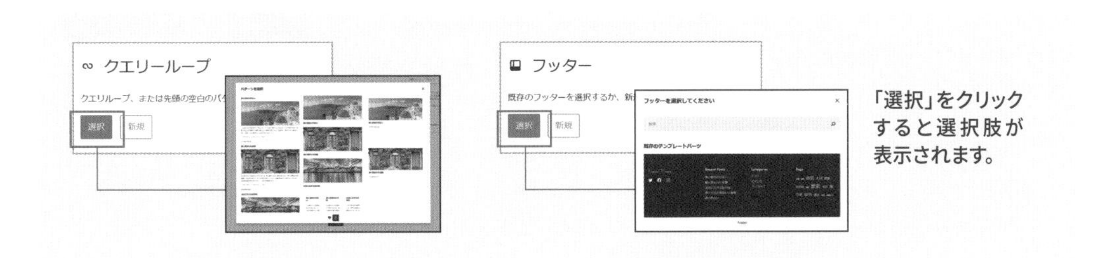

+ 記事一覧のパターンを選択肢にする

「posts」テンプレートパーツの記事一覧をパターンにして、クエリーループブロックの選択肢にします。P.293 のようにサイトエディターのテンプレートパーツエディターで「posts」を開き、クエリーループブロックをコピーして query.php に追加します。Block types を `core/query` にすると、クエリーループブロックの選択肢になります。

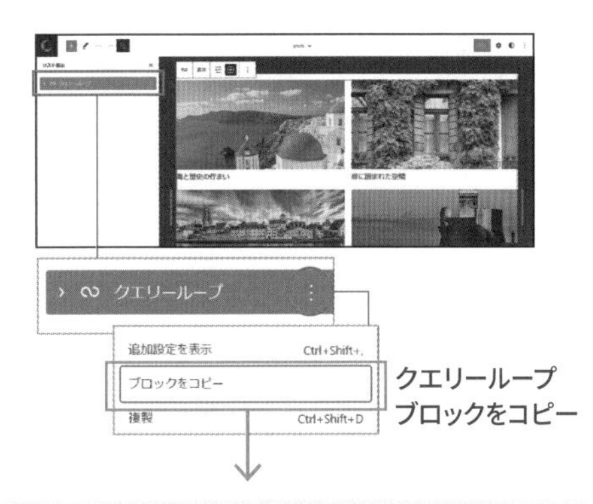

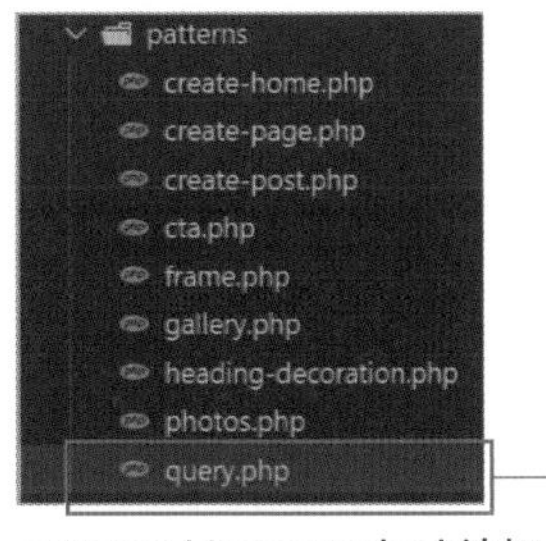

patterns/ にquery.phpを追加

```
<?php
/**
 * Title: 記事一覧
 * Slug: mytheme/query
 * Categories: query
 * Block types: core/query
 */
?>
<!-- wp:query {"queryId":0,"query":{"perPage":"6","pages":0,"offset"
:0,"postType":"post"
…
<!-- /wp:query -->
```

mytheme/patterns/query.php

できあがったパターンを試すため、投稿記事を新規に作成してクエリーループブロックを追加します。「選択」をクリックすると選択肢が表示され、作成したパターンも選択できます。

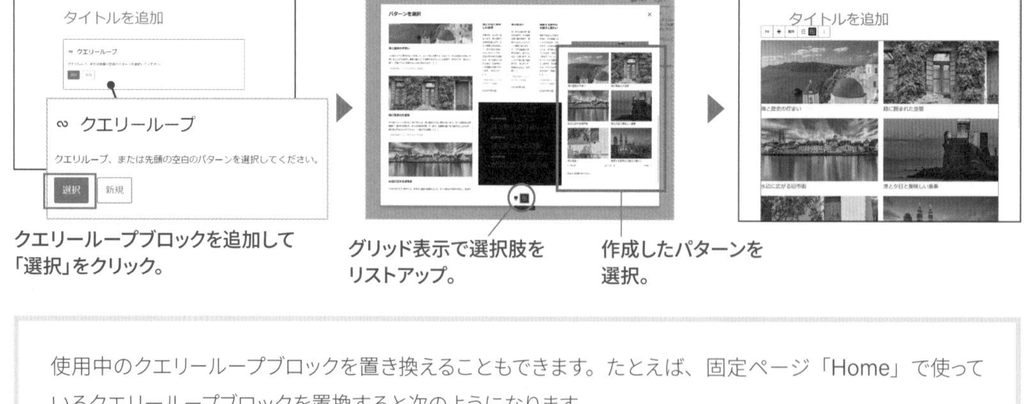
タイトルを追加
クエリーループ
クエリループ、または先頭の空白のパターンを選択してください。
選択
新規
パターンを選択
タイトルを追加
クエリーループブロックを追加して
「選択」をクリック。
グリッド表示で選択肢を
リストアップ。
作成したパターンを
選択。

使用中のクエリーループブロックを置き換えることもできます。たとえば、固定ページ「Home」で使っているクエリーループブロックを置換すると次のようになります。

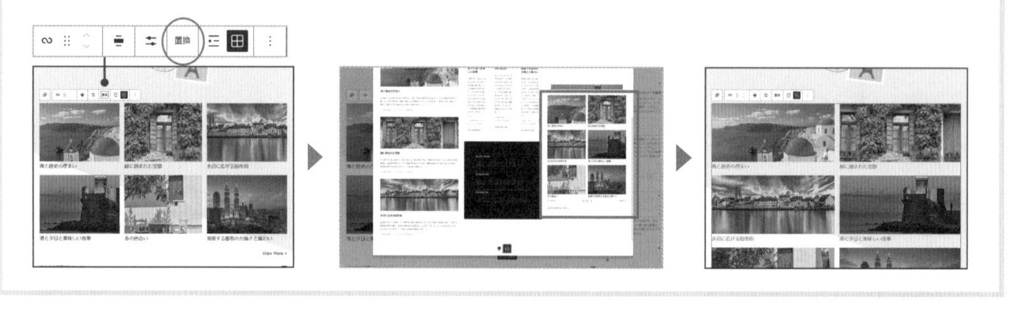
置換

＋ ヘッダーやフッターのパターンを選択肢にする

ヘッダーブロックやフッターブロックにも、ブロックパターンで選択肢を追加します。

ここではサイト名だけを表示したシンプルなフッターを作ってパターンにします。投稿記事を新規に作成し、「サイトのタイトル」ブロックを追加して、右のようにスタイリングします。

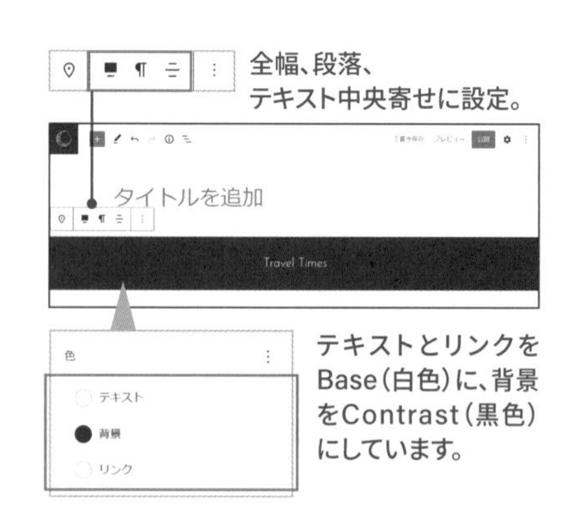
全幅、段落、
テキスト中央寄せに設定。
タイトルを追加
Travel Times
色
テキスト
背景
リンク
テキストとリンクを
Base(白色)に、背景
をContrast(黒色)
にしています。

この「サイトのタイトル」ブロックをコピーしてfooter-simple.php に追加します。Block types を `core/template-part/footer` にすると、フッターブロックの選択肢になります。

※ヘッダーブロックの選択肢にする場合はBlock typesを `core/template-part/header` にします。

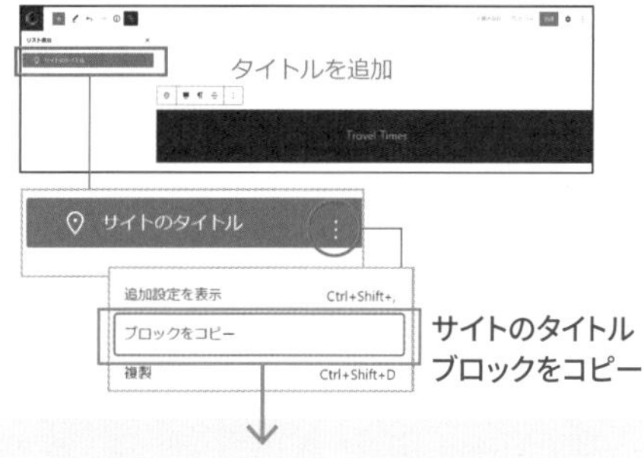

サイトのタイトルブロックをコピー

patterns
create-home.php
create-page.php
create-post.php
cta.php
footer-simple.php
frame.php
gallery.php
heading-decoration.php
photos.php

patterns/ に footer-simple.phpを追加

```
<?php
/**
 * Title: シンプルなフッター
 * Slug: mytheme/footer-simple
 * Categories: footer
 * Block Types: core/template-part/footer
 */
?>
<!-- wp:site-title {"level":0,"textAlign":"center","align":"full","style":{"
elements":{"link":{"color":{"text":"var:preset|color|base"}}}},"backgroundCo
lor":"contrast","textColor":"base"} /-->
```

mytheme/patterns/footer-simple.php

できあがったパターンを試します。ただし、フッターブロックは投稿エディターでは使用できません。サイトエディターで新規にカスタムテンプレートを作成し、白紙の状態にしてフッターブロックを追加します。「選択」をクリックするとテンプレートパーツの選択肢に加えて、作成したパターンも選択できます。

フッターブロックを追加して「選択」をクリック。

作成したパターンを選択。

使用中のフッターブロックを置き換えることもできます。たとえば、インデックステンプレートで footer テンプレートパーツを表示したフッターブロックを置換すると次のようになります。

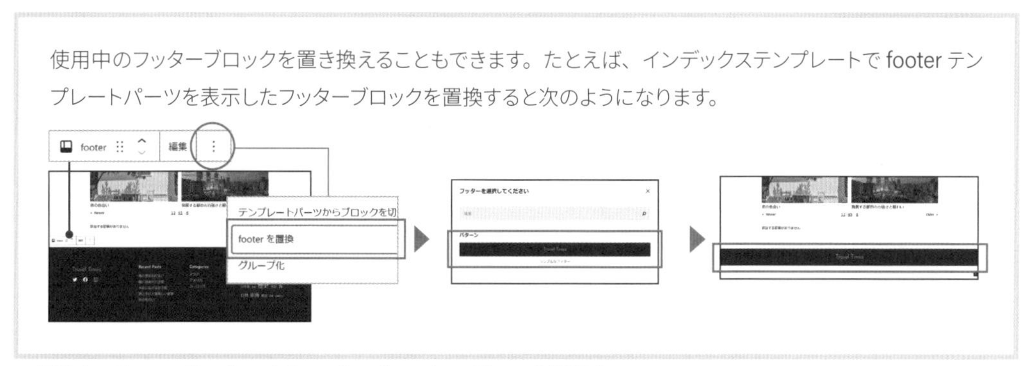

※現時点では、ヘッダーブロックやフッターブロックでパターンを選択すると、そのコードはテンプレートパーツとして扱われ、データベースに保存して処理されます。

スタイルバリエーションを用意する

フォントや色などを変えたスタイルバリエーションを用意しておくと、サイトエディターのスタイルサイドバーで簡単にサイトのスタイルを切り替えることができます。

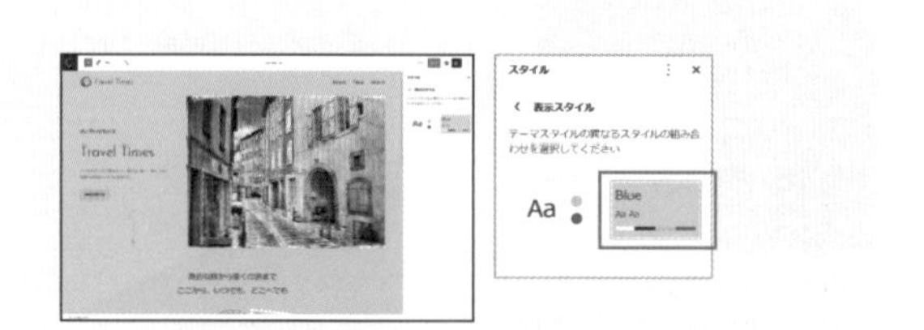

スタイルバリエーションを作成するには、次のようにスタイルサイドバーでスタイルをカスタマイズし、その結果を Create Block Theme プラグインでテーマに反映するのが簡単です。ここではページの背景色を変えたものを作成してみます。

❶ ［外観＞エディター］で新規にサイトエディターを開くと、トップページを生成している no-title テンプレートが固定ページ「Home」のコンテンツを読み込んだ状態で開きます。この状態でスタイルサイドバーを開き、表示を確認しながらカスタマイズします。

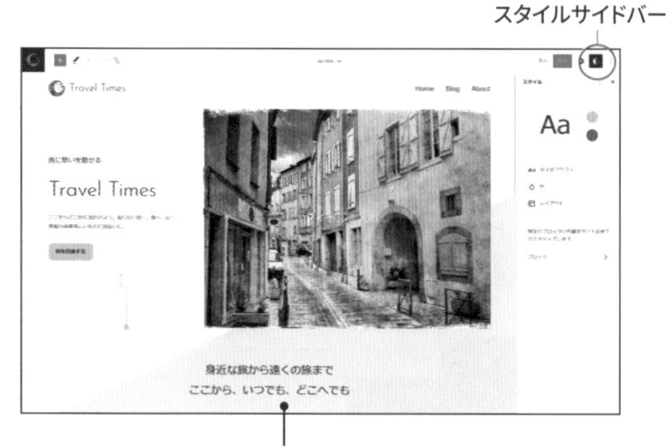

「Home」のコンテンツを読み込んだno-titleテンプレート

❷ スタイルサイドバーで［色＞背景］を開き、ページの背景色を `#8ae7ed（青色）` にして保存します。

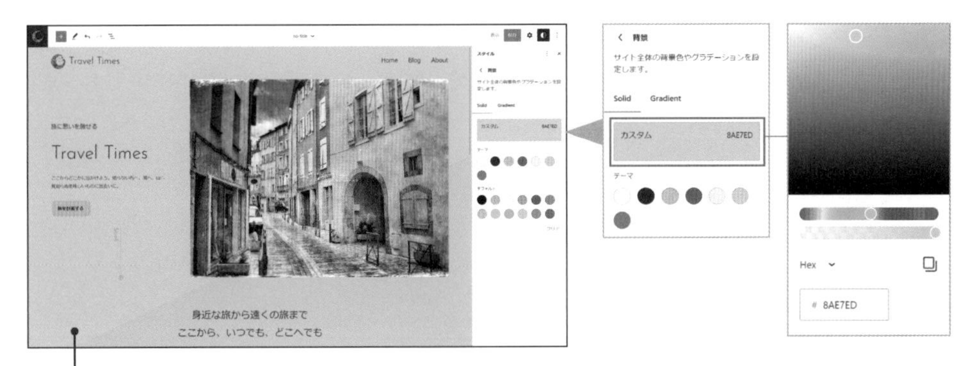

ページの背景色が変わります。

❸ Create Block Theme プラグインを使い、カスタマイズ結果をスタイルバリエーションとしてテーマに反映します。［外観＞ Create Block Theme］を開いて「Create a style variation」を選択し、「Variation Name」でバリエーション名を指定します。ここでは「blue」と指定し、「Generate」をクリックします。

バリエーション名を指定

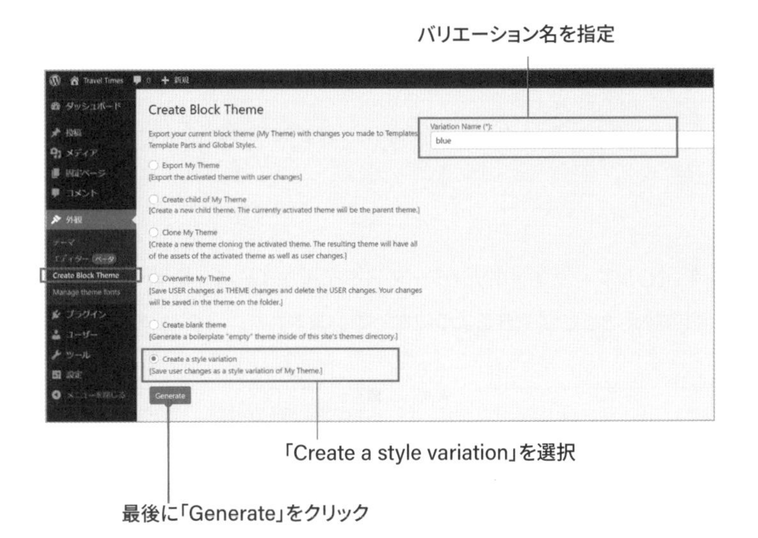

「Create a style variation」を選択

最後に「Generate」をクリック

❹ これで、カスタマイズ結果を反映したblue.jsonがテーマのstylesフォルダに追加されます。ただし、ページの背景色以外はテーマのtheme.jsonと同じ設定になっています。スタイルバリエーションではテーマのtheme.jsonをblue.jsonが上書きする形で処理されるため、同じ設定は削除しても問題ありません。また、titleでバリエーション名（ラベル）を「Blue」と指定しておきます。

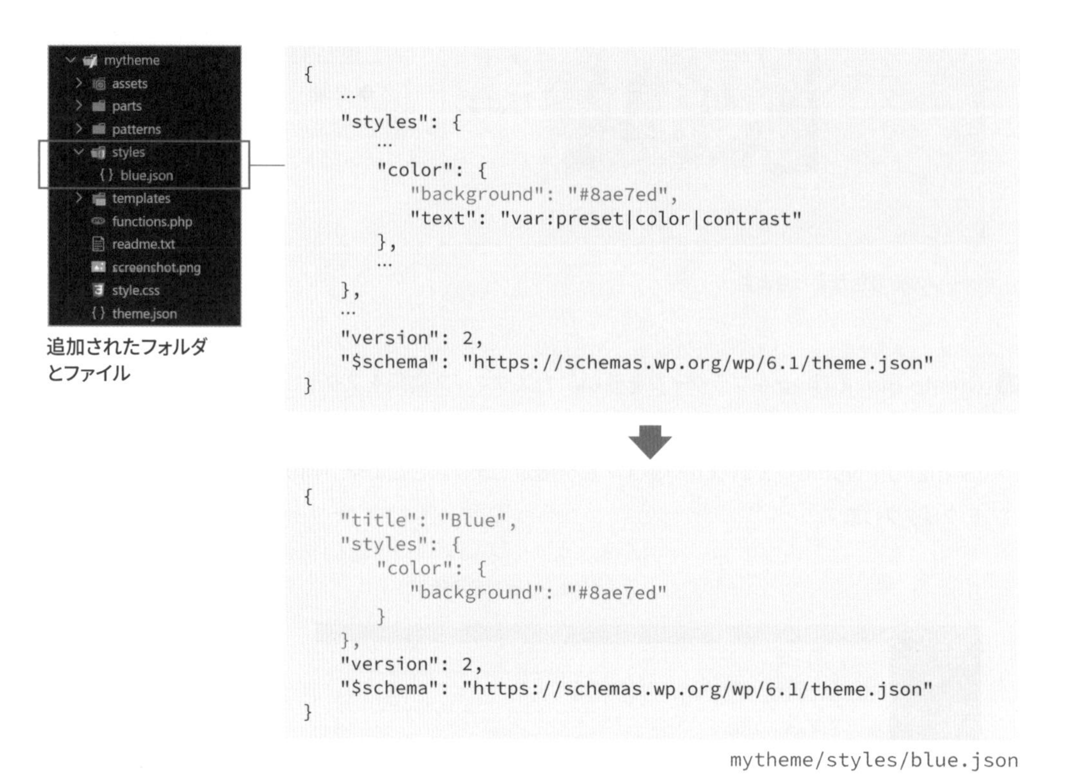

追加されたフォルダとファイル

```
{
    …
    "styles": {
        …
        "color": {
            "background": "#8ae7ed",
            "text": "var:preset|color|contrast"
        },
        …
    },
    …
    "version": 2,
    "$schema": "https://schemas.wp.org/wp/6.1/theme.json"
}
```

```
{
    "title": "Blue",
    "styles": {
        "color": {
            "background": "#8ae7ed"
        }
    },
    "version": 2,
    "$schema": "https://schemas.wp.org/wp/6.1/theme.json"
}
```

mytheme/styles/blue.json

❺ できあがったバリエーションを試します。サイトエディターでスタイルサイドバーを開くと、「表示スタイル」でバリエーションを切り替えることができるようになっています。

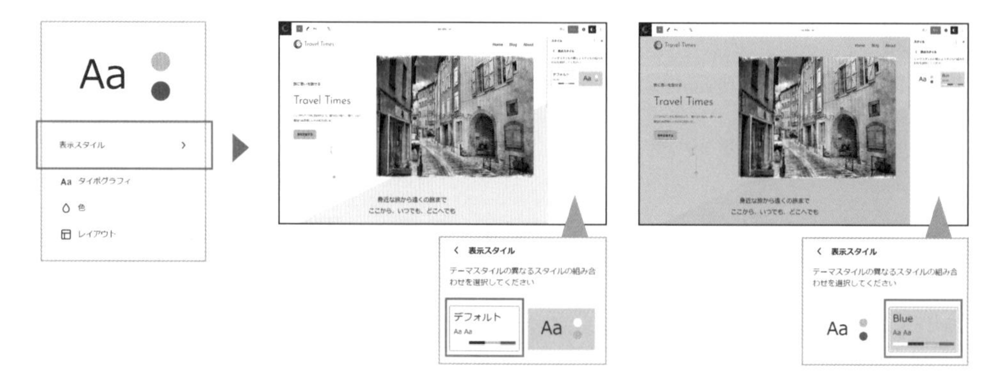

機能を制限する

エディターに用意された機能は多く、多岐に渡ります。そのため、用途や目的などに応じて機能を制限し、使いやすくします。

＋ ブロックのロックで移動と削除を制限する

ロック機能を利用すると、ブロックの移動と削除を制限できます。ロックをかけてからブロックパターンにすれば、パターンの構成が変更されるのを防ぐことも可能です。たとえば、固定ページ「Home」のグループブロックをロックする場合、メニューから「ロック」を選択します。

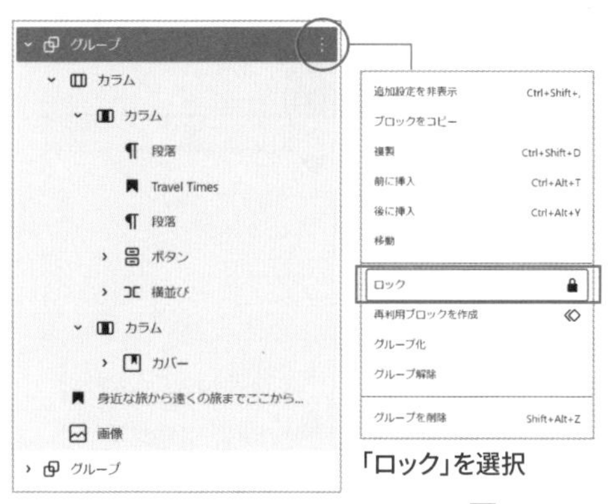

「ロック」を選択

「適用」をクリック

左のような画面が表示されますので、「すべてをロック」を選択し、移動と削除を制限します。個別に選択することも可能です。
また、グループブロック内のすべてのブロックを同じようにロックする場合、「内部のすべてのブロックに適用」をオンにして、「適用」をクリックします。

ロックしたブロックには🔒が付き、移動や削除ができなくなります。グループブロックの場合、グループ化やグループの解除もできません。なお、ロックしてもコンテンツの編集やスタイルのカスタマイズは可能です。

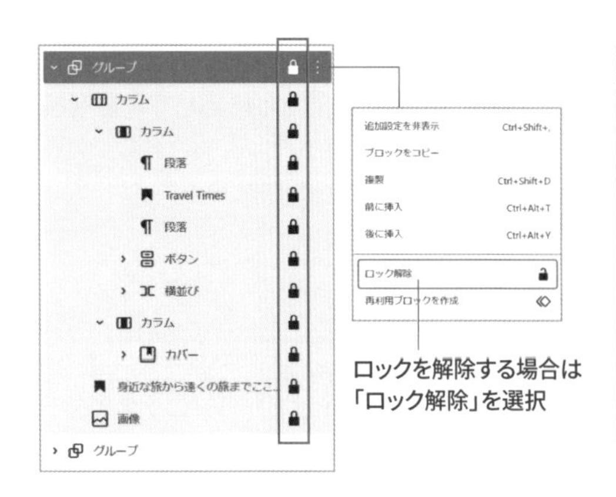

ロックを解除する場合は「ロック解除」を選択

コンテンツのみの編集に制限する

コンテンツのみの編集に制限する「contentOnly」というロックタイプも実験的に導入されています。現時点ではUIで指定できないため、コードエディターに切り替え、次のように `"templateLock":"contentOnly"` を追加します。ここではグループブロックに追加しています。

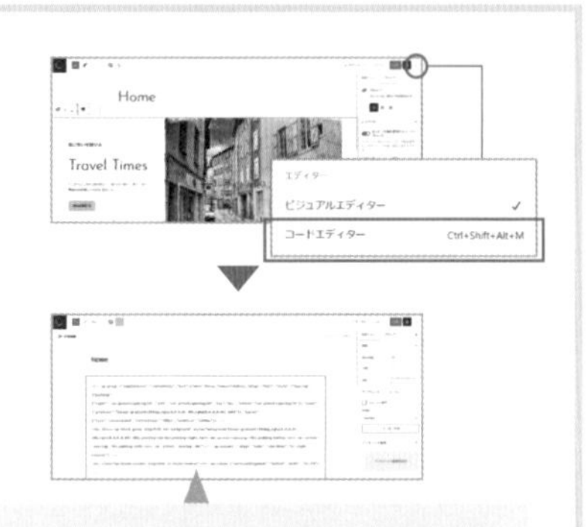


```
<!-- wp:group {"templateLock":"contentOnly","lock":{"move":false,"remove":false}
,"align":"full","style":{"spacing":{"padding":{"right":"var:preset|spacing|50"…
```

ビジュアルエディターに戻ると、設定サイドバーには編集できるコンテンツのみがリストアップされ、スタイルのカスタマイズもできなくなります。

リスト表示にはブロックの階層構造も表示されなくなります。

設定サイドバー

+ スタイルのカスタマイズを制限する

スタイルのカスタマイズは、theme.json でエディターの UI コントロールを無効化することで制限できます。たとえば、色、フォントサイズ、スペースをテーマプリセットのみで指定できるようにする場合、次のようにカスタムカラーやカスタムサイズでの指定を無効化します。色については、コアの theme.json で用意されたデフォルトのカラーパレットも無効化します。

```
{
    …
    "settings": {
        "appearanceTools": true,
        "color": {
            "custom": false,
            "defaultPalette": false,
            "palette": [
                …
            ]
        },
        …
        "spacing": {
            "customSpacingSize": false,
            "spacingSizes": [
                …
            ]
        },
        "typography": {
            "customFontSize": false,
            "fluid": true,
            …
        },
        …
    },
    …
}
```

mytheme/theme.json

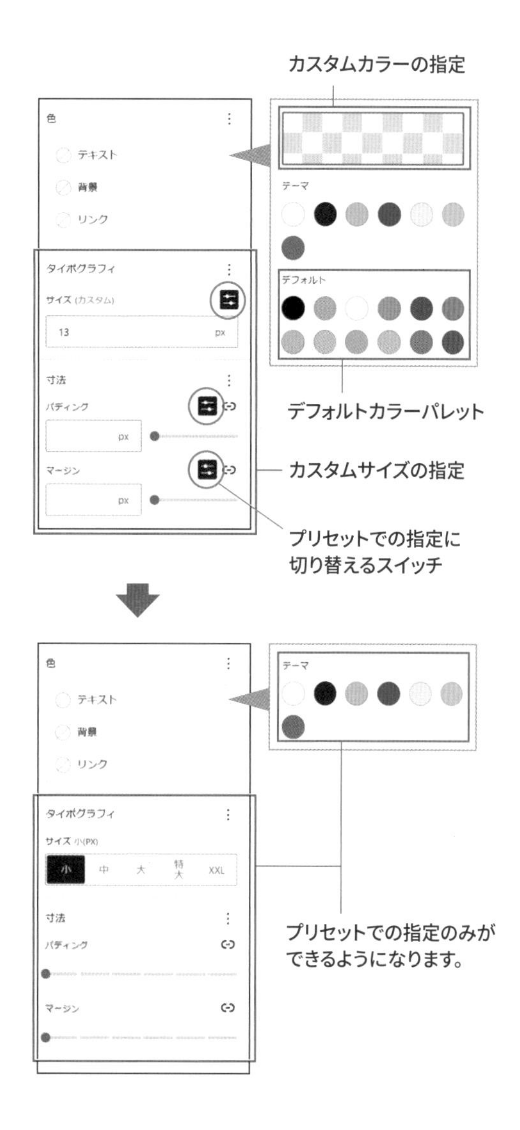

> UI コントロールに関する theme.json の設定について詳しくは P.54 を参照してください。

> すべてのスタイルのカスタマイズを制限する場合、前ページの「コンテンツのみの編集に制限する」ロック機能を使うのが簡単です。

＋ 使用するブロックを制限する

使用するブロックを制限する場合は次のようにします。ブロック挿入ツールには有効化したブロックだけが表示され、それ以外は新規に追加できなくなります。

UIで設定する場合

投稿エディターのメニューから［設定］を開き、「ブロック」で有効化したいブロックにチェックを付けます。標準ではすべてのブロックが有効化されています。たとえば、「テキスト」に分類されたブロックのうち、段落、見出し、リストのみを有効にすると次のようになります。ここでの設定は投稿エディターで使用され、サイトエディターには影響しません。

テキストに分類されたすべてのブロックを有効化

テキストに分類されたブロックのうち、段落、見出し、リストのみを有効化

functions.phpで設定する場合

UIを使わない場合、`allowed_block_types_all` フィルタを使って有効化するブロックを指定します。たとえば、投稿エディターで段落、見出し、画像の３つのブロックだけを有効化するには次のようにします。

```
…
// 使用するブロック
function mytheme_allowed_block_types ( $allowed_block_types, $editor_context ) {

    if ( ! empty( $editor_context->post ) ) {
        $allowed_block_types = array(
            'core/paragraph',
            'core/heading',
            'core/image'
        );
    }

    return $allowed_block_types;
}
add_filter( 'allowed_block_types_all', 'mytheme_allowed_block_types', 10, 2 );
```

投稿エディターの場合にのみ適用するように指定。

mytheme/functions.php

投稿エディターでブロック挿入ツールを開くと３つのブロックだけが表示されます。無効になったブロックをUIから有効化することもできません。［設定］に表示されるブロックも３つのみとなります。

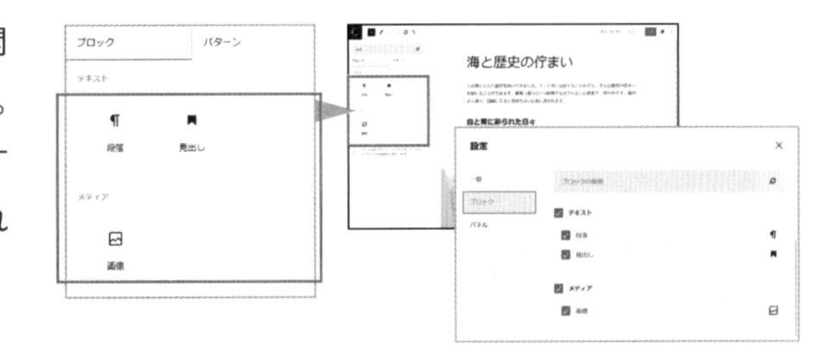

使用するブロックを制限すると、使用できるブロックパターンにも影響します。
たとえば、見出しブロックしか有効化しなかった場合、STEP 8.2で用意したブロックパターンのうち、使用できるのは「飾り罫を付けた見出し」のみとなります。

8.7 ブロックテーマの構成

以上で、ブロックテーマは完成です。テーマのファイル構成は次のようになっています。

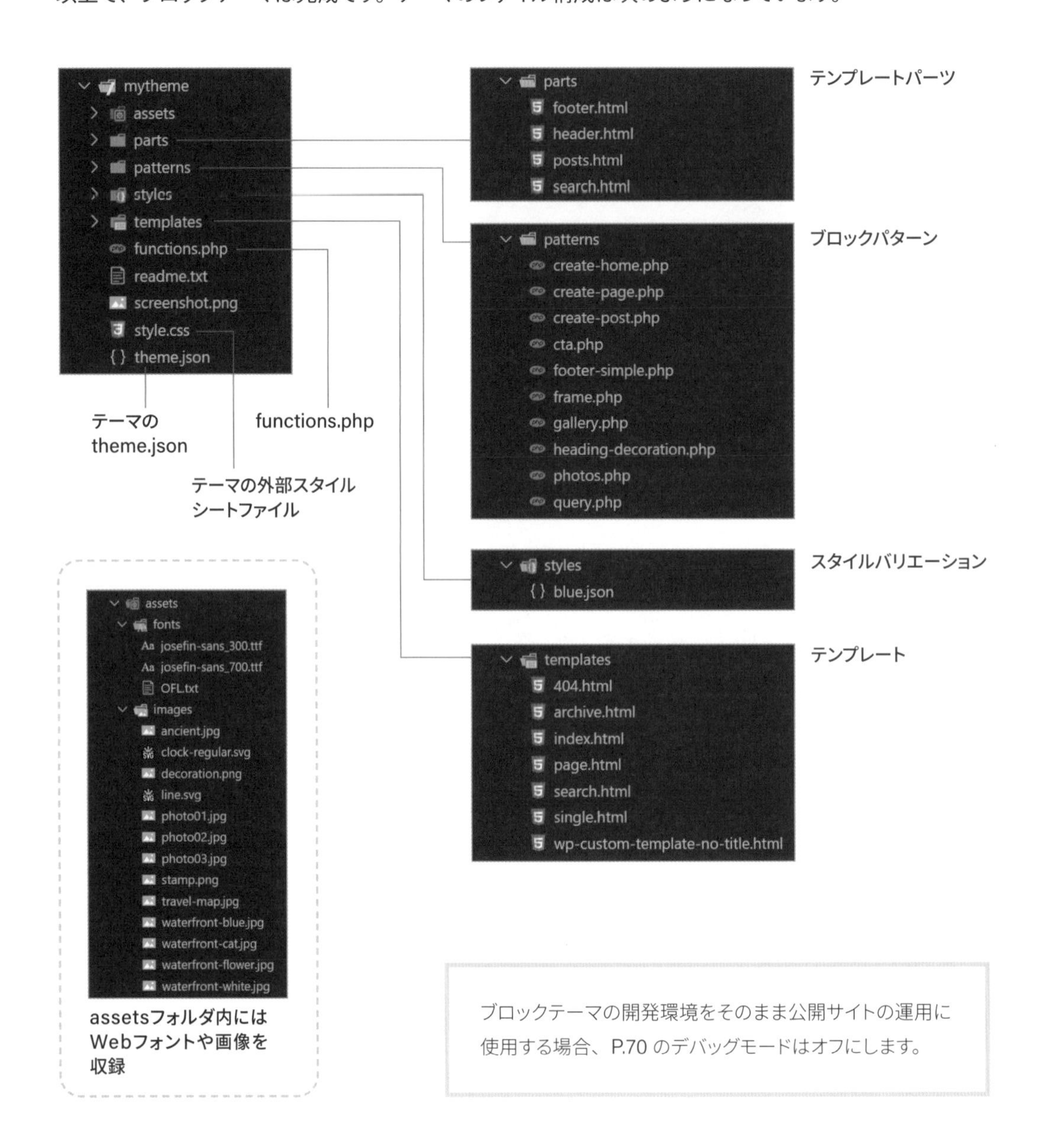

ブロックテーマの開発環境をそのまま公開サイトの運用に使用する場合、P.70 のデバッグモードはオフにします。

Appendix

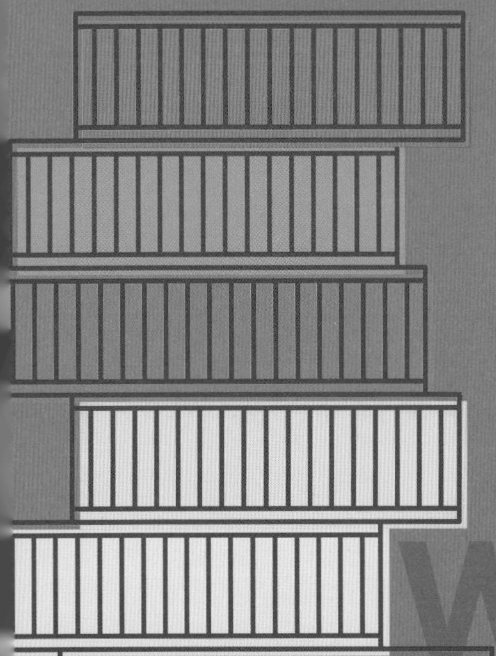

WordPress

メタデータの出力

標準で出力されるメタデータはページのタイトル `<title>` です。そこに含まれるサイト名とサイトの説明は P.71 で指定したものが使われます。さらに、サイト型のトップページ、記事ページ、固定ページにはページの URL `<link rel="canonical">` も出力されます。

```
<title>Travel Times - 旅に思いを馳せる</title>
<link rel="canonical" href="http://xxx.xxx.xxx/" />
```

サイト型トップページのタイトル： サイト名 - サイトの説明

```
<title>海と歴史の佇まい - Travel Times</title>
<link rel="canonical" href="http://xxx.xxx.xxx/waterfront/" />
```

記事ページのタイトル： 記事のタイトル - サイト名

```
<title>About - Travel Times</title>
<link rel="canonical" href="http://xxx.xxx.xxx/about/" />
```

固定ページのタイトル： 固定ページのタイトル - サイト名

アイコン関連のメタデータは、P.209 のようにサイトロゴブロックで画像を指定し、 サイトアイコンとして使用する をオンすると出力されます。

サイトロゴブロックを使用しない場合でも、ここのリンクからサイトアイコンを設定できます。

```
<link rel="icon" href="http://xxx.xxx.xxx/…/icon-150x150.
png" sizes="32x32" />
<link rel="icon" href="http://xxx.xxx.xxx/…/icon-300x300.
png" sizes="192x192" />
<link rel="apple-touch-icon" href="http://xxx.xxx.xxx/…/
icon-300x300.png" />
<meta name="msapplication-TileImage" content="http://xxx.
xxx.xxx/…icon-300x300.png" />
```

その他のメタデータはプラグインを利用するか、wp_head フックを使って <head> 内に出力します。たとえば、トップページ、記事ページ、固定ページに OGP（Open Graph Protocol）のメタデータを出力する場合は次のようにします。

```
// メタデータ
function mytheme_meta() {

    // サイト名
    $site_name = esc_attr( get_bloginfo( 'name' ) );

    // ページのタイトル
    $title = esc_attr( wp_get_document_title() );

    // 代替アイキャッチ画像
    $image_url = esc_url( get_theme_file_uri( 'assets/images/ancient.jpg' ) );
    $image_w = '1800';
    $image_h = '1196';


    // トップページ
    if ( is_front_page() ) {
        // URL、説明、種類
        $url = esc_url( home_url('/') );
        $description = esc_attr( get_bloginfo('description') );
        $type = 'website';
    }


    // 記事・固定ページ（サイト型トップページにした固定ページは除く）
    if( is_singular() && ! is_front_page()) {
        // URL、説明、種類
        $url = esc_url( get_permalink() );
        $description = esc_attr( get_the_excerpt() );
        $type = 'article';

        // アイキャッチ画像
        $image_id = get_post_thumbnail_id();
        if ($image_id) {
            $image_url = esc_url( wp_get_attachment_url( $image_id ) );
            $image_w = esc_attr( wp_get_attachment_metadata( $image_id )['width'] );
            $image_h = esc_attr( wp_get_attachment_metadata( $image_id )['height'] );
        }
    }
```

サイト名をget_bloginfo('name')で取得。

ページのタイトルとして標準で出力される<title>の値をwp_get_document_title()で取得。

アイキャッチ画像がない場合、P.313でテーマフォルダ内に用意したancient.jpgのURL、横幅、高さを使用します。

トップページのURLはhome_url()で取得。get_bloginfo('description')ではサイトの説明を取得し、種類を「website」と指定します。

記事・固定ページのURLはget_permalink()で取得。get_the_excerpt()では抜粋または本文の一部を説明として取得し、種類を「article」と指定します。

アイキャッチ画像はget_post_thumbnail_id()でIDを取得し、それを元にURL、横幅、高さを取得します。

取得したデータをOGPのメタデータとして出力します。

```
    if( is_front_page() ||  is_singular() ) {
    ?>
        <meta property="og:site_name" content="<?php echo $site_name; ?>" />
        <meta property="og:locale" content="ja_JP" />

        <meta property="og:title" content="<?php echo $title; ?>" />
        <meta property="og:url" content="<?php echo $url; ?>" />
        <meta property="og:description" content="<?php echo $description; ?>" />
        <meta property="og:type" content="<?php echo $type; ?>" />

        <meta property="og:image" content="<?php echo $image_url; ?>" />
        <meta property="og:image:width" content="<?php echo $image_w; ?>" />
        <meta property="og:image:height" content="<?php echo $image_h; ?>" />
        <meta name="twitter:card" content="summary_large_image" />
    <?php
    }
}
add_action('wp_head', 'mytheme_meta');
```

mytheme/functions.php

出力されるメタデータは次のようになります。

サイト型トップページ

```
<title>Travel Times - 旅に思いを馳せる</title>
<link rel="canonical" href="http://xxx.xxx.xxx/" />

<meta property="og:site_name" content="Travel Times" />
<meta property="og:locale" content="ja_JP" />

<meta property="og:title" content="Travel Times - 旅に思いを馳せる" />
<meta property="og:url" content="http://xxx.xxx.xxx/" />
<meta property="og:description" content="旅に思いを馳せる" />
<meta property="og:type" content="website" />

<meta property="og:image" content="http://xxx.xxx.xxx/wp-content/themes/mytheme/
assets/images/ancient.jpg" />
<meta property="og:image:width" content="1800" />
<meta property="og:image:height" content="1196" />
<meta name="twitter:card" content="summary_large_image" />
```

記事ページ

```
<title> 海と歴史の佇まい - Travel Times</title>
<link rel="canonical" href="http://xxx.xxx.xxx/waterfront/" />

<meta property="og:site_name" content="Travel Times" />
<meta property="og:locale" content="ja_JP" />

<meta property="og:title" content=" 海と歴史の佇まい - Travel Times" />
<meta property="og:url" content="http://xxx.xxx.xxx/waterfront/" />
<meta property="og:description" content=" 人は海とともに歴史を紡いできました。エーゲ海に位置するこの
街でも、そんな歴史の佇まいを感じることができます。夏真っ盛りという時期でもカラッとした空気で、爽やかです。風がよ
く通り、日陰に入ると気持ちよい心地に包まれます。  […]" />
<meta property="og:type" content="article" />

<meta property="og:image" content="http://xxx.xxx.xxx/wp-content/uploads/2022/09/
waterfront.jpg" />
<meta property="og:image:width" content="1920" />
<meta property="og:image:height" content="760" />
<meta name="twitter:card" content="summary_large_image" />
```

固定ページ

```
<title>About - Travel Times</title>
<link rel="canonical" href="http://xxx.xxx.xxx/about/" />

<meta property="og:site_name" content="Travel Times" />
<meta property="og:locale" content="ja_JP" />

<meta property="og:title" content="About - Travel Times" />
<meta property="og:url" content="http://xxx.xxx.xxx/about/" />
<meta property="og:description" content="旅のブログ Travel Timesでは旅先から届いた記事を中心に、
旅に関する情報を幅広くご紹介しています。どこの国で何をしたらいいか分からないときや、旅の途中で迷ったとき、現地に
近い情報が必要なときなどには、Times […]" />
<meta property="og:type" content="article" />

<meta property="og:image" content="http://xxx.xxx.xxx/wp-content/themes/mytheme/
assets/images/ancient.jpg" />
<meta property="og:image:width" content="1800" />
<meta property="og:image:height" content="1196" />
<meta name="twitter:card" content="summary_large_image" />
```

子テーマを使ったカスタマイズ

子テーマを利用すると、親テーマの構成ファイルに手を加えずにカスタマイズできます。カスタマイズ結果は子テーマで管理します。
たとえば、本書で作成した「My Theme」の子テーマとして「Custom My Theme」を作成する場合は次のようにします。まず、WordPress の wp-content/themes/ フォルダ内に「custom-mytheme」フォルダを追加し、style.css、functions.php、screenshot.png を用意します。
style.css ではテーマ名を「Custom My Theme」と指定します。さらに、親テーマを「My Theme」にするため、P.87 で決まったこのテーマのスラッグ `mytheme` を `Template` で指定します。functions.php では親テーマと子テーマの style.css をエディターとフロントの両方に読み込みます。

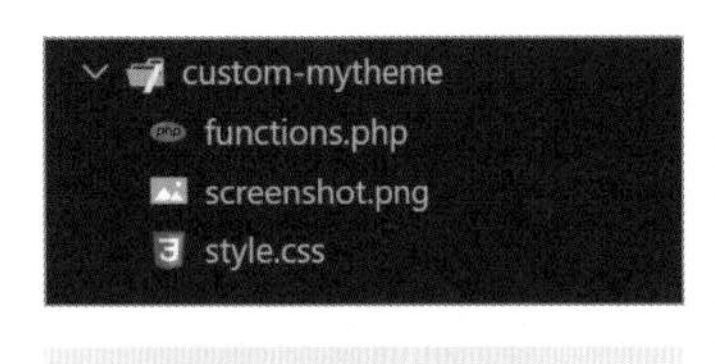


```
/*
Theme Name: Custom My Theme
Template: mytheme
*/
```

custom-mytheme/style.css

custom-mytheme/
screenshot.png

※子テーマを新規に作成する機能はCreate Block Themeプラグインにも用意されています。ただし、現時点では一部環境でエラーとなることが報告されています。
また、このプラグインで新規作成した場合でも、functions.phpは手動で追加する必要があります。

```
<?php

function custom_mytheme_support() {

    // 親テーマの CSS (style.css) をエディターに読み込み
    add_editor_style( '../mytheme/style.css' );

    // 子テーマの CSS (style.css) をエディターに読み込み
    add_editor_style( 'style.css' );

}
add_action( 'after_setup_theme', 'custom_mytheme_support' );


function custom_mytheme_enqueue() {

    // 親テーマの CSS (style.css) をフロントに読み込み
    wp_enqueue_style(
        'mytheme-style',
        get_parent_theme_file_uri( 'style.css' ),
        array(),
        filemtime( get_parent_theme_file_path( 'style.css' ) )
    );

    // 子テーマの CSS (style.css) をフロントに読み込み
    wp_enqueue_style(
        'custom-mytheme-style',
        get_stylesheet_uri(),
        array( 'mytheme-style' ),
        filemtime( get_theme_file_path( 'style.css' ) )
    );

}
add_action( 'wp_enqueue_scripts', 'custom_mytheme_enqueue' );
```

依存関係にある親テーマのCSS（mytheme-style）を指定。

custom-mytheme/functions.php

作成した子テーマ「Custom My Theme」を［外観＞テーマ］で有効化します。フロントでトップページを開き、表示が変わっていないことを確認します。

P.320 のようにサイトエディターを開き、こちらでも表示が変わっていないことを確認します。さらに、スタイルサイドバーでスタイルをカスタマイズしてみます。ここでは［色＞パレット］でテーマの色のプリセット `Primary` を黄色から水色に変更して保存します。

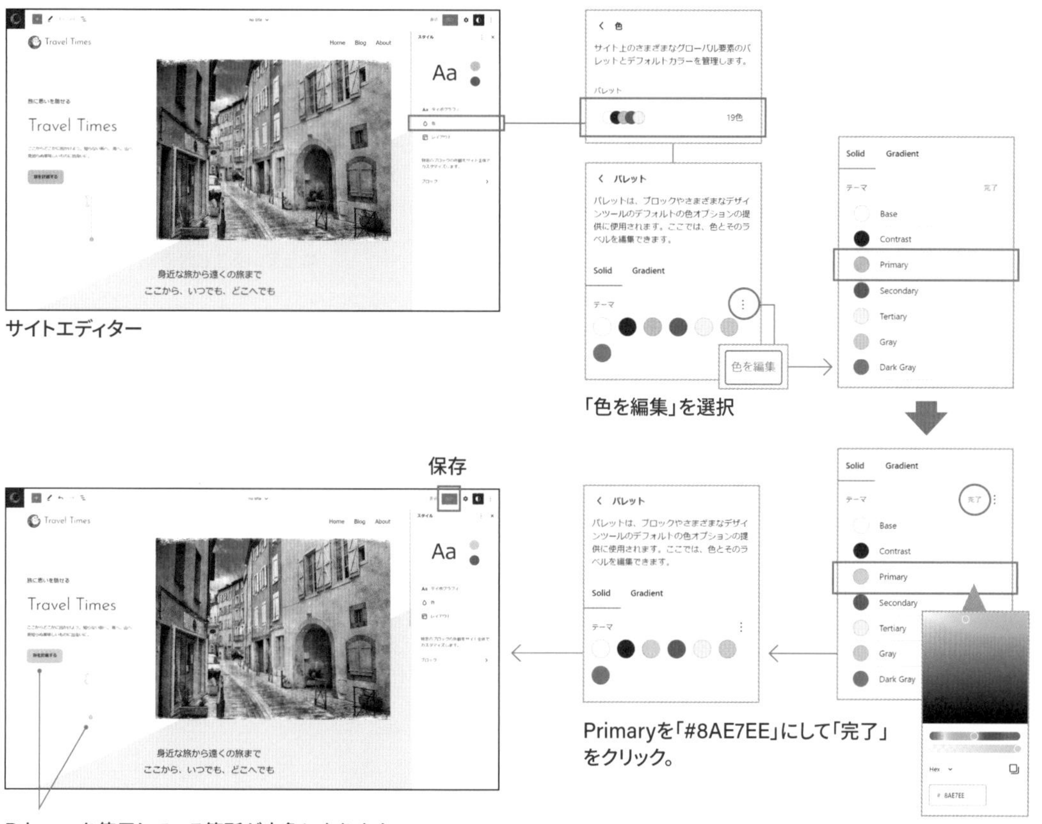

カスタマイズ結果はこれまでと同じようにCreate Block Themeプラグインを使ってテーマに反映します。［外観＞ Create Block Theme］で「Overwrite Custom My Theme」を選択し、「Generate」をクリックします。すると、子テーマのフォルダ内にtheme.jsonと、空のpartsとtemplatesフォルダが追加されます。

theme.jsonにはカスタマイズした色のプリセットの設定が反映されています。子テーマのtheme.jsonは、親テーマのtheme.jsonを上書きする形で処理されます。

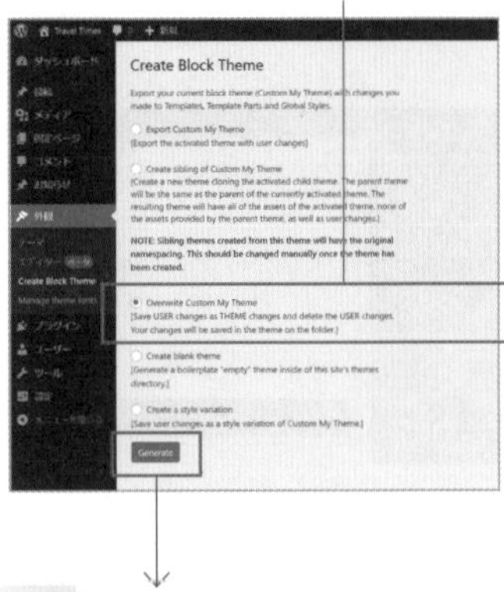

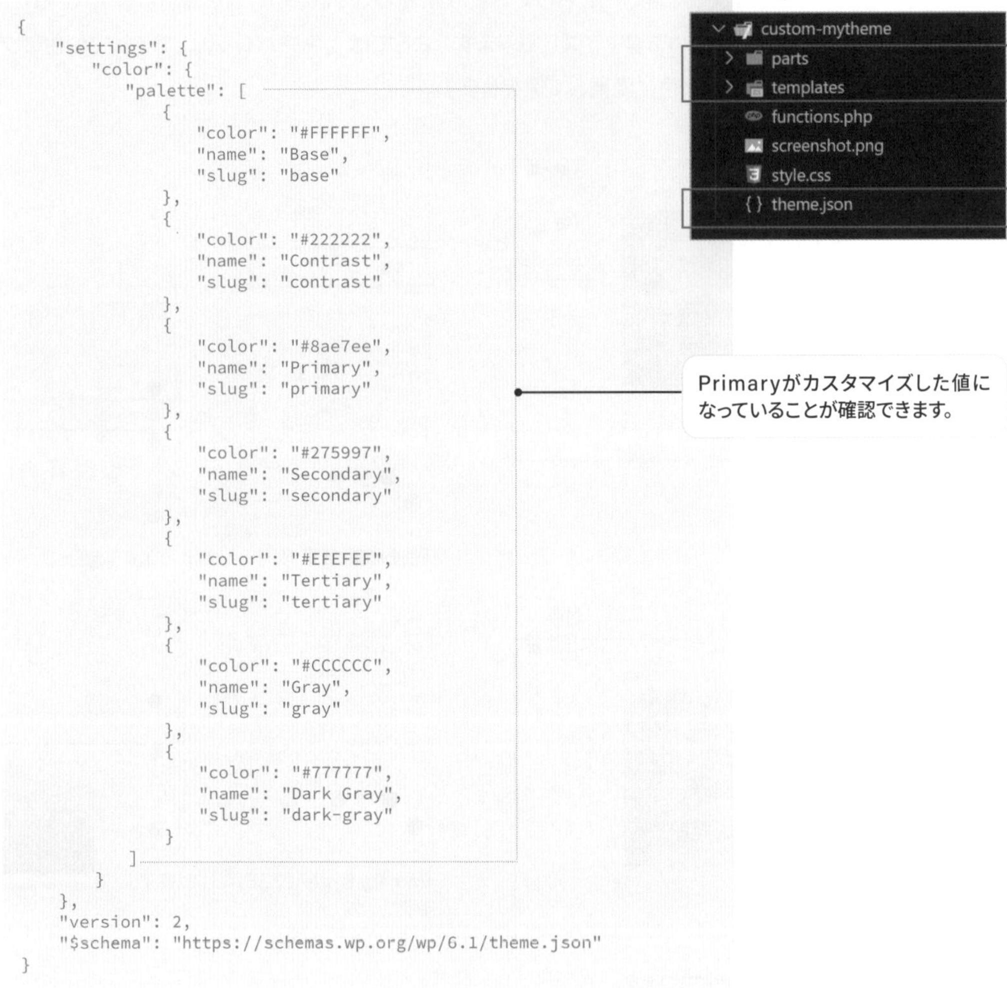


```
{
    "settings": {
        "color": {
            "palette": [
                {
                    "color": "#FFFFFF",
                    "name": "Base",
                    "slug": "base"
                },
                {
                    "color": "#222222",
                    "name": "Contrast",
                    "slug": "contrast"
                },
                {
                    "color": "#8ae7ee",
                    "name": "Primary",
                    "slug": "primary"
                },
                {
                    "color": "#275997",
                    "name": "Secondary",
                    "slug": "secondary"
                },
                {
                    "color": "#EFEFEF",
                    "name": "Tertiary",
                    "slug": "tertiary"
                },
                {
                    "color": "#CCCCCC",
                    "name": "Gray",
                    "slug": "gray"
                },
                {
                    "color": "#777777",
                    "name": "Dark Gray",
                    "slug": "dark-gray"
                }
            ]
        }
    },
    "version": 2,
    "$schema": "https://schemas.wp.org/wp/6.1/theme.json"
}
```

custom-mytheme/theme.json

カスタム投稿タイプとカスタムタクソノミーでお知らせを管理する

カスタム投稿タイプではコンテンツを管理する「投稿」や「固定ページ」に相当するものを、カスタムタクソノミーではそれらを分類する「カテゴリー」や「タグ」に相当するものを作成できます。
ここでは、お知らせを管理する `お知らせ（news）` 投稿タイプと、その分類のための `お知らせカテゴリー（newscategory）` タクソノミーを作成していきます。なお、設定は P.333 の子テーマ「Custom My Theme」で行います。

+ お知らせのページ構成

お知らせは次の 3 種類のページで構成し、トップページからアクセスできるようにします。カスタム投稿タイプとカスタムタクソノミーは各ページの URL に合わせて作成します。

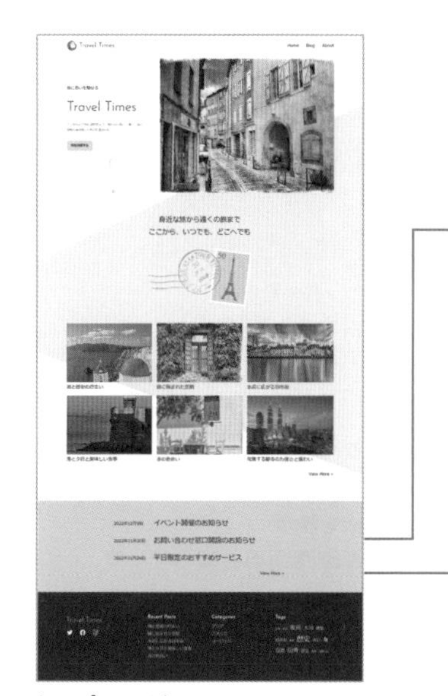

トップページ

お知らせページ
/news/スラッグ/

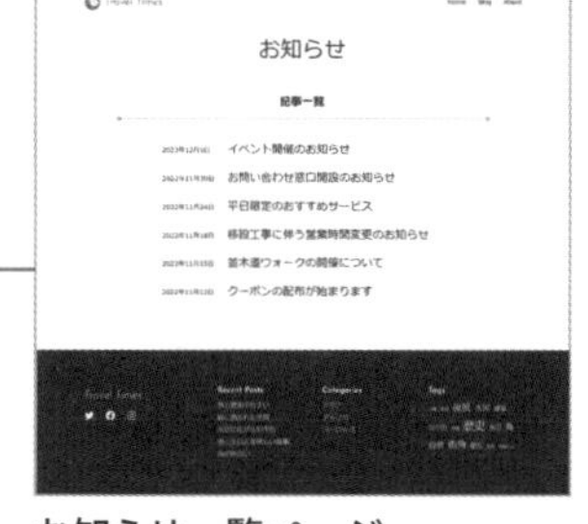

お知らせ一覧ページ
/news/

お知らせカテゴリーページ
/newscategory/スラッグ/

+ カスタム投稿タイプとカスタムタクソノミーを作成する

カスタム投稿タイプは `register_post_type()` で、カスタムタクソノミーは `register_taxonomy()` で作成します。ここでは「お知らせ（news)」投稿タイプと、「お知らせカテゴリー（newscategory)」タクソノミーを作成します。それぞれのスラッグは生成ページのURLに使用されます。`show_in_rest` はtrueにし、Gutenbergで利用できるようにします。

```
...
function mytheme_child_news() {

    // カスタム投稿タイプ
    register_post_type(
        'news',
        array(
            'label' => 'お知らせ',
            'public' => true,
            'has_archive' => true,
            'show_in_rest' => true,
            'supports' => array(
                'title',
                'editor',
                'thumbnail'
            )
        )
    );

    // カスタムタクソノミー
    register_taxonomy(
        'newscategory',
        'news',
        array(
            'label' => 'お知らせカテゴリー',
            'hierarchical' => true,
            'show_ui' => true,
            'show_admin_column' => true,
            'show_in_rest' => true,
        )
    );

}
add_action( 'init', 'mytheme_child_news' );
```

「お知らせ」投稿タイプを作成。
スラッグをnews、ラベルをお知らせにしています。

label.................. ラベル
public................ UIやフロントに表示
has_archive.... お知らせ一覧ページを生成
show_in_rest... REST APIで処理
supports.......... エディターで使用する項目を指定

「お知らせカテゴリー」タクソノミーを作成。
スラッグをnewscategory、ラベルをお知らせカテゴリーにして、news投稿タイプで使用するように指定しています。

label.................................. ラベル
hierarchical..................... 階層あり
show_ui............................ UIを表示
show_admin_column.... 管理画面のお知らせ一覧に表示
show_in_rest.................... REST APIで処理

custom-mytheme/functions.php

お知らせを管理する

作成したカスタム投稿タイプとカスタムタクソノミーでお知らせを管理します。ダウンロードデータに収録したお知らせのデータ（appendix.xml）をインポートすると次のようになります。

お知らせ（投稿タイプ：news）

お知らせの記事は［お知らせ＞お知らせ］で管理します。ここでは 7 件の記事を投稿・公開しています。

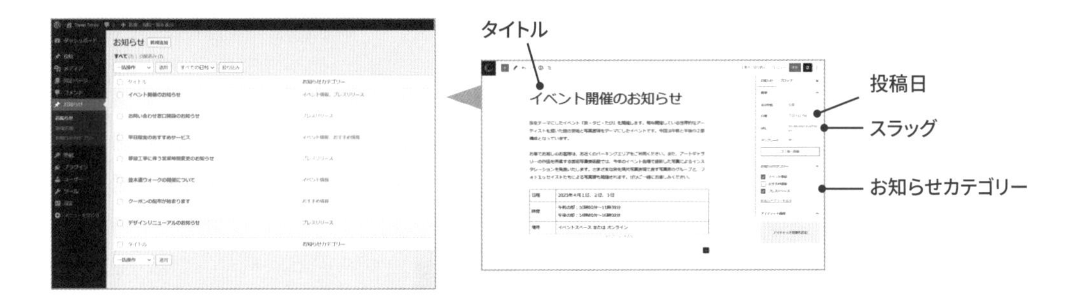

お知らせカテゴリー（タクソノミー：news-category）

分類のためのカテゴリーは［お知らせ＞お知らせカテゴリー］で管理します。ここでは 3 件のカテゴリーを管理しています。

URL を指定して各ページを開くと、親テーマで管理している既存のテンプレートで次のように生成されます。しかし、少しずつカスタマイズしたい箇所がありますので、各ページ用のテンプレートを作成します。

お知らせ一覧ページ
/news/

お知らせページ
/news/travel/

お知らせカテゴリーページ
/newscategory/event/

+ お知らせページ用のテンプレートを作成する

お知らせの記事を表示する「お知らせページ」用のテンプレートを作成します。P.88 のようにサイトエディターでテンプレートの一覧を開いて「新規追加」をクリックし、「個別項目：お知らせ」を選択します。

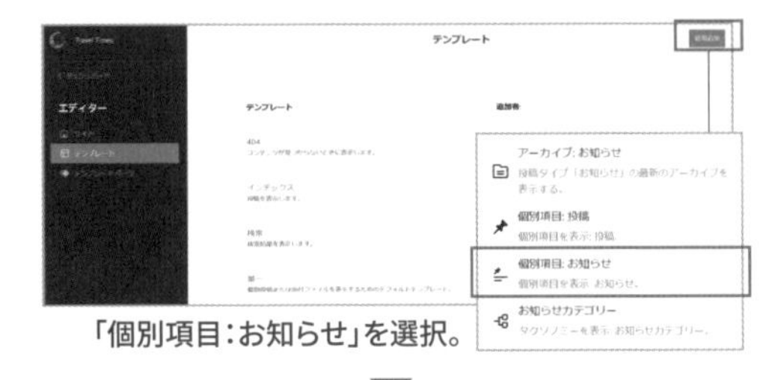

「個別項目：お知らせ」を選択。

２つの選択肢が表示されますので、「すべての項目に対して」を選びます。

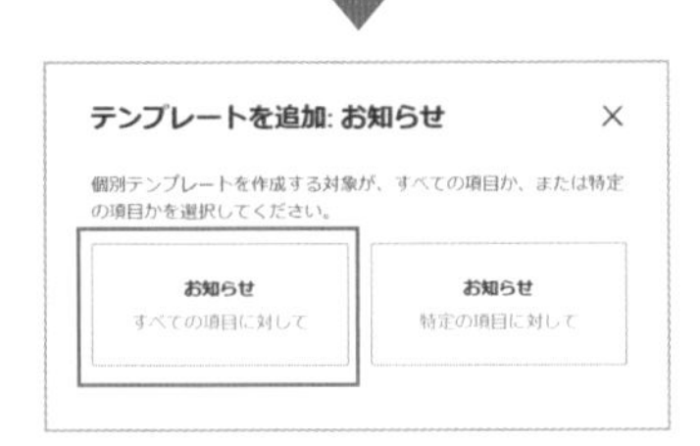

「すべての項目に対して」を選択。

単一テンプレート（single.html）をコピーしてテンプレートが作成され、右のように編集画面が開きます。

ここでは、このページにお知らせカテゴリーを出力するようにカスタマイズしていきます。

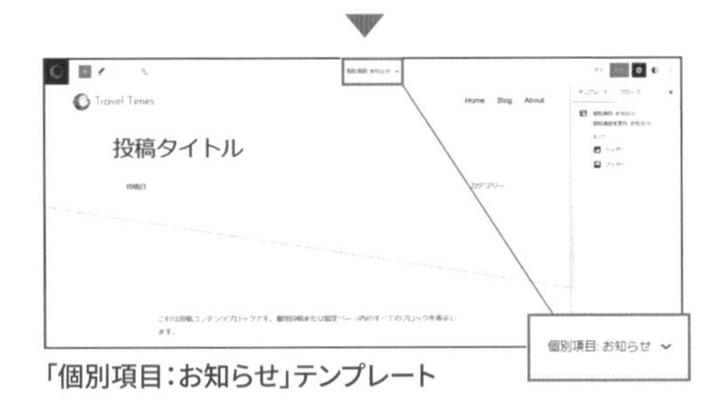

「個別項目：お知らせ」テンプレート

❶ 作成したテンプレートでは「カテゴリー」ブロックを使用しています。しかし、このブロックは投稿記事のカテゴリー（category タクソノミー）を出力するもので、お知らせカテゴリー（newscategory タクソノミー）は出力されません。

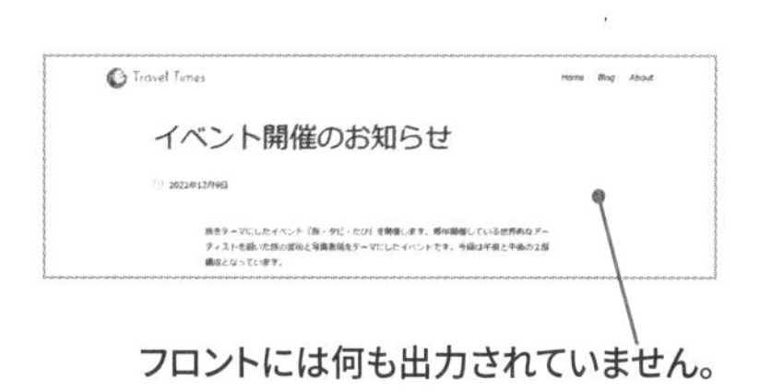

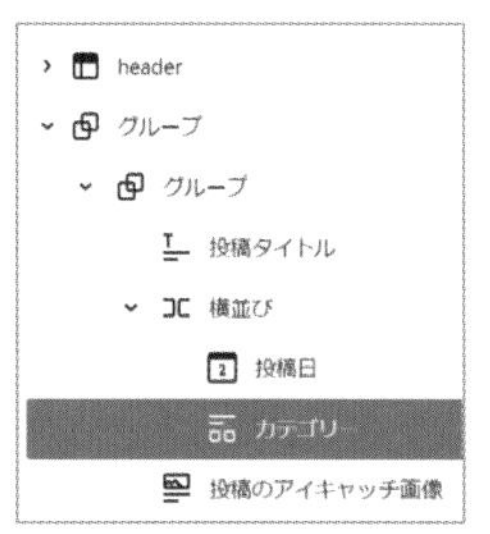

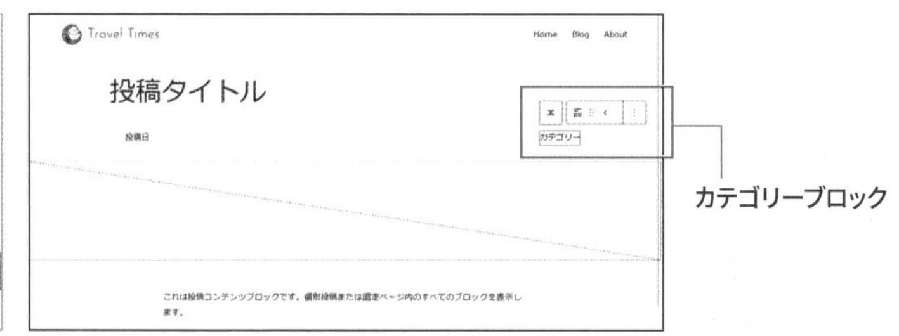

❷ 現時点ではカスタムタクソノミーを出力するブロックがありません。カテゴリーブロックのコードを編集して対応するため、コードエディターに切り替えます。

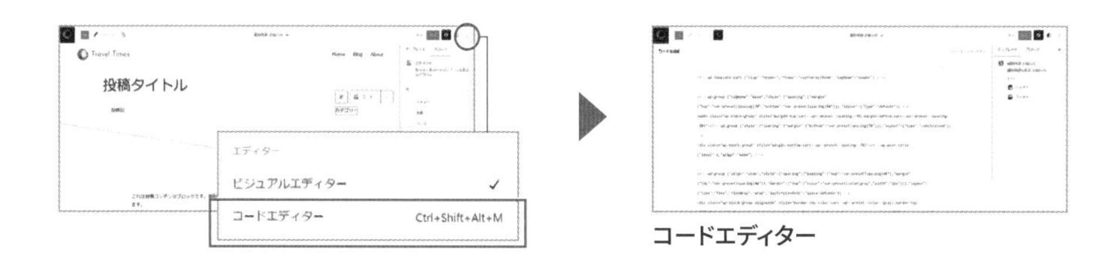

カテゴリーブロックを構成している `<!-- wp:post-terms /-->` の term を cateogry から newscategory に変更します。

```
…
<!-- wp:post-terms {"term":"category","se
parator":""} /--></div>
<!-- /wp:group -->
```

▶

```
…
<!-- wp:post-terms {"term":"newscategory",
"separator":""} /--></div>
<!-- /wp:group -->
```

❸ コードエディターを終了して元の画面に戻ると、ブロック名が「投稿タグ」になります。これで、フロントにお知らせカテゴリーが出力されます。

お知らせカテゴリーが出力されます。

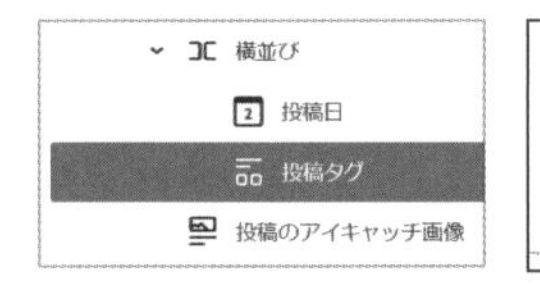

※最新のGutenbergではタクソノミーの設定に応じて「お知らせカテゴリー」ブロックが追加されるため、コードを編集する必要はなくなっています。

以上で、お知らせのページは完成です。作成した「個別項目：お知らせ」テンプレートをテーマに反映すると、single-news.html として templates フォルダ内に保存されます。

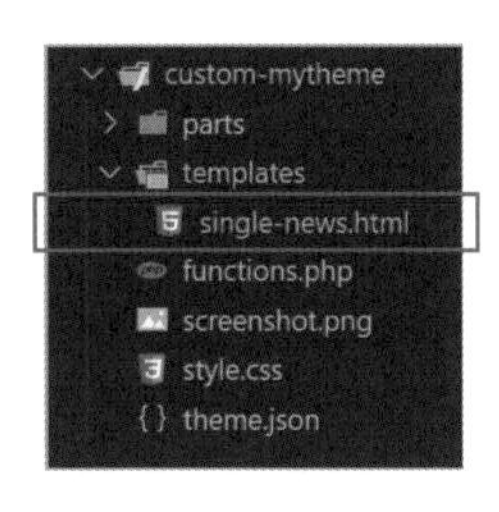

テーマに反映すると、テンプレート名の表示が「個別項目：お知らせ」から「single-news」になります。

+ お知らせ一覧ページ用のテンプレートを作成する

お知らせ一覧ページは、「新規追加」から「アーカイブ：お知らせ」を選択して作成します。このページはアーカイブテンプレート（archive.html）をコピーして作成されます。

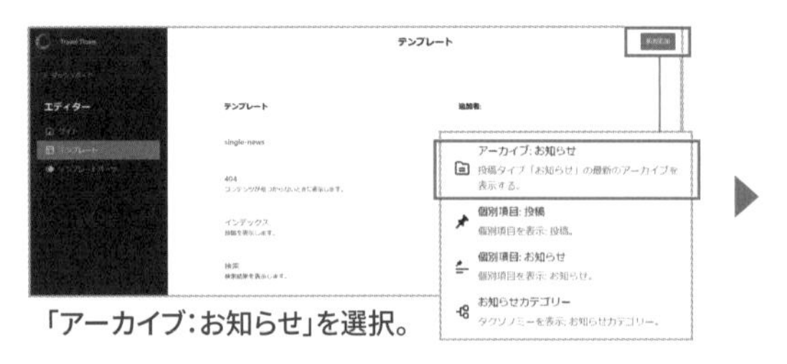

「アーカイブ：お知らせ」を選択。

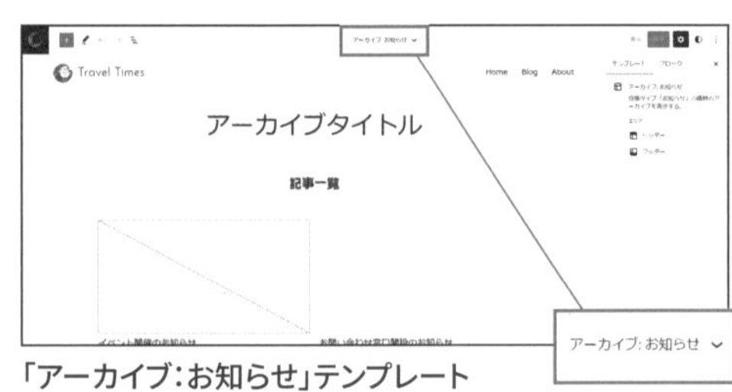

「アーカイブ：お知らせ」テンプレート

ここでは、お知らせの投稿日とタイトルをリストアップする形にカスタマイズします。

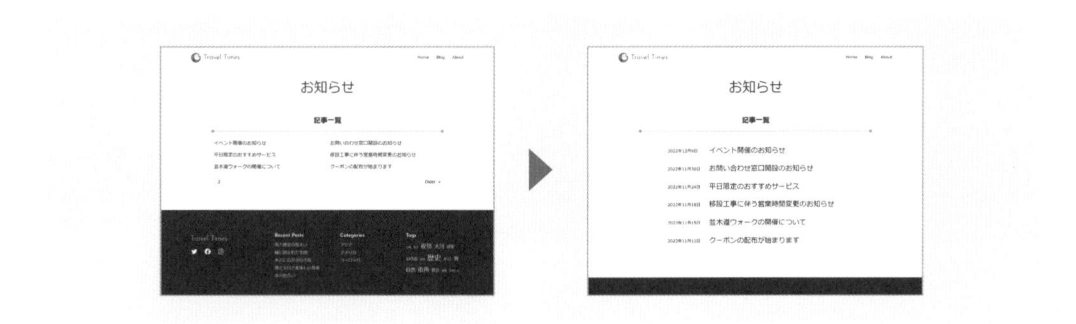

❶ 一覧の構成を変えるため、posts テンプレートパーツを選択し、「テンプレートパーツからブロックを切り離す」を選択します。

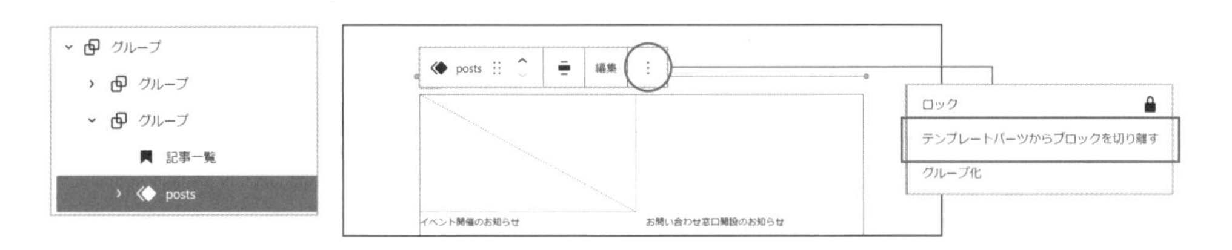

❷ クエリーループブロックの「置換」をクリックし、標準で用意されたパターンの中から投稿日とタイトルがリストアップされたものを選びます。

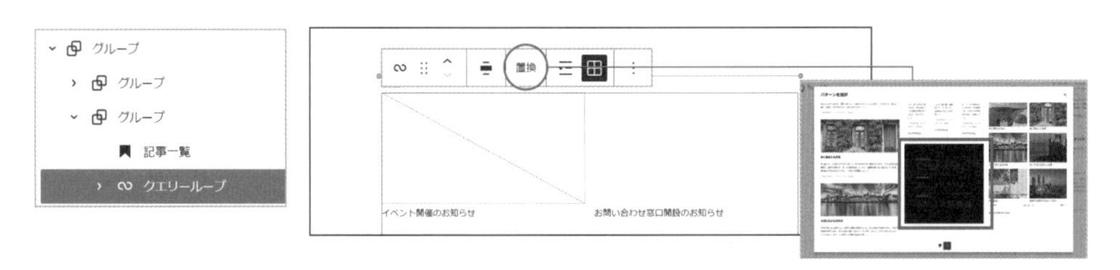

❸ グループブロックとクエリーループブロックで構成された一覧に置き換わります。これを次ページのようにカスタマイズします。

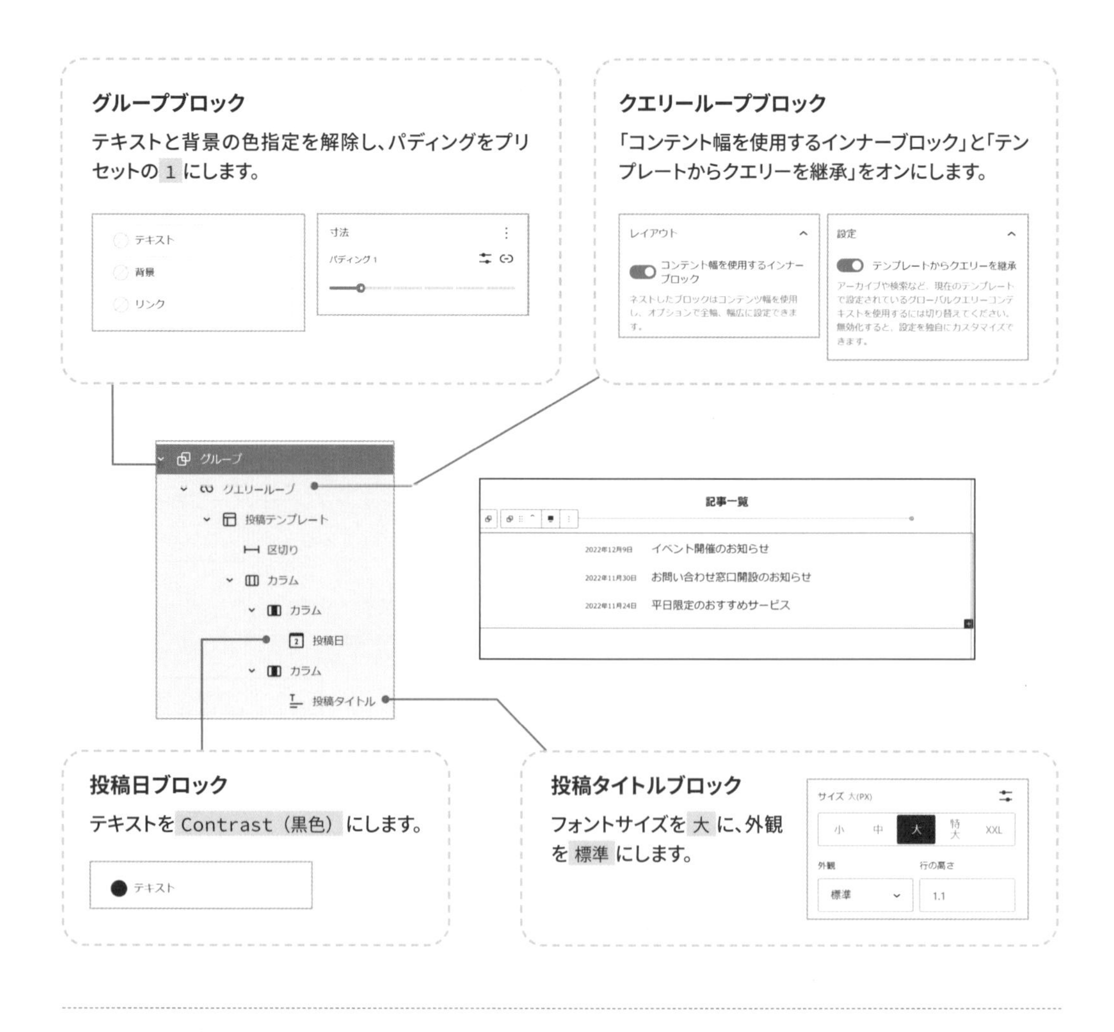

以上で、お知らせ一覧ページは完成です。作成した「アーカイブ：お知らせ」テンプレートをテーマに反映すると、archive-news.html として templates フォルダ内に保存されます。

+ お知らせカテゴリーページ用のテンプレートを作成する

お知らせカテゴリーページは、「新規追加」から「お知らせカテゴリー」を選択して作成します。このページもアーカイブテンプレート（archive.html）をコピーして作成されます。

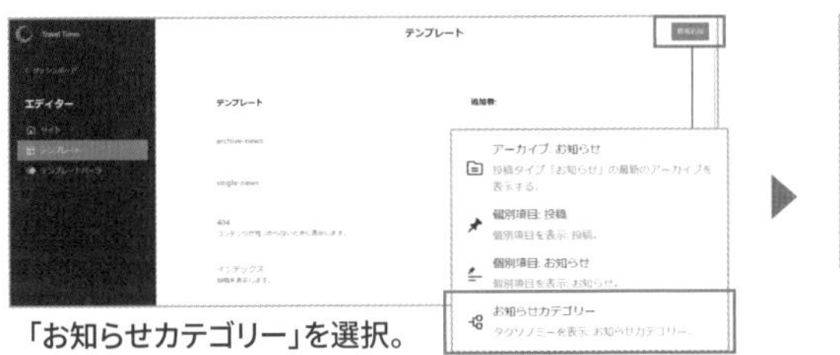

「お知らせカテゴリー」を選択。

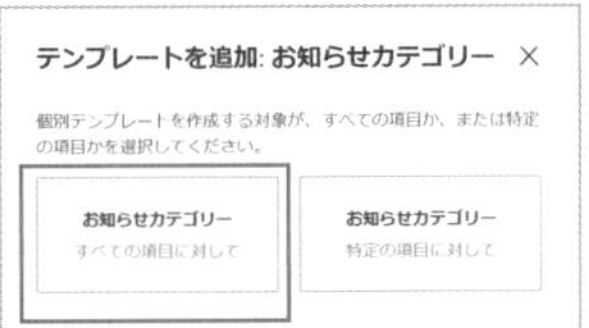

「すべての項目に対して」を選択。

お知らせ一覧ページと同じ形にするため、P.342 ～ 343 の❶～❸と同じカスタマイズを行います。「アーカイブ：お知らせ（archive-news）」テンプレートをコピーしてきても問題ありません。

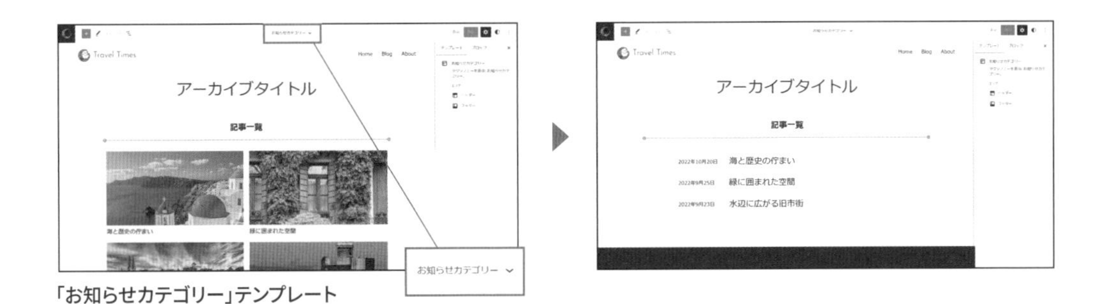

「お知らせカテゴリー」テンプレート

以上で、お知らせカテゴリーページは完成です。作成した「お知らせカテゴリー」テンプレートをテーマに反映すると、taxonomy-newscategory.html として templates フォルダ内に保存されます。

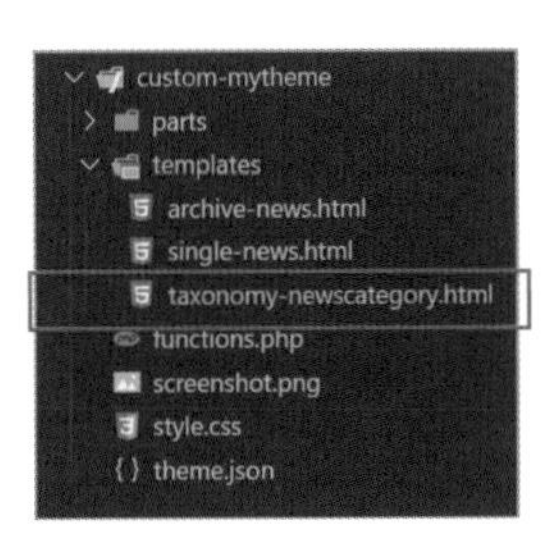

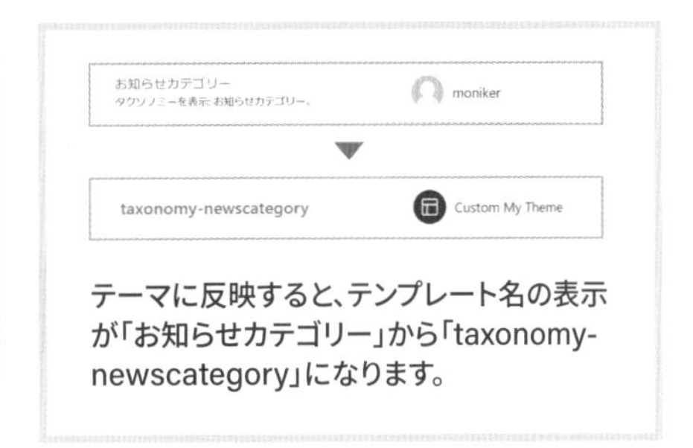

テーマに反映すると、テンプレート名の表示が「お知らせカテゴリー」から「taxonomy-newscategory」になります。

＋ トップページにお知らせ一覧を追加する

サイト型のトップページにお知らせ一覧を追加します。

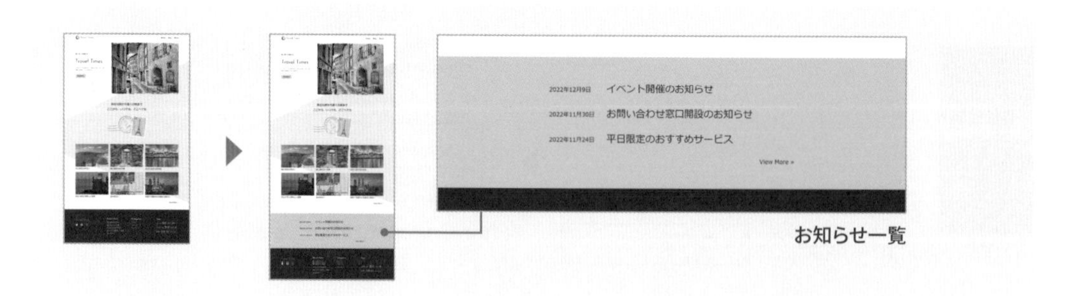

❶ 「アーカイブ：お知らせ（archive-news）」テンプレートを開き、一覧を構成したグループブロックをコピーします。

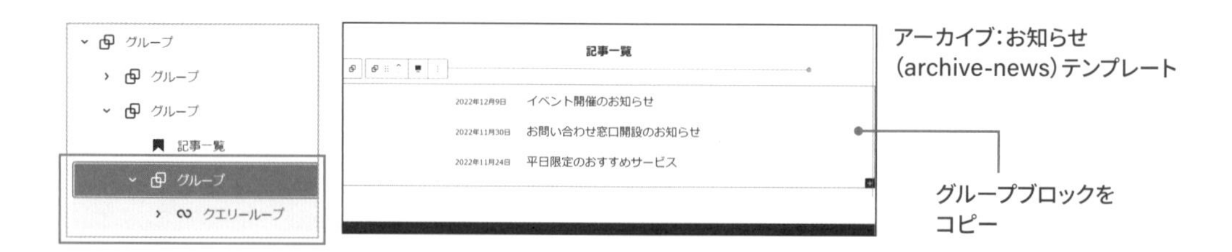

❷ サイト型のトップページを生成している「no-title」テンプレートを開き、投稿コンテンツブロックの後に挿入します。

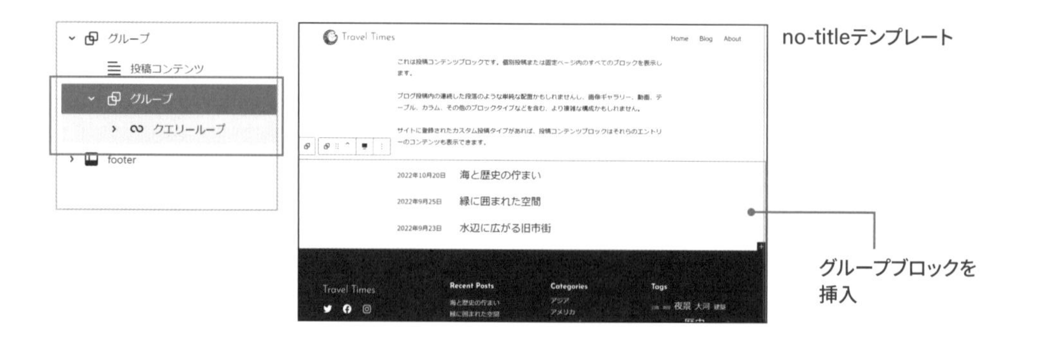

❸ 次のように一覧をカスタマイズします。

❹ P.295 のように段落ブロックを追加し、お知らせ一覧ページ（/news/）へのリンクを設定します。

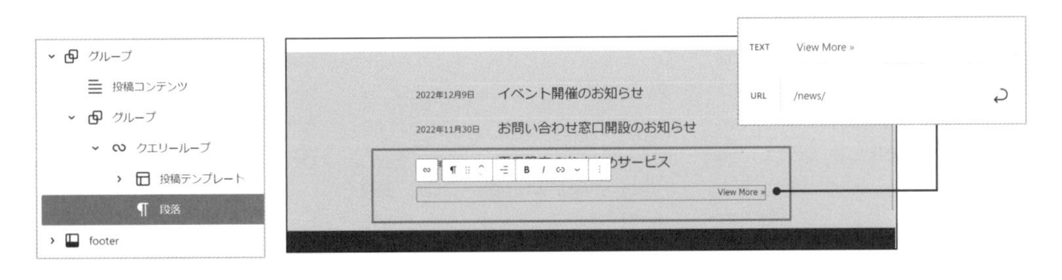

以上で、お知らせ一覧の追加は完了です。テーマに反映すると、no-title テンプレートのカスタマイズ結果として、wp-custom-template-no-title.html が templates フォルダに追加されます。

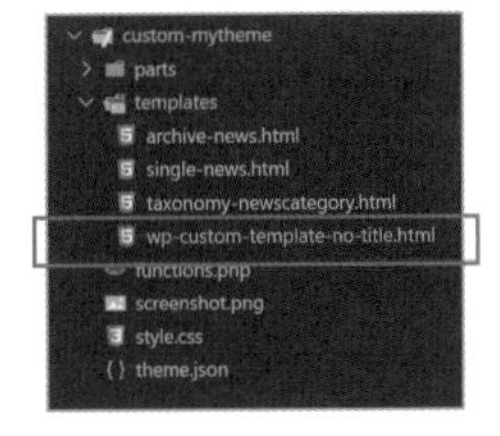

このように、カスタム投稿タイプやカスタムタクソノミーを利用すると、さまざまなコンテンツを追加していくことができます。

索引

■著者紹介

エビスコム
https://ebisu.com/

さまざまなメディアにおける企画制作を世界各地のネットワークを駆使して展開。コンピュータ、インターネット関係では書籍、デジタル映像、CG、ソフトウェアの企画制作、WWW システムの構築などを行う。

主な編著書：『作って学ぶ Next.js/React Web サイト構築』マイナビ出版刊
『作って学ぶ HTML & CSS モダンコーディング』同上
『HTML5 & CSS3 デザイン　現場の新標準ガイド【第２版】』同上
『Web サイト高速化のための 静的サイトジェネレーター活用入門』同上
『CSS グリッドレイアウト デザインブック』同上
『フレキシブルボックスで作る HTML5&CSS3 レッスンブック』ソシム刊
『CSS グリッドで作る HTML5&CSS3 レッスンブック』同上
『HTML&CSS コーディング・プラクティスブック１～８』エビスコム電子書籍出版部刊
ほか多数

■ STAFF

編集・DTP：　エビスコム
カバーデザイン：　霜崎 綾子
担当：　角竹 輝紀

作って学ぶ　WordPress ブロックテーマ

2023 年 1 月 31 日　初版第 1 刷発行

著者　エビスコム
発行者　角竹 輝紀
発行所　株式会社マイナビ出版
〒 101-0003　東京都千代田区一ツ橋 2-6-3 一ツ橋ビル 2F
TEL：0480-38-6872（注文専用ダイヤル）
TEL：03-3556-2731（販売）
TEL：03-3556-2736（編集）
E-Mail：pc-books@mynavi.jp
URL：https://book.mynavi.jp
印刷・製本　株式会社ルナテック

ISBN978-4-8399-8187-7